Entre Dieu et Hasard

Un scientifique en quête de l'Esprit

Collection **Sciences et Société**
fondée par Alain Fuchs et Dominique Desjeux

Déjà parus

Charles HALARY, *Les exilés du savoir. Les migrations scientifiques internationales et leurs mobiles*, 1994.
Godefroy BEAUVALLET, *Un voyage d'exploration en sciences cognitives*, 1996.
Alessandro MONGILI, *La chute de l'U.R.S.S. et la recherche scientifique*, 1998.
René GROUSSARD, Pierre MARSAL, *Monde du vivant, agriculture et société,* 1998.

Jean-Georges HENROTTE

Entre Dieu et Hasard

Un scientifique en quête de l'Esprit

ESSAI

L'Harmattan
5-7, rue de l'École-Polytechnique
75005 Paris
France

L'Harmattan Hongrie
Hargita u. 3
1026 Budapest
HONGRIE

L'Harmattan Italia
Via Bava, 37
10214 Torino
ITALIE

ISBN : 2-7475-1581-8

PROLOGUE

LE MANUSCRIT INACHEVÉ

Ainsi mon dessein n'est pas d'enseigner ici la méthode que chacun doit suivre pour bien conduire sa raison, mais seulement de faire voir en quelle sorte j'ai tâché de conduire la mienne [...] ne proposant cet écrit que comme une histoire, ou si vous l'aimez mieux comme une fable.

René Descartes[1]

« Ceci n'est pas un livre ». Cette paraphrase d'un des plus célèbres tableaux du peintre René Magritte pourrait servir d'introduction au présent ouvrage. Au cours de l'hiver dernier, j'avais commencé à écrire un livre de philosophie scientifique dont la rédaction fut brutalement interrompue. Au même moment, je découvrais, ou plus exactement je redécouvrais le texte d'un manuscrit non signé et dont l'attribution est incertaine. « Ceci » n'est donc ni le livre que j'avais initialement prévu d'écrire, ni même un livre à proprement parler, mais plutôt une suite de réflexions à propos de deux livres, celui qui n'a pas été écrit et celui qui n'a pas été signé. Curieusement, l'interruption de l'un explique la redécouverte de l'autre, et ce dernier m'incite à ne plus poursuivre la rédaction du premier. En outre, l'un et l'autre sont étroitement associés au déroulement de ma vie personnelle. Les pages qui vont suivre constituent donc avant tout un témoignage : celui d'une relation entre l'auteur et les deux livres précités, celui d'un scientifique heureux de l'être mais plus heureux encore d'être un individu dont l'exploration semble sans limites.

Les événements relatés ici sont authentiques. Tout au plus ai-je modifié par discrétion le nom des personnes directement associées à ma vie privée. Pour la même raison et pour la facilité du récit, j'ai transposé certains événements dans le temps et dans l'espace. Je n'en ai pas moins vécu toutes les expériences que je relate et qui constituent la base de mes réflexions. Il ne m'a paru ni correct, ni souhaitable de séparer le récit autobiographique des conclusions philosophiques et scientifiques auxquelles je suis arrivé à la suite d'une longue série d'explorations menées hors des chemins conventionnels. Certaines expériences ont été avant tout d'ordre subjectif, d'autres d'ordre objectif. Je n'ai pas cru devoir délaisser les unes au profit des autres. Certaines recherches ont porté sur l'analyse de textes scientifiques et philosophiques contemporains, d'autres sur des textes anciens de diverses traditions : grecque, hébraïque, chrétienne, islamique, hindoue, tibétaine, chinoise. En refusant toute discrimination, j'ai suivi la voie tracée par l'un des principaux fondateurs de la science moderne, Isaac Newton, qui « n'hésitait pas à mettre sur le même plan ses propres connaissances chimiques et les récits alchimiques ou mythologiques. Son postulat, c'était que la connaissance est une ; il faut donc réconcilier toutes les formulations qu'elle revêt »[2]. J'en suis ainsi arrivé à prendre en compte les trois dimensions de l'être humain : physique, psychique et spirituelle. Loin d'être antagonistes, elles me sont apparues complémentaires, à condition toutefois d'être correctement définies. Il y a des mots qui font peur et qui fascinent tout à la fois. De ce fait même leur sens est voilé, enfoui sous une incompréhension tenace, brouillé par des confusions multiples, galvaudé par le mauvais usage qui en est fait.

Faute d'avoir réussi dans ma première tentative, celle qui aurait abouti à un ouvrage sévère, construit selon l'usage mais lourd et indigeste, j'ai laissé courir ma plume au gré de l'inspiration du moment. Cette manière demandera au lecteur de la patience car la synthèse des idées que je soumets à sa réflexion s'est faite progressivement. Tour à tour, on me qualifiera de croyant ou d'athée, de rationnel ou d'irrationnel. Il sera donc judicieux de n'omettre aucun des chapitres de cet ouvrage sous peine de ne percevoir qu'un aspect fragmentaire du présent témoignage et de porter un jugement hâtif sur la valeur qu'il convient de lui attribuer. Cette manière présentera, en revanche, l'avantage de mettre en lumière le cheminement d'une pensée et la progression d'une expérience où je suis à la fois l'observé et l'observateur. Aussi proposerai-je au lecteur d'adopter, face à cette tentative expérimentale, une attitude tout aussi expérimentale et d'explorer avec moi un mode d'expression qui est peu conforme aux habitudes. Peut-être y trouvera-t-il matière à réflexion sans pour autant rien abdiquer de ses propres convictions. Peut-être adoptera-t-il un point de vue nouveau sur l'évolution humaine, point de vue qui ne sera ni tout à fait le mien, ni tout à fait celui qu'il avait avant de lire cet ouvrage. Si tel était le cas, je m'en réjouirais grandement, car le propre d'un écrit de qualité est de suggérer sans jamais imposer, d'amorcer un pas dans une direction inattendue, sans jamais décider du pas suivant ni de la destination à atteindre.

J'ai cité en exergue de ce prologue un texte connu, extrait du *Discours de la méthode* de René Descartes. Pour mon plus grand bonheur, un autre texte dont j'ignorais l'existence m'est tombé dans les mains, comme par hasard, au moment où je rédigeais ces lignes. Il s'agit de la préface des *Méditations métaphysiques* souvent omise par les éditeurs[3]. En voici un extrait : « J'ajouterai maintenant, s'il m'était permis, que ce livre contenant des méditations fort libres, et qui peuvent même sembler extravagantes à ceux qui ne sont pas accoutumés aux spéculations de la Métaphysique, il ne sera ni utile, ni agréable aux Lecteurs qui ne pourront appliquer leur esprit avec beaucoup d'attention à ce qu'ils lisent, ni s'abstenir d'en juger avant de l'avoir assez examiné [...]. Je me sens encore obligé d'avertir les Lecteurs d'apporter beaucoup d'équité et de docilité à la lecture de ce livre... car s'ils y viennent avec cette mauvaise humeur et cet esprit contrariant de quantité de personnes qui ne lisent que pour disputer, et qui, faisant profession de chercher la vérité, semblent avoir peur de la trouver, puisqu'au moment qu'il leur en paraît quelque ombre, ils tâchent de la combattre et de la détruire, ils n'en feront jamais ni profit ni jugement raisonnable. Il le faut lire sans prévention, sans précipitation et à dessein de s'instruire ; donnant d'abord à son Auteur l'esprit d'Écolier pour prendre par après celui de Censeur. Cette méthode est si nécessaire que je la puis nommer la Clef du Livre sans laquelle personne ne le saurait bien entendre ».

Ces lignes admirables sont toujours d'actualité. Il serait bon que les philosophes et les scientifiques qui se réclament de Descartes, souvent à tort, les gardent présentes à l'esprit au cours de leurs lectures. L'intérêt de cette préface n'a pas échappé à P. Ehrmann[4] dont l'opuscule m'en a révélé l'existence et qui lui-même la commente en ces termes : « Dans ce domaine, les certitudes humainement accessibles peuvent être plus difficiles à transmettre qu'à découvrir. C'est pour surmonter ce genre de difficulté que Descartes entreprend d'organiser entre Auteur et Lecteur une forme de 'travail en équipe', évitant minutieusement toutes les disputes inutiles pour obtenir l'addition harmonieuse des efforts ».

Nous voici prêts, cher lecteur, à entreprendre ensemble ces quelques promenades philosophiques. Que le recours aux paroles de René Descartes ne laisse pas croire que j'établis une filiation entre les écrits du grand philosophe et les miens. Je ne suis pas cartésien. J'aime et j'admire trop René Descartes pour être son disciple ; les disciples trahissent toujours leur maître, c'est bien connu et c'est bien ainsi. Il n'y a sur cette planète ni maîtres, ni disciples véritables mais seulement des individus autonomes et, autant que possible, responsables de leurs propres pensées. Tout au plus pourrais-je me considérer comme un lointain neveu qui estime trop son oncle pour prétendre l'imiter. Car si j'ai lu Descartes, j'ai aussi lu La Fontaine et si Descartes n'est pas un bœuf, je ne suis pas une grenouille. Que mes collègues scientifiques ne voient rien de contraire à la science dans mes propos, que les croyants n'y perçoivent rien d'anti-religieux, que les poètes ne s'offusquent pas de l'aspect moléculaire attribué à leur lyrisme et que les chimistes ne s'étonnent pas de l'intense poésie que je prête à leurs molécules. « Patience, Patience », ai-je envie de leur murmurer, non dans l'azur, mais dans la double conscience qui est en train de naître, la mienne, Auteur, et la tienne, Lecteur, Écolier et Censeur.

Paris, le 7 décembre 1998

I

UN PRINTEMPS AU MONT TABOR

CHAPITRE 1

LA MÉMOIRE PERDUE ET RETROUVÉE

La poésie n'est pas dans l'action mais là où l'action s'arrête ; là où le pont entre une cause et un effet est brisé et où la pensée vagabonde dans une douce liberté oisive.

Milan Kundera[5]

Tout s'est passé très vite. La décision a été prise sans hâte mais sans délais inutiles. Elle était d'autant plus évidente que des aides multiples et souvent imprévisibles m'avaient été apportées. J'ai donc quitté Paris un 31 mars, et après une nuit passée à Tel-Aviv, me voici dans une maison délicieusement fraîche et calme au pied du Mont Tabor. J'y resterai deux mois en principe. Mais déjà, j'ai la sensation que le temps s'est arrêté et que je suis ici depuis longtemps et à jamais.

Un bref séjour à Jérusalem avait réveillé ma mémoire ou plutôt tout mon être engourdi par les difficultés vécues au cours de ces dernières années. Par une belle après-midi d'octobre, j'avais assisté à l'office célébré, comme tous les jours à 15 heures, en l'église du monastère arménien de la vieille ville. Les visiteurs de passage et les fidèles se glissaient derrière un panneau fait d'une lourde étoffe épaisse comme le cuir d'un énorme animal, à la fois souple et rigide, douce et rugueuse. On avait l'impression de pénétrer subrepticement dans une vulve géante. L'espace que l'on découvrait ressemblait incontestablement à une matrice : de la chaleur et de la lumière extérieure brutale à force d'être nette, on plongeait dans un monde sous-marin, frais, clair-obscur, dont l'atmosphère semblait plus liquide que gazeuse. De petites poussières dorées dansaient dans les rayons obliques qui passaient par les rares vitraux que comportait le lieu. Les sons y étaient assourdis par des tapis jetés au hasard, comme autant d'autres peaux, mais celles-ci, veloutées et moelleuses, accueillantes et réconfortantes, absorbaient les pas et les bruits, les pensées et les inquiétudes, les soucis et les anxiétés. Le plafond, très élevé, se perdait dans l'obscurité. En descendaient, comme des stalactites de la voûte d'une haute caverne, des dizaines et des dizaines de lampes à huile suspendues au bout de leur chaîne. La plupart n'étaient pas allumées, mais leurs corps argentés luisaient doucement dans la pénombre. Certaines d'entre elles comportaient des facettes, métal poli ou miroirs incrustés, qui reflétaient la lumière et projetaient sur les murs d'étoffe et de pierre mille petites taches claires semblables à celles qui passent à travers le feuillage d'un arbre touffu par une belle journée d'été. Les moines ne tardèrent pas à venir, froc noir et capuchon pointu, puis le patriarche coiffé de violet fit son entrée, précédé de deux acolytes. Les chants s'élevèrent. Les encensoirs cliquetèrent. Leur balancement, parfaitement synchronisé, dispersait de petites bouffées d'encens aux quatre points cardinaux, parcourus tour à tour selon un périple complexe et ritualisé comme une danse sacrée.

Je commençai à pleurer. Soudainement, mon existence de citadin agité me paraissait vide de sens. Je me sentais perdu, lamentable, sans recours. Une voix intérieure se mit à me parler[6]. Dans un tendre murmure, elle me répétait, lancinante : « Tu as oublié la vie..., tu as oublié la vie..., tu as oublié la vie... ». Ces simples mots m'apaisaient telle une rosée bienfaisante. La vie rayonnante qui émanait des moines m'en devenait presque tangible. Les larmes continuaient à couler le long de mon visage, mais je ne savais plus si c'étaient des larmes de tristesse ou de soulagement, d'émotion ou d'allégresse.

À la fin de la cérémonie, je sortis un peu ivre, profondément troublé. Oui, j'avais oublié. Une fois de plus, j'avais oublié. Et une fois de plus, doucement, la vie me rappelait à elle. Je me jurai de ne plus jamais perdre ce précieux contact que je venais de retrouver, ou plutôt qui venait à ma rencontre. Mais les serments d'ivrogne ne tiennent que le temps de les proférer. J'étais devenu dépendant comme d'une drogue de la fébrilité parisienne. Aussi, à peine rentré chez moi, me laissai-je prendre à nouveau par les rencontres, soirées, expositions, concerts, échanges d'idées et de mots, paroles dites ou écrites, conversations ou lectures... Plus grave encore, je me mis à déverser des torrents de mots sur le papier. J'écrivais heure après heure, jour après jour, apparemment heureux d'accomplir un vieux rêve, d'enfanter un livre, « le livre », qui me tenait à cœur, où j'inscrirais la synthèse de mes expériences scientifiques, psychologiques et philosophiques. J'étais bien entendu conscient de la relative banalité de la tentative. Car arrivé à un certain âge, tout homme qui réfléchit au sens de l'existence se sent pris du désir de philosopher et, plus encore, de partager sa philosophie avec d'autres.

J'étais très satisfait de mon travail. Le manuscrit avançait lentement mais régulièrement. Régulièrement car j'y consacrais le plus clair de mon temps, lentement car je me croyais obligé d'étayer mes réflexions par toutes sortes de références puisées dans les nombreux livres de ma bibliothèque et les flots de documents qui m'entouraient, m'isolant du monde extérieur comme l'océan isole un naufragé sur une île déserte. J'étais bien un naufragé et le naufrage était celui du contact retrouvé à Jérusalem, au monastère arménien, deux mois auparavant, et qui à nouveau avait sombré dans l'oubli.

On ne fait pas naufrage sans risque, même si l'on trouve refuge sur un îlot. Je n'allais pas tarder à m'en rendre compte. Par une froide soirée de janvier, je rentrais chez moi après avoir passé l'après-midi à la bibliothèque du Muséum d'Histoire Naturelle où, tel un vieux rat, je rongeais avec délices des ouvrages scientifiques aussi nombreux et variés que l'imposait mon besoin insatiable de documentation. Distraitement, je me préparais à prendre quelque nourriture plus substantielle, quand je fus tiré de mes pensées par une douleur inquiétante au niveau de la rotule de mon genou gauche.

Nos organes et nos membres sont de fidèles serviteurs mais nous sommes généralement de mauvais maîtres. Nous n'y prêtons guère attention. Il nous paraît normal d'être servi en silence et de ne rien donner en retour que l'essentiel : boisson, nourriture, sommeil. Et encore, bien souvent, de ne donner cet essentiel qu'à contrecœur - quel ennui de devoir préparer son repas - ou à contretemps - excès en tout genre qui surviennent comme des bouffées délirantes. Une fois dans ma vie, j'avais eu la sensation désagréable d'être emprisonné dans un corps en voie de dérèglement. J'avais fait une crise d'hypertension à la veille de l'Ascension, fête d'origine chrétienne célébrée à Paris par la fuite éperdue de ses habitants hors de la capitale. Il était illusoire d'espérer contacter un de mes amis médecins. Je passai donc deux jours avec l'impression d'être enfermé dans un organisme qui refusait de répondre à mes sollicitations. Descendre une côte au volant d'une voiture dont les freins refusent soudainement, et sans raison apparente, de fonctionner, n'est pas plus angoissant, croyez-le ! J'avais beau faire des exercices de relaxation, des respirations lentes, prendre des tisanes ou des teintures mères de plantes aux propriétés calmantes et hypotensives, rien n'y faisait. L'impression que mon crâne risquait d'éclater d'une minute à l'autre persistait et rendait la situation si pénible que j'en venais presque à espérer que quelque chose se passe, le quelque chose ne pouvant guère être dans mon esprit qu'une rupture artérielle. Un bon traitement et des vacances arrangèrent l'affaire.

Je retrouvais avec mon genou douloureux cette même sensation d'impuissance. Agacé par l'impertinence de cette articulation qui, sans préavis, refusait de fonctionner convenablement, je me livrai comme lors de la crise d'hypertension à diverses manœuvres, massages, enveloppements d'argile, pommades antalgiques. Loin d'améliorer la situation, elles ne firent que l'empirer. Il convient de reconnaître que mes massages étaient d'autant plus brutaux que j'étais très en colère contre le membre indocile. Lassé de l'inutilité de mes efforts, je m'endormis, non sans être réveillé à intervalles réguliers par la douleur qui se faisait de plus en plus intense.

Au petit matin, je réalisai, consterné, l'ampleur des dégâts : genou chaud, rouge, gonflé, douloureux. La moindre tentative de l'utiliser, c'est-à-dire de le plier - car un genou se doit d'être à la fois ferme et ployable - m'arrachait des cris de douleur. Ce matin-là, j'eus une pensée émue pour tous les arthritiques du monde et je constatai expérimentalement qu'enfiler une chaussette au pied d'une jambe qui refuse de se fléchir est une entreprise qui frise l'héroïsme. Comme je ne suis pas un héros, j'utilisai la ruse : déposant ma chaussette grande ouverte sur un tabouret, j'y enfilai l'extrémité de mes orteils tel un guerrier antique enfonçant sa lance dans la gueule du dragon, ce qui laisse penser qu'après tout il y a en moi un héros qui sommeille.

Ne croyez pas que je m'écarte du sujet. Cette arthrite intempestive en est le centre. Comme précédemment, j'eus la chance d'être bien soigné ou l'intelligence de bien choisir mon médecin. Bon gré, mal gré, ce n'est toutefois pas avant la mi-février que je retrouvai une mobilité satisfaisante. À quelque chose malheur est bon, dit la sagesse populaire. Pendant ces longues journées de réclusion forcée, je pris du temps pour essayer de comprendre ce qu'il m'arrivait. Je pris aussi un livre au hasard dans ma bibliothèque, un livre que j'avais acheté vingt ans auparavant, brièvement parcouru, puis rangé et oublié.

Quand un grain de sable se glisse dans l'engrenage de la routine, celle-ci s'arrête et la pensée originale et spontanée se remet en marche. Bien que j'aie peu d'affinité avec Bossuet, je m'étais attelé à ma tâche comme un bœuf à la charrue et, obstinément, je traçais mon sillon, celui que gravait ma plume sur le papier, pour le plus grand bien, avais-je la faiblesse de croire, des générations futures. Mais, sans aucun doute, n'avais-je pas mesuré toutes les implications de mon entreprise.

En apparence, c'était bien le hasard qui provoquait cette maladie à ce moment précis de mon existence. C'était lui aussi qui me faisait prendre un livre sur lequel ma main hésitante s'était égarée, faute d'avoir autre chose à faire. En réalité, ce n'était là qu'illusion et la vérité ne tarda pas à m'apparaître. Mes jambes contraintes à l'inaction par mes velléités philosophiques et littéraires n'avaient pas du tout apprécié cette situation. Elles voulaient bouger, courir, danser, sauter et me le faisaient savoir en m'adressant un signal d'alarme. Ma main libérée de la tutelle de mon intellect, qui avait cessé de l'utiliser pour écrire, me donnait un message en choisissant d'un index apparemment distrait un livre où était mentionnée « la source bouillonnante »[7], celle qui donne l'ivresse de la vie !

Ces retrouvailles avec l'Évangile selon Thomas, car c'est de ce texte dont il s'agit, me donnèrent un choc. Instantanément, je fus relié au souvenir du moment magique vécu quelques mois plus tôt, à l'église du monastère arménien. Aussitôt, je sus qu'il me fallait partir, quitter Paris, trouver ou retrouver un lieu propice à la joie, à l'apaisement et à l'émerveillement du cœur. Où ? Je ne le savais pas encore. Mais les réponses ne tardèrent pas à affluer. Coup sur coup, j'apprenais que des amis me prêtaient pour la durée du printemps leur maison de campagne située en Galilée au pied du Mont Tabor ; que ladite maison se trouvait à quelques kilomètres de Tibériade connue pour les bains de boue de sa station thermale, destinés aux arthritiques ; qu'un collègue pharmacien chimiste se proposait de me racheter un brevet déjà ancien, pour une somme modique mais suffisante pour couvrir mes frais ; qu'une délicieuse amie, Sarah, se déclarait disposée à venir me chercher à l'aéroport de Tel-Aviv, à me véhiculer jusqu'à mon lieu de villégiature et à me rendre visite de temps à autre pour agrémenter mon séjour.

Je partais donc sous les meilleurs auspices pour la région qui avait été le théâtre même des faits rapportés dans les Évangiles, emportant avec moi trois livres : – le manuscrit inachevé qui me tenait à cœur mais qui avait été à l'origine de mes ennuis de santé et qui, ô suprême infamie, m'avait fait oublier la vie ; – l'Évangile selon Thomas, qui parlait à mon cœur et qui, ô suprême délice, me redonnait la vie ; – le projet, encore imprécis, d'un autre texte qui, ô ruse suprême, me permettrait d'écrire un livre qui n'en était pas un, un livre sur un livre non terminé, un livre où parlerait mon cœur, grâce auquel il me serait possible de me livrer à ma toxicomanie préférée, l'écriture, sans pour autant m'en rendre malade, compte tenu des conditions de travail peu contraignantes et de la proximité d'une nature belle et généreuse comme une mère attentive.

*
* *

Si les livres jouent un grand rôle dans mon existence, ils ne sont pas, et de loin, les seuls éléments qui se sont trouvés entrelacés avec mes périodes d'éveil et mes plongées successives dans le sommeil et dans l'oubli. La musique et, dans une moindre mesure, les autres arts ont toujours constitué pour moi une bouffée d'oxygène qui me permettait de respirer un grand coup avant de retomber dans les eaux glauques de la léthargie. Mais leur action était ponctuelle, sans lendemain. En revanche, il y a plusieurs dizaines d'années, les images d'un film déclenchèrent une réaction similaire à celle qui m'amène aujourd'hui en Galilée. C'est généralement l'effet combiné d'une prise de conscience bénéfique et d'une situation douloureuse qui amorce ce type de réaction. Celle-ci entraîne celle-là et les deux ensemble donnent l'impulsion nécessaire au décollage, c'est-à-dire au fait de se détacher de la vie routinière. En l'espèce, le film était celui d'Arnaud Desjardins sur les Tibétains et leurs monastères, la prise de conscience bénéfique, le sourire et le regard des moines, et la situation douloureuse, les obstacles rencontrés dans ma vie professionnelle.

Dans ce film, ce n'était pas tant la beauté des regards qui m'attirait que leur intensité. D'un noir profond, ils avaient le feu d'une braise ardente. Comment une prunelle aussi sombre pouvait-elle paraître aussi ignée ? Ce n'était pas une question de reflet, de brillance de la surface de l'œil. J'avais observé soigneusement le phénomène. J'étais retourné voir le film à plusieurs reprises, me mettant le plus près possible de l'écran. Faute de trouver une explication, j'en vins à la conclusion que le regard de ces moines émettait quelque chose qui donnait cette curieuse impression de « feu sombre ». En quoi consistait cette émission, je l'ignorais. Pour essayer de le découvrir et pour m'imprégner de ce rayonnement, comme on se baigne dans les rayons d'un clair soleil de printemps tonifiant plutôt que chaud, vif plutôt que cuisant, je décidai de rendre visite à ces saints hommes et de partir pour l'Inde et le Sikkim, car le Tibet proprement dit n'était déjà plus accessible à cette époque. Comme pour le départ en Galilée, je reçus, dès ma décision prise, toute l'aide nécessaire de la façon la plus inattendue. Je parlerai plus en détail, dans un autre chapitre (v. p. 317 *), de ces « coïncidences » que Carl Gustav Jung a qualifiées de synchronicité, un phénomène auquel certains scientifiques commencent à s'intéresser[8].

---

* Les références aux pages du texte sont précédées des lettres v. p. : voir page.

Après une courte escale à Delhi, je pris l'avion pour une petite ville sise au pied des montagnes, d'où je comptais atteindre par autobus ma première destination, Darjeeling. Là, j'étais censé rencontrer un sherpa dont on m'avait communiqué le nom mais dont j'ignorais l'adresse. Il devait se charger d'organiser la suite de mon voyage. Au cours du vol, une dame - gênée par la proximité de passagers fumeurs - demanda à changer de place. Conduite par l'hôtesse, elle vint s'asseoir à mes côtés. Nous ne tardâmes pas à engager la conversation et j'appris, non sans surprise, qu'elle était la femme du sherpa que je souhaitais rencontrer. Nous fîmes ensemble le voyage à Darjeeling, un trajet long et pénible dans un car inconfortable, mais qui me laisse le souvenir émerveillé de la découverte des contreforts de l'Himalaya. Puis, cette dame sympathique et attentive m'installa dans un des meilleurs hôtels de la ville, petite construction basse de style colonial anglais où, à la tombée du jour, vint me rejoindre son époux. Cet homme, tout aussi sympathique que sa compagne, me donna force conseils et une longue liste de noms de moines ou de laïcs, que je pouvais rencontrer en me recommandant de lui. Comme précédemment, aucune adresse précise ne m'était fournie, tout au plus la localité où il fallait me rendre et une idée assez vague de l'ordre dans lequel il convenait d'effectuer ce périple pour ne pas faire de détours inutiles.

Je repartis dès le lendemain, me réservant de visiter Darjeeling par la suite, et j'arrivai à Kalimpong où la première personne à laquelle je m'adressai était précisément celle susceptible de m'aider à trouver le yogi à qui je venais rendre visite. Il en fut ainsi tout au long du voyage. Après quelques jours, j'avais adopté un comportement nouveau et apparemment illogique. Dès que j'arrivais dans une localité, je m'adressais à la première personne venue qui me menait toujours à bon port sans la moindre hésitation. J'en vins à penser que tous les villageois connaissaient les sages ou les yogis que je voulais rencontrer. Après enquête, je fus toutefois contraint d'abandonner cette hypothèse, qui semblait *a priori* la seule raisonnable, et de m'interroger sur la signification de ces étranges « coïncidences » qui jalonnaient mon parcours. La facilité avec laquelle se déroulait ce voyage était d'autant plus étonnante qu'à l'époque chaque village était entouré d'une très large zone de chemins ruraux, de sentiers escarpés qui formaient un réseau inextricable où il était très difficile de se diriger. Hormis les moines résidant dans les monastères, les noms que comportait ma liste étaient ceux d'hommes isolés vivant dans de petites demeures. Ils en changeaient souvent. Réfugiés, ils étaient hébergés selon les possibilités tantôt chez les uns, tantôt chez les autres. Comme je l'ai constaté à plusieurs reprises, les Tibétains ont la bougeotte. Plus leur réputation de sainteté est grande, plus ils sont remuants, décidant souvent à l'improviste d'aller voir d'autres moines et d'autres monastères. En raison de ces déplacements incessants, les « coïncidences » dont j'étais le bénéficiaire portaient donc tout autant sur la rencontre d'un guide approprié que sur le moment même auquel il m'amenait à destination. Aussi, lorsque par une belle fin d'après-midi j'arrivai à la demeure provisoire de Kangyur Rinpoché (une villa moderne mise à sa disposition pour quelques mois par un riche industriel) ne m'étonnai-je pas d'apprendre de la bouche de sa fille que ce religieux, médecin et guérisseur, était toujours par monts et par vaux. Nul ne savait où il se trouvait ni quand il rentrerait. Mais je ne m'étonnai pas davantage de le voir arriver précisément à ce moment-là, juché maladroitement sur un cheval qui constituait visiblement pour lui un moyen de transport peu familier. Il en descendit - je devrais plutôt dire il en tomba - tout aussi maladroitement, heurtant du pied le cou de l'animal. Sa fille, son assistant et moi-même nous précipitâmes pour le relever et, tandis que nous nous inquiétions de savoir s'il ne s'était pas blessé (c'était un homme âgé et sa chute avait été brutale), il examinait puis caressait le cheval, ne se préoccupant que de son cou meurtri. Le cheval sembla apprécier sa tendresse.

Ce vieil homme rayonnait de bonté et son sourire était l'un des plus émouvants qu'il m'ait été donné de voir. Il souriait comme on sourit quand on écoute Mozart dans ses pièces les plus allègres. Sans doute une musique analogue chantait-elle dans son cœur. À défaut de ce mystérieux regard de braise que je recherchais, j'eus la joie de le voir tous les soirs pendant près d'une semaine et de me réchauffer à la lumière de son sourire. Nous échangeâmes peu de mots ; sa fille traduisait ses paroles en un anglais hésitant. Malgré ou à cause de ce dialogue difficile, la communication non verbale était magnifique. Ce n'était plus Mozart qui me faisait vibrer mais quelque fanfare royale de Haendel, à moins que ce ne fût une des sonneries triomphantes du *Magnificat* du grand Jean-Sébastien.

C'est seulement une quinzaine de jours plus tard que je devais rencontrer mon premier « regard », le plus fort, le plus puissant, le plus profond, le plus perçant, le plus ineffable, celui à travers lequel j'eus l'impression d'être mis en contact avec toutes les galaxies de l'univers. À la suite d'une nouvelle série de « coïncidences » rocambolesques, un Indien, étudiant en sciences à Delhi, épris de bouddhisme, décida de me faire rencontrer un « grand Rinpoché » prieur d'un monastère situé au bout du monde et, de surcroît, dans une zone militaire interdite aux étrangers. Je n'ai jamais compris exactement où m'emmenait la jeep que nous avions louée. Je sais seulement que la route était impossible, chaotique et boueuse ; le véhicule faillit s'y enliser plusieurs fois. Je sais aussi que le monastère se trouvait quelque part aux limites territoriales du Tibet, du Népal et de l'Inde. Je sais surtout que je serrai les fesses pendant toute la durée du trajet, à cause des secousses mais plus encore en raison de ma peur d'être découvert en situation irrégulière par quelque patrouille. Nous n'en rencontrâmes pas. Au retour, je n'avais plus aucune peur car j'étais plongé dans le ravissement de la rencontre que j'avais faite.

Partis avant l'aube, nous arrivâmes au monastère vers neuf heures du matin. Je fus rapidement reçu par le « grand Rinpoché », c'est-à-dire le père prieur. Après m'avoir offert une tasse de thé au beurre, il m'invita à le suivre pour assister à une cérémonie religieuse qui n'allait pas tarder à commencer. J'étais venu, sans le savoir, un jour faste, un jour de fête. Le prieur me précéda en marchant avec difficulté, appuyé sur une canne. J'appris par mon mentor, qui se croyait obligé de me donner des détails à sensation (comme si j'étais journaliste d'une certaine presse du même nom), que ce saint homme souffrait de rhumatismes aux genoux, par suite d'interminables méditations faites dans la position du lotus. Des moines affirmaient l'avoir vu se soulever au-dessus du sol, en lévitation, au cours de méditations particulièrement intenses. Je ne suis pas très certain de la véracité des propos de mon interlocuteur qui cherchait visiblement à m'impressionner, et je dois dire que tous les cas de lévitation dont j'ai entendu parler étaient toujours des récits de seconde, voire de troisième main. Ce qui, en revanche, m'impressionnait beaucoup, c'était le visage grave, bienveillant et lumineux du vieil homme. Il s'assit à la place qui lui était réservée à l'avant du temple, à la tête d'une des nombreuses rangées de moines qui nous attendaient en silence. On m'installa sur des coussins, dans un coin près de la porte. Mon voisin, un moine, qui à ma grande surprise parlait un anglais tout à fait intelligible, me demanda si j'étais bien assis, me faisant comprendre que la cérémonie serait longue. Pour autant que je m'en souvienne, elle dura de dix heures du matin à trois heures de l'après-midi. La cérémonie comportait un repas rituel mangé sur place : quelques boulettes de bonne allure mais de goût et de composition indéterminés. Une ou deux pauses vinrent à point nommé. Pendant ces pauses, la cérémonie se poursuivait, les moines s'esquivant par petits groupes. Mon voisin m'emmena sans explications dans un cagibi proche du temple ; elles eussent été superflues étant donné l'odeur du lieu et l'état de réplétion de ma vessie. Tout cela se faisait sans bruit et, qui plus est, sans qu'aucune rupture ne se produise dans mon état de conscience. Manger, uriner ou m'agiter sur les coussins pour détendre mes jambes ankylosées ne me distrayait en rien de la beauté des chants dans lesquels j'étais immergé. Le résultat de cette très longue cérémonie fut étonnant. Ma colonne vertébrale, que l'immobilité aurait pu rendre douloureuse, était légère, comme tout mon corps, mais brûlante comme du feu. J'avais l'impression d'être un nuage rose traversé par un glaive chauffé à blanc. Je n'étais toutefois pas au bout de mes étonnements.

Après la cérémonie, le prieur me reçut à nouveau. Je le remerciai chaleureusement de m'avoir permis d'assister à cette cérémonie. Il me remercia de la grâce que constituait toujours la présence d'un visiteur. Puis il me bénit et me recommanda d'aller voir Sa Sainteté, le père abbé du monastère, et de recevoir sa bénédiction. Je quittai mon hôte, non sans regret : un des plus beaux êtres humains que j'aie jamais rencontré. Je ne le revis pas, mais je ne l'oublierai jamais. Je conserve précieusement sa photo dont m'a fait cadeau mon mentor indien. Mon guide, le moine qui parlait anglais, m'expliqua que Sa Sainteté était le père du prieur. Il m'indiqua un couloir au fond duquel j'aperçus une porte ouverte. Là résidait Sa Sainteté. Après s'être excusé de ne pouvoir m'accompagner plus avant, il me souhaita bon retour et partit. Très impressionné, je m'avançai à pas feutrés. Arrivé au seuil de la chambre, je vis, à ma grande stupéfaction, un enfant de six à sept ans, alors que je m'attendais à trouver un vieillard. Le prieur paraissait âgé de soixante-dix ans, son père, dans mon esprit, avait donc dépassé les quatre-vingt-dix. Visiblement, il n'en était rien. Je compris par la suite que cet enfant était considéré comme la réincarnation du père du prieur. D'où la confusion. Au moment où j'entrai, l'enfant était assis sur une sorte de trône et manipulait des objets posés devant lui sur une table, jouets ou objets de culte, je ne l'ai jamais su. Percevant ma présence, il leva brusquement la tête et me regarda les yeux dans les yeux. Je reçus un choc en pleine poitrine et restai pétrifié sur place, la respiration coupée. Ce regard, par sa puissance, aurait pu arrêter un troupeau de buffles en pleine course. Il émettait un feu sombre d'une intensité sans pareille et, tout en m'immobilisant, il m'attirait à lui. Pendant un bref instant, j'eus l'impression que cette noire pupille était un trou dans la réalité ambiante et que ce trou m'aspirait, que j'allais passer au travers et flotter dans d'immenses et merveilleux espaces cosmiques. J'eus la sensation fugitive d'un au-delà du temps et de l'espace, d'une paix profonde et indicible, d'une immensité à la fois puissante et tendre, devenue tout à coup accessible à travers les yeux qui me fixaient. Une force infinie était alliée à une présence intime, tendrement attentive à chaque créature, au moindre brin d'herbe, à la fois concernée par chacune des cellules de mon corps, par chacun des cheveux de ma tête, et silencieusement explosive dans la magnificence de sa propre grandeur. Cela, je l'ai vécu et j'en témoigne. À ce degré d'intensité d'une expérience, on ne se pose pas la question de savoir si elle est imaginaire ou réelle, car cette question même cesse d'avoir un sens.

Le temps qui s'était arrêté reprit sa marche et moi la mienne. Je m'avançai vers l'enfant. Il me regardait gravement. Nulle émotion ne se lisait sur son visage. Simplement sa présence à ma présence. Je lui tendis l'écharpe blanche qu'il est d'usage d'apporter en offrande et il me la passa autour du cou, puis il posa sa petite main chaude sur mon crâne, doucement, simplement, c'est-à-dire à nouveau sans émotion, sans mot, sans rien d'autre que le simple contact d'une main vivante sur une tête vivante. Il retira sa main et je me retirai en m'inclinant en signe de respect, non celui imposé par son titre hiérarchique, mais le respect et la gratitude que l'on éprouve lorsque la vie, pour un court instant, lève le voile sur le mystère de son existence.

J'ai connu par la suite d'autres expériences de ce genre, mais jamais aussi fulgurantes, tout au moins à travers un être humain, car en certains lieux privilégiés j'ai vécu des moments de grâce similaires.

Mon voyage, ma quête devrais-je dire, se poursuivit sans encombre. Je rencontrai d'autres regards profonds, d'autres sourires lumineux, d'autres visages bouleversants de beauté et de simplicité. La nature se révéla, elle aussi, dans toute sa splendeur. Un soir, alors que je gravissais un chemin escarpé pour me rendre chez Kangyur Rinpoché dans les environs de Darjeeling, je vis un spectacle inoubliable. La vallée était déjà dans l'ombre et l'horizon était caché par un rideau de brume. Tout à coup, celui-ci s'entrouvrit et, au détour du chemin, j'aperçus à découvert pendant quelques instants toute la chaîne des Himalayas, éclairée par le soleil couchant, rose et dorée, magnifique. C'était comme si de grandes orgues émettaient un accord si puissant qu'il en rejoignait le silence. Je restai ébloui, ravi, projeté à nouveau hors du temps et hors de moi-même. Puis, les brumes se refermèrent comme une immense paupière recouvrant une prunelle d'or et l'horizon s'endormit à nouveau. Je frissonnai, le brouillard se faisait plus dense et je poursuivis ma route. Mon cœur chantait d'allégresse et déversait des flots de louanges à « cela » dont j'ignorais le nom et qui m'offrait cet inestimable cadeau.

Que dire de plus, sinon que toutes ces expériences, comme bien d'autres, tombèrent dans la profondeur de ma mémoire et furent recouvertes du manteau de l'oubli. Pendant les mois qui suivirent mon retour en Europe, d'étranges phénomènes se manifestèrent. Ils maintinrent présents à mon esprit les moments que j'avais vécus. C'est ainsi que partout où je me rendais, les enfants et les animaux domestiques, chiens et chats, venaient vers moi comme si j'avais rapporté dans les plis de mes vêtements ou de ma peau la fragrance sublime, l'odeur de sainteté que j'avais respirée pendant mon voyage. Autre phénomène plus étrange encore, mon regard semblait avoir capté, à mon insu, un peu de l'intensité de celui des moines que j'avais rencontrés. Plusieurs personnes m'en firent la remarque. Avec une immaturité désolante, je ne tirai guère parti de cette observation que pour me livrer à des expériences et me réjouir narcissiquement du pouvoir qui m'était ainsi échu. Je dois ajouter, en ma faveur, que je n'allai pas jusqu'à jouer au gourou et à profiter de cet avantage évident pour soumettre les autres à ma volonté. J'étais toutefois secrètement flatté par la demande qui m'était faite par mes proches de passer un moment avec moi, assis face à face, les yeux dans les yeux. Dès le premier contact visuel, des frissons délicieusement énergétiques et agréables nous parcouraient montant du périnée jusqu'à l'occiput. Nous sortions de ces « séances », qui ne dépassaient guère une dizaine de minutes, rafraîchis et joyeux. La respiration était modifiée ; elle devenait profonde et lente, entrecoupée de grands soupirs de plaisir quand le frissonnement se faisait plus intense. Ce *don du regard*, ainsi l'appellerai-je, qui m'avait été transmis ou que j'avais attrapé par une sorte de contagion, se perdit peu à peu. Sans doute n'en avais-je pas fait l'usage approprié. Il était clair que je ne connaissais à l'époque aucun moyen d'entretenir ou même d'amplifier cette étrange faculté. Quant à mes observations, elles ne pouvaient guère être que statistiques puisque le phénomène en lui-même me paraissait impossible à objectiver, faute de pouvoir le mesurer. La statistique était en revanche très convaincante. Les résultats étaient garantis dans la totalité des cas avec les sujets volontaires. Avec ceux qui se faisaient tirer l'oreille, les effets de mon regard n'en étaient pas moins remarquables : résultats identiques la plupart du temps ou alors, plus rarement, panique totale face à des sensations effrayantes, parce que nouvelles, et sans doute aussi en raison de la peur inavouée de tomber en état d'hypnose, ce qui pourtant n'arriva jamais à personne.

Je reste convaincu que mes yeux, comme ceux des Tibétains, émettaient une forme d'énergie. L'hypothèse n'a rien d'invraisemblable. Il y a une vingtaine d'années, les physiologistes et les médecins spécialisés dans l'étude de l'oreille ont mis en évidence l'existence des oto-émissions[9]. Pourquoi n'y aurait-il pas aussi des oculo-émissions ? Un beau sujet de recherche que j'offre volontiers aux scientifiques qui accepteraient de s'y intéresser.

CHAPITRE 2

UNE NATURE MORTE BIEN VIVANTE

La méthode - ou, plutôt, l'habitude - qui consiste à ramener ce qui n'est pas familier à ce que l'on connaît bien, a de tout temps mené à la frustration intellectuelle. Le résultat, c'est le dogmatisme stérilisant, étroitement enveloppé dans une certaine suffisance mentale, une conviction bien établie de supériorité.

Heinrich Zimmer[10]

Après m'avoir installé dans ma nouvelle résidence au pied du Mont Tabor, Sarah avait décidé de faire des provisions pour m'éviter d'inutiles et fastidieux déplacements. Nous partîmes donc pour Nazareth où, dans la partie basse de la ville, se trouvaient de magnifiques marchés couverts. Les fruits et les légumes semblaient avoir été lavés et lissés avec soin. Ils brillaient de tous leurs feux comme des bijoux. Les aubergines, telles de grosses perles noires, voisinaient avec l'éclatant soleil des agrumes, les couleurs triomphantes des poivrons, les fraises rubicondes et la parure plus discrète des pommes, des poires, des courgettes, des nèfles et des pastèques. Chacune de ces espèces se trouvait richement représentée. Cinq variétés d'aubergines : énormes et débonnaires, moyennes un peu vulgaires, petites très mignonnes, bizarres en forme de moule à gâteau et d'autres encore ressemblant à des virgules. Tout autant de courgettes : grosses, maigres, claires, foncées ou en fleur. Les pastèques, placides comme des hippopotames en pleine sieste, côtoyaient des melons ronds ou ovalaires, verts, bruns, jaune canari et multicolores. Plus loin s'étalaient des patates douces, roses et gigantesques ou pivotantes comme des carottes, des bottes d'herbes couleur émeraude, et bien d'autres légumes dont j'ignorais le nom, le goût et l'usage culinaire. Nous fîmes d'amples emplettes. Je soupçonnais Sarah d'avoir acheté plus que le nécessaire pour le simple plaisir des formes et des couleurs. Mon hypothèse ne tarda pas à se confirmer car, dès notre retour, elle se mit à disposer son butin avec art sur une grande desserte en bois qui se trouvait à l'extrémité ouest d'une pièce allongée, fraîche et agréable, servant à la fois de cuisine et de salle à manger. Paniers, coupes, assiettes, bols, vasques de toute sorte ne tardèrent pas à vibrer de mille couleurs amplifiées par la lumière dorée de cette belle journée de printemps. Elle contempla son œuvre, non sans une satisfaction légitime.

« N'est-ce pas magnifique ? Cette pièce en devient toute vivante. Tu n'y seras pas seul » me dit-elle. « Oui, sans doute », répondis-je admiratif mais partagé entre la crainte de ne pouvoir consommer cette impressionnante quantité de nourriture et celle, non moins grande, de voir cette œuvre d'art s'altérer au fil des jours.

Ce genre de considération n'était heureusement pas de nature à tarir l'enthousiasme de Sarah. Elle appréciait particulièrement la ligne dessinée par un pot de cuivre rouge rempli de citrons jaunes que j'avais cueillis dans le jardin de la maison, et une belle cruche en terre, élancée et sobre, qui se dressait à l'autre extrémité de la desserte. Cette cruche était recouverte d'une pièce de tissu blanc à bordure mauve qui retombait en un gracieux drapé. Je lui en fis la remarque.

« Oui, me dit-elle, et c'est ce détail qui fait la différence entre les natures mortes de Chardin et celles de Vermeer ». Il est vrai que les plis du linge, mis en relief par les rayons obliques du soleil couchant faisaient penser inévitablement aux étoffes dont Vermeer était si friand et que chantaient si glorieusement ses pinceaux. « Cette étoffe ainsi posée m'évoque autre chose » ajoutai-je. Elle se tourna vers moi, interrogative. « Elle m'évoque une présence. Comme si quelqu'un venait de passer un instant avant nous et que la bordure du tissu à peine retombée frémissait encore ». Cette remarque lui parut justifiée. Chez Vermeer et ses contemporains, on trouve souvent dans une scène vide de tout personnage, un détail - un objet signifiant, diraient les psychologues - qui indique une présence : un trousseau de clés accroché à une porte et oscillant encore, une paire de pantoufles qui vient d'être abandonnée, un balai posé en équilibre contre une chaise et qu'une main active ne tardera pas à reprendre.

Mais ce n'était pas l'art du peintre et sa capacité d'évocation qui me touchaient le plus, ni la ménagère invisible laissant partout derrière elle des traces de son passage. Cette conversation venait de faire émerger dans ma mémoire des paroles que j'avais adressées naguère à Flora, une de mes collègues qui, sans arrêt, cherchait à me démontrer l'absence évidente de Dieu dans ce monde, avec le secret espoir que je lui prouve le contraire. Il ne m'avait pas été difficile de lui faire comprendre que, de toute façon, il n'était pas question d'en administrer une preuve au sens scientifique du terme. Peut-on prouver à un aveugle de naissance ce qu'est la couleur rouge, en quoi elle diffère de la bleue ? Sans doute peut-on lui expliquer les bases physiques de la couleur : ondes électromagnétiques de différentes fréquences, plus basses pour le rouge que pour le bleu ou le violet, par exemple. Mais la sensation, la qualité même de la couleur consciemment perçue ne se prouve pas, ne peut se prouver. Si des greffes oculaires étaient possibles et efficaces, l'aveugle verrait le rouge et le bleu et tout discours deviendrait inutile. Lorsque l'on apprend à un enfant à reconnaître les couleurs, en réalité on ne fait que lui inculquer la correspondance entre une sensation et un mot (v. p. 330). En revanche, les termes « rouge » ou « bleu » ne véhiculeront aucune information à une personne atteinte d'un déficit grave de vision des couleurs, comme dans certaines formes de daltonisme.

Revenons-en à Flora, ma collègue agnostique. Je lui avais fait part, pour illustrer mes propos, de certaines expériences que j'avais eues dans un domaine que l'on pourrait qualifier de mystique ou de spirituel. Ce n'était pas sans réticences que je m'étais exprimé, car je suis extrêmement réservé sur ce sujet. Je lui avais donné en exemple cet état de conscience si particulier que l'on éprouve lorsque, sans motif, on est habité par la joie. C'est ce que François d'Assise appelait « la joie pure » et que les mystiques hindous ont nommé « la joie sans objet ». Puis nous avions changé de sujet. Quelques mois plus tard, elle m'avait avoué n'avoir pas vraiment compris mes paroles jusqu'à ce qu'un soir, alors qu'elle était seule chez elle, et sans raison apparente, elle ait ressenti cette joie, cette simple joie de vivre, étincelante, jaillissante et que rien pourtant n'expliquait ni ne motivait.

« Est-ce cela que tu appelles Dieu ? », m'avait-elle alors demandé. Je lui avais répondu par la négative. « Non, cette joie n'est pas Dieu, mais c'est, d'une certaine façon, un indice de sa présence ». Et j'avais ajouté : « Comme lorsque l'on entre dans une maison et que l'on hume un parfum de femme, on sait qu'elle est passée par là et même si l'on ignore de qui il s'agit, on l'imagine dans sa beauté et dans sa grâce, laissant derrière elle un sillage odorant ». Aujourd'hui cependant, à la fin de cette journée glorieuse, au centre de la Galilée, ce n'était pas le mot « Dieu » qui venait à mon esprit mais, comme à l'église arménienne, la sensation d'une *présence*.

De même qu'était encore présent dans chacun des plis du linge le simple geste de la main qui l'avait posé sur la cruche, de même partout où je portais mes regards, la nature somptueuse qui m'entourait me semblait témoigner elle aussi d'une *présence*. Témoigner n'est pas le mot adéquat. Je l'utilise faute d'en trouver un autre. J'éprouvais en réalité une sensation à la fois très étrange et très précise. J'avais le sentiment d'être regardé. Je percevais la présence de la nature comme une présence consciente. Mieux encore, je la sentais présente à moi, comme moi à elle. J'étais, me semblait-il, aimé d'elle et heureux de l'être, comblé par son attention comme un enfant par une mère généreuse. Les arbres, les plantes, les fleurs, les oiseaux, les papillons, les parfums, le bruissement des feuilles agitées par la brise étaient là, pour moi. Non pour mon seul bénéfice personnel, mais pour le mien aussi. La nature était un grand corps dont chaque élément frémissait de vie, et ce frémissement était une vibration d'amour et de beauté. Cette *présence* immense était toutefois bien différente de celle plus personnalisée que j'avais perçue lors de ma visite à l'église arménienne. Là c'était la présence d'un être invisible qui parlait à l'intérieur de moi-même, ici ce n'était la présence de personne, c'était la *présence* tout court. Car la nature n'est pas le corps d'une personne mais le corps de « cela » que je tenterai de définir par la suite.

Échaudé par les nombreux malentendus dont j'ai été victime, j'évite généralement de proférer le mot Dieu. C'est un mot difficile à utiliser et à comprendre, comme le mot amour car chacun l'accommode comme il lui plaît. Le plus souvent quand on dit Dieu, on évoque un personnage ou tout au moins une personne. Dans la civilisation judéo-chrétienne, on visualise immédiatement l'image d'un vieillard à barbe blanche, irritable et jaloux. Dieu évoque aussi la religion avec tout ce que cela implique de contraintes, de règles, de domination et de sujétion. De toute façon, c'est un mot passé de mode. Dans les milieux dits spiritualistes, on parle maintenant de la Vie ou même de la Nature, avec une majuscule. Je préfère parler de *présence* (avec ou sans majuscule) pour évoquer non pas un concept mais une expérience vécue.

Denise, une jeune femme dont j'étais devenu le confident, m'avait fait part d'une expérience similaire. Malgré le handicap d'une enfance malheureuse passée auprès de parents sévères, son intelligence et son courage lui avaient valu de devenir une femme d'affaires efficace. Elle était toutefois consciente du manque d'amour dont elle avait souffert et dont elle souffrait encore. Quels que fussent les sentiments que lui portaient ses compagnons successifs, elle restait insatisfaite, perpétuellement affamée d'affection, recréant sans cesse la situation de manque qu'elle avait vécue dans l'enfance. Un soir, elle arriva chez moi, la mine détendue, sereine, l'œil clair, avec dans le regard une lueur inhabituelle. Elle me raconta alors l'expérience bouleversante qu'elle avait vécue au cours du dimanche précédent, un dimanche sans histoires, passé à faire du ménage. Soudainement, au beau milieu d'une activité banale, elle avait ressenti, avec une force irrésistible, une parfaite netteté, la sensation d'être aimée. Cela ne lui était jamais arrivé auparavant. Cela n'avait aucun rapport avec son compagnon qui, lui-même fatigué par une dure semaine de travail, ne s'était pas montré particulièrement attentif à son égard. Sans cause apparente, cette expérience lui était « tombée dessus » et l'avait envahie jusqu'à la fine pointe du cœur.

« Maintenant, ma vie est changée, me dit-elle, je sais ce que c'est d'être aimée ». Effectivement, sa vie changea. Nos rencontres peu fréquentes mais régulières y étaient peut-être pour quelque chose. Sans doute avait-elle trouvé en moi le réconfort qu'elle n'avait jamais reçu de son propre père. Mais cela n'explique en rien la soudaineté et la profondeur de l'expérience vécue. D'autres faits de ce genre m'ont été rapportés. Qu'il s'agisse de la joie sans objet ou du sentiment d'être aimé sans cause, ces moments de grâce (c'est le terme souvent utilisé par ceux qui les décrivent) sont toujours associés à la sensation ou à la perception d'une *présence* transcendante, c'est-à-dire d'une *présence* qui n'est en relation avec aucun proche, ami ou parent. J'insiste sur ce point car il y a de nombreuses personnes qui sentent parfois à leurs côtés la présence d'un être cher, décédé ou lointain. Il s'agit là d'une sensation associée à une réminiscence ; elle n'a rien de commun avec ce dont il est question dans ce chapitre. En revanche, il est moins aisé de distinguer ce que j'entends par *une présence* comme celle qui me parlait dans l'église arménienne et *la présence* perçue face à la nature, lors de mon arrivée en Galilée. Le premier type d'expérience a souvent pour cadre un lieu sacré. Il y a quelques années, au cours d'un mois de novembre froid et sec, je m'étais rendu à Assise. Il y avait peu de touristes. La ville paraissait vide. Ma compagne et moi étions arrivés à la tombée de la nuit dans une auberge agréable, où nous avions dîné d'un délicieux plat de pâtes aux morilles. Le lendemain matin, nous nous rendîmes à la basilique Saint-François. Le froid était toujours aussi vif, le ciel d'un bleu parfait, la foule absente. Les marchands du temple encore endormis n'avaient pas déballé leurs éventaires. Je me mis à déambuler. Des frissons de plaisir me parcouraient à la vue de toutes les merveilles que recelaient les trois niveaux de l'église. Soudain, il y eut comme un grand silence. Je redressai la tête, regardai autour de moi. Je sentais une *présence* à la fois gigantesque, bienveillante et pleine de douceur. Elle me donnait, comme lors de ma visite au jeune Rinpoché tibétain, le sentiment d'être très attentive, attentive à chaque feuille, à chaque fleur, à toutes les étoiles du firmament. Au même instant, ma compagne qui me précédait de quelques pas se tourna vers moi, le visage baigné de larmes. Par la suite, les longues discussions que nous eûmes sur ce sujet confirmèrent qu'au même moment nous avions été touchés par la même *présence*, tendre et chaleureuse.

*
* *

Je ne puis clore ce chapitre sans faire quelques commentaires d'ordre méthodologique. Il importe en premier lieu de souligner que j'ai vécu des expériences similaires dans des sanctuaires consacrés à d'autres cultes. Comme dans le cas des églises chrétiennes, elles furent rares. Seuls certains lieux semblent « habités ». Il existe, bien entendu, de nombreux sanctuaires construits sur des points d'émergence de forces telluriques, mais il s'agit là d'un tout autre phénomène. Avec un peu d'habitude, on le reconnaît facilement, à condition d'être chaussé légèrement. La sensation, une sorte de vibration ténue mais indiscutable, monte le long des jambes. Elle peut aussi être perçue directement par la paume de la main. Si vous voulez en faire l'expérience, placez-vous au centre du labyrinthe de la cathédrale de Chartres. Si vous ne percevez rien, n'en concluez pas qu'il n'y a rien à sentir et que mes propos relèvent de l'imagination. Essayez plutôt de développer votre sensibilité par des pratiques simples qui ne requièrent qu'un peu de discipline et de patience[11].

Ensuite, il faut considérer le point de vue scientifique qui n'exclut pas l'expérience spirituelle ou mystique. Il n'est pas douteux que, dans l'avenir, on arrivera à déterminer les zones cérébrales qui sont activées lorsque l'on perçoit la joie, le sentiment d'être aimé ou celui d'une présence invisible. Ce qui, en revanche, me semble difficile à expliquer, c'est le fait que ces zones puissent dans certains cas s'activer spontanément, sans cause externe apparente. Les psychanalystes répondront que s'il n'y a pas de cause externe, c'est qu'il y a une cause interne à rechercher dans l'inconscient. Peut-être. En tout cas, il est certain que l'auto-activation desdites zones requiert des conditions bien précises : une détente parfaite et une totale disponibilité. Autrement dit, si l'on veut provoquer le phénomène ou si l'on désire son apparition, rien ne se passera. Il est même probable que le seul fait d'y penser l'inhibera. Cette détente et cette disponibilité correspondent à un état de veille sans pensée ou tout au moins à une activité mentale réduite. À l'électroencéphalogramme, on observe des ondes alpha (huit à douze cycles par seconde), d'où l'expression « se mettre » ou « être en alpha ». Outre-Atlantique, on pratique beaucoup l'*alpha training*, c'est-à-dire un entraînement susceptible d'induire un « état alpha ». Les techniques de méditation, en particulier celles que j'ai apprises au cours de mes séjours en Inde, favorisent aussi l'apparition de ces ondes. Les recherches faites à ce sujet sont nombreuses, techniquement irréprochables et démonstratives[12]. Il est toutefois difficile de maintenir cet « état alpha » pendant de longues périodes de temps. Être éveillé sans penser, c'est un travail d'équilibriste : il faut éviter de tomber dans le sommeil sans pour autant en revenir à l'activité mentale incessante qui est celle de notre psychisme dans les conditions normales d'éveil. Les yogis paraissent avoir surmonté cette difficulté. Moi-même, grâce à l'enseignement que j'ai suivi en Inde, je suis arrivé à quelque résultat dans ce domaine. Ceci explique peut-être ma propension à vivre les expériences citées plus haut. Ces considérations expliquent aussi le scepticisme de la plupart des scientifiques vis-à-vis de tels phénomènes. Leur mental étant sans cesse en activité, il est normal qu'ils n'éprouvent jamais les merveilleuses expériences qui font l'objet de mes propos. « Absurdités, risquent-ils de rétorquer, nous connaissons comme tout un chacun ce que sont la joie, l'amour et la présence. D'ailleurs ce sentiment de présence face à la nature n'a-t-il pas été chanté par les poètes, et ne savons-nous pas qu'il résulte de la projection de notre propre conscience sur l'écran neutre que constitue la nature ». Il est évident que la *présence* que je ressentais en cette belle après-midi galiléenne pouvait être la projection de mon propre psychisme. Mais dans ce cas, quelle chance d'avoir une telle richesse intérieure et de pouvoir la manifester à l'occasion du spectacle de la nature ! En revanche, quelle erreur de penser que les joies motivées même par les plus grands bonheurs objectifs puissent avoir une commune mesure avec la joie sans objet, source jaillissante de jubilation, venant des profondeurs mêmes de l'être ! Il semble donc que si la connaissance scientifique objective et la connaissance subjective de certains états spirituels sont complémentaires en théorie, les conditions nécessaires à l'acquisition de l'une ou de l'autre semblent souvent s'exclure mutuellement.

*
* *

La nuit était tombée. Sarah était partie. J'étais triste de son absence, mais comblé par la *présence* qui cette fois descendait silencieusement du ciel, un ciel pur et transparent tel qu'on en voit en haute montagne ou en climat désertique. Je fis quelques pas pour m'éloigner de mon habitation et de celle de mes voisins. Aucune lumière artificielle ne venait troubler ma contemplation. La lune n'était pas encore levée. Les étoiles semblaient proches au point qu'on croyait pouvoir les toucher du doigt. La Voie lactée clamait comme un point d'orgue la gloire de la sphère céleste dont le bleu insondable contrastait avec le noir velouté de la terre. En Asie du Sud-Est, il existe des papillons dont les ailes ont cette même couleur d'un bleu à la fois obscur et lumineux. Vraiment, pensais-je en rentrant me coucher, la parole d'Hermès Trismégiste n'a jamais reçu une aussi belle illustration : « Ce qui est en bas est comme ce qui est en haut »[13].

CHAPITRE 3

LE NOMBRIL DU MONDE

Dieu écrit droit avec nos lignes courbes.

Proverbe portugais, cité
par Paul Claudel[14]

De la fenêtre de ma chambre, je voyais le soleil se lever. Peu après six heures, le bord du disque lumineux apparaissait exactement au centre de mon champ de vision. Encore un cadeau de cet endroit béni. De l'autre côté de la maison, à l'ouest, j'apercevais le Mont Tabor assez proche pour remplir l'horizon, assez éloigné pour me permettre d'embrasser la totalité de sa forme. Il était rond comme le sein ferme et galbé d'une jeune fille. Pour parfaire l'illusion, à son sommet se dressait la basilique de la Transfiguration, comme un petit téton rosé alors que la peau du sein, je veux dire les flancs du Mont étaient couverts d'arbres sombres. Je ne pouvais m'empêcher d'évoquer, en contemplant cette mamelle à la forme si parfaite et à la couleur profonde, le verset de la Bible : « Tu es noire mais belle, fille de Jérusalem ». Verset qui a inspiré et inspire encore bien des pensées érotiques à tous les lecteurs de ce beau livre, qu'ils aient ou non prononcé des vœux de chasteté. Lors de mes promenades matinales à travers champs, je voyais mieux encore le Mont Tabor se dresser fièrement dans sa douce beauté. Partout il m'accompagnait et quels que soient les chemins où m'entraînaient mes pas, je l'apercevais toujours à mes côtés.

Curieusement, le mot *Tabor* est très proche du mot utilisé en hébreu pour signifier ombilic. Le premier, prononcé *tavôr*, est composé des lettres tav, bet, vav et rêsh, le second, prononcé *tabour*, comporte les lettres têt, bet, vav et rêsh. La première lettre diffère dans les deux mots, mais se prononce de la même façon. Leurs caractères alphabétiques dérivent du phénicien archaïque : l'un y était figuré par une croix et l'autre par une croix inscrite dans un cercle[15]. Les signes originels sont donc semblables, ce qui renforce encore l'analogie entre tav et têt. Les autres lettres des mots *tavôr* et *tabour* sont identiques même si bet et vav sont vocalisés « v » et « ô » dans le premier, et « b » et « ou » dans le second.

Comment expliquer la similitude entre deux mots dont l'un désigne un mont à l'aspect hémisphérique et l'autre un ombilic dont l'apparence serait plutôt celle d'un cratère. C'est sans doute au concept de centre et non à la forme qu'il convient de se référer. Le nombril est le centre du corps. Les Romains, qui voyaient en Rome le centre du monde antique, l'appelaient *umbilicus terrae*, le centre de la terre. Les individus qui se prennent pour le centre de l'univers sont accusés de nombrilisme. Le Mont Tabor était donc un centre. Le centre de la Galilée ? Il est évident que l'armée qui s'installait en son sommet contrôlait toute la région. L'explication n'est toutefois pas très satisfaisante car, à quelques kilomètres du Mont Tabor, existe un escarpement bien plus haut, mieux placé - il domine toute la vallée du Jourdain - au sommet duquel se trouvent les ruines d'une puissante forteresse, Belvoir (Kochav Hayarden), datant des premières croisades. Le Mont Tabor ne serait-il pas un centre spirituel plutôt qu'un centre stratégique ? C'est à son sommet qu'aurait eu lieu la Transfiguration de Jésus. Les chrétiens y ont d'ailleurs construit une basilique romane qui a été détruite puis reconstruite au début de ce siècle. On ne prête qu'aux riches. Si cet épisode de la vie de Jésus a été situé au Mont Tabor, c'est sans aucun doute parce que ce mont était déjà un lieu sacré. Sous la basilique ont été retrouvées les fondations d'un temple cananéen dédié à Baal. On peut donc penser que le Mont Tabor est un ancien lieu de culte et que son sommet n'était nullement un point d'observation permettant la surveillance de la plaine, mais un point de jonction entre la terre et le ciel. Il les unissait comme le cordon ombilical, dont le nombril est le vestige, unit l'enfant à la mère.

Le Mont Tabor serait-il le centre spirituel de la Galilée, et qui sait, peut-être même le centre spirituel du monde ou tout au moins d'un des trois mondes les plus évolués de l'Antiquité, les deux autres étant constitués par l'Inde, la Chine et leur sphère d'influence ? L'hypothèse n'est pas aussi gratuite qu'elle le paraît. La Galilée et les régions voisines étaient dès la plus haute antiquité le carrefour des trois voies principales empruntées par les voyageurs, les commerçants et les envahisseurs : les côtes nord et sud de la Méditerranée et la route orientale partant vers la Mésopotamie et la Perse jusqu'à l'Inde. La Galilée est aussi le lieu de rencontre de trois grandes religions monothéistes : juive, musulmane et chrétienne. Lors de mes randonnées, je passais sans cesse d'un village musulman dominé par la tour claire de son minaret et le dôme vert de sa mosquée, à un village chrétien groupé autour de l'église surmontée d'une croix, ou à un village juif reconnaissable à sa synagogue et à ses jardins fleuris. Du sommet des collines qui entouraient le lac de Tibériade, je pouvais embrasser du regard tous ces villages dispersés, comme des îlots d'un blanc vif, dans l'étendue verte des cultures, ou celle crayeuse des roches désertiques. Lorsque la nuit je descendais la route de Nazareth, haut perchée au-dessus de la plaine, j'avais l'impression de voyager en avion. Je contemplais à mes pieds des dizaines et des dizaines d'agglomérations visibles seulement par les lumières de leurs habitations qui, comme des amas d'étoiles, parsemaient l'obscurité jusqu'aux confins de l'horizon. Ce pays traversé par les invasions, déchiré par les guerres, écrasé par le joug d'empires dominateurs, donnait malgré tout une impression de paix et de sérénité. Sans doute la beauté de la nature y était-elle pour beaucoup. De petits nuages ronds et nacrés comme des fesses d'angelots dérivaient tranquillement dans le ciel bleu et semblaient par moments se refléter dans des troupeaux de moutons qui apparaissaient au coin des routes, flanqués d'un berger maigre vêtu de laine rêche à l'allure terriblement biblique. Les plantations d'oliviers et d'amandiers, petits arbres tout verts et sagement alignés comme des jouets, donnaient aussi cette impression d'harmonie à la fois rieuse et sévère. Mais cela ne suffisait pas à expliquer l'impression d'unité que je ressentais. Les différences de religion, de culture et d'origine des habitants de ces villages, loin de donner une sensation de disparité, semblaient, au contraire, révéler l'unité de l'espèce humaine. Ne nous réjouissons-nous pas de la variété du plumage des oiseaux ? Seraient-ils tous parés des mêmes couleurs, le spectacle en deviendrait monotone. Quand il s'agit de l'espèce humaine, en revanche, les différences sont ressenties comme des menaces, et la multiplicité des croyances et des coutumes comme un désaveu de celles qui nous sont propres. J'en arrivais à imaginer le Mont Tabor comme un gigantesque centrosome cellulaire (v. p. 323) organisant l'espace autour de lui, l'ordonnant en une harmonie unificatrice qui me donnait l'impression de pouvoir parcourir les routes et les chemins de ce pays sans éprouver autre chose que joie du cœur et plaisir des yeux. En outre, j'étais influencé par la lecture de l'Évangile selon Thomas, un des trois livres que j'avais emportés avec moi au cours de ce voyage. Le texte de cet Évangile fleurait bon la philosophie de la non-dualité. Au cours de mes voyages en Inde, j'avais fait l'apprentissage de cette philosophie qui me donnait le sentiment profond que le Mont Tabor réunissait autour de lui non pas trois mais quatre religions monothéistes.

Il me faut faire ici une digression pour tenter de dissiper l'erreur si répandue qui consiste à considérer la religion hindoue comme polythéiste. Les monothéistes avérés en parlent souvent d'une lèvre dédaigneuse, avec une sorte de mépris pour la multiplicité des dieux qui peuplent les temples, les livres sacrés et les poèmes épiques. Immense poète et dramaturge, Paul Claudel avait, en matière religieuse, une ouverture d'esprit à peu près aussi large que le chas d'une aiguille, celle dont il est précisément question dans les évangiles canoniques. Les bras multiples de Shiva lui faisaient peur. Il y voyait quelque magie démoniaque alors que les ailes des anges lui paraissaient tout à fait rassurantes. Il était, comme beaucoup de ses contemporains, incapable de la moindre distanciation par rapport à ses propres conditionnements. L'impérialisme occidental était alors à son zénith et, même s'il a perdu quelques plumes (des plumes d'anges et sans doute aussi des plumes d'écrivains), il est toujours aussi vivant. Les délicieuses histoires racontées si poétiquement dans le *Râmâyana*, le *Mahâbhârata*, les *Purâna*, et bien d'autres textes, sont des contes symboliques riches d'un enseignement d'une grande beauté et d'une grande sagesse tout comme nos contes de fées. Qualifierait-on une mère de famille chrétienne de polythéiste parce qu'elle parle à ses enfants des bonnes et des mauvaises fées qui peuplent nos légendes ? Quant à la Trimûrti hindoue : Brahmâ, Vishnu, Shiva, elle ne diffère en rien, sinon dans la forme, de la Trinité chrétienne. Ce sont trois aspects d'un seul et même Être, le Brahman, l'âme de l'univers[16]. Il n'y a qu'une vérité, et elle est la même dans toutes les religions, mais les interprétations, commentaires et exégèses varient largement selon les lieux et les époques.

*
* *

Le personnage historique de Jésus le Christ ne sera jamais connu avec exactitude, pas plus que celui de Gautama le Bouddha[17]. L'important n'est pas là. Ce qu'il convient de comprendre, c'est que certains hommes, par la puissance et l'originalité de leur pensée, favorisent la cristallisation des mythes sur leur personnage. En outre, les mythes évoluent au gré des époques, et surtout au gré des pouvoirs qui les utilisent après les avoir savamment dénaturés pour soumettre les esprits crédules à leur volonté. Nous ne saurons jamais qui était vraiment le Rabbi Jésus et quel a été son enseignement. Les prophètes parlent mais n'écrivent pas. Leurs paroles sont notées par des disciples qui n'en comprennent pas toujours le sens, puis elles sont recopiées, complétées, enjolivées. Le prophète, après sa mort, de personnage réel devient un prétexte, une figure symbolique utilisée pour transmettre un enseignement dont le but est souvent de servir de support à la formation d'un groupe ou d'une secte. Le prosélytisme devient une nécessité. Il faut convaincre pour que la secte s'enrichisse de nouveaux adeptes. Des buts politiques ou lucratifs, plus ou moins avoués, s'infiltrent au sein d'un enseignement, spirituel au départ. Si la secte réussit, elle devient une religion et prend son pouvoir. Si elle ne réussit pas, elle est éliminée en vertu des lois de la sélection naturelle. Wilhelm Reich dans *Le Meurtre du Christ*[18] a décrit comment le disciple, faute d'avoir la personnalité du maître, se l'approprie en la déformant : nombreux sont les disciples qui, au lieu de transmettre fidèlement l'enseignement qu'ils ont reçu, l'utilisent pour se faire valoir, ce qui entraîne inévitablement des distorsions dans la transmission.

Les plus anciens documents dans lesquels sont consignés les textes des évangiles canoniques, c'est-à-dire reconnus par Rome, datent au mieux du troisième ou du quatrième siècle après Jésus-Christ. De surcroît, ils sont en grec, langue qui était parlée dans tout le bassin méditerranéen, comme l'est l'anglais dans le monde aujourd'hui. Ces évangiles, dits de Matthieu, Marc, Luc et Jean, donnent des versions cohérentes dans l'ensemble, mais parfois très différentes dans le détail. En 1945, une découverte considérable a été faite, celle d'un manuscrit copte en excellent état de conservation, retrouvé à Nag Hammadi, en Haute-Égypte, avec un ensemble d'autres textes d'origine gnostique. Ce manuscrit, qui date probablement du troisième siècle après Jésus-Christ, s'intitule *L'Évangile selon Thomas*. Certains spécialistes ont voulu y voir un texte d'inspiration gnostique. C'est là une conclusion hâtive. L'ensemble des manuscrits retrouvés constituent évidemment un corpus de documents ayant appartenu à un groupe de gnostiques égyptiens. Cela ne signifie nullement que l'Évangile selon Thomas soit un texte gnostique en lui-même[7]. Quant à la langue utilisée, le copte, ce n'est rien d'autre que l'égyptien ancien transcrit en caractères grecs. Le texte est, en outre, truffé de mots grecs classiques. À l'époque, on parlait « coptogrec » comme on parle « franglais » aujourd'hui. Il comporte 114 logia ; chaque logion se suffit à lui-même et constitue une courte parabole, un bref enseignement, *une parole nue*. Cette présentation très concise et ramassée est beaucoup plus proche de celle des *sûtra* de l'Inde antique que de celle des quatre évangiles. L'Évangile de Thomas évoque l'Inde non seulement par la forme mais aussi par le fond. Il y est fait allusion à de nombreuses reprises à la philosophie de la non-dualité telle qu'elle est exposée dans le *Vedânta*. Le texte de Thomas présente aussi certains points communs avec la doctrine des *Tantra*. Bref, l'enseignement de Jésus y est présenté sous un jour totalement nouveau, qui tendrait à accréditer la légende selon laquelle Jésus serait parti en Inde pendant de longues années. Thomas y est désigné comme son successeur spirituel. Coïncidence étrange, Thomas est parti en Inde et est mort à Madras où se trouve toujours son tombeau.

La découverte de ce manuscrit, bien plus importante encore que celle des rouleaux de la mer Morte, est passée presque complètement inaperçue. Philippe de Suarez[7] en a fait une analyse magistrale. Il met en évidence sa primauté par rapport aux évangiles canoniques. Ceux-ci contiennent des fragments de l'Évangile de Thomas, mais ils les enjolivent et d'un enseignement concis font un récit circonstancié de la vie de Jésus. Dans les évangiles canoniques, sont soigneusement éliminées toutes les paroles d'un symbolisme obscur mais aussi toutes celles qui pourraient être gênantes pour l'épanouissement d'une communauté religieuse naissante. Ainsi sont systématiquement omises toutes les critiques relatives aux pratiques et aux réglementations religieuses que Jésus semblait avoir en horreur. Sont également passées sous silence toutes les références à la dualité et au retour à l'unité originelle, c'est-à-dire à l'Androgyne des disciples d'Hermès, à l'Ardhanârîshvara des Hindous, à l'Homme primordial, l'Hermaphrodite, qui combine la double polarité masculine et féminine. Dans le chapitre 14, je donnerai quelques exemples de ces logia oubliés.

En ce qui me concerne, la démonstration de Philippe de Suarez me paraît convaincante. Je ne doute pas que le texte de l'Évangile selon Thomas soit le texte de base à partir duquel les évangiles canoniques ont été composés. Le papyrus d'Oxyrhynque cité par de Suarez vient confirmer cette impression. Trouvé également en Égypte, il constitue visiblement un chaînon intermédiaire entre l'Évangile de Thomas et les autres. Ces considérations suggèrent donc que la philosophie de l'Inde, sinon sa religion, se trouve, grâce aux paroles de Jésus le Galiléen, discrètement présente dans ce pays qui devient ainsi, comme je l'annonçais plus haut, le creuset non pas de trois mais de quatre grandes lignées spirituelles.

*
* *

Poursuivant ma réflexion plus loin, j'aimerais maintenant envisager sous l'angle dynamique ce carrefour des peuples et des idées qu'est la Galilée. Pour qu'une espèce animale se développe dans des conditions optimales, il est important qu'un brassage de gènes s'opère en son sein. Les gènes sont porteurs de l'information biologique. Plus les gènes et les assortiments de gènes d'une espèce sont variés, plus cette espèce dispose d'un répertoire étendu de possibilités adaptatives face à un environnement souvent hostile et toujours changeant. Par exemple, chez *Melitaea cinxia*, un petit papillon du type *Damier* connu dans tout l'hémisphère Nord, des chercheurs finlandais ont montré que les populations continentales se reproduisent mieux et ont une vie plus longue que les populations insulaires. Celles-ci se caractérisent par une diversité génétique faible, en raison de l'absence de flux migratoires et de l'accouplement entre proches[19]. La pureté de la race est donc un caractère préjudiciable à l'espèce tandis que les mélanges de populations qui permettent l'apport de gènes nouveaux ont une réelle utilité biologique[20]. Il en est de même pour les idées et les concepts. Ceux-ci sont porteurs d'*informations psychiques* d'un cerveau à un autre, d'une culture à une autre. Ils jouent donc un rôle comparable à celui des gènes, porteurs d'*informations physiques*.

Chez l'homme, les périodes de grand bouleversement et de renouveau ont presque toujours été associées à des flux d'idées ou de cultures faisant suite à des migrations. Dans beaucoup de cas, hélas ! ces migrations se faisaient sous la contrainte à la suite de guerres, de persécutions et parfois aussi de famines. Les diasporas ont souvent joué un rôle important en véhiculant des cultures nouvelles dans des pays qui les ont assimilées, donnant ainsi naissance à une synthèse originale entre la culture locale et la culture importée par les populations migratrices. Les persécutions ou déportations massives de populations humaines sont des choses atroces, qu'aucune philosophie ne peut excuser. Mais à quelque chose malheur est bon ; la souffrance d'une population contrainte à migrer peut, dans certains cas, avoir une contrepartie positive qui atténuera, sans pour autant la justifier, la douleur de la transplantation. Le meilleur exemple est celui de la diaspora des Tibétains qui, après l'envahissement de leur pays par la Chine, se sont dispersés en Inde, en Europe et en Amérique du Nord. Alors que beaucoup d'entre eux ont tout perdu, ils ont gardé une incroyable bonne humeur. Bien plus, non contents de se regrouper et de reconstruire leurs monastères, ils ont ouvert toutes grandes leurs portes et ont commencé, avec le succès que l'on sait, à propager et à diffuser leur religion et leur philosophie. Bien que la plupart d'entre eux ne connaissent pas François Rabelais, ils en ont appliqué les préceptes et se sont comportés en *abstracteurs de quintessence*[21], c'est-à-dire qu'ils ont tiré le meilleur parti possible d'une catastrophe. À la limite, ils ont transformé la catastrophe en succès. C'est ce que certains d'entre eux prétendent. Nul doute que l'attitude positive des Tibétains en diaspora soit un facteur important, voire décisif, dans la renaissance qui est en train de s'amorcer en Occident. Leur héritage culturel et philosophique a bouleversé nombre d'artistes, d'écrivains, de philosophes, de politiciens et même de scientifiques[22]. L'héritage culturel et philosophique de l'Inde n'a pas eu moins d'impact - il convient de le reconnaître - mais dans ce cas la transmission des informations s'est faite facilement, sans heurts. Ce sont les Occidentaux qui, à la recherche de nouveaux paradigmes, sont partis en Inde. J'ai moi-même été un de ceux-là.

La Renaissance des 15e et 16e siècles fut, comme celle actuellement en cours, la résultante d'une diaspora. Menacée par l'Empire ottoman, une partie de l'intelligentsia grecque vint s'installer à Rome à la fin du Moyen Âge et y amena les connaissances de la Grèce antique qui, en Italie et dans la plupart des autres pays d'Europe, avaient été oubliées ou mises en sommeil sous l'effet de l'impérialisme catholique et de la philosophie scolastique. C'est si vrai que même à l'heure actuelle beaucoup d'Européens cultivés attribuent encore à Galilée l'invention du système héliocentrique alors que le concept même d'héliocentrisme était connu des anciens Grecs[23]. Galilée, Copernic et les autres n'en ont pas moins de mérite car ils ont considérablement affiné l'idée que se faisaient les Anciens de la structure de notre système solaire. Il n'empêche que la science moderne a commencé à voir le jour en Europe à partir de la Renaissance, et cela grâce à la redécouverte de la pensée grecque antique qui constitue la vraie racine de la science, définie comme une discipline de connaissance impliquant la pensée rationnelle, l'observation dite « objective » et l'expérimentation. Erwin Schrödinger a écrit des pages admirables sur ce sujet[23]. C'était un grand physicien. Il eut le prix Nobel en 1933 pour la découverte des équations qui portent son nom et qui jouèrent un rôle considérable dans le développement de la physique quantique. Ce fut aussi un grand philosophe. J'entends par là un philosophe à la pensée claire et précise mais aussi ouverte, libre et non conditionnée par un conformisme pseudo-scientifique qui est trop souvent l'apanage des penseurs contemporains.

Une autre diaspora qu'il me faut évoquer au cours de ces pages écrites à l'ombre du Mont Tabor est évidemment la diaspora juive. Sur le plan théorique, elle présente des analogies avec la diaspora bouddhique tibétaine. Sur le plan humain, elle est toute différente. Le peuple juif entreprit une première migration d'Égypte en Terre Promise. Quelle qu'ait été réellement la personnalité de Moïse, initié à tous les secrets de la sagesse égyptienne, il est certain que le peuple hébreu n'a pas quitté l'Égypte sans avoir reçu une forte imprégnation culturelle du pays où il vécut aussi longtemps. La Galilée a donc été le réceptacle non de quatre mais de cinq lignées spirituelles : les trois manifestes et les deux secrètes, l'hindoue et l'égyptienne. Par suite de la destruction du Temple de Salomon et de la persécution des Juifs par les Romains au début de notre ère, le judaïsme se répandit dans tout le Moyen-Orient, l'Afrique du Nord, l'Europe et plus tard les États-Unis. Son influence fut considérable dans des régions comme Cordoue où, pendant près d'un siècle, les trois communautés juive, musulmane et chrétienne vécurent en bonne intelligence.

L'histoire de l'ésotérisme, et en particulier celle de l'alchimie, montre à quel point, malgré les persécutions, un courant secret amena certains aspects de la pensée juive et de la tradition égyptienne qu'elle véhiculait jusqu'au cœur même de l'Europe. En revanche, le véritable message du Rabbi Jésus ne fut pas transmis par le judaïsme, dont il faisait pourtant partie, même s'il en constituait un aspect dissident. Comment les Juifs auraient-ils pu propager par la voie de la diaspora un message qui ne leur appartenait plus ? On peut, cependant, regretter que le christianisme naissant l'ait censuré et en ait partiellement dénaturé le sens. Sans doute l'humanité n'était-elle pas prête à le recevoir. Je crois pourtant qu'aujourd'hui les raisons qui justifiaient peut-être certaines censures ont disparu. Est-ce par hasard que le manuscrit de l'Évangile selon Thomas a été retrouvé au milieu de ce siècle, au moment précis où la pensée de l'Orient et celle de l'Occident commencent lentement mais inéluctablement à se rejoindre en des noces longtemps attendues et enfin célébrées ?

Ces noces ont toutefois été précédées de longues fiançailles secrètes. Chaque civilisation a sa religion et ses croyances officielles défendues par des brahmanes chez les Hindous, des ayatollah chez les Musulmans, des rabbins talmudistes chez les Juifs, de grands lamas chez les Tibétains, la Curie romaine chez les Catholiques. Parallèlement, il existe des connaissances ésotériques conservées et transmises par de rares yogis, certains soufis, quelques kabbalistes, des moines bouddhistes et chrétiens, et une poignée d'alchimistes. Dans la Grèce antique, il en était de même : à côté des prêtres et des devins officiels, il y avait des écoles gnostiques. Quand on étudie les textes, on s'aperçoit que toutes les connaissances ésotériques sont basées sur les mêmes principes, sur une même approche non duelle de la réalité. N'est-il pas étonnant de constater que le yoga indien enseigne un *âsana*, c'est-à-dire une posture, celle du scorpion, dans laquelle les pieds viennent se poser sur le sommet de la tête, et de retrouver dans cette même position une statuette olmèque (musée de Mexico) et des personnages figurés sur des bas-reliefs égyptiens (temple de Louxor) et chrétiens (cathédrale de Vézelay) ? Dans cette position hautement symbolique figurant l'*ouroboros,* le serpent qui se mord la queue, les deux extrémités se rejoignent : « Ce qui est en bas est comme ce qui est en haut ». La connaissance ésotérique s'est maintenue et se maintient encore, envers et contre tout, au nez et à la barbe des « officiels » qui l'ignorent ou, s'ils en ont vent, la méprisent parce qu'ils ne se donnent pas la peine d'essayer d'en comprendre la portée. Le moment semble venu de réaliser la synthèse entre les deux courants de pensée, l'exotérique et l'ésotérique. La circulation des hommes et des idées est devenue facile grâce aux techniques modernes. L'attention des scientifiques les plus curieux est mise en éveil : ils prennent conscience d'un mode de pensée qui jusqu'alors leur était étranger[2]. Les ésotéristes commencent à ouvrir leurs lèvres jusqu'ici étroitement scellées. Les croyances et les pratiques de tout genre fleurissent au grand jour. Il y a un immense tri à faire dans ce qui constitue souvent un invraisemblable fatras. Mais, à mon sens, la tâche vaut la peine d'être entreprise à condition qu'elle le soit par des esprits rigoureux et ouverts.

Mon souci est de montrer qu'il n'y a pas, contrairement à ce que l'on soutient trop souvent, d'opposition ni d'exclusion entre ces deux courants de pensée. Le conflit n'est qu'apparent. Il est entretenu par les tenants d'un rationalisme rigide, mais aussi par les faux mages qui ne connaissent pas vraiment les traditions dont ils parlent. Heureusement, il y a les autres. Ceux qui sont de vrais chercheurs de vérité, officiels ou non, diplômés ou pas. C'est à ceux-là que je m'adresse.

*
* *

L'après-midi touchait à sa fin. L'herbe prenait une couleur émeraude et les arbres projetaient une ombre qui s'étirait loin sur la pelouse. Les fleurs redoublaient de fragrance. Il était temps de sortir, de prendre le petit chemin de campagne à deux pas de ma maison et d'aller dans les champs pour contempler le Mont Tabor qui s'élevait, rond et sombre, derrière les blés dorés maintenant hauts sur tige. Le soleil descendait rapidement comme s'il était pressé de se coucher. Son disque touchait le flanc sud du Mont Tabor. Il y pénétrait et commençait à émettre des couleurs rouges, violacées et bleu vert qui étaient fragmentées par les nuages en autant de glaives de lumières. Ombilic ou mamelle, qu'importe, il était là ce mont rassurant et solide, carrefour des civilisations, point de repère visible de partout, soulèvement de la terre s'efforçant de rejoindre le ciel, centre de la Galilée et surtout centre de mes pensées. Je l'aimais et il me le rendait. J'avais le sentiment d'être réconforté dans mon cœur et d'être conforté dans ma quête, de pouvoir me poser, sinon me reposer, le dos appuyé sur son flanc chaleureux.

CHAPITRE 4

DU BON ET DU MAUVAIS USAGE DES MOTS

... les chimpanzés seraient depuis toujours des épistémologues consciencieux. Parfaitement capables de parler, mais refusant d'exprimer l'inexprimable confus dans lequel se complaît le genre humain.

Yves Christen[24]

Les journées passaient rapidement et se ressemblaient toutes. Pourtant nulle monotonie ni sentiment de routine ne venaient ternir ma joie. Chaque jour était un délice renouvelé dont, me semblait-il, je ne pourrais jamais me lasser. Cependant, des changements progressifs se manifestaient. Au bord du chemin, des chardons hauts de deux mètres laissaient partir au gré du vent le coton blanc qui avait remplacé leurs fleurs violettes. Quelques coquelicots d'un vermillon éclatant chantaient encore leur do majeur mais ils étaient moins nombreux. Les blés qui sortaient à peine de terre à mon arrivée m'atteignaient l'épaule. Certains étaient encore verts. D'autres, déjà vieil or, évoquaient la croûte d'un pain chaud qui, telle la fleur à l'abeille, fait signe qu'il est prêt à être consommé. Plus subtile était l'évolution de mon état d'esprit. Lors des premières promenades j'étais présent à la nature comme la nature l'était à moi. Maintenant, je m'absentais de plus en plus fréquemment, attentif à l'univers grouillant de mes pensées, oublieux des créatures aériennes et terrestres qui m'entouraient. Bon gré mal gré, mes longues heures d'écriture et de lecture activaient mon intellect qui travaillait de façon incessante, construisant de nouvelles phrases, structurant de nouvelles pensées. Je les mémorisais sans peine - j'ai cette heureuse faculté - et les régurgitais sur le papier de retour à ma table de travail. Mots, idées, pensées, concepts étaient divers aspects d'un même tissu qui prenait forme sur le canevas de mon mental. Prompts à s'emballer, ils envahissaient mon champ de conscience au point qu'il me fallait faire un effort pour saluer fleurs et papillons, arbres et feuillages, terre brune et ciel bleu.

Je commençais à expérimenter très clairement le danger des mots, la prison menaçante du filet, de la toile qu'ils tissaient autour de moi. Non pas qu'ils fussent mauvais ou dangereux en eux-mêmes. Il me fallait simplement les contenir, les dompter, les empêcher de prendre possession des lieux. « Lorsque [...] vous faites l'intérieur comme l'extérieur et l'extérieur comme l'intérieur » (Log. 22 : 9 - 11). Ce verset du manuscrit de Thomas me revenait à la mémoire et je tentais, non sans difficulté, de le mettre en pratique. Dans les rares moments où j'y arrivais, la frontière s'effaçait entre le dedans et le dehors. Les pensées devenaient alors des objets transparents que je voyais se transformer en mots et s'accoupler en phrases. Leurs guirlandes légères ne m'empêchaient plus de voir les objets plus solides que constituaient insectes et oiseaux en vol, graines plumeuses à la dérive dans la brise du soir ou nuages joufflus prêts à rire de l'air du temps. Dans ces moments privilégiés, il n'y avait qu'une conscience contemplant la danse de l'univers, à la fois unique et multiple, où s'entrecroisaient sans se gêner, comme dans un ballet bien réglé, images et concepts, plantes et animaux. Tout devenait objet de contemplation y compris mes pensées qui déjà n'étaient plus miennes car elles avaient leur vie propre. Je n'étais plus qu'un observateur émerveillé. Cessant de faire quoi que ce soit, je pouvais tout déguster avec la même volupté. Effort et anxiété avaient disparu, laissant le champ libre à la détente et à la sérénité. Le désir faisait place au plaisir et la peur à la confiance. Car toujours peur et désir sont liés : désir d'une belle journée d'excursion, peur d'avoir du mauvais temps ; désir d'écrire un livre, peur de le rater ; désir de voir Sarah revenir à mes côtés, peur qu'elle ne soit retenue à la ville par ses occupations. Comment la pensée et l'émotion pouvaient-elles par instant prendre possession de moi aussi complètement ? Comment pouvaient-elles envahir les êtres humains au point qu'ils ne vivaient plus que dans un monde de phantasmes et de rêves ?

La naissance de la pensée a fait l'objet de nombreux ouvrages. Ils portent soit sur l'apparition de la pensée chez l'enfant au cours de son développement, soit sur l'émergence de celle des animaux au cours de l'évolution des espèces. Chez l'enfant, la capacité d'abstraction apparaît très tôt. Je connais une petite fille, Marguerite, qui, à l'âge d'un an, voulant saisir la flamme d'une bougie, avait reçu de sa maman de longues explications pour lui faire comprendre que c'était chaud, que ça pouvait brûler et faire mal et qu'il ne fallait pas y toucher. Quelques jours plus tard, l'enfant, qui commençait déjà à marcher, avait tenté de saisir tour à tour une aiguille, un couteau, une paire de ciseaux. Après de nouvelles mises en garde maternelles, la petite s'était écriée spontanément, alors que le mot n'avait pas été prononcé : « est chaud ». Pendant plusieurs mois, tout ce qui représentait un danger était qualifié de « est chaud ». L'enfant avait donc déjà acquis le concept de danger et l'avait associé provisoirement au terme « est chaud », qui devenait ainsi un outil permettant à la mère d'avertir sa fille et à celle-ci d'accuser réception du message.

La pensée, le concept et le mot sont des fonctions qui ont été sélectionnées au cours de l'évolution pour permettre à la fois la communication et la manipulation, c'est-à-dire la prise de possession de l'environnement. Les chiens et les chats possèdent une certaine faculté d'abstraction et de généralisation. Une petite chienne du nom de Suzie aimait chasser les chats. Dès qu'elle en voyait à l'horizon, elle aboyait, s'agitait et courait sus à l'ennemi. Pas trop vite toutefois car la danse guerrière de la chasseresse était d'autant plus impressionnante que sa couardise était profonde. En effet, si par malheur elle rattrapait le chat, ce qu'elle évitait soigneusement de faire en général, et que celui-ci, acculé dans un coin, se retournait, arquait le dos et montrait les griffes, notre pauvre Suzie rebroussait chemin lamentablement et de chasseuse devenait chassée. Suzie n'était pas un parangon de courage, mais elle était intelligente. Son vocabulaire n'était pas très riche mais extrêmement précis. Si, au cours d'une conversation qui ne s'adressait pas à elle, le mot « chat » était prononcé, Suzie le repérait immédiatement et, croyant qu'un chat avait pénétré dans la propriété, s'agitait en tout sens à la recherche de l'animal audacieux qui avait osé violer son territoire. C'était bien le concept abstrait de « chat » qu'elle était capable de comprendre et non la dénomination d'un animal particulier. Car elle cherchait dans toutes les directions, affolée de ne rien voir et de ne rien sentir, alors que les humains auprès d'elle semblaient lui signaler la proximité de son ennemi. En revanche, quand il s'agissait du chat de la voisine avec lequel elle entretenait des relations sado-masochistes évidentes, c'était près du trou de la haie par où passait cet animal perfide qu'elle allait se poster.

Les mammifères les plus intelligents, les singes anthropoïdes et les cétacés, ont des comportements plus élaborés. Ils mettent en œuvre des stratégies de chasse complexes et, mieux encore, ils peuvent se mettre à la place de leur proie, c'est-à-dire attribuer à l'animal chassé une pensée distincte de la leur. Ils semblent donc capables d’une véritable conception de l'autre. Dans les manuels d'éthologie animale, on raconte souvent l'histoire d'une bande d'épaulards, une espèce de cétacés carnassiers, qui s'étaient approchés d'un inoffensif groupe de phoques musardant le long du rivage. Les épaulards s'étaient mis à jouer entre eux puis à provoquer au jeu les phoques les plus avancés en eaux profondes. Petit à petit toute la troupe de phoques avait participé au batifolage général et s'était progressivement éloignée du rivage. Arrivés à bonne distance de la terre ferme, les épaulards s'étaient alors mis en cercle autour des phoques et les avaient massacrés jusqu'au dernier. Le massacre n'était pas gratuit et avait une fonction purement alimentaire. Les chimpanzés en revanche sont capables de meurtres organisés pour des raisons plus sordides : par exemple, l'extermination des mâles d'une bande rivale et l'enlèvement des femelles et des petits pour les réduire en esclavage[25]. Dans le cas des chimpanzés et des épaulards, il existe une notion d'intention et la préfiguration d'un but à atteindre par des voies détournées. Chez les épaulards, il y a en plus une certaine perception du psychisme du phoque et de son caractère naturellement enclin au jeu. Par contre, un autiste est incapable de se mettre à la place de l'autre[26]. Il existe un test simple permettant de discriminer l'enfant autiste de l'enfant normal. On joue devant des enfants la saynète suivante : un homme cache une valise pleine de pièces d'or au-dessus d'une armoire puis sort de sa chambre. Un voleur arrive, crochète la porte, trouve la valise au sommet de l'armoire mais, entendant des pas dans le couloir, il est pris de peur, glisse la valise sous l'armoire et s'esquive avant le retour du propriétaire. Question : « Où le propriétaire qui veut prendre ses pièces d'or va-t-il chercher la valise ? » Au sommet de l'armoire bien sûr ! Il ne peut savoir qu'en son absence la valise a été déplacée et mise par le voleur sous ladite armoire. Si la question est posée à un enfant autiste, il répondra invariablement : « Sous l'armoire ». Il sait que la valise est cachée sous l'armoire, mais il est incapable d'imaginer ce que pense le propriétaire pour lequel la valise n'a pas changé de place. L'autiste possède évidemment d'autres qualités qui en font, malgré son handicap, un être humain à part entière.

La pensée et la capacité de penser ce que pense l'autre sont donc des instruments redoutables qui donnent un pouvoir énorme à celui qui les possède. Ce n'est pas sans danger. Si avantageuses soient-elles, ces facultés ne sont-elles pas en train de devenir préjudiciables ? L'homme détruit la nature et risque à tout moment de s'anéantir lui-même. Son psychisme lui a donné la possibilité de construire des moyens d'extermination tels qu'en définitive il se pourrait bien, comme le pensent certains scientifiques, que la naissance de l'intelligence humaine sur cette terre ait une valeur contre-sélective[27].

Par ailleurs, quel est le sens d'une pensée qui cesse d'être un outil de *contrôle-du-monde*, un moyen d'*action-sur-le-monde* pour se replier sur elle-même et réfléchir à sa propre signification, à sa propre valeur, comme je le fais maintenant, comme le font tant de philosophes et de scientifiques ? La réponse ne me semble pas univoque. Il y a plusieurs modes de réflexion. Il y a d'abord ce que je conviendrai d'appeler la *réflexion régressive.* Réflexion, c'est-à-dire pensée se réfléchissant elle-même dans le miroir de sa contemplation. Régressive parce qu'éminemment névrotique, narcissique et souvent gouvernée par un passé émotionnel refoulé. Généralement, la *réflexion régressive* est engendrée par la peur, celle d'un monde hostile, ou par le goût du pouvoir, l'autre face de la peur. Rester dans sa chambre à réfléchir présente des avantages incontestables. Montaigne nous en a donné un bel exemple. C'est aussi une façon d'éviter le contact potentiellement dangereux avec les autres humains. La *réflexion régressive* n'était guère possible dans les civilisations de chasseurs-pêcheurs. Comment survivrait le penseur enfermé dans sa hutte ou dans sa caverne ? Elle n'a pu se développer qu'à partir du moment où la société a été assez évoluée pour que le penseur puisse la convaincre de la valeur de sa pensée et de ses connaissances, valeurs qui pouvaient alors être échangées contre de la nourriture, des vêtements, une protection. Je ne serais pas surpris que, dès les âges les plus reculés, « certains » sorciers ou chamanes aient adopté ce type de comportement. Ils vendaient une magie qui, parfois, n'était qu'illusion, croyance sans fondement, effet placebo dirions-nous maintenant[28], en échange de biens matériels nécessaires à leur survie. Des études ethnologiques faites au début de ce siècle sur des tribus dites primitives confirment ce point de vue. Ces tribus comportaient souvent des sociétés secrètes réservées aux hommes. Les femmes et les enfants en étaient exclus. Les adolescents passaient des rites d'initiation complexes et douloureux pour y entrer. Dans de nombreux cas, la société secrète, d'autant plus respectée qu'entourée de mystère, donnait un enseignement, apprenait une sagesse, transmettait des techniques d'un réel intérêt. Dans d'autres, il s'agissait d'une simple mystification dont les membres de la société étaient tout à fait conscients. Le secret, un langage codé et quelques cérémonies, suffisaient à leur assurer un pouvoir sur le reste du village. La situation n'a pas tellement changé. « Certaines » sociétés dites savantes tiennent en vase clos des propos inintelligibles, se persuadant et persuadant les autres de l'insondable profondeur de leur charabia[29]. Elles publient aussi des ouvrages que le public achète avec une avidité proportionnelle à l'obscurité du texte. J'insiste sur le mot « certain ». Toutes les corporations et institutions humaines sont hétérogènes. Il y a les honnêtes gens, les artistes et les génies créateurs. Il y a les escrocs qui tirent leur pouvoir d'une pensée dont ils connaissent la vacuité ou le mensonge. Il y a les naïfs pris à leur propre piège : ils s'empêtrent alors eux-mêmes dans les mailles d'une *réflexion régressive* initialement destinée à l'asservissement des autres, à l'instar des clercs du Moyen Âge s'interrogeant sur le sexe des anges. Il y a aussi les sincères qui reconnaissent le plaisir qu'ils prennent à jouer avec leur propre pensée comme un enfant joue avec ses doigts de pied.

Bien qu'elle soit généralement une position de repli, une telle forme de pensée n'est pas nécessairement sans portée surtout lorsque ceux qui s'y livrent utilisent un langage particulièrement efficace, celui des mathématiques. Beaucoup d'édifices mathématiques apparemment superfétatoires ont trouvé par la suite des applications du plus haut intérêt permettant de mieux comprendre l'univers dans lequel nous sommes plongés. Indépendamment de leurs applications, les mathématiques sont souvent des constructions d'une grande beauté. Les mathématiciens peuvent alors être considérés comme de véritables artistes et, comme ceux-ci, loin de se complaire dans leurs pensées tel Narcisse devant son miroir, deviennent des transparences et transmettent l'harmonie universelle. Paul Dirac était de ceux-là. Il était obsédé par la « beauté mathématique qui lui semblait être une caractéristique intrinsèque de la nature [...] Une théorie mathématiquement belle, disait-il, a plus de chances d'être correcte qu'une théorie inélégante, même si cette dernière décrit correctement les résultats expérimentaux »[30].

Au cours de ma jeunesse, j'ai beaucoup pratiqué une certaine forme de *réflexion régressive.* Élevé par des parents eux-mêmes névrosés (je ne leur en fais pas grief, ils ne faisaient que reproduire ce que leurs parents et les parents de leurs parents leur avaient inculqué), j'avais peur des autres et ne trouvais le courage de les affronter qu'à condition de me replier régulièrement dans une matrice rassurante, celle de ma bibliothèque et de mes pensées. À douze ans, j'expliquais à mon père qui n'y comprenait rien les diverses phases de la division cellulaire ; à quatorze, je me plongeais dans les Upanishad. Au fil des années, mes réflexions ont cependant beaucoup évolué. Elles ont progressivement cessé d'être un refuge pour devenir une aide et contribuer ainsi à mon développement personnel.

Ces considérations m'amènent à définir un second mode de réflexion que je conviendrai d'appeler la *réflexion évolutive.* La pensée serait apparue au cours de l'évolution, non seulement pour permettre à l'homme et aux quelques animaux qui en sont pourvus d'avoir une meilleure emprise sur le monde extérieur, mais aussi, dans le cas de l'être humain, pour lui permettre de coopérer au processus même de l'évolution. J'emploie ici une terminologie finaliste mais, lors de mes lectures scientifiques, j'ai souvent constaté que les antifinalistes les plus enragés finissent par s'exprimer, bon gré mal gré, comme si la nature était une personne et comme si elle poursuivait un but[31]. Christopher Wills, dans un excellent ouvrage qui reste d'actualité bien qu'il ait près de dix ans d'âge, développe la notion de *mécanismes facilitateurs de l'évolution*[32]. C'est un fait maintenant établi qu'à partir d'un certain degré de complexité, le génome - c'est-à-dire l'ensemble des gènes et des mécanismes qui régulent leurs fonctions - est truffé d'astuces destinées à promouvoir ses propres capacités évolutives. Avec la pensée humaine, il en est de même. À un moment donné, dans un contexte donné, elle peut produire un concept nouveau qui contribuera à favoriser l'évolution, celle de l'individu qui l'aura conçu et celle de la population qui l'adoptera. Un nouveau concept peut être un *mécanisme facilitateur* de l'évolution au même titre qu'une mutation génétique. L'analogie entre les concepts et les gènes n'est d'ailleurs pas nouvelle. Elle a été suggérée par divers chercheurs et en particulier par Richard Dawkins[33]. Un gène transmet une information d'un organisme à un autre, tout comme un concept ou un mot qui constitue « une unité de transmission culturelle ou une unité d'imitation » que Dawkins appelle « meme ». L'analogie entre génome et cerveau va d'ailleurs encore beaucoup plus loin, comme nous le verrons dans les chapitres suivants. Parler de *réflexion évolutive* se justifie donc pleinement.

*
* *

Un récent article du *Monde*[34] mentionne l'existence des : « *Net addicts*, ces drogués du Net, qui chez eux ou au bureau, passent l'essentiel de leur temps devant leur écran, au point de négliger leur 'vie réelle' et parfois, de ne plus manger ni dormir ». Cette *maladie de l'écran* a souvent une allure plus insidieuse. J'avais été invité à prendre l'apéritif dans une grande maison en bordure d'un village où habitent un couple et trois enfants d'environ sept, dix et quatorze ans. La mère de famille me fit visiter la demeure, belle et meublée avec goût. À l'étage, le fils de dix ans jouait dans sa chambre à un jeu vidéo. Dans la chambre voisine, la fille de quatorze ans et deux de ses copains trafiquaient un ordinateur pour en obtenir le texte d'une affiche. À la cuisine, le plus jeune avait décidé de se servir un repas et, tout en fourgonnant dans le réfrigérateur, regardait d'un œil l'écran de la télévision. Tandis qu'au salon je prenais l'apéritif avec la dame, son mari tardant à rentrer, l'adolescente sortit avec ses copains en déclarant qu'elle allait dîner chez eux. Le fils de dix ans descendit à la cuisine pour se préparer un plateau qu'il remonta peu après. Sans doute prendrait-il sa collation en continuant ses jeux. Le petit avait fini son repas et regardait toujours la même émission de télévision. Au moment où je prenais congé, le mari arriva, s'excusant de son retard ; peut-être avait-il été retenu par les sollicitations du Net. Je ne savais si les époux dîneraient ensemble. Je les imaginais plutôt se préparant eux aussi des plateaux pour se mettre devant la télévision. La famille se rassemblait-elle parfois autour d'un repas commun ? J'ose l'espérer. Le danger des mots et des images en tant qu'écran entre notre conscience et la réalité n'est donc pas une illusion. En revanche, quand ils n'usurpent pas leur rôle, les mots nous relient, nous informent, maintiennent la cohérence au sein d'un groupe ou de l'humanité tout entière. De même, les écrans des ordinateurs peuvent jouer un rôle primordial dans l'apprentissage et la réhabilitation de certains handicaps.

Il y a aussi les contes, les mythes et les légendes que l'on raconte parfois encore dans les villages, au coin du feu dans les pays nordiques ou sous un banian à la fraîcheur du soir en Inde. Aux États-Unis, au Japon et de plus en plus souvent en Europe, les héros de jadis sont remplacés par des monstres abominables ou des personnages mi-chair, mi-métal. C'est regrettable car contes, mythes et légendes ont une fonction importante, analogue à celle des phérormones au niveau moléculaire. Émises par de nombreux organismes dans le milieu ambiant, air ou eau, les phérormones sont des molécules susceptibles de véhiculer des messages spécifiques. Elles jouent un rôle dans la reconnaissance et le rapprochement sexuels. Dans certains cas, elles permettent d'établir une coopération entre des espèces distinctes. Leur fonction la plus remarquable est toutefois d'ordre social. Un rat agressé émet une odeur qui alerte ses congénères. Des phérormones multiples circulent dans l'atmosphère des termitières, des fourmilières et des ruches. Elles modulent la vie de la communauté et déclenchent ou maintiennent divers types de comportements : alarme, attaque, exploration, nutrition, soins aux larves, fécondité des reines, stérilité des ouvriers et des ouvrières. Comme les phérormones, les mythes que l'on pourrait, avec un brin d'imagination, appeler des *mythormones*, circulent dans l'espace social des communautés humaines. Dans l'espèce humaine, phérormones et *mythormones* agissent préférentiellement au niveau inconscient. L'attrait érotique que ressent un homme pour une femme, et réciproquement, est bien souvent dû à des odeurs imperceptibles au niveau conscient. De même, le message d'un mythe ou d'une légende n'est le plus souvent compris consciemment ni de celui qui le raconte, ni de celui qui l'écoute. Cependant, selon Jung, il aura un effet sur le processus d'individuation[35]. Un enfant à qui on ne raconte pas de belles histoires porteuses de ce type de message n'aura jamais la richesse de celui à qui elles auront été dites et redites. Si, en plus, le malheureux enfant sevré de contes et de mythes est gavé de violence par l'intermédiaire d'écrans de télévision ou de jeux « vidéo », on ne s'étonnera pas de voir se manifester dès l'adolescence, ou même plus tôt, un comportement aberrant. En outre, qu'il s'agisse de mots ou d'images, l'ingurgitation rapide d'une multitude d'informations produit un effet de saturation qui semble inhiber les facultés créatrices. C'est en tout cas ce qui a été constaté chez les enfants perpétuellement assis devant un écran : ils ont un imaginaire appauvri et offrent une plus grande suggestibilité aux messages reçus[36].

Les mythes et légendes s'adressent aussi à l'inconscient collectif[35, 37]. Ils y propagent des informations à travers les âges et les civilisations. On peut jongler avec des mots dont la signification est consciemment perçue. On peut les utiliser ou s'en défendre, qu'il s'agisse d'ordres, d'interdits, de contrats, d'accords ou d'abandons.

Plus insidieux sont les symboles dont sont faits les mythes. Perçus par le conscient qui n'en saisit pas toujours la signification, ils vont faire leur travail dans la profondeur de l'inconscient sans qu'il soit possible d'empêcher leur action. Les symboles nous relient les uns aux autres bien plus sûrement et bien plus profondément que les messages conventionnels (v. p. 131). Ils nous enveloppent comme une caresse ou nous enchaînent dans d'obscures terreurs archaïques. Lorsqu'un père ou une mère racontent des histoires merveilleuses à leurs enfants, ne créent-ils pas un lien aussi tendre et aussi fort qu'une étreinte chaleureuse ? Lorsqu'ils se contentent de leur apprendre à lire, à écrire ou à compter, à enfiler une aiguille ou à enfoncer un clou, la mémoire de la chose apprise reste, mais non celle de l'apprentissage, du lien magique tissé entre celui qui donne et celui qui reçoit. Sans doute est-ce pour cela que, dans les sociétés primitives, tout apprentissage comportait une cérémonie d'initiation. Apprendre à un adolescent à devenir homme, c'était non seulement lui apprendre les techniques de la chasse, de la pêche, de la fabrication des armes et des outils, mais aussi englober cet apprentissage technique dans un rituel, dans un ensemble de symboles, de légendes et de cosmogonies qui, par l'émerveillement suscité, créaient un lien affectif solide entre l'initiateur et l'initié[38]. Même l'apprentissage de la guerre, et donc de la violence, trouvait une certaine dimension humaine dans ce contexte. Cette dimension disparaît évidemment lorsque la violence est induite par des mots ou des images présentés par l'écran d'un ordinateur : il n'y a plus alors qu'imitation simple, désincarnée et dépourvue de toute valeur d'intégration avec le groupe, que ce soit celui des guerriers, de la tribu ou de la nation.

Nous vivons dans une civilisation de mots. Leur flot est surabondant et leur origine souvent non immédiatement humaine : une voix impersonnelle à la radio, un texte sur l'écran, un article dans le journal ou même une annonce faite par un présentateur de télévision astreint à la neutralité. Le livre ne présente pas ces inconvénients. Tout dépend évidemment de la qualité de l'écrivain, du lecteur et de la lecture. Un bon texte est un ami si on sait le savourer. Comme le récit parlé et mimé, il évoque et laisse toute liberté à l'imaginaire du lecteur qui se raconte à lui-même une belle histoire. Mots, concepts et symboles, dans leur transparence, coexistent alors harmonieusement avec l'univers dans lequel nous vivons, sans créer d'autres interactions que celles favorables aux progrès humains et aux buts que l'humanité s'assigne. En revanche, lorsqu'ils se replient sur eux-mêmes et se prennent comme objet de leur préoccupation, ils deviennent opaques et se substituent à la réalité extérieure au point de la faire disparaître.

*
* *

La journée touchait à sa fin. Il faisait chaud. Je me sentais étourdi. Non par la chaleur mais par les mots, les mots usuels, les grands et les petits, les doux et les amers, les tendres et les durs, les bons et les vilains. Les gros mots étaient tout seuls car les maigres ne se disent guère contrairement aux gros si souvent proférés. Et puis maintenant, il y avait tous ceux qui venaient d'éclore : les *mots outils* pour gérer ou dominer le monde extérieur, les *mots symboles* pour transmettre un message à l'inconscient, les *mots réflexifs* qui parlaient d'eux-mêmes, tournaient en rond, se miraient dans leur propre beauté, formaient écran ou enfantaient de nouveaux concepts pour permettre à l'évolution de franchir un pas de plus.

Mon mental se calmait peu à peu. Passé mes heures d'écriture et de réflexion, je n'avais ici, dans ma demeure galiléenne, ni télévision, ni radio, ni journaux. Le spectacle que je contemplais de ma fenêtre était beau et tranquille : le ciel bleu, les champs jaunes, les prairies vertes et les plantations d'amandiers. Seule la lumière donnait un caractère toujours nouveau à la représentation somptueuse que m'offrait le crépuscule : dorée ou rougeoyante, nette ou subtilement brumeuse. Quant aux nuages, ils semblaient parfois prendre le relais de ma plume et tracer de grandes calligraphies au-dessus de l'horizon. On dit que les nuages sont les pensées de la terre. Ils racontent en tout cas beaucoup de choses : le temps qu'il a fait, le temps qu'il fera, la légèreté ou la lourdeur de l'air, la vitesse des vents, les remous de l'atmosphère. Comme en calligraphie, leurs formes ont un double sens : celui des lettres et celui des mouvements de la main qui écrit. C'étaient de beaux mots, lents et majestueux. Ils m'incitaient à penser qu'il existait encore d'autres mots que ceux qui m'avaient agité au cours de cette journée, tels les *mots énergie* qui m'avaient chauffé la colonne vertébrale au cours des cérémonies tibétaines ou les *mots silence* qui, doucement murmurés par une femme aimée, m'aidaient parfois à trouver le sommeil. Mais ces mots-là sont-ils vraiment des mots ? Ne sont-ils pas plutôt une musique ?

CHAPITRE 5

LA MUSIQUE, DE L'ORGASME BIEN TEMPÉRÉ AUX PORTES DU SILENCE

Quand la musique vraiment profondément s'instaure en nous, tout s'y tait.
Joseph Samson[39]

Tous les matins, vers cinq heures trente, j'étais réveillé par des chants d'oiseaux. La pâle lueur de l'aube filtrait à travers les persiennes de ma chambre et déjà la faune ailée célébrait le jour nouveau. Sur un fond de pépiements en forme de pizzicati, un soliste chantait à pleins poumons. La beauté et la puissance de son chant étaient toujours pour moi une source d'émerveillement. Parfois, un autre chanteur de la même espèce lui répondait de loin en écho. Je n'ai jamais pu surprendre l'oiseau en pleine action. Dès que je m'approchais de la fenêtre, il s'envolait et je n'avais que le temps d'apercevoir une petite boule de plumes foncées disparaître derrière l'arbre qui lui servait de tribune. Ce qui ne laissait pas de m'étonner, c'était l'extraordinaire variété des séquences mélodiques, entrecoupées par un thème récurrent assez simple - une même note alternativement longue et brève - qui constituait une plage de repos entre des séries de trilles étourdissants. Le chanteur semblait ivre de plaisir, transporté dans un ravissement musical qui durait jusqu'au lever du soleil. Dès que celui-ci s'était détaché de l'horizon, l'oiseau s'arrêtait alors, peut-être fatigué, sans doute satisfait d'avoir ainsi fêté le jour naissant. Le silence reprenait sa place, interrompu seulement par quelques cris et roucoulements épars. Les branches des arbres elles-mêmes cessaient de s'agiter et retrouvaient leur calme. Car, je ne sais si vous l'avez observé, au moment précis où le soleil paraît, il y a une grande agitation dans le monde végétal. Rameaux et feuilles frémissent, produisant un doux bruissement qui, lui aussi, fait partie du concert.

Les chants d'oiseaux ont-ils inspiré les premières mélodies humaines ? C'est probable. Mais avant la mélodie était le rythme. Chez les animaux, les émissions sonores les plus primitives, comme celles des insectes, sont avant tout rythmiques. Les premières tentatives musicales du très jeune enfant consistent souvent à frapper un objet sur un autre à des rythmes variables. Quant aux musiques les plus archaïques, elles utilisent beaucoup les percussions, battements des mains et des pieds, entrechoquements et raclements de divers matériaux, parfois aussi note unique chantée ou jouée, sans cesse répétée. J'y verrais volontiers la reproduction de l'environnement sonore fœtal[40]. Que perçoit le fœtus sinon les battements du cœur maternel à un rythme de 80 à 90 par minute, et ses propres battements cardiaques bien plus rapides encore d'environ 130 à 150 ? Certaines musiques actuelles, que je tendrais à considérer comme des *musiques régressives*, comportent des rythmes de ce type qui sont clairement perçus de loin ou à travers le filtre d'un mur épais. Nul doute que les adolescents soient friands de tels environnements sonores parce qu'ils leur rappellent la matrice confortable dont ils ont été expulsés pour atterrir dans un monde inquiétant. Ce désir de régression a d'ailleurs une base biochimique précise. Il existe dans l'organisme humain un groupe d'hormones qui se comportent comme des morphines. La sécrétion de ces hormones appelées endorphines est favorisée par le rythme, qu'il soit perçu par l'oreille ou dansé par le corps. Les danses initiatiques, ou celles qui précèdent la chasse et la guerre, n'ont d'autre effet que de mettre les danseurs dans un état second où étourdissement et ivresse s'entremêlent[41]. C'est pour la même raison que, lors d'une rage de dents, nous nous balançons de droite à gauche. Les enfants qui souffrent de dérèglements psychiques ou d'un manque affectif profond agitent sans arrêt la tête, surtout le soir avant de s'endormir pour chasser les phantasmes et favoriser le sommeil. Les adolescents, face aux mêmes problèmes, deviennent souvent des endorphinomanes. C'est la raison majeure de l'usage quasi permanent des *walkmans* et des *diskmans* par certains d'entre eux. Le son rythmé et intense, loin de les mettre dans un état d'éveil, les engourdit et leur procure un bien-être analogue à celui de certaines drogues. La nature régressive de l'endorphinomanie est également suggérée par le taux d'endorphines très élevé observé chez le nouveau-né et le fœtus à la fin de la grossesse[42]. Provoquer la sécrétion d'endorphines par des rythmes proches de ceux des battements cardiaques de la mère ne serait alors qu'une tentative de retour à l'état pré ou périnatal.

Des rythmes rapides et bien frappés, analogues à ceux de battements cardiaques accélérés, peuvent dans certains cas induire excitation et violence. Sans doute déclenchent-ils des décharges d'adrénaline, qui sont souvent ressenties comme stimulantes et bénéfiques. Nombre d'individus hyperactifs, lorsqu'on les interroge sur leur comportement, répondent lucidement : « Je me *shoote* à l'adrénaline ». Trop d'excitation mènera à long terme, soit à la dépression si les réserves d'adrénaline de l'organisme diminuent plus vite qu'elles ne se reconstituent, soit à l'anxiété et à la violence si l'organisme arrive à maintenir des taux élevés pendant de longues périodes de temps. Les musiques de *type cardiaque* se caractérisent par leur durée, leur monotonie et leur intensité sonore élevée. Elles sont de ce fait susceptibles d'induire de véritables états de transe, auxquels contribuent vraisemblablement tant l'adrénaline que les endorphines, la première excitant les pulsions, les secondes levant les inhibitions, et toutes deux engendrant un certain degré d'euphorie.

Ces musiques doivent être distinguées de celles plus sages en apparence qui expriment une intense allégresse solidement ancrée dans le corps. Quand je les écoute à domicile, je ne puis m'empêcher de danser. Pour peu que l'on ne soit pas figé dans une cuirasse musculaire rigide[43], elles impliquent le corps tout entier et ont toujours pour base une combinaison de rythmes et de sons qui, dans ma perception et celle des personnes que j'ai interrogées, miment l'orgasme. En anglais, langue plus concise que le français, on pourrait les qualifier d'*orgasm-like musics*. Le rythme est bien frappé et d'une fréquence proche de celle des contractions orgastiques (90 à 100 par minute). L'intensité sonore est croissante ; la mélodie est répétitive avec parfois une montée progressive vers des sonorités de plus en plus aiguës. Il y a un *climax*, c'est-à-dire un maximum d'intensité sonore, suivi d'une chute, agrémentée ou non de quelques soubresauts. Dans la musique de Maurice Ravel, on en trouve des exemples éloquents : troisième mouvement du *Concerto en sol*, fin du *Concerto pour la main gauche*, du *Boléro*, de la *Valse*, de *Daphnis et Chloé*. Des séquences analogues sont détectables dans les œuvres de Jean-Sébastien Bach, d'Antonio Vivaldi, d'Igor Stravinsky et, plus exceptionnellement, dans celles de Ludwig van Beethoven, d'Anton Bruckner et de bien d'autres encore. Contrairement aux musiques de *type cardiaque*, les musiques de *type orgastique* sont constituées de séquences rythmiques de courte durée, suivies de phases de relaxation ; l'alternance de tension et de détente procure une voluptueuse sensation de vitalité. Il en est de même pour les musiques de *type jubilatoire* qui comportent des successions de notes accélérées, voisines par leur fréquence des saccades expiratoires du rire (plus de 200 par minute). Les vocalises de la Reine de la nuit dans la *Flûte enchantée* de Mozart en sont un exemple typique[44].

Le fœtus ne perçoit pas seulement les bruits du cœur de la mère mais aussi ceux de sa respiration. Le rythme respiratoire est de 16 à 18 par minute. Il peut atteindre ou dépasser 20 chez la femme enceinte. Le son de la respiration est très différent de celui des battements cardiaques et beaucoup plus apaisant. Dans certains types de respirations, telles le *prânâyama ujjayi*[45], le léger bruit produit par le passage de l'air à travers la glotte, joint à un rythme très lent - deux à quatre respirations par minute - a un effet si profond qu'il peut induire une forme d'auto-hypnose. Les rythmes de *type respiratoire,* par leur lenteur, engendrent une sorte de bercement corporel à la fois détendant et revigorant. Ils stimuleraient le système parasympathique responsable de la reconstitution des réserves énergétiques et favorable à un bon équilibre physique et psychique de l'organisme. Par contre, les rythmes rapides de *type cardiaque* stimuleraient le système orthosympathique, producteur d'adrénaline et inducteur de dépenses énergétiques, d'excitation et de stress. C'est une hypothèse de travail. Plus généralement, les rythmes somatiques perçus *in utero* et après la naissance (battement cardiaque, respiration, rire, orgasme) pourraient influencer les rythmes utilisés en musique et ceux-ci, à leur tour, auraient une action physiologique et psychologique spécifique sur ceux qui les écoutent (v. p. 325).

Quand elle n'est pas de *type jubilatoire*, le musique de Mozart est souvent une musique de *type respiratoire*. Si vous aimez Mozart, écoutez un de ses concertos pour piano dans une chambre tranquille et observez votre respiration et celle de ceux qui vous entourent. Vous en verrez rapidement le rythme se calmer s'il était accéléré, ou s'accorder au rythme propre du concerto. La musique, la respiration et tout votre corps s'uniront dans un balancement doux et délicat mais puissant, irrésistible et profond qui touchera vos fibres les plus intimes. Chez les auditeurs les plus souples, le rythme se manifestera par un léger mouvement du corps, chez les plus rigides, rien ne se passera, ni objectivement ni, hélas pour eux, subjectivement. Ce sont sans doute ceux-là qui n'aiment pas Mozart, ceux qui résistent au subtil envahissement de leur organisme par cette divine musique. Ils ont peur de s'y perdre, de s'y dissoudre. Ils ressentent, consciemment ou inconsciemment, un danger, triste séquelle d'une enfance au cours de laquelle la menace était si proche et si constante qu'il leur était interdit - tout au moins le croyaient-ils - de baisser leur garde. La résistance à la musique de Mozart n'est pas très différente de la peur de l'endormissement, de celle de l'amour ou, à un niveau supérieur, de celle du divin. C'est bien une panique qui prend l'être humain à l'idée de sombrer, de couler, de tomber, de mourir. Le sommeil n'est-il pas une mort ? L'orgasme sexuel n'est-il pas appelé « la petite mort » ? Le divin ne nous propose-t-il pas de mourir à nous-mêmes ? Ne tombe-t-on pas de sommeil comme on tombe amoureux ? L'expérience mystique n'est-elle pas un passage par la tombe avant la résurrection ? La musique, la mystique et la mort ne seraient-elles que trois facettes d'une seule et même chose ?

*
* *

Revenons-en aux insectes et à leurs multiples bruissements. Si vous avez un grand jardin dans une campagne paisible et si vous pratiquez l'art de la gourmandise, laissez-vous aller à prendre vers 15 ou 16 heures, au moment le plus chaud d'une belle journée d'été, une savoureuse tartine de confiture ou une tarte aux fruits bien juteuse, puis reposez-vous, laissez-vous aller à une douce somnolence sous l'ombre fraîche d'un arbre. Les miettes de tartine ou de tarte attireront les insectes et vous pourrez entendre alors le chœur harmonique le plus ancien du monde. C'est un peu comme si l'air lui-même, surchauffé par le soleil, se mettait à vibrer. Le son vient de partout et de nulle part. La basse des bourdons se mêle aux vibrations plus hautes des abeilles et des guêpes et aux notes plus aiguës encore de toute une variété de mouches et de moustiques. L'harmonie est si parfaitement intégrée qu'il est difficile de reconnaître les différents instrumentistes. Ce n'est d'ailleurs pas nécessaire. Abandonnez-vous plutôt à cette vivante symphonie. Si le sommeil ne vous terrasse pas, vous assisterez à d'étranges variations : soudainement, le son devient plus aigu, comme si un musicien caché avait décidé de monter le diapason ; tout aussi soudainement, il devient plus grave ; parfois, il se défait comme la trame d'un tissu qui s'effiloche et l'on n'entend plus alors que le vrombissement désagréable de quelque grosse mouche hirsute ; ou encore, il se resserre et la maille du filet musical devient si tendue qu'elle en est presque tangible.

Non contents d'utiliser leurs ailes et leurs pattes, les insectes ont également « inventé » les premiers instruments de musique élaborés. L'organe sonore de la cigale par exemple, vieux de plusieurs dizaines de millions d'années, comporte une membrane, un appendice qui la frotte rythmiquement, et une caisse de résonance si bien conçue qu'elle peut rendre fou les amateurs de tranquillité. Je connais un malheureux collègue qui, moins bien inspiré que moi, avait choisi pour écrire un livre, non l'ombre du Mont Tabor, mais le soleil de la Provence. En une semaine, les cigales eurent raison de lui. Leur tintamarre insupportable l'empêchait de se concentrer et, quel que soit l'endroit où il se réfugiait dans le grand mas qu'il avait loué, il était persécuté par ce bruit térébrant. Rentré penaud à Paris, il tenta, en fervent darwinien, de comprendre les raisons de l'efficacité redoutable de l'appareil sonore des cigales. Las ! Nouvelle déception. La puissance de cet instrument semble superflue : une intensité sonore moindre suffirait à l'appel amoureux[46]. Je ne sais si mon collègue survécut à ce nouveau mécompte. Pour un darwinien, ce qui ne sert à rien est éliminé par la sélection naturelle. La cigale ferait-elle mentir Darwin ? Il y aurait là une belle fable à raconter dans le style de La Fontaine. En revanche, les abeilles, outre leur danse, utilisent le bourdonnement de leurs ailes pour transmettre des messages. Ce sont vraisemblablement les premiers animaux sur cette planète à avoir inventé un langage audiovisuel[47].

*
* *

La mélodie proprement dite, telle que nous la concevons, est venue plus tard avec les oiseaux qui se sont surtout diversifiés au cours de l'ère tertiaire. J'ignore la date d'apparition des premières véritables mélodies. En revanche, leur signification ne fait guère de doute : ce sont des signaux, donc des langages. Ils permettent aux oiseaux de se reconnaître, de s'appeler à la période des amours, de marquer leur territoire. Leur extraordinaire variété n'est pas gratuite ; elle est nécessaire pour que chaque espèce se distingue des autres. Au sein même d'une espèce ou d'une population, chaque individu a ses caractéristiques propres : il en est de plus doués que d'autres, de plus inventifs. Ces différences, elles aussi, favorisent la reconnaissance. Un manchot arrive à reconnaître son conjoint parmi des milliers d'autres au seul son de sa voix dans les immenses colonies que ces oiseaux forment au pôle Sud[48]. Les notes de base du chant des oiseaux sont programmées génétiquement mais un apprentissage est nécessaire ; le chant au début est hésitant, monotone, puis au fil du temps il se diversifie et prend des caractéristiques propres à chacun.

Dans l'espèce humaine, le chant a probablement pris naissance en même temps que la parole. Celle-ci transmettait des messages précis, auxquels s'ajoutait le pouvoir incantatoire de la modulation vocale. Sans doute, le soir, les femmes chantaient-elles en berçant leurs petits, non seulement pour les endormir, mais aussi pour chasser leurs propres peurs à l'approche de la nuit. Comme la danse, chants et bercements favorisent la production d'endorphines et induisent un état euphorique propice au repos nocturne. C'est peut-être aussi la raison pour laquelle un bébé auquel on s'adresse sur un mode chantant apprend plus vite à parler qu'un autre nourrisson[49].

Au fil des siècles, la relation entre parole et chant s'est prodigieusement diversifiée. Dans le lied, elle est parfaitement équilibrée : la parole, le poème et sa signification ont une importance égale à celle de la mélodie qui l'accompagne. Dans le bel canto, c'est la mélodie qui domine au point que la parole devient un prétexte, mais la musique elle-même a un sens ; elle communique les émotions des personnages et, mieux encore que les mots, fait participer les auditeurs à la même joie ou à la même tristesse. La musique instrumentale n'est pas en reste. Le koto japonais cisèle délicatement l'ambiance mélancolique et apaisante d'un soir de pleine lune. Les *râga* indiens distillent les heures du jour : matins frais et glorieux, journées somnolentes et torrides, nuits érotiques et parfumées. Le quatuor à cordes européen révèle les troubles de l'âme humaine : tristesse et nostalgie poignantes de Schubert, l'éternel enfant, colère et douleur déchirantes de Beethoven, l'éternel révolté. Les symphonies et les concertos peuvent en dire long sur l'état d'esprit de celui qui les compose. Les coups frappés font partie de l'expression favorite du grand Ludwig : les coups de timbales de la *Sixième symphonie* mimant le tonnerre, ceux plus explosifs du deuxième mouvement de la *Neuvième*, ceux incisifs du *Concerto pour violon*, les coups d'archet du destin dans la *Cinquième symphonie*. Avec tout le respect et l'amour que je lui porte, j'ai parfois l'impression que, comme un sourd, Beethoven frappait et frappait encore et sans relâche à la porte du paradis comme s'il n'entendait pas Dieu lui dire d'entrer. Bach, lui aussi, s'adressait à Dieu mais il le faisait directement ; il était conscient de le faire et tout aussi conscient de la réponse divine qui lui soufflait dans l'oreille les chants joyeux qui mettent le cœur en fête et viennent parer la tête comme une guirlande de fleurs pare la coiffe d'une jeune mariée prête à s'abandonner à l'époux. Quand Bach ne s'adressait pas à Dieu, il faisait de savantes compositions comme *Le Clavier bien tempéré* ou *L'Art de la fugue*. Tout à la fois architecte et mathématicien, il jonglait avec le temps et les sons comme un créateur d'univers. Chez Bach, la prière du cœur côtoie la musique pure. Combien plus encore chez Mozart ! Bach construit des architectures musicales jubilatoires, Mozart les vit et nous les fait vivre. C'est sans doute ce qui faisait écrire à Michel Tournier : « Quand les anges musiciens officient pour Dieu, ils lui jouent du J.-S. Bach. Mais quand ils se retrouvent entre eux, ils se jouent du Mozart. Et Dieu vient écouter à la porte »[50].

Si la plupart des musiques expriment une prière, soulignent une parole, créent un climat affectif, communiquent une émotion, d'autres sont descriptives comme maints poèmes symphoniques de la période romantique. D'autres encore ne sont plus qu'abstractions, tels l'*ars subtilior* du Moyen Âge aux contrepoints d'une inextricable complexité, les rythmes savants de la musique karnatique et ceux de certaines musiques africaines. Dans ces musiques cependant, la gratuité du jeu n'est pas totale. Il y a toujours une tendance démonstrative, une volonté de virtuosité, de compétition entre compositeurs ou, au sein de l'orchestre, entre instrumentistes. Parmi les polyphonistes du Moyen Âge, c'était à qui ferait mieux que son voisin et concurrent : le nombre de voix impliquées se multipliait jusqu'à atteindre des sommets. En Inde du Sud, le chanteur soliste rivalise de virtuosité avec les percussionnistes pendant que l'assemblée attentive et haletante suit le déroulement de la joute musicale et applaudit les séquences les plus réussies comme on applaudit un trapéziste qui fait un saut périlleux.

Chez les compositeurs contemporains, une telle complaisance - équivalent musical de la *réflexion régressive* des intellectuels - atteint son apogée. Nombre d'entre eux se font des clins d'œil entendus, à eux-mêmes et à leurs collègues. C'est à qui sera le plus original comme les polyphonistes de l'*ars subtilior*. L'art cède la place à la mathématique, le mouvement spontané au calcul de l'ordinateur. Tout devient si compliqué qu'il faut écrire des pages et des pages d'explications. Le compositeur se raconte avec un plaisir évident et se plonge dans la contemplation satisfaite de sa propre intelligence. Tous les musiciens contemporains n'agissent pas ainsi. Mais trop nombreux sont ceux dont les œuvres proclament une volonté de dire, une volonté de faire, une volonté d'innover à tout prix et parfois même à n'importe quel prix.

Le système dodécaphonique mérite une mention spéciale. Il a

été perçu par beaucoup comme un filtre qui ne laisse passer que les initiés. Pour le mélomane, l'écoute de cette musique est difficile ; le point de repère que constitue la tonalité disparaît. Pour le compositeur, le dodécaphonisme a souvent été ressenti comme une contrainte, celle qu'engendre tout système rigide. En outre, ce système a été imposé de façon despotique par ses adeptes qui ont fait régner pendant plusieurs décennies un véritable terrorisme culturel. Dans une causerie intitulée *Le kitsch en musique*[51], Christian Zacharias a clairement montré le danger du système dodécaphonique, sans pour autant lui dénier toute valeur. En quelques minutes, avec des mots simples, il avait défini le sens de l'art authentique et celui du *kitsch* qui en constitue une perversion. Le *kitsch*, expliquait-il, c'est le mauvais goût, et le mauvais goût c'est ce qui résulte d'une dramatisation elle-même induite par le mental et l'émotionnel. La beauté, c'est ce qui jaillit spontanément, ce qui jaillit du cœur. La belle musique, c'est celle qui pose des questions, soulève des doutes et propose l'inattendu. Cela n'est possible que dans l'innocence. Pour être authentique, la musique et les autres arts, tout autant que la philosophie et la science, doivent être des systèmes ouverts dans lesquels il y a toujours une création à l'œuvre, toujours une vérité à rechercher. Le scientifique qui croit avoir tout compris est *kitsch*, car la recherche est sans fin. L'action de chercher, de trouver et de comprendre est plus importante que la découverte elle-même. En musique, Schoenberg, avec son système dodécaphonique, crée un système fermé, limité : dès lors, ce n'est plus de l'art car il n'y a plus de place pour l'innovation permanente.

J'espère n'avoir pas trop dénaturé les propos inspirés qu'a tenus ce jour-là un musicien qui s'exprimait en toute simplicité - mais avec combien de grandeur - en tant qu'homme et non en tant que spécialiste. Il me fallait le citer pour tenter d'expliquer, sans toutefois l'excuser, l'obstination d'André Comte-Sponville et de Luc Ferry[52]. Pour ces philosophes, comme pour beaucoup d'entre nous, la musique dodécaphonique a créé un barrage difficile à franchir. On le perçoit particulièrement bien dans les déclarations de Comte-Sponville qui répète inlassablement : « La musique de Schubert a changé ma vie, pas la musique de Boulez ». Il proclame également s'être obligé à écouter de la musique contemporaine pendant plusieurs jours d'affilée sans jamais éprouver le moindre plaisir[53]. C'est un argument peu convaincant. Les fonctions cérébrales qui analysent le son mettent du temps à apprendre, à désapprendre et à percevoir des structures là où il ne semble y avoir que fouillis, et du plaisir là où il n'est perçu que salmigondis. C'est comme le vieux bourgogne. Combien d'années faut-il pour que l'on en apprécie la saveur ? Comme je comprends, messieurs les philosophes, que vous vous soyez arrêtés devant le mur du dodécaphonisme mais comme je regrette que vous n'ayez pas sauté par-dessus pour explorer la musique qui est au-delà ! Si vous l'aviez fait, peut-être même après coup seriez-vous revenus vers le mur que vous aviez dépassé et auriez-vous découvert, non sans surprise, qu'il comportait quelques pierres (et quelques Pierre et Pierrot, le lunaire et l'autre) dignes d'intérêt.

J'ai introduit plus haut le concept de musique pure. Pour expliciter cette notion généralement mal comprise et mal définie, c'est à Mozart que je ferai appel une fois de plus. Même si le divin Wolfgang n'était pas dépourvu de vanité - ses lettres le prouvent abondamment - dans sa musique, toutes les tendances égocentriques disparaissent. Mozart, plus que tout autre, pousse à l'extrême le plaisir du jeu pour le jeu. C'est la gratuité absolue qui s'exprime dans ses notes. Mozart, c'est le fripon divin[54], la divinité telle qu'elle est, dans toute son espièglerie et non telle que l'homme la voit, à son image, pesante, sérieuse et autoritaire. Un proverbe juif ne dit-il pas « l'homme pense, Dieu rit »[55] ? Pour moi, là gît le grand mystère. Depuis l'apparition des premières formes de vie sur terre, l'évolution des organismes et de leurs fonctions a toujours répondu sinon à un hasard, en tout cas à une nécessité[56]. Rien ne paraît vraiment gratuit, sauf peut-être les débauches sonores des cigales. Les odeurs, les sons et les couleurs sont autant de signaux, de mots, de langages permettant le dialogue de la nature avec elle-même. Et voici que tout à coup apparaît un phénomène totalement inattendu, et en apparence totalement inexplicable, celui de la musique pour la musique. Une porte s'ouvre, un fait nouveau apparaît, plus étonnant que le premier œil, que la première oreille ou que la première pensée : la musique pure, la musique qui ne veut rien dire, qui ne cherche pas à dire, ni à suggérer, ni à communiquer quoi que ce soit, ni transe euphorisante, ni émotion triste ou heureuse, ni description poétique, ni construction intellectuelle, ni vanité ou démonstration dérisoire de virtuosité. Mais ne communique-t-elle vraiment rien ? Cette musique qui cesse d'avoir un sens, qui n'est plus langage mais devient non-langage, voire anti-langage, ne contient-elle pas plus profondément caché un autre message ?

*
* *

Pour répondre à cette question, il me faut partager avec le lecteur mes premières expériences musicales. À l'âge de six ans, je fréquentais une école située près de la vaste demeure provinciale de deux tantes célibataires. Comme à l'heure du déjeuner le temps me manquait pour rentrer au domicile familial, c'est donc chez elles que je passais la pause de la mi-journée. L'une n'était que bonté et bienveillance. Son accueil et sa cuisine me rassuraient toujours pleinement. L'autre, tourmentée par un célibat qu'elle supportait mal - elle se maria d'ailleurs par la suite - était plus piquante, dans le sens cactus du terme. Elle se piquait aussi d'avoir une certaine culture et de connaître un brin de musique. Parfois, elle se mettait au piano du salon et, d'une voix de fausset, terriblement haut perchée et atone, elle me torturait les tympans. L'accompagnement était pire encore. Le piano désaccordé depuis longtemps et joué à deux doigts émettait les sons qu'il pouvait, intermédiaire entre la guimbarde et le pianoforte « d'époque ». Chaque fois qu'elle me proposait quelque chanson, je me recroquevillais, rentrais la tête dans les épaules, me résignant à souffrir sans protestation. J'avais connu aussi, à un âge plus tendre, des « goûters » musicaux chez mes grands-parents paternels. Mais le salon plein de fanfreluches et de nappes à pompons m'étouffait. Mon grand-père n'était qu'un médiocre pianiste et accompagnait en trébuchant la jolie voix de ma grand-mère. Celle-ci ne semblait connaître que des airs d'opérette qui me laissaient totalement insensible. Quant à la TSF - c'est ainsi qu'on appelait la radio à l'époque - mes parents ne la mettaient guère que pour écouter les nouvelles. Parfois, des programmes musicaux étaient mis en sourdine : c'était le plus souvent un écœurant méli-mélo où Cole Porter, dont la musique me paraissait d'une insupportable fadeur, voisinait avec *La Petite Musique de nuit* de Mozart. Cette musique-là me plaisait et je l'avais remarquée, même si mon père, en réponse à mes questions, qualifiait Mozart de musicien agréable mais léger, vouant toute son admiration à Beethoven dont les œuvres n'étaient pourtant guère jouées sur les ondes. Ma première véritable émotion musicale fut vécue au cours d'une fin d'après-midi à l'école. À l'heure du déjeuner, j'avais dû subir, une fois de plus, le supplice musical que m'infligeait ma tante. J'étais donc particulièrement sensibilisé aux horreurs du piano désaccordé joué à deux doigts. Vers seize heures, à la fin de la classe, on venait me chercher. Le trajet de retour à la maison était long et comportait un voyage en tramway qui avait été décrété dangereux pour un enfant de six ans par une mère anxieuse, toujours dans la crainte d'un accident, d'un refroidissement ou de maladies possibles. Ce jour-là, mon père qui devait passer me prendre était en retard. Il avait téléphoné à l'école pour prévenir et, en attendant son arrivée, on m'avait mis dans un coin de la salle de musique. Sans doute était-ce un moment de pause entre deux cours de chant ou de solfège. Le professeur de piano, une dame dont je n'ai jamais vu que le dos, s'offrait une récréation en attendant son prochain élève. Elle se mit à jouer une sonate, probablement l'*Appassionata* de Beethoven, mais je n'en jurerais pas. Coup de foudre total et absolu ! J'entendais pour la première fois de ma vie un vrai piano, joué par une vraie pianiste. La pianiste s'interrompit peu après pour donner sa leçon. Heureusement pour mon père qui, arrivé entre-temps, n'aurait certainement pas pu m'arracher aux joies de la musique, tant celle-ci me fascinait. Inutile de dire que pendant tout le trajet du retour, je ne cessai de babiller dans un état d'excitation indescriptible et de poser, selon mon habitude, des milliers de questions relatives à ma découverte.

Paresse de ma part ? Manque d'encouragement de la part de mes parents ? Qu'importe. Cette première révélation ne fut guère suivie d'effet. Il n'en fut pas de même de la seconde, bien plus puissante : un véritable tremblement de terre. C'est tout à fait par hasard qu'en cherchant distraitement une émission musicale à la TSF, quelques instants avant de partir pour passer la soirée chez des cousins, je tombai sur *La Passion selon Saint Matthieu*. Le choc fut violent. Il va sans dire que mes cousins ne me virent pas ce soir-là. Rien au monde n'aurait pu m'éloigner de la radio. Je haletais, tremblais, riais, pleurais tour à tour. Le ciel semblait s'ouvrir à moi. Ma mère, qui n'a jamais aimé la musique, à mon grand regret, ne comprenait pas. Mon père me regardait d'un œil inquiet et gémissait : « Mon Dieu, que cet enfant est donc exalté ». J'avais onze ans. Ce fut sur lui que se déchargea ma colère après l'émission. Car, revenu de mon émerveillement, j'étais en colère. J'avais envie de bourrer mon pauvre père de coups de poings. Bien entendu, je ne lui en voulais pas vraiment. Je hurlais : « Mais pourquoi ne m'as-tu jamais dit qu'une telle musique existait ? Comment as-tu pu me laisser vivre toutes ces années sans me faire connaître cette merveille ? » Mon père, complètement désarçonné, bredouillait penaud : « Mais je ne savais pas..., je ne pensais pas... ». Cette fois l'impulsion était donnée ; les découvertes succédaient aux découvertes. Je pris un abonnement aux concerts du Conservatoire. Mes parents m'achetèrent une chaîne de qualité honorable et je diminuai considérablement mes achats de livres au profit des disques. Ma première acquisition ne fut toutefois pas du Bach - *La Passion selon Saint Matthieu* en disques noirs était trop coûteuse et trop incommode à manipuler - mais un quintette de Mozart, le *Quintette n°5 en sol mineur* (K 516) appelé par Ghéon - je l'appris plus tard - « le quintette de la mort »[57]. J'étais un adolescent intellectuellement doué mais affectivement peu épanoui. Souvent, je pensais à la mort. Ceci explique sans doute cela, bien qu'à l'époque j'ignorais tout des circonstances dans lesquelles avait été composée cette œuvre. Quant à mes tentatives pianistiques, elles ne furent pas couronnées de succès. En raison d'une gaucherie contrariée, j'avais une fâcheuse tendance à confondre ma main droite et ma main gauche, ce qui pour un pianiste en herbe est rédhibitoire.

Comment se fait-il que certains enfants, que rien ne distingue des autres en apparence, entretiennent d'emblée et sans difficulté une relation d'amour avec la musique classique et que d'autres n'y arrivent jamais. Au cours de mon adolescence, je vécus de grands moments de frustration, faute de pouvoir partager mon amour pour les derniers quatuors de Beethoven avec mes camarades. Nombre d'entre eux vivaient pourtant dans des familles bourgeoises, aisées et cultivées. Mais malgré l'éducation musicale que leur procuraient leurs parents, ils n'étaient pas capables à quinze ans de dépasser le stade de la *Symphonie pastorale*. Il existe des familles de musiciens dont les qualités musicales sont vraisemblablement attribuables tant aux facteurs héréditaires qu'aux facteurs de l'environnement - il serait d'ailleurs illusoire de vouloir distinguer les uns des autres[58]. Mais, dans d'autres cas, dont le mien, à quoi attribuer ces coups de foudre irrésistibles entre un enfant et une musique ?

À dix-huit ans, lors de mon entrée en faculté de médecine, je m'étais débarrassé du carcan de la religion et j'avais rejeté toute croyance - ce qui était encore une croyance, mais à l'époque je l'ignorais. Néanmoins, je continuais à fréquenter de temps à autre les monastères où il m'était arrivé de trouver refuge et réconfort. L'accueil était chaleureux, la nourriture légère et savoureuse, l'eau pure et délectable, les cloîtres frais, l'architecture rigoureuse, l'ordre ogival. L'abbatiale construite selon saint Bernard, comme une grande oreille, résonnait des chants grégoriens. Le contraste de l'ombre et de la lumière, la ligne jaillissante des voûtes, l'élan des hymnes qui les faisaient résonner, tout y était net mais vivant comme dans une épure qui se serait mise à vibrer. Lors de mon premier séjour dans une abbaye cistercienne, le moine hôtelier m'avait remis un horaire avec les heures des offices auxquels il n'était pas obligatoire d'assister, celles des repas où il était de bon ton d'être à l'heure et celle de la retraite du soir qui était indiquée en bas de page par une phrase qui me ravissait : « Vingt et une heures - Grand Silence ». Tout incitait au silence dans cette abbaye comme dans toutes celles que j'ai fréquentées par la suite. Paradoxalement, c'étaient les cantiques des moines qui m'y amenaient le plus sûrement. Ils induisaient dans mon esprit agité une grande paix. Comme un vent de haute atmosphère que l'on ne perçoit pas au sol et qui en quelques instants disperse les nuages qui obscurcissent le ciel, le chant grégorien nettoyait mon champ de conscience de ses émotions et de ses tourments et me laissait entrevoir le ciel bleu d'un psychisme apaisé.

Pour la première fois, je compris que certaines musiques pouvaient conduire au silence. Peu d'entre elles en sont capables. Les chants religieux tibétains que j'aime tant induisent par leurs basses profondes d'étranges phénomènes énergétiques mais non le silence. Bach m'y a parfois amené. Parfois aussi le chœur harmonique des insectes pendant la méridienne et celui des crapauds pendant les nuits chaudes et parfumées d'Afrique. Mais plus que toute autre, c'est la musique de Mozart qui m'y plonge ou plutôt qui m'y projette. Car bien souvent Wolfgang Amadeus m'emporte avec lui au milieu des étoiles. Avez-vous déjà ressenti l'immensité cosmique, vivante et silencieuse, perceptible entre les premières notes du second mouvement andante du *Concerto en ut majeur* (K 467), le fameux vingt et unième concerto sur lequel on a tant écrit ? Peu de pianistes, hélas ! ont compris l'intensité du silence qui se devine entre ces notes : par la précipitation de leur main droite ou la lourdeur de leur main gauche, ils comblent l'ineffable intervalle qui, lorsqu'on le respecte, laisse passer l'indicible. Plus qu'à toute autre musique, c'est à ce concerto qu'on peut appliquer le joli mot d'Isaac Stern : « Ce n'est pas comment on joue les notes qui importe, c'est comment on joue entre les notes ».

La musique de Mozart est mon trou de phoque. Tel un phoque vivant dans les eaux glauques et glacées du Grand Nord, sous la banquise, il me faut de temps à autre respirer l'air du monde d'au-dessus. Les phoques ont des trous où ils vont respirer à intervalles réguliers. De leurs dents, ils grignotent soigneusement la glace qui se reforme sans cesse car il est impératif pour eux d'avoir un point de passage par où ils puissent reconstituer leur réserve d'oxygène. Une amie bon chic, bon genre, hantée de pensées perverses comme le sont souvent les dames de ce style, m'a suggéré d'employer avec prudence l'expression « trou de phoque » qui, selon elle, pourrait être mal interprétée. Je n'y avais jamais pensé, je l'avoue. Mais l'on peut dire « fenêtre » si cela vous convient mieux. Trou de phoque ou fenêtre, la musique de Mozart me permet de prendre quelques grandes bouffées d'un au-delà dont j'ai une telle nostalgie. Mozart lui-même était une fenêtre sur l'autre monde, une transparence. Sans doute ne l'était-il pas toujours et à tout moment, fort heureusement, car dans ce cas il aurait cessé de nous être visible. Mais comme quelques autres êtres humains, des mystiques et des artistes le plus souvent, il cessait par instants d'être opaque et laissait transparaître, à travers lui, à travers son œuvre, la lumière et le parfum d'un monde qui n'est ni imaginaire, ni illusoire car moi aussi j'y fais de brèves incursions. C'est le Royaume dont il est fait si fréquemment mention dans l'Évangile selon Saint Thomas (v. p. 246). Les « véritables » artistes auxquels j'ai fait allusion dans le chapitre précédent sont précisément ceux qui ont le don de transparence. Si pour moi la musique de Mozart plus que toute autre est une transparence, pour d'autres ce sera celle de Schubert. Pour d'autres encore, ce sera un texte sacré ou poétique, un tableau, une architecture, un oiseau, un papillon, une fleur ou une constellation d'étoiles. Parfois, une œuvre ou un être humain laisseront passer à travers eux un rai de lumière transcendante, parfois aussi la même œuvre et le même être humain se révèleront obscurs comme s'ils s'étaient repliés sur eux-mêmes.

La transparence est donc cette qualité que possède un médium de nous faire accéder à un autre état de conscience que celui dans lequel nous évoluons habituellement. Dans cette perspective, la jubilation enivrante que procurent certains airs de Mozart ne s'oppose pas au silence induit par le chant grégorien. Bien au contraire. Ce sont les deux faces d'un même état. En revanche, l'ivresse jubilatoire qui est éveil s'oppose à l'ivresse engendrée par les drogues qui sont engourdissantes et somnifères. Il y a deux ivresses comme il y a deux *éros*, les uns menant à la perte de conscience, les autres à un plus grand éveil. Cette distinction n'est pas nouvelle. Déjà elle avait été proposée par Mircea Eliade sous les termes d'extase et d'enstase dans le contexte plus spécifique du yoga[59].

Comment expliquer l'émergence d'une musique pure et celle d'êtres humains capables de la composer, de la jouer et de l'aimer. Dans le cadre de la théorie de l'évolution et de la sélection naturelle, ces phénomènes sont incompréhensibles. En supposant que chez certains individus le don pour la musique, tout comme celui pour les mathématiques, soit attribuable à des facteurs génétiques, en quoi l'existence de tels facteurs présente-t-elle un avantage sélectif ? Les musiciens et les mathématiciens ne se reproduisent pas mieux que les autres. Leurs dons ne les avantagent pas dans la lutte pour la vie. D'ailleurs, d'où vient ce don, d'où vient cette faculté qu'ont certains humains d'être de grands musiciens ou de grands mathématiciens dès la plus tendre enfance, alors que rien dans leur environnement ne semble les prédisposer à cela ? Si j'ai décrit mon éveil à la musique, c'est précisément parce que, dans sa relative banalité, il pose un problème particulièrement difficile à résoudre. On peut prétendre que le don de Mozart n'est qu'un hasard exceptionnel comme celui qui consiste à tirer un numéro gagnant dans une loterie. Mais pourquoi certains individus, tout a fait ordinaires par ailleurs, ont-ils cette connivence, cette complicité avec la musique, pourquoi ont-ils ces coups de foudre alors qu'aucun enseignement ne les y a préparés ? Qu'un individu soit capable de discriminer le cru exact auquel appartient un vin alors qu'un autre n'arrive pas à distinguer un bourgogne d'un bordeaux, cela peut avoir une signification biologique. Si la discrimination gustative a une base génétique, même restreinte, il est possible qu'un tel don ait été maintenu au cours des millénaires parce que les individus qui en sont les bénéficiaires sont favorisés par rapport aux autres. Un grand pouvoir de discrimination et une bonne mémoire gustative peuvent très bien avoir évité à ceux qui les possédaient et à leur progéniture des empoisonnements fâcheux ou leur avoir permis de repérer plus facilement des plantes médicinales[60]. Ce raisonnement n'est évidemment pas valable pour la musique et surtout pour cette musique pure dont il est question ici.

Si nous laissons provisoirement tomber les théories darwiniennes, peut-être une explication devient-elle possible, peut-être la musique pure n'est-elle plus un phénomène curieux et inexplicable, mais apparaît-elle chargée de sens. Je tiens la musique pure pour la clé préférentielle qui, plus que toute autre, nous fait passer à cet état de conscience unitaire où règnent à la fois silence et joie sans objet. La musique pure pourrait être considérée comme une *musique évolutive*, assimilable à un *mécanisme facilitateur* de l'évolution. Certaines mutations génétiques contribuent à l'évolution physique ; la *réflexion évolutive* peut promouvoir l'évolution psychique. De même, la *musique évolutive* faciliterait le passage de l'état de conscience dualiste dans lequel nous vivons à un état de conscience unitaire auquel, ouvertement ou secrètement, nous aspirons, « car tout comme le propriétaire d'un jardin a le pouvoir d'arroser son jardin à volonté avec l'eau des rivières, de la même façon le musicien a le pouvoir d'arroser à volonté ses membres avec son âme [...] ; tel est le sens du verset : *Et tandis que le musicien jouait de son instrument, le souffle divin s'empara de lui* »[61].

Bien des experts en la matière prétendent que la musique pure, ou sans objet, n'existe pas. La controverse a jadis été alimentée par Stravinsky qui clamait haut et clair que la musique n'exprime rien, ne peut rien exprimer. « Elle met de l'ordre dans le temps » disait-il. D'autres, au contraire, considèrent que la musique exprime ce que ne peuvent dire les mots : la musique commence là où les mots s'arrêtent. Mais, selon eux, l'indicible exprimé par la musique est l'émotion. Il est vrai que les mots peuvent seulement dire une émotion, alors que la musique nous la fait vivre. Il est vrai que les plus beaux airs des opéras de Mozart et des cantates de Bach débordent souvent d'émotions pleinement humaines. Mais l'amour, la haine, la colère, la peur, la tristesse, la gaîté et même la nostalgie de la créature pour son créateur ont été exprimés par d'autres musiciens sans pour autant nous toucher comme nous touchent la musique de Mozart et celle de Bach. Le même air peut être entendu à divers niveaux. La déploration de l'amante abandonnée peut nous arracher des larmes de tristesse : la musique évoquera alors nos propres tristesses intérieures. Dans ce cas, Bellini pourra nous faire pleurer au même titre que Mozart. Mais chez Mozart, à ce message émotionnel se superposera bien souvent un autre message, celui de l'unité retrouvée et nos larmes seront alors des larmes de joie. Ce message-là, seule la musique pure pourra nous le transmettre. La joie éprouvée n'est plus alors une émotion mais un état, une émanation même de l'unité retrouvée.

*
* *

J'avais décidé de faire une marche de nuit. En sortant de chez moi, le parfum des chèvrefeuilles m'avait envahi avec douceur mais insistance. Puis, je m'étais arrêté un instant pour saluer un grand palmier. Une de ses palmes oscillait doucement dans la brise, faisant miroiter sur ses feuilles le reflet des étoiles. Maintenant, je me trouvais seul au milieu des champs. La Voie lactée dessinait sa grande orbe et, comme les voûtes cisterciennes, paraissait résonner d'un murmure ténu mais puissant. C'était le son même de l'univers, la note fondamentale à peine audible et pourtant omniprésente. Cette note semblait une manifestation sonore de la faible luminosité qui émanait du ciel nocturne. Elle était à la fois basse continue imperceptible et silence infini, comme le bleu profond de la nuit est luminescence impalpable et insondable obscurité. Je me tenais debout entre la terre et le ciel qui tous deux s'étendaient à perte de vue. À l'horizon, les lumières des villages lointains se confondaient avec les constellations. Les mots s'étaient dissous dans la nuit, les émotions avaient été absorbées par la terre, les mélodies jubilatoires elles-mêmes s'étaient tues et la porte de la musique s'était ouverte toute grande sur le silence. Il pénétrait jusqu'au cœur même de mon être et, comme la parole relie les hommes entre eux, il m'unissait à la *Présence*.

CHAPITRE 6

AMOURS, DÉLICES ET SEXE : CONSIDÉRATIONS SUR LA TROISIÈME FONCTION DU SEXE

Chez quelques-uns la chasteté est une vertu, mais chez beaucoup d'autres elle est presque un vice.
Friedrich Nietzsche[62]

Depuis quelques semaines, je menais une existence quasi monacale. Les visites de Sarah étaient douces comme une brise de printemps, mais brèves et turbulentes comme un orage d'été. La solitude ne m'était pas désagréable. Elle m'était même nécessaire pour parfaire cette retraite que j'avais voulue et désirée. La nature autour de moi était, en revanche, en état de grande excitation. Les journées devenaient de plus en plus chaudes, et les insectes étaient pris de frénésie amoureuse. Scarabées balourds, coccinelles rondouillardes, sauterelles anguleuses, papillons multicolores, mouches véloces, tipules dégingandées, libellules élégantes s'accouplaient au sol, en plein vol ou accrochés aux branches, aux feuilles et aux fleurs. Les oiseaux n'étaient pas moins agités. Si l'accouplement était simplifié à l'extrême par rapport aux exploits de haute voltige des libellules ou autres demoiselles, les préliminaires en revanche étaient longs et attendrissants. Danses, piétinements, gonflements de jabot, roucoulades étaient suivis de touchants bécotages et d'interminables baisers où les partenaires, se tenant bec à bec, balançaient la tête et parfois même tout le corps en un mouvement délicat. Je ne sais ce qu'il en était des habitants du village. Ils semblaient plutôt discrets à cet égard et les quelques bancs répartis dans les rues principales restaient désespérément vides. Quant aux chats, ils somnolaient, accablés par la chaleur. Sans doute se livraient-ils à de fugitifs jeux amoureux sous la lune mais je n'entendis pendant mon séjour aucun des miaulements discordants qui accompagnent leurs amours. Les chiens de mon voisinage ne semblaient pas avoir dépassé le stade anal. Leur plus grand plaisir était de faire leurs excréments sur ma pelouse pendant mon absence. Quand il m'arrivait de les prendre en flagrant délit de défécation, ils s'en allaient la crotte au cul et la tête basse, sans protester, l'air coupable.

La continence, le silence et la réflexion qui faisaient la trame de mon existence me permettaient de prendre un certain recul vis-à-vis du ballet érotique qui m'entourait. La sexualité a été incontestablement une des plus prodigieuses inventions de la nature. Aux débuts de la vie sur terre, la reproduction se faisait par division. Elle est encore pratiquée par les organismes les plus primitifs. Ce procédé extrêmement simple présente des inconvénients. Si un chromosome ou un des gènes dont il est porteur est détérioré accidentellement au cours de la division, l'anomalie sera transmise de cellule en cellule. Au fil des générations, et par le simple jeu du hasard, les accidents se répéteront et les anomalies s'accumuleront au point d'altérer gravement les fonctions cellulaires. Sans doute parmi les accidents qui surviennent ainsi, il y a de temps en temps une modification génétique qui, loin de constituer un handicap, se révèlera au contraire favorable à la cellule. Sans doute aussi certains organismes unicellulaires possèdent-ils des mécanismes spécifiques permettant la réparation du matériel génétique ou sa diversification[63]. La reproduction sexuée est plus complexe. Les cellules germinales, ovules et spermatozoïdes, apportent avec elles un lot de chromosomes et un seul, puisqu'elles ont subi au préalable une réduction chromosomique indispensable pour éviter qu'à chaque génération le nombre de chromosomes ne double. Lorsqu'elles fusionnent, elles forment un œuf d'où naîtra le nouvel individu.

Celui-ci sera donc porteur de deux lots de chromosomes, l'un d'origine paternelle, l'autre d'origine maternelle. Si l'un des lots présente une anomalie, il est hautement improbable que l'autre lot présente la même anomalie au même endroit du génome. Le gène sain compensera alors le handicap provoqué par le gène anormal. La reproduction sexuée présente un autre avantage bien plus précieux encore, car il constitue un des principaux *mécanismes facilitateurs* de l'évolution. Outre quelques erreurs disséminées dans l'ensemble du génome, le répertoire génétique des parents comporte, en effet, de nombreuses variantes. À partir d'un certain degré d'évolution, aucun des individus d'une même espèce ne possède exactement le même génome, exception faite des vrais jumeaux appelés monozygotes parce qu'ils proviennent de la division d'un seul et même œuf. Le nouvel organisme issu de la fusion des cellules mâle et femelle va donc être riche de deux lots de répertoires génétiques dont les différences pourront interagir entre elles et former de multiples combinaisons. Le nombre des possibilités combinatoires de deux génomes est si grand qu'il est impossible d'en prévoir le résultat. Seule certitude : l'immensité du champ des variations possibles. Hormis l'exception des vrais jumeaux, il n'y a pas deux êtres humains génétiquement identiques sur les six milliards d'individus que porte cette planète. Cette variété qui fait la richesse de toutes les espèces, y compris la nôtre, serait évidemment impossible avec un mode de reproduction asexuée.

C'est ce qui explique que même les organismes les plus simples, qui se reproduisent principalement par division comme les bactéries et les protozoaires, possèdent aussi une forme de sexualité primitive. Celle-ci intervient par épisodes au bout d'un certain nombre de générations. Ces épisodes régénèrent la souche en introduisant de nouvelles combinaisons génétiques et en minimisant l'effet délétère des altérations éventuelles du génome. Ils comportent le plus souvent un échange de matériel génétique. Parfois aussi ce sont des bactériophages, sortes de virus bactériens, qui transportent l'information génétique. Les méthodes sont multiples mais le résultat est le même : la population bactérienne dans son ensemble acquiert de nouveaux lots de gènes, c'est-à-dire de nouvelles possibilités adaptatives. La redoutable efficacité de ces systèmes permet aux bactéries pathogènes d'acquérir très rapidement une résistance aux antibiotiques. Une véritable course de vitesse est actuellement engagée entre le génie inventif des bactéries et celui des pharmacologues qui sont contraints, pour le bien-être et la survie de l'espèce humaine, d'inventer de nouveaux antibiotiques plus vite que les bactéries ne produisent de souches résistantes.

Dans la reproduction sexuée, les génomes paternels et maternels mis en commun doivent être suffisamment différents pour que les avantages de ce mode de reproduction restent acquis (d'où les nombreux mécanismes physiologiques, psychologiques et sociaux mis en jeu pour éviter la consanguinité), et suffisamment proches pour que ces deux génomes soient compatibles (d'où la mise en jeu de stratégies multiples permettant aux individus mâles et femelles d'une même espèce de se reconnaître entre eux et de se distinguer des espèces voisines). C'est là que le jeu se complique et devient passionnant. L'invention de la sexualité, comme toutes les inventions de la nature, se comporte comme des poupées russes. La première fonction du sexe, telle que je viens brièvement de la décrire, est avant tout physique et moléculaire. Elle contient implicitement la seconde fonction qui est d'ordre comportemental, social et psychologique. J'ai cité dans le chapitre précédent quelques-uns des multiples systèmes d'appel à distance et de reconnaissance utilisés par les animaux. Chaque espèce va être obligée pour survivre d'adopter une stratégie qui devra être à la fois aussi efficace que possible et en même temps originale, c'est-à-dire distincte de celle du voisin sous peine de regrettables confusions. Le comportement nuptial et prénuptial va jouer un rôle encore plus complexe car il permettra non seulement la discrimination des espèces entre elles, mais bien plus, à l'intérieur d'une même espèce, il favorisera la sélection du plus apte. Les mâles dominants, c'est-à-dire les plus combatifs et les plus forts, vaincront leurs rivaux et transmettront ainsi plus souvent leurs gènes que les faibles et les soumis qui mourront sans descendance. Ce mode de sélection est censé promouvoir le maintien des caractères les plus favorables à la survie.

Tout cela est fort bien décrit par d'excellents spécialistes. Il en est toutefois parmi eux de plus lucides que d'autres qui ne sont pas dupes de la belle image d'Épinal que je viens d'esquisser. Car, en réalité, la complexité du comportement sexuel des animaux et des végétaux s'explique mal. Le concept simpliste selon laquelle les mâles les plus combatifs dissémineraient davantage leurs gènes que les plus soumis, donnant en héritage à leur progéniture leur propre qualité de force et d'agressivité, ne correspond pas toujours à la réalité. Combien d'éthologistes n'ont-ils pas constaté que les mâles dominants se font largement cocufier. Pendant qu'ils éloignent de leur harem les autres mâles à coup de dents ou de cornes, il est plus d'une femelle coquine qui, en catimini, ira offrir son joli derrière à un mâle moins fort mais présentant, à ses yeux ou à son odorat, un charme que ne possède pas le chef du harem. J'ai moi-même observé une scène inattendue entre autruches. Elle se passe dans un grand parc zoologique, à la saison des amours. Un mâle s'approche d'une femelle et commence sa cour. Il s'agite, bat des ailes, fait le beau, saute, trépigne. Pendant qu'il se livre à ce manège de séduction, un autre mâle plus éloigné voit la femelle, accourt, saute dessus, la féconde à la grande satisfaction de celle-ci qui non seulement se laisse faire mais glousse de plaisir. Quant au premier mâle, il arrête son manège, regarde ahuri la scène et s'en va la tête basse. Ses belles démonstrations ne lui ont servi à rien. C'est l'esprit de décision et la rapidité de son rival qui assureront la dissémination de son patrimoine héréditaire. On pourra arguer, à juste titre, qu'en captivité les animaux ont souvent des mœurs perverties. Mais de nombreuses observations ont été faites dans la nature par des éthologistes de qualité, montrant que la seule interaction de la génétique et de la sélection ne suffit pas à expliquer la complexité des comportements, ni leur diversité. Autre exemple : comment concevoir la genèse de l'incroyable ballet nuptial du poisson d'argent, *Lepisma saccharina*, ce petit insecte vif et sympathique qui fréquente nos salles de bains. Le mâle tend un fil de soie sous lequel il dépose une goutte de sperme. Ensuite, doucement, il amène la femelle sous le fil ; au passage celle-ci cueille avec son extrémité caudale la goutte de sperme déposée par le mâle. La fécondation, pour réussir, exige donc une précision et une coordination parfaites du comportement des deux partenaires[64]. Des comportements nuptiaux bizarres ou inutilement compliqués en apparence ont été décrits par centaines. Mon but, ici, n'est toutefois pas de discuter des mécanismes qui, au cours de l'évolution, ont contribué à la structuration de tels comportements. En revanche, j'aimerais mettre en évidence les deux composantes principales de cette seconde fonction du sexe : la composante hédoniste et la composante altruiste.

*
* *

Chez les plantes et chez les animaux inférieurs, dont le système nerveux est peu développé, règne la nécessité. Une fleur n'a guère de choix : quand elle est visitée par une abeille, elle la couvre de pollen et celle-ci ira porter la précieuse semence dans une autre fleur. Les oursins lâchent dans la mer leurs spermatozoïdes et leurs ovules qui se féconderont au petit bonheur. Un ensemble de facteurs déterminés, conditions ambiantes et phérormones, coordonnent l'émission des cellules sexuelles. Faute de posséder un système nerveux approprié, je doute que fleurs et oursins éprouvent quelque plaisir que ce soit, au sens où nous l'entendons. De plus, nul plaisir n'est requis pour le bon déroulement des opérations. Avec les animaux dotés d'un système nerveux évolué, nous changeons de registre. Nous passons du domaine de la nécessité à celui des potentialités, des possibilités et de l'aléatoire. Les sollicitations auxquelles est soumis un système nerveux complexe sont multiples. Il reçoit une prodigieuse quantité d'informations venant tant de l'environnement que de son propre milieu intérieur. Le choix entre divers types de réponse se pose en permanence. Les fonctions cérébrales sont donc en équilibre dynamique instable, ce qui fait dire aux psychophysiologistes que le psychisme se reconstruit à chaque instant. De nouveaux mécanismes doivent dès lors être mis en jeu pour hiérarchiser les réponses. Visiblement, l'instinct de reproduction prime tout, y compris la recherche de la nourriture, sauf en situation de famine, bien entendu. La nature a donc inventé ce que nous autres, êtres humains, nommons désir et plaisir. Je ne sais trop comment les animaux ressentent leurs pulsions sexuelles. Mais dans la mesure où ils en ont conscience, ils doivent avoir un vécu similaire au nôtre. Le plaisir de la réplétion gastrique ou celui de la gustation et de l'olfaction joue le même rôle dans la prise de nourriture. Cette composante hédoniste de la sexualité constitue à n'en pas douter un facteur majeur dans le succès de la reproduction des animaux supérieurs. C'est aussi une composante égoïste, puisque la satisfaction du désir et la recherche du plaisir sont prioritaires. Elle joue un rôle dans la lutte entre mâles et à ce titre contribue à une certaine sélection, même si ce n'est pas nécessairement le mâle le plus fort qui dissémine le mieux son sperme.

La composante altruiste va évidemment dans le sens opposé. Elle est surtout l'apanage des femelles, mais pas uniquement. Les généticiens, qui voient la vie en « gènes » comme d'autres la voient en rose ou en noir, en ont déduit l'existence de gènes altruistes. Ceux-ci auraient été sélectionnés au cours de l'évolution pour leur rôle favorable à l'espèce sinon à l'individu. De ce point de vue, une femelle qui perd la vie mais sauve sa couvée sert mieux la cause de sa lignée que celle qui sauve sa vie mais laisse périr ses petits. À nouveau, cependant, la question se pose de savoir comment de tels comportements se sont mis en place au cours de l'évolution. Certaines espèces de perdrix pondent leurs œufs au sol dans un nid rudimentaire fait de quelques branchages. La surface tachetée des œufs offre une première protection car de loin ils ne sont guère visibles. Si toutefois un prédateur putatif s'approche du nid, la femelle s'éloigne en poussant des petits cris et laisse traîner au sol une de ses ailes à moitié ouverte, mimant le comportement d'un oiseau blessé, incapable de s'envoler[65]. Tout se passe comme si elle attribuait des intentions malveillantes à l'intrus, parfois un inoffensif promeneur ou un éthologiste, et risquait sa vie pour éloigner le danger de sa couvée, quitte à s'envoler brusquement lorsque celui-ci semble écarté. Comment un oiseau peut-il être capable d'une telle stratégie, aussi complexe que la stratégie de chasse adoptée par les épaulards tueurs de phoques ? Si ce comportement est programmé génétiquement, comment les différentes composantes ont-elles pu s'agencer suffisamment vite et bien pour être vraiment efficaces et ainsi offrir une prise à la sélection naturelle ? Mystérieuses aussi sont les « fiançailles » entre oiseaux qui se mettent en couple dès la fin de l'hiver alors que leurs glandes sexuelles sont encore au repos et qu'aucune pulsion ne les pousse l'un vers l'autre. Ces fiançailles sont programmées ; elles n'existent pas chez toutes les espèces, loin de là[66]. Elles sont avantageuses car, dès le printemps, lors de l'activation des glandes, le couple pourra se reproduire sans le délai imposé par la recherche du partenaire. Mais au départ, comment de telles mœurs sont-elles apparues par le seul fait de mutations et de combinaisons génétiques aléatoires ? L'épouillage des singes entre eux est plus facile à comprendre. S'épouiller mutuellement leur donne du plaisir et en même temps maintien la cohésion du groupe. Voilà donc une coutume bien utile à la tribu puisqu'elle favorise formation des couples et protection des petits, par sa double composante hédoniste et altruiste.

*
* *

Les pensées, les concepts et les mots sont des outils permettant de manier, façonner et contrôler l'environnement. Ils peuvent aussi permettre bien des innovations et contribuer à l'évolution de l'espèce humaine. Il en est de même pour la sexualité. Chez l'homme, la troisième fonction du sexe est à la sexualité outil-de-reproduction et inducteur-de-la-vie-sociale ce que la *réflexion évolutive* est à la pensée outil-de-contrôle-du-monde. J'aimerais proposer ici le concept de *sexualité évolutive*, autrement dit le concept d'une fonction sexuelle qui peut être utilisée consciemment et volontairement par l'être humain pour sa propre évolution et, à ce titre, peut devenir, comme la *réflexion évolutive*, un *mécanisme facilitateur* de l'évolution. Mais avant de développer cette notion dans le chapitre suivant, il me semble important d'établir quelques définitions. Le lecteur n'est nullement tenu de les accepter ; encore faut-il qu'il les connaisse pour comprendre la signification des pages qui vont suivre.

L'excitation est un phénomène physiologique. Un homme ou une femme peuvent être dans un état d'excitation sexuelle sans avoir de désir personnalisé. Le désir est un phénomène psychologique. On peut éprouver du désir pour un amant lointain sans nécessairement ressentir d'excitation. Par contre, un désir porteur de promesse sera accompagné de plaisir. Une simple pression de la main peut donner plus de plaisir à deux amants qui s'aiment qu'une relation sexuelle complète à deux conjoints qui ne s'aiment pas. Parfois aussi le désir et l'excitation sexuelle engendrent un plaisir plus grand que l'orgasme lui-même. Une telle situation résulte souvent d'orgasmes faibles dus à une dystonie des muscles périnéaux (v. p. 283). Inversement, la femme et plus rarement l'homme peuvent, dans des conditions optimales, éprouver plusieurs orgasmes successifs[67]. Lors d'une réunion d'andrologues et de physiologistes de la sexualité, un chercheur avait présenté une série de graphiques enregistrés pendant les relations sexuelles de divers couples, tous volontaires cela va sans dire. L'amplitude et la fréquence des ondes figurant les contractions orgastiques étaient caractéristiques de chaque personne et de chaque couple. Un couple en particulier avait attiré l'attention de la docte assemblée. Au cours de chacune des relations sexuelles enregistrées, la femme avait d'abord un premier orgasme, ensuite après une période de latence, l'homme et la femme présentaient un orgasme simultané. La parfaite concordance du second orgasme féminin avec le premier orgasme de son partenaire intriguait beaucoup médecins et scientifiques qui se mirent à ergoter longuement sur la question, révélant ainsi la richesse de leurs connaissances théoriques et la pauvreté de leur expérience personnelle en la matière. Dans le cas présent, l'explication était simple. La muqueuse vaginale de certaines femmes offre une exquise sensibilité tactile et thermique. La dame en question percevait à la fois l'impact du jet de sperme au moment de l'éjaculation de son compagnon et la chaleur du liquide qui, emmagasiné dans les vésicules séminales, se trouve à une température supérieure à celle de la paroi vaginale. Cette double sensation suffisait chez cette personne au riche tempérament à déclencher un orgasme.

L'affection et l'amitié ne sont associées à la sexualité que secondairement. Ce sont des sentiments et non des émotions, terme que je réserverai aux mouvements du psychisme tels que la peur ou la colère. L'affection est un sentiment qui est toujours lié à une notion de chaleur, d'étreinte, d'oralité épanouie, tant dans le sens de l'ingestion de nourriture que dans celui de l'expression parlée.

Une personne affectueuse est généralement considérée comme chaleureuse. La voix est projetée, bien timbrée ; les mots prononcés sont d'emblée réconfortants : « Ah ! comme je suis contente de te voir ». La poignée de main est encore plus révélatrice ; ce sont des personnes qui touchent le bras en prenant la main, qui embrassent facilement. Elles sont tactiles mais aussi gourmandes, et adorent les réunions conviviales autour d'une bonne table. Il s'agit évidemment d'un comportement de type maternel qui chez les vertébrés supérieurs est associé à la nidification et aux soins donnés aux petits. Par soins, j'entends toilettage, léchage, réchauffement, allaitement chez les mammifères, régurgitation de nourriture chez les oiseaux. Ces soins ne sont d'ailleurs pas l'apanage de la seule femelle. Dans de nombreuses espèces, on peut parler aussi bien de maternage que de paternage.

Chez les mammifères, l'ocytocine est une des principales hormones qui déclenchent les comportements de maternage. De malheureuses souris dépourvues d'ocytocine négligent leurs petits au point de les laisser mourir[68]. Chez *Meriones unguiculatus*, un petit rongeur des déserts de Mongolie, le paternage est associé à un taux faible d'hormones sexuelles mâles. Les individus présentant des taux élevés sont agressifs, réussissent souvent mieux à disséminer leur sperme et leur patrimoine génétique, mais ne s'occupent guère de leur nichée[69]. Chaque type de comportement présente donc ses avantages et ses inconvénients. Que le lecteur ne se méprenne pas. Je ne prône en rien une attitude réductionniste qui ferait accroire que l'affection ne dépend que d'une molécule. Mais il n'est pas inutile de montrer que les sentiments humains, même les plus élevés, s'intègrent dans un contexte évolutif.

Lorsque les petits mammifères ont été bien nourris, réchauffés, léchés, toilettés, ils commencent à jouer entre eux, parfois avec leurs parents ou d'autres membres du groupe. Les lionceaux se battent, se mordillent, courent, attrapent le bout de la queue de leur mère. Tous ces jeux sont des apprentissages. Ils mettent progressivement en fonction des circuits neuronaux qui, par la suite, serviront à l'attaque, à la défense et à la chasse. À l'âge adulte, les animaux issus d'une même portée n'auront pas de relations sexuelles entre eux, à condition toutefois qu'ils aient été maintenus ensemble.

Si l'un des petits est enlevé à sa famille puis remis en contact avec ses frères et sœurs au moment de la puberté, les relations sexuelles seront possibles. Il semble que ce soit l'odeur qui inhibe les relations sexuelles entre les membres d'une même famille. Le petit enlevé prématurément à sa famille en perd l'odeur ; l'inhibition vis-à-vis de ses frères et sœurs est levée, tout au moins en partie car certaines odeurs sont déterminées génétiquement. Ainsi sont évités les rapports consanguins préjudiciables à l'espèce. C'est vraisemblablement ce qui explique que l'amitié, qui comme la fraternité est un compagnonnage[70], soit souvent incompatible avec des relations sexuelles. Si celles-ci se produisent entre amis de longue date, l'amitié fait alors place au comportement amoureux qui, comme chez les autres mammifères, est associé à la lutte pour la femelle, c'est-à-dire à l'agressivité, à la possessivité et à la jalousie. La belle liberté qui accompagnait le sentiment d'amitié s'évapore comme neige au soleil. Inversement, les sexologues conseillent aux couples stables, pour entretenir leur flamme, de dormir de temps à autre dans des chambres séparées, afin d'éviter une habituation à l'odeur du partenaire, habituation qui diminue l'appétit sexuel et transforme l'amour conjugal en amitié[71].

Abordons maintenant le mot amour[72]. Les malentendus qu'engendre ce mot résultent du fait qu'il est utilisé pour signifier des concepts totalement différents. Il peut être, selon les cas, outil de reproduction, expression égocentrique, altruiste, lien conjugal merveilleux et fécond, ou encore manifestation de l'état de conscience unitaire évoqué précédemment. L'*amour sexuel* n'est évidemment qu'une façon déguisée de parler de l'exercice de la sexualité à des fins de reproduction, de plaisir ou même de simple soulagement. Le mot amour évoque un sentiment, absent en l'occurrence, et il est employé dans le but hypocrite d'élever à un rang prétendument plus noble, celui de sentiment, la satisfaction d'un instinct considéré comme vulgaire. La fonction sexuelle a mauvaise presse. Beaucoup de religions font croire à leurs adeptes qu'elle constitue le pôle animal de notre être, pôle qui doit être réprimé pour permettre l'envol vers notre pôle spirituel. Historiquement, cette répression a un sens précis qui sera évoqué dans le chapitre 7. Jadis, elle avait aussi une fonction sociale importante lorsque la contraception était d'application moins facile et d'une efficacité moins grande que maintenant. La sexualité non contrôlée risquait de produire trop d'enfants sans père, ce qui eût été défavorable à la survie et au développement des nouveau-nés. L'exercice de la sexualité dans les seules conditions maritales favorisait et favorise encore le développement de l'espèce humaine en créant la famille, cadre privilégié pour l'épanouissement de l'enfant. Ce n'est pas une raison pour que l'exercice de la sexualité pure soit condamné ou interdit. Interdirait-on à qui que ce soit de s'offrir une pâtisserie, même sans faim, comme si manger pour le seul plaisir du goût était impardonnable ?

L'*amour régressif* est le plus fréquent et le plus fréquemment signifié lorsque l'on utilise le terme amour dans le langage courant. Si le maternage ou le paternage ont été insuffisants ou défectueux, il y a chez le jeune adulte non seulement un désir conscient d'affection pour compenser la carence subie dans l'enfance, mais en plus une projection inconsciente des images parentales sur d'autres jeunes adultes de sexe complémentaire, avec l'espoir non formulé de recevoir de l'autre l'affection que les parents ont été incapables de donner. L'homme va donc tomber amoureux d'une femme parce que, inconsciemment, il projette sur elle une image maternelle ; la femme fera de même de son côté. Un couple se formera dans lequel chacun attendra de l'autre l'affection qui lui a manqué. Situation sans issue, bien entendu, puisque la carence affective de l'enfance entraîne une incapacité totale ou partielle de maternage ou de paternage à l'âge adulte. Plus grave encore, le manque affectif de l'enfance et la difficulté d'expression affective qui en résulte sont souvent perçus négativement par l'entourage. Les individus dont l'affectivité est épanouie ont tendance à rejeter ces handicapés de l'affect qui n'auront d'autres ressources que de s'accoupler entre eux avec en perspective l'échec inévitable de leur relation. À cet *amour régressif*, il existe des remèdes comme la psychanalyse et la psychothérapie. Encore faut-il que ceux qui souffrent de cette forme de névrose acceptent de les utiliser.

L'*amour parental*, maternel et paternel, n'est lui-même pas exempt de déviations névrotiques du même type. La mère ou le père frustrés d'affection dans leur enfance projettent alors leur demande affective non plus sur le conjoint mais sur l'enfant qu'ils procréent. Ils inversent la relation, attendant du bébé ou du jeune enfant l'affection dont celui-ci a précisément besoin pour grandir physiquement et psychiquement. Inévitablement déçus, les parents qui souffrent de cette grave névrose se désintéressent alors de leur progéniture avec les dégâts que l'on peut imaginer. Les enfants délaissés à la suite de ce tragique malentendu, s'ils n'en meurent pas, forment entre eux des tribus, des bandes au sein desquelles ils trouvent provisoirement un semblant de support affectif. Il n'en reste pas moins vrai qu'en général l'amour parental est une forme d'amour particulièrement puissante. Il comporte toutefois un sentiment d'égoïsme implicite : aimer sa progéniture, c'est s'aimer soi-même, c'est aimer ce qui est, en fait, un prolongement de soi-même. Quant à l'*amour filial*, c'est la réciproque de l'*amour parental*. Il s'y mêle aussi une certaine forme d'égoïsme dans la mesure où l'enfant a besoin de la protection et des soins donnés par les parents. Par la suite, quand les parents sont âgés, la gratitude remplace le besoin. Il y a en outre persistance des images de l'enfance et, pour les plus favorisés, du paradis perdu qu'elles représentent, paradis dans lequel les parents idéalisés jouent le rôle de divinités tutélaires.

L'*amour altruiste* est un concept encore plus ambivalent que les précédents. L'altruisme vrai n'existe pas chez les animaux où règne, au contraire, souvent une sorte de népotisme. Parler de gènes altruistes pour désigner des programmes génétiques qui incitent un animal à se sacrifier au profit de sa nichée constitue dans une certaine mesure un abus de langage. La nichée, les petits, les enfants, ce n'est pas « les autres » pour une mère, c'est l'extension même de sa propre personne. L'altruisme vrai existe-t-il chez l'homme ? Y a-t-il des êtres humains prêts à donner et à se donner à d'autres sans qu'aucune forme d'intérêt familial ou tribal ne soit impliquée ? Existe-t-il une forme d'amour universel détaché de tout particularisme ? Oui, mais un tel comportement est exceptionnel et se manifeste seulement chez ceux qui atteignent un état de conscience unitaire. L'humanité devient alors pour eux une grande fraternité. À ce moment, l'altruisme n'est plus un sentiment mais l'expression vécue de cet état unitaire manifesté par la joie et l'amour universel. Toute autre forme d'altruisme recouvre des motivations égoïstes. Être altruiste devient une manière de se valoriser, de montrer aux autres sa propre bonté et son propre désintéressement[73]. Il y a aussi dans l'altruisme une prise de pouvoir car il induit la gratitude qui est un sentiment particulièrement aliénant. L'amour est un don libre, la gratitude est une contrainte qui nous lie comme un débiteur à son prêteur.

L'*amour intégral* est un amour vécu à tous les niveaux, sexuel, affectif et amical. Cette forme d'amour récapitule les diverses étapes de la reproduction et du développement. Elle recèle une contradiction interne. L'amitié s'accommode mal de la sexualité : l'une est libre, tolérante, l'autre est possessive, exclusive. Un tel amour n'est donc pas très fréquent, mais lorsqu'il se réalise, il est riche de potentialités évolutives. À l'heure actuelle, ces potentialités sont rarement actualisées. La composante affective manque souvent aux hommes, oscillant sans nuance de la sexualité à l'amitié. Certaines femmes révèlent la même tendance. Pour un homme en demande affective, ce type de comportement peut être déstabilisant. Un de mes amis m'avait fait part de sa stupéfaction lorsqu'un jour il avait reproché à sa petite amie son manque de chaleur. Celle-ci lui avait répondu : « Ne crois pas que je sois froide : j'aime *ça* ». Le malentendu était évident. Le *ça* de la petite amie se référait à la sexualité qui pour elle était synonyme de chaleur. L'analogie était faite, inconsciemment, avec la « femelle en chaleur », alors que pour l'ami en question, le manque de chaleur évoquait un manque d'expression affective. Au nord de l'Europe, ce type de comportement féminin n'est pas rare. En revanche, il est moins fréquent en Méditerranée, là où les femmes sont plus maternantes. Même si la distinction entre le nord et le sud de l'Europe est, de ce point de vue, un rien caricaturale, elle n'est pourtant pas totalement dépourvue de fondement[74].

Un dernier mot nous reste à explorer. C'est celui d'*eros*, mot d'origine grecque, utilisé fréquemment par les psychologues et les psychanalystes dans l'expression *eros et thanatos,* littéralement l'amour et la mort, pour signifier en fait pulsion de vie et pulsion de mort. C'est dans le sens de pulsion de vie que j'utiliserai *eros*. Quant aux mots érotisme et érotique, j'éviterai de les employer dans la mesure du possible. Ils prêtent à confusion car ils ont en français une connotation pornographique, qui n'est pas celle que j'attribue à l'*eros*. La pornographie n'existe que dans l'intention de celui qui la pratique et constitue un artifice qu'ignore la nature. L'*eros* exprime l'élan vital, la pulsion et la pulsation de la vie. Lorsque dans la Bible il est dit qu'après avoir été créée la nature « émet une buée de désir » vers son Créateur, n'évoque-t-on pas la quintessence même de ce qu'est l'*eros* ? Dans le *Cantique des Cantiques*, quoi de plus chargé d'*eros* que le chant de la bien-aimée, l'âme humaine, à son bien-aimé, le divin Créateur.

Que l'élan mystique soit désir exprimé par l'être humain dans sa globalité, c'est-à-dire avec son corps et son esprit, n'est pas douteux. Tous les textes sacrés en font foi. Que cet élan puisse avoir secondairement des manifestations sexuelles, c'est aussi l'évidence, mais la manifestation sexuelle en elle-même n'est pas importante et n'est, à tout prendre, qu'un épiphénomène. Il arrivait parfois à de saints moines de « mouiller leur froc » au cours de leurs extases. Dans les livres qui traitent de ce sujet, cette expression est écrite en latin, ce qui le rend plus acceptable aux oreilles pudibondes. Ces éjaculations n'étaient ni provoquées, ni même désirées, j'en suis convaincu, mais l'élan érotique provoqué par l'extase entraînait probablement la sécrétion d'une hormone, l'anandamide qui peut, comme les endorphines, agir sur les fonctions sexuelles[75]. Érotique aussi est toute la nature dans sa vitalité, qu'elle soit tension contenue ou explosion dionysiaque. Regardez attentivement les bourgeons des arbres par une belle journée de février ou de mars. Ils se dessinent sur le fond bleu du ciel, tendus au bout des branches dressées vers le soleil, gonflés des promesses du printemps, luisants de sève. Les minuscules écailles qui les recouvrent sont prêtes à éclater dans l'orgasme végétal que représente le déploiement des feuilles et des fleurs après le sommeil de l'hiver.

L'érotisme que dégage le règne végétal est d'autant plus puissant qu'il est silencieux et immobile. C'est sans doute ce qu'ont perçu les prêtres égyptiens et à leur suite, bien des siècles plus tard, les maîtres d'œuvre des églises romanes. Les salles hypostyles des grands temples étaient appelées « celles des plantes vertes » et les colonnes de ces forêts pétrifiées s'épanouissaient tantôt sous la forme de palmiers, tantôt sous celle de papyrus ou de lotus. Les crosses des abbés prenaient pour modèle celles des fougères. Les feuilles de vigne et les feuilles de lierre, les glands et les pommes étaient représentés dans tous les coins et recoins des abbatiales. Même là où toute décoration susceptible de distraire l'œil et l'esprit fut proscrite par l'austère Bernard de Clairvaux, la turgescence des troncs et des branches de pierre ne put être abolie car elle était l'essence même du dessin de l'ogive. Telle la tige verte d'une plante se dressant fièrement sous la pression de la sève montante, le phallus de l'homme est le seul qui se tienne par la puissance de ses organes érectiles sans qu'aucun os interne, comme chez d'autres mammifères, ni qu'aucune armature externe, comme chez les insectes, ne soit requise pour le maintien de sa rigidité. Le vert et la verdeur ne servent-ils pas à désigner tout aussi bien la puissance d'un homme épanoui dans sa virilité que celle d'un langage gorgé d'*eros ?* C'est au bouton de rose, en revanche, que l'on se réfèrera pour parler des tétons délicats d'une jeune fille. N'en ont-ils pas la couleur, le velouté et jusqu'à la texture ? Si d'aventure des doigts délicats saisissent tour à tour l'un et l'autre, c'est la même consistance qu'ils percevront avec ravissement : ferme et attendrissante, s'abandonnant sous la pulpe d'un index gourmand et lui résistant suffisamment pour lui donner chair à toucher.

Les définitions précédentes à elles seules devraient suffire à montrer ce qu'est la troisième fonction du sexe, la troisième poupée russe contenue implicitement dans les deux premières. Susceptible de révéler des potentialités non actualisées, une nouvelle approche de l'amour et de la sexualité pourrait contribuer puissamment à l'évolution humaine. Dans le couple, la confrontation avec le conjoint entraîne inévitablement des prises de conscience qui peuvent être exploitées dans le sens du progrès. Encore convient-il de les percevoir clairement, de les matérialiser et de les développer. Le conjoint, par sa différence, devient un miroir où l'homme voit dans la femme ses propres potentialités féminines et où la femme voit dans l'homme ses propres potentialités masculines. Le couple, par les jeux érotiques auxquels il se livre en toute spontanéité et en toute innocence, célèbre la magnificence de la vie. Il attise en lui un désir toujours plus intense et rejoint dans l'ardeur d'un même feu le mystique que consume l'amour divin. Le couple par la contrainte qu'impose la vie en commun et le contrôle de l'énergie sexuelle devient un laboratoire destiné, tel l'athanor alchimique, à faire éclore non un homme nouveau, ni un surhomme, mais un être pleinement humain tel qu'il est déjà tout en l'ignorant encore.

*
* *

L'après-midi était chaude bien qu'il fut déjà cinq heures et la lumière du soleil, comme celle des blés, était d'une somptueuse blondeur. Dans la campagne, la fête nuptiale battait son plein. Oiseaux et insectes s'en donnaient à cœur joie. Les fleurs faisaient l'amour à leur façon, par l'entremise des abeilles. Une jolie coccinelle rouge à points noirs vint se poser sur ma main. Une femelle à n'en pas douter. Elle venait m'inviter à participer aux ébats de la nature. Une invitation de pure forme, cela va sans dire, étant donné nos dimensions respectives. Je regardais autour de moi. Chacun avait sa chacune mais aucun être vivant aux alentours ne semblait pouvoir me convenir. Il y avait bien les grandes corolles rouges d'une plante tropicale dont j'ignore le nom ; elles avaient la forme et la dimension requises. Mais leurs parois délicates étaient bien trop fragiles. Dès la première pénétration, je les aurais déchirées leur faisant beaucoup de mal et à moi aucun bien. Je décidai d'attendre. Sarah viendrait demain. Et pour quand même célébrer, dès maintenant, le grand carnaval copulatoire de cette belle journée de mai, je me mis à danser sur le chemin poudreux en sifflant quelques notes de l'*Été*, telles que les chantaient jadis les violons du prêtre roux.

CHAPITRE 7

LA DOUBLE CROIX DU COUPLE

Celui qui est charnel, l'est jusque dans les choses de l'Esprit ; celui qui est spirituel, l'est jusque dans les choses de la chair.

Saint Augustin[76]

Le printemps touchait à sa fin. Mon séjour en Galilée aussi. Pour dissiper la tristesse du départ, je décidai de faire une fois encore une de mes promenades favorites. J'empruntai une petite route bordée d'eucalyptus qui part droit vers l'est et aboutit, au bout d'une dizaine de kilomètres, là où l'on s'y attend le moins, à un point de vue grandiose sur le lac de Tibériade. La surprise est totale. Le plateau, sur lequel est posée la ronde mamelle du Mont Tabor, s'effondre brusquement et dégringole jusqu'au bord du lac à environ 500 mètres en contrebas. Le lac est légèrement salé et poissonneux contrairement à la mer Morte. Il est bordé d'une végétation magnifique. Avant d'entreprendre la descente, je m'arrête toujours un moment pour contempler le spectacle : eau bleu sombre, rives vert émeraude, collines d'un rose crayeux très clair aussi durement lumineuses que le soleil, ciel bleu plus léger pour couronner le tout. Au printemps, par beau temps, après une pluie purificatrice, le Mont Hébron est visible tout au nord avec sa calotte neigeuse qui lui donne un petit air himalayen. Je me fatigue d'autant moins de ce panorama qu'il varie sans cesse. Les neiges du Mont Hébron disparaissent dès la mi-avril, de même que le léger gazon vert jaune qui couvre les collines désertiques. Le paysage en devient plus austère mais plus contrasté. Lorsque le ciel est limpide et la surface du lac lisse comme un miroir, les collines se reflètent dans l'eau ajoutant une touche de rose évanescent tout au long du rivage.

Après une rapide descente en lacets, on découvre la végétation : dattiers aux palmes d'un vert tendre, amas de bougainvillées dégoulinant de fleurs rouges, pourpres, jaunes, orangées, blanches et même bleutées, flamboyants aux inflorescences d'un vermillon claironnant et, en mai, jacarandas aux délicates grappes florales d'un bleu violacé. Je m'imprégnai longuement de cette vision édénique dans l'espoir d'en faire une réserve, pour me permettre de supporter la grisaille parisienne où j'allais bientôt me retrouver. J'aime Paris mais les édiles dont le rôle est d'en conserver la beauté primesautière ont failli à leur tâche. La gaieté parisienne est devenue morosité : le bruit et la pollution accablent le promeneur. Des verrues de verre sombre ou de pierre blême en abîment la face : sinistre poteau noir de la tour Montparnasse, gazomètre auto-dégradable de l'Opéra Bastille... Qu'importe, Paris resterait une ville sinon agréable, tout au moins fascinante si la solitude n'y était aussi pesante. Au pied du Mont Tabor, j'ai vécu en ermite sans jamais souffrir d'isolement. Sans doute, les visites de Sarah y étaient-elles pour quelque chose. Elles étaient cependant brèves et espacées. La présence qui m'accompagnait et me soutenait au cours de ce séjour était avant tout celle de la nature. À Paris, c'est la situation inverse qui se présente. J'y ai beaucoup d'amis. Je pourrais n'être seul que bien rarement. Et pourtant quand je le suis, la solitude est insupportable. Les pierres n'y parlent pas et leur visage est aussi fermé que celui des habitants. Le quartier où j'habite constitue cependant une heureuse exception à cette règle. Sans doute aussi la vie parisienne par son manque de chaleur humaine me fait-elle sentir plus cruellement l'absence d'une compagne à mes côtés. De même que l'arthrite de mon genou gauche déclencha la rédaction de ces pages, de la même façon, les difficultés que j'ai rencontrées dans mes relations amoureuses se sont révélées fertiles. Elles m'ont permis, après bien des années d'errements, de mieux comprendre la véritable signification de l'union de l'homme et de la femme.

La croix est un des premiers signes à avoir été gravés dans la pierre par l'homme, à côté du point, du cercle et de la ligne. Dans le bassin méditerranéen, la croix sert depuis plus de trois millénaires à écrire le phonème « t »[15]. En égyptien hiéroglyphique, ce phonème est représenté par un instrument d'architecture, le rapporteur[77], qui permet de tracer des angles de zéro à 180 degrés ou, comme le prétend Enel[78], de figurer l'orbe du soleil de son lever à son coucher (l'horizontale) en passant par son zénith (la verticale). Quel qu'en soit le graphisme (croix, rapporteur ou orbe solaire), le « t » figure l'union de la verticalité et de l'horizontalité. Il en est de même pour la croix du corps humain. Le couple est donc formé de deux croix. Les pieds touchent le sol, les têtes pointent vers le ciel, l'œil droit de l'un fait face à l'œil gauche de l'autre et la main droite à la main gauche. Les lignes verticales sont parallèles, les lignes horizontales complémentaires. Cette image des deux conjoints, bras étendus, chacun prêt à étreindre le corps de l'autre, a de nombreuses significations à la fois symboliques, psychologiques et physiologiques. Je ne donnerai ici que les plus importantes, c'est-à-dire les plus connues et les mieux comprises.

L'horizontale, c'est par définition, l'horizon. C'est la terre, la surface des eaux, de la mer ; c'est la femme qui est terre et eau. C'est le gisant et la mort ou son analogue, le sommeil. C'est aussi la naissance, le nouveau-né incapable de se tenir debout. C'est l'ouverture, l'accueil et la mesure : c'est avec les bras ouverts que l'on mesurait jadis les étoffes. La mesure nous ramène d'ailleurs à la femme par l'intermédiaire de la lune qui mesure le temps, le mois et le cycle féminin. L'univers des physiciens n'est pas parfaitement symétrique : la droite n'équivaut pas toujours à la gauche (v. p. 316). Celui des chimistes ne l'est pas davantage : la double hélice de l'ADN tourne toujours dans le même sens, vers la droite. Les acides aminés sont de la série gauche et les sucres de la série droite[79]. Chez les mollusques, les coquilles tournent préférentiellement vers la droite ; les formes gauches constituent généralement une rareté. Le corps humain, lui-même, est asymétrique : le foie est à droite, la rate et la pointe du cœur sont à gauche. La dissymétrie la plus importante sur le plan fonctionnel est celle des hémisphères cérébraux[80]. Chez les droitiers, le cortex de l'hémisphère gauche - c'est-à-dire celui qui commande la main droite et d'une manière plus générale la partie droite du corps - comporte des circonvolutions plus développées que celles du cortex de l'hémisphère droit : ce sont les aires de Broca et de Wernicke qui contrôlent les fonctions du langage : parole, reconnaissance des mots, écriture et structure lexicale. Chez les gauchers, ces aires se situeraient dans le cortex de l'hémisphère droit, ce qui explique que pour écrire les gauchers utiliseront spontanément ce même hémisphère, c'est-à-dire la main gauche. C'est au moins la conception qu'en eurent les premiers psychophysiologistes. En réalité, la situation est plus complexe. Chez les hommes droitiers, c'est bien l'hémisphère gauche qui commande les fonctions du langage ; chez les hommes gauchers et chez les femmes droitières ou gauchères, ces fonctions sont davantage réparties entre les deux hémisphères. Cette particularité doit être rapprochée du fait que chez les hommes gauchers et chez les femmes, le corps calleux est, en moyenne, plus volumineux que chez les hommes droitiers. Le corps calleux est la plus importante des commissures cérébrales, c'est-à-dire des ponts neuronaux qui connectent les deux hémisphères. On peut donc en déduire que la richesse des connexions interhémisphériques est plus grande chez l'homme gaucher et chez la femme que chez l'homme droitier. Un homme gaucher et une femme dont les aires de Broca et de Wernicke ont été lésées - par suite d'un traumatisme accidentel ou d'une hémorragie cérébrale - récupèrent plus facilement la fonction altérée du fait de la compensation par l'autre hémisphère. Chez les hommes droitiers atteints des mêmes lésions, la récupération sera plus difficile, voire impossible. Il existe toutefois une grande variabilité d'un individu à l'autre et même les hommes droitiers ne sont pas tous aussi strictement latéralisés qu'il y paraît. Pour certaines tâches telles que la reconnaissance des rimes ou celles de la charge émotionnelle d'un message verbal, la femme fera appel aux fonctions des deux hémisphères alors que l'homme droitier n'utilisera que l'hémisphère gauche. Visiblement, les deux hémisphères coopèrent davantage chez la femme (et l'homme gaucher) que chez l'homme droitier. Cette meilleure coopération est en relation directe avec la taille du corps calleux et celle-ci est elle-même dépendante des hormones mâles qui inhibent son développement comme le suggèrent de nombreuses études expérimentales[81].

Pour plus de clarté, j'utiliserai dans la suite de cet ouvrage les termes de cerveau droit (correspondant à la partie gauche du corps) et de cerveau gauche (correspondant à la partie droite) plutôt que ceux d'hémisphères cérébraux droit et gauche, expressions scientifiquement plus correctes mais aussi beaucoup plus longues et fastidieuses à lire. Pour la même raison, je simplifierai à l'extrême les différences de fonctions, recensées à ce jour, entre les deux cerveaux et je rappellerai qu'aucune fonction quelle qu'elle soit n'est jamais latéralisée à 100 % chez tous les individus. Le cerveau gauche est chargé du langage et de l'articulation vocale ; c'est aussi celui qui excelle dans le raisonnement logique, l'intelligence et la pensée rationnelle abstraite et analytique. Ses stratégies sont plus performantes et il possède un *mécanisme interprète et narrateur*[82] qui cherche en permanence à déterminer la signification des événements qu'il enregistre. Il se spécialise aussi dans la reconstruction des souvenirs. Le cerveau droit est celui qui prédomine dans les tâches visuelles et motrices. C'est aussi le cerveau de la pensée analogique, globale, intuitive, émotionnelle, de la prosodie et de la sensibilité psychique. Il ne possède pas de *mécanisme interprète.* De ce fait, il est moins inventif mais semble plus véridique et plus littéral. « Il n'essaye pas d'interpréter son expérience, ni d'y trouver une signification plus profonde. Il continue de vivre uniquement dans l'éphémère présent »[83]. Il n'est pas surprenant que, dans certaines tâches, la femme ait sur l'homme droitier une large supériorité puisque sa sensibilité (cerveau droit) vient à la rescousse de sa rationalité (cerveau gauche). En revanche, les hommes droitiers sont sans doute plus inventifs, peut-être même trop. Leur *mécanisme interprète* les amène à multiplier des théories, dont toutes ne sont pas utiles, et des inventions, dont certaines font progresser l'humanité et d'autres la mettent en danger, d'autant plus que le cerveau droit n'exerce pas chez eux de fonction modératrice. Le cerveau gauche est celui des ingénieurs et des scientifiques. Il serait aussi celui des écrivains mais non des poètes. Le cerveau droit par ses capacités visuelles et motrices serait celui des peintres et des danseurs. Le cas du musicien semble plus complexe, peut-être parce qu'il a été mieux étudié. Chez le mélomane à l'écoute, c'est le cerveau droit qui travaille, chez le compositeur à la tâche, c'est le cerveau gauche. Lors de l'audition d'une musique, la sensibilité est sollicitée ; au cours de la composition, la structuration du temps constitue une activité rationnelle, proche de celle du mathématicien[84].

Quant aux hommes gauchers, dont je fais partie, leur situation est éminemment variable car il y a plusieurs catégories de gauchers selon leur type de latéralisation[85]. Mon cas est encore compliqué du fait que je suis un gaucher contrarié. La « bonne » sœur qui faisait la classe des petits me frappait les doigts d'un coup de règle bien appliqué chaque fois que j'utilisais ma main gauche pour écrire. Je ne tardai donc pas à écrire de la main droite. Le passage se fit, semble-t-il, sans trop de difficultés. À l'heure actuelle, je suis ambidextre avec une préférence pour la main droite quand il s'agit d'écrire et pour la main gauche pour les autres tâches délicates (dessiner, coudre ou me couper les ongles). L'usage obligé de ma main droite pour l'écriture joint à ma gaucherie native font certainement de moi un athlète du corps calleux. L'excellence vraisemblable de la communication entre mes deux hémisphères explique sans doute mon caractère intuitif et sensible, mon goût pour les arts et ma curiosité à explorer ce que d'aucuns considèrent comme l'irrationnel sans pour autant me départir de ma rationalité de scientifique. Je passe sans arrêt du mot à l'image. Chaque pensée si abstraite soit-elle est presque en permanence « illustrée » sous forme visuelle et cela quel que soit le type d'activité : rédiger un article, donner une conférence, faire des statistiques ou interpréter des résultats scientifiques. Ma mémoire visuelle est excellente, presque photographique. J'ai une passion et un don pour les couleurs, et je dessine passablement bien. En revanche, les coups de règle de la bonne sœur m'ont laissé en héritage une sérieuse hésitation entre les deux mains. De ce fait, un objet lancé dans ma direction poursuit généralement sa trajectoire et tombe hors de ma portée avant que mon cerveau ait décidé avec quelle main l'attraper.

Puisque la majorité des hommes sont droitiers[85], ils se caractérisent donc par une utilisation préférentielle du cerveau gauche. Un plus grand équilibre entre les deux cerveaux ne pourrait qu'améliorer leur performance globale sans pour autant porter préjudice à l'hémisphère gauche dont les hommes défendent les prérogatives avec d'autant plus d'ardeur qu'inconsciemment ils cherchent à cacher les faiblesses de leur hémisphère droit. D'autres problèmes se posent aux femmes. La richesse des interconnexions entre leurs deux cerveaux leur donne certainement une supériorité dans bien des domaines. En revanche, leur cerveau gauche semble parfois perdre pied sous l'afflux des informations venues du cerveau droit. Par instant, elles embrouillent tout et s'embrouillent dans tout car il leur arrive de ne pas clairement distinguer la pensée logique et rationnelle de la pensée analogique et symbolique. Cela peut être charmant dans certains cas mais dangereux dans d'autres.

Aux premiers âges de l'humanité, la vie en groupe était une nécessité absolue, comme elle l'est pour nos lointains cousins les grands singes et d'autres mammifères, les loups et les épaulards par exemple, dont les stratégies de chasse requièrent la formation d'ensembles sociaux bien structurés. À l'intérieur même de la tribu, une bonne répartition des rôles était essentielle. Les hommes chassaient et défendaient la communauté contre les prédateurs, qu'il s'agisse de fauves ou de tribus ennemies. Ils attaquaient aussi pour acquérir la domination sur des territoires nouveaux. La sélection naturelle a certainement favorisé les plus agressifs, ceux dont la musculature était la plus puissante et la plus rigide et la sensibilité la moins développée[86]. Lorsque l'on va au combat, il n'est pas avantageux d'être trop conscient des souffrances infligées à l'ennemi. Quant au développement du *mécanisme interprète*, il favorisait la compréhension des phénomènes naturels et permettait, tout comme le langage, un meilleur contrôle de l'environnement. Toutes ces caractéristiques sont celles du cerveau gauche, un cerveau gauche qui ne recevrait pas trop d'informations de son compère de droite pour éviter précisément l'interférence d'une sensibilité intempestive. Les femmes s'occupaient, elles, des soins à la progéniture, ce qui implique au contraire une grande sensibilité : reconnaissance de la qualité de la nourriture (v. p. 80), discrimination de la valeur émotionnelle de l'émission vocale des nouveau-nés, etc. Elles vivaient dans un espace beaucoup plus restreint que celui des hommes d'où une moins bonne capacité de repérage spatio-temporel mais une plus grande précision de leurs gestes : on ne traite pas un nouveau-né, on ne prépare pas une tambouille comme on abat un animal ou un ennemi dans la brousse. Tout ceci explique que, dans le contexte de la vie tribale, les hommes au cerveau gauche dominant aient été favorisés. L'association entre cette dominance, la taille réduite du corps calleux et la testostérone offrait aussi un sérieux avantage sélectif. La testostérone et plus généralement les androgènes contribuent tant au développement musculaire qu'à la combativité. De plus, la nature dans sa subtilité a inventé des mécanismes génétiques très sophistiqués qui permettent à un homme de transmettre des gènes inducteurs d'agressivité aux seuls garçons de sa progéniture et des gènes responsables de la sensibilité sociale aux seules filles (v. p. 321). L'utilité d'un tel mode de transmission est évident : on est grand guerrier de père en fils, mais les femmes et les filles restent à leur place. Il y a donc une distribution des tâches et des compétences entre les deux sexes qui optimise le fonctionnement du groupe, c'est-à-dire son emprise sur le monde extérieur, mais tend à minimiser la richesse de l'échange affectif à l'intérieur même du couple. Dans certaines ethnies, cette situation n'a guère changé depuis le paléolithique. Même dans nos pays occidentaux prétendument évolués, il reste encore des vestiges de ces comportements ancestraux.

Si les mécanismes évoqués plus haut ont favorisé une divergence primitive entre l'homme et la femme en raison de la spécialisation de leurs tâches, la complexification progressive des civilisations humaines a tempéré cette situation. La société contemporaine tend même à inverser la divergence. Les femmes prennent leur revanche et cherchent à égaler, voire à dominer leurs anciens maîtres. Elles sont soutenues dans leur entreprise par une triple tendance : l'acquisition d'une plus grande virilité (ne serait-ce que par la pratique des sports qui favorise la production d'androgènes), la dévalorisation sociale des anciennes qualités viriles associées à la force physique et la probable diminution de production de ces mêmes androgènes chez l'homme[87]. Toutefois, la réussite sociale exige la mise en œuvre de stratégies de plus en plus fines dans tous les domaines. Dans ces conditions, la sensibilité, l'intuition et une bonne communication entre les deux cerveaux deviennent des atouts maîtres que la femme ne doit pas perdre dans une vaine tentative d'imiter l'homme. Le caractère pragmatique de la femme constitue aussi un élément favorable. Par pragmatisme, j'entends cette qualité que possède la femme à être moins portée aux théorisations et plus attentive aux besoins immédiats : il lui faut nourrir son bébé, celui qu'elle a, celui qu'elle aura, celui qu'elle a eu et même celui qu'elle aurait pu avoir. Quant à l'homme, il porte encore en lui des traces de l'héritage des anciens guerriers et conserve trop souvent une rigidité et une vanité préjudiciables à son insertion dans une société en changements incessants. Combien de fois n'ai-je pas rencontré des hommes de valeur qui, mis au chômage économique, se révélaient incapables d'opérer une nécessaire reconversion et faisaient du paternage à domicile, tandis que l'épouse, plus souple ou plus polyvalente, conservait ou retrouvait un travail et faisait vivre le ménage de ses gains. Cette inversion des rôles est très préjudiciable à la croissance psychique des enfants qui n'ont plus de modèles parentaux clairs[88]. L'égalisation, c'est-à-dire l'indifférenciation qui est manifeste dans d'autres couples, est tout aussi nocive.

Sans prédire ni prévoir le futur, il est possible de l'imaginer. C'est même là l'une des fonctions de la *réflexion évolutive* : créer un scénario, un modèle, un paradigme qui, s'il correspond à la dynamique profonde de l'évolution, pourra en constituer un *mécanisme facilitateur*, tel un tuteur permettant à une jeune plante de pousser. La spécialisation sexuelle des tâches et des fonctions au sein de la société perd progressivement sa raison d'être. Qu'on le veuille ou non, un certain degré d'égalisation sociale des sexes est inévitable. Mais ne serait-ce pas une grave erreur que de favoriser une trop grande égalisation des comportements. Si, face au monde extérieur, le couple devient égalitaire, face à son propre monde intérieur, ne peut-il non seulement conserver mais utiliser plus efficacement sa polarité ?

Ainsi en revenons-nous au point de départ de notre propos et à la notion esquissée plus haut selon laquelle l'intimité du couple bien comprise serait susceptible, plus que toute autre condition humaine, de promouvoir l'apprentissage d'un fonctionnement plus harmonieux et plus créatif de nos deux cerveaux. Le principe d'un tel apprentissage a été défendu par divers philosophes et scientifiques[89]. En revanche, considérer le couple comme le laboratoire où cet apprentissage se ferait dans les meilleures conditions est une notion qui n'a jusqu'ici guère fait l'objet d'une réflexion approfondie. En observant et en aimant sa compagne au point d'accepter sans rejet et sans *a priori* son comportement, un homme ne pourrait-il pas mieux apprendre à connecter ses deux cerveaux et à développer l'utilisation de son cerveau droit ? De même une femme, en prenant modèle sur son compagnon, ne pourrait-elle apprendre à mieux structurer la relation entre ses deux cerveaux ? Ne pourrions-nous jouer de nos fonctions cérébrales comme on joue d'un instrument ? Bien plus, ne pourrions-nous concevoir ce jeu comme celui de la musique de chambre, au sens propre et figuré ? Tous les musiciens s'accordent à penser que la pratique solitaire du violon ou du piano est bien moins créative que celle de la musique faite en groupe. Évidemment, l'homme et la femme ne pourront jamais pratiquer que des duos. Dans ce domaine les quatuors ou les sextuors fausseraient le sens du jeu : homme et femme n'ont chacun que deux hémisphères cérébraux et qu'un seul sexe. La sexualité de groupe, comme l'usage de la drogue, perturberait le véritable apprentissage[90].

On peut néanmoins imaginer un quatuor à deux personnages : cerveaux droit et gauche de l'homme et de la femme ou encore aspects parentaux et filiaux de chacun des partenaires. Il s'agirait alors pour le couple de jouer, au sens où l'entendent les musiciens, à la fois avec sérieux et avec plaisir. Car peut-on faire de la musique si l'on n'apprend pas avec persévérance et avec courage la technique instrumentale et si, une fois la technique maîtrisée, on ne met pas tout son cœur à jouer ? Jouer une musique quelle qu'elle soit n'a de sens que si on la joue bien, mais jouer est un jeu et doit rester un jeu. Le couple de l'avenir jouerait, jouerait tout le temps. Il apprendrait en jouant avec application et sans ménager ses efforts, trouvant sa joie dans la présence complémentaire de l'autre. La femme enseignerait à l'homme la sensualité et l'inciterait à s'abandonner totalement dans ses bras. L'homme donnerait à la femme le sens de la verticalité et de la structure. Un tel couple serait non plus divisé par la spécialisation complémentaire de ses fonctions sociales, mais profondément unifié par la complémentarité de ses fonctions psychologiques et physiologiques. Ce serait un véritable couple convergent où tous les efforts, les plaisirs et les joies de leur intimité contribueraient à faire naître en chacun d'eux l'unification intérieure. La femme plus que l'homme aurait dans ce jeu le rôle d'initiatrice car il lui faudrait faire percevoir à l'homme la confiance qu'il peut avoir dans la vie. Ainsi fondraient comme neige au soleil ses rigidités et ses méfiances : le garde-à-vous permanent du bon élève ou la musculature tendue du guerrier prêt à bondir. L'homme pourrait enfin accepter de se coucher, de s'étendre à la surface de la femme, de se fondre dans son horizontalité reposante. Alors, et alors seulement, il pourrait, tel le phénix renaissant de ses cendres, se redresser non plus stupide petit soldat de plomb engoncé dans sa raideur mais tige verdoyante qui s'élance turgescente vers le ciel. Alors seulement il pourrait à son tour transmettre à la femme le secret de sa verticalité érectile. Cela, Mozart l'avait perçu ; il nous l'a transmis dans *Cosi fan tutte.* Écoutez attentivement la musique qu'il a composée sur un texte rarement compris malgré sa clarté, et il deviendra lumineux. La musique de Mozart nous montre sans l'ombre d'un doute possible que l'ambiguïté est celle des hommes, que la méfiance est celle des deux amants et de leur mauvaise conscience, le vieux Don Alfonso. C'est eux qui, par leur peur d'être trompés, leur désir de vérifier l'invérifiable, brisent l'amour de leurs amantes et font d'un doux vase rempli de parfum précieux un récipient ébréché dont les arêtes vives leur déchirent le cœur. *Cosi* est un message de sagesse et, s'il véhicule parfois quelque amertume, il ne recèle aucune trace de misogynie, tout au plus une légère misanthropie bien naturelle.

*
* *

La verticale, c'est le soleil au zénith, c'est l'arbre qui tend ses rameaux frémissants vers le ciel, c'est l'homme qui est air et feu. C'est l'éveil, la renaissance, Lazare se dressant vivant du cercueil ou Jésus de son tombeau. C'est aussi la mort mais une autre mort que celle du corps gisant, une mort qui est retour à la vraie vie, un vent puissant qui dissipe la somnolence et la torpeur de l'existence larvaire que nous menons sur terre. C'est la démesure et la transcendance de celui qui saute par-dessus sa tête.

Chez l'homme, la station debout est associée à tout un ensemble de transformations anatomiques et fonctionnelles parmi lesquelles il n'est pas toujours possible de distinguer la cause et l'effet. Le bassin se modifie et sa musculature se développe. Seul l'être humain possède des fesses. Le sexe est dégagé et le périnée renforcé, d'où les performances érectiles du phallus humain. La colonne aussi est maintenue en érection par de petits muscles appelés, pour cette raison, érecteurs de la colonne. Ils ne sont pas placés sous le contrôle direct de la volonté, mais leur tonicité peut être augmentée par voie réflexe[91]. Du fait de la station debout, le trou occipital par lequel la moelle épinière est connectée au cerveau tend à basculer de l'arrière vers le bas. La boite crânienne en est dégagée et s'agrandit tandis que la face et la mâchoire se rétractent. Si nous avons moins de gueule que nos cousins les grands singes, en revanche nous avons plus de cervelle. Enfin, les mains cessent de jouer un rôle dans la propulsion, qu'elle soit terrestre ou arboricole. Elles deviennent libres de prendre, de fabriquer et d'exécuter des mouvements délicats. Libres aussi de donner.

Dans toutes les civilisations et depuis les temps les plus anciens, l'arbre a symbolisé la colonne vertébrale, plus rarement le phallus ou le cordon ombilical. À la base du tronc se trouve le serpent représentant les forces chthoniennes, l'énergie profonde, la libido. Les dieux *Nâga*, divinités souterraines en forme de serpent, sont encore honorés aujourd'hui chez les Dravidiens du sud de l'Inde. Tout comme les *Nâga* dont ils ont transporté le culte avec eux, les Dravidiens seraient originaires des civilisations de la vallée de l'Indus[92]. Celles-ci commerçaient avec les anciens Sumériens qui eux-mêmes connaissaient l'Égypte de la haute époque et les peuples de la mer, c'est-à-dire les Crétois. Dans la Bible, le serpent grimpe le long du tronc de l'arbre de la science du bien et du mal. Plus tard, Jacob sera invité en songe à gravir une échelle dressée vers le ciel, chaque barreau représentant une étape ou, selon d'autres auteurs, une vertèbre de la colonne. Dans le tantrisme, le serpent symbolise la *kundalinî*, énergie dormante lovée au centre du sacrum. Lorsqu'elle est réveillée, elle monte droit à travers la colonne vertébrale jusqu'au centre du cerveau qu'elle féconde de son énergie. Au sommet de l'arbre se déploient les branches et les feuilles ; c'est le cerveau où réside le mental, fugitif et instable, figuré par l'oiseau, l'aigle, le dieu Hermès ou Mercure, fluide et volatil, dont le casque et les pieds sont pourvus d'ailes. La verticalité potentielle, c'est-à-dire anatomiquement présente mais fonctionnellement inerte, s'actualise, devient une réalité efficace et vivante lorsque le serpent-énergie sexuelle monte rejoindre l'oiseau-énergie mentale. C'est Quetzalcoatl, le serpent à plumes. Le mythe oriental et méditerranéen est donc arrivé jusqu'au nouveau monde. Par quelles voies et à quelle époque, je l'ignore. Il existe de nombreux livres pleins d'érudition que le lecteur soucieux de références pourra consulter avec profit[93]. La persistance de ces mythes qui resteront vivaces en Europe jusqu'au dix-huitième siècle (ils constituent les fondements mêmes de l'alchimie symbolique) laisse supposer qu'il ne s'agit pas là de légendes locales dénuées d'intérêt.

La pérennité du mythe de l'arbre et du serpent dans le temps et sa diffusion à travers toutes les civilisations m'ont intrigué. Pendant les deux années que j'ai passées à Madras, j'ai consulté des maîtres de la pensée indienne, suivi des enseignements, fouillé dans de vétustes bibliothèques. Sir John Woodroffe, sous le pseudonyme d'Arthur Avalon, utilisé sans doute pour éviter de choquer l'*establishment* de l'Empire britannique, a eu bien raison d'étudier la puissance du serpent[94]. Ses livres restent une base fondamentale et toujours actuelle pour l'étudiant du tantrisme. La connaissance intellectuelle est toutefois insuffisante et souvent génératrice d'erreurs et de malentendus. L'expérience vécue par d'autres est parfois suspecte : il y a dans ce domaine beaucoup de menteurs, de charlatans et d'illusionnistes. Il y a aussi des personnes de bonne foi qui confondent leur propre système de croyance avec une réalité vécue. J'ai donc tenté d'explorer les voies du tantrisme. Je voulais vérifier le prétendu contrôle que cette discipline permettait d'acquérir sur l' « énergie sexuelle » ou l' « énergie vitale ». Les guillemets sont mis à dessein et avec insistance. Les physiciens savent qu'il n'existe dans cet univers qu'une seule énergie. Elle peut se transformer et prendre tour à tour divers aspects. Coagulée sous forme de grains de matière, elle devient particules élémentaires, briques constitutives des atomes et des molécules. Dans d'autres conditions, l'énergie sera mécanique, thermique, cinétique, électromagnétique, gravitationnelle. Il n'existe pas de forme d'énergie que l'on puisse qualifier de « vitale ». Mais les cellules vivantes et les organismes qu'elles constituent ont une manière bien spécifique de manipuler l'énergie pour la modeler en structures complexes porteuses d'information. L'influx nerveux, qui parcourt les nerfs et transporte des messages à partir des organes périphériques vers le cerveau et réciproquement, n'est pas une « énergie vitale ». C'est une forme d'énergie électrique propagée selon un mécanisme connu des physiologistes, à la vitesse d'environ 100 mètres par seconde. L'énergie qui circule le long des méridiens d'acupuncture voyage moins vite. Elle est aussi vraisemblablement de nature électrique. Bien qu'elle ait été étudiée par des laboratoires de recherches officiels et compétents[95], son existence est encore contestée par de trop nombreux scientifiques. La sensibilité, que j'ai développée par la pratique du yoga, me permet de percevoir les méridiens. Lorsqu'un acupuncteur pique une aiguille en un point précis d'un méridien, j'en ressens parfois tout le trajet. La propagation de cette énergie est donc moins rapide que celle de l'influx nerveux dont la vitesse est trop grande pour être subjectivement décelée.

De la même façon, l'enseignement que j'ai reçu en Inde et plus tardivement les compléments d'informations qui m'ont été donnés par des livres et des séminaires en Europe[96] m'ont permis de percevoir des circulations d' « énergie » plus lentes encore que les précédentes. On peut les déclencher et les contrôler à volonté, à condition de s'être soumis à une discipline rigoureuse pendant des mois, voire des années. À l'heure actuelle, par l'effet conjoint de la concentration mentale, de la respiration et de la contraction des muscles du périnée, je puis sans difficulté induire une montée d' « énergie » le long de ma colonne vertébrale, du périnée vers le centre du crâne et ramener cette même « énergie » par le milieu de la face antérieure du corps vers le périnée. J'emploie le mot « énergie » faute de mieux, pour qualifier un ensemble de sensations difficiles à décrire et encore plus difficiles à imaginer pour une personne qui n'en aurait jamais fait l'expérience. Il s'agit, dans le cas présent, d'une sensation analogue à celle d'un frisson frais, agréable et roboratif qui monte le long de la colonne vertébrale. Il ne s'agit en aucun cas d'un courant cutané : la sensation se situe à un niveau beaucoup plus profond. L'analogie peut être faite avec une bulle d'air remontant à la surface de l'eau. Au niveau de l'extrémité céphalique, c'est la région occipitale qui me semble la plus sensible. La descente se fait à travers le cavum, le palais, la langue recourbée vers l'arrière, la gorge, le centre de la poitrine, le plexus solaire, l'ombilic et le pubis. Le cycle une fois amorcé est exécuté sans solution de continuité, montées et descentes s'enchaînant au moins une dizaine de fois au début, davantage par la suite. La pratique régulière de l'*orbite microcosmique,* car tel est son nom, m'a considérablement aidé à retrouver calme, force et santé dans une période de ma vie où j'étais épuisé psychiquement et physiquement.

La pratique de l'*orbite microcosmique* fait partie intégrante de nombreuses disciplines d'origine indienne (yoga tantrique) ou chinoise (taoïsme tantrique, chi-chong et taï-chi). Elle n'implique aucune manipulation, ni excitation sexuelle contrairement au *coitus reservatus* auquel je me suis exercé par la suite, pendant un temps trop court malheureusement faute de connaître une partenaire motivée, disposée à y consacrer le temps et les efforts nécessaires. Le *coitus reservatus* consiste à arrêter toute stimulation sexuelle juste avant l'orgasme et à diriger, comme dans l'*orbite microcosmique*, l'énergie disponible à ce moment, à travers la colonne vers la tête. Je n'eus personnellement pas trop de difficultés à obtenir des résultats, contrairement à ma partenaire qui se désintéressa rapidement de ce genre d'exercice et mit un terme à notre expérience. La pratique du hatha yoga en Inde et celle de l'*orbite microcosmique* ont sans doute contribué à mon évolution physique et psychique, mais je ne prétends nullement être arrivé à un quelconque éveil de la *kundalinî*. Expérimentalement, cependant, j'ai pu constater que si le *coitus reservatus* entraîne au début frustration, insatisfaction et excitation parfois pénible, il peut par la suite aboutir à un état de bien-être extraordinairement fécond. Tout le problème consiste à ne pas laisser inutilisée l'énergie activée par la relation sexuelle mais inexprimée faute d'orgasme. Si l'énergie reste stagnante au niveau du petit bassin, elle entraînera des phénomènes congestifs préjudiciables à la santé et à l'équilibre psychique des partenaires. Si au contraire, au lieu d'être « dépensée » vers l'extérieur sous forme d'orgasme, elle est détournée de son cheminement naturel et dirigée vers le haut à travers la colonne, elle irriguera tout le corps y compris le cerveau, procurant une merveilleuse sensation de vitalité et de lucidité jointe à un réel plaisir. La sensation perçue est similaire à la jouissance aiguë qui précède l'orgasme mais diluée, si je puis ainsi m'exprimer, et répandue dans l'organisme tout entier comme une turgescence bénéfique et souverainement agréable. Pour autant que je puisse en juger, ce type de relation ne doit pas être répété trop souvent, en tout cas chez les débutants, et devrait, me semble-t-il, être pratiqué uniquement sous contrôle d'un maître en la matière, mais non en sa présence, bien entendu, car l'exercice pour être bien fait exige amour, pudeur et la plus stricte intimité. L'obstacle principal à sa réussite est probablement l'incapacité dans laquelle se trouvent la plupart des êtres humains de laisser diffuser cette énergie non consommée dans tout le corps. La rigidité des muscles du bassin et de la colonne en est vraisemblablement la cause majeure (v. p. 283). Un travail long, minutieux et approfondi sur ces régions du corps me semble nécessaire sous peine de faire du *coitus reservatus* une pratique frustrante, voire dangereuse. Il y a là un champ d'étude passionnant pour les couples qui dans un esprit expérimental et rigoureux voudraient en poursuivre l'exploration. Peut-être alors en saurions-nous davantage sur cette mystérieuse montée de la *kundalinî* ? Peut-être alors la sexualité pourrait-elle être qualifiée à juste titre de *sexualité évolutive* ?

Le rejet de la sexualité, l'absurde obligation de continence imposée au clergé de diverses religions viennent d'une transmission déformée et incomplète d'un savoir ancien. Les pratiques sexuelles brièvement décrites ici remontent à une époque reculée. Elles se sont poursuivies de manière plus ou moins occulte tout au long de l'histoire des civilisations. Mais du double aspect de ces pratiques : inhibition de l'orgasme et redistribution de l'énergie dans d'autres régions du corps, seul le premier a été retenu, entraînant pour les uns une frustration physiquement nocive et psychologiquement déséquilibrante, et pour d'autres une ridicule perversion des manœuvres à effectuer qui, comprises au premier degré, en seraient risibles si elles n'étaient aussi lamentables. Je fais allusion ici à des manœuvres décrites très sérieusement dans certains traités indiens. Prises au pied de la lettre et non dans leur esprit, les pratiques sexuelles avaient pour but unique d'éviter la perte de sperme considérée comme dévitalisante. Il convenait donc, selon ce principe, de réaspirer le sperme au moment même de son émission. Je plains les tenants de cette école. Avec des chalumeaux ou des pailles de diamètre de plus en plus grand, ils dilataient l'urètre et démolissaient probablement le sphincter vésical, si bien qu'au moment de l'éjaculation, l'établissement rapide d'une pression négative, par le jeu des muscles abdominaux et diaphragmatiques, permettait l'aspiration du sperme émis, dans la vessie. Bien entendu, le sperme ainsi retenu provisoirement était évacué au cours de la miction suivante. Je ne puis certifier que des manœuvres aussi rocambolesques aient jamais été effectivement réalisées. En revanche, l'aspiration de liquide - de l'eau dans une bassine par exemple - par le sphincter anal est tout à fait réalisable. Elle n'implique nullement, comme on l'a parfois déclaré, un impossible contrôle de la musculature lisse du rectum, mais seulement la création d'un vide, d'une pression négative à l'intérieur de la cavité abdominale[97]. Un dernier commentaire à l'intention de mes amis les moines : à toute règle, il y a des exceptions. Je crois parfaitement possible la véritable continence et la transmutation directe de l'énergie sexuelle. Cela n'est accessible qu'à des êtres d'exception, vivant dans des conditions exceptionnelles, celles des monastères. Mais pour un clergé vivant une existence similaire à celle des laïcs, la vraie continence est un leurre ou une hypocrisie.

*
* *

J'avais passé tout l'après-midi au bord du lac sur une pelouse vert clair qui descendait jusqu'à la surface des eaux bleues et semblait même se poursuivre au-delà. L'ombre fraîche d'un petit arbre touffu d'un vert plus foncé m'avait permis de résister aux ardeurs du soleil. La lumière était encore chaude et dorée mais le crépuscule viendrait sans tarder et la nuit tomberait rapidement. Il me fallait rentrer, l'esprit plein de pensées et les poches pleines de notes. La vision apparemment utopique que je me faisais de l'avenir du couple me semblait trop belle pour ne pas un jour être réalisée, sinon par tous, tout au moins par les plus courageux et les plus audacieux des explorateurs de ce continent mal défriché. Je ne doutais d'ailleurs pas que, dans le silence et le secret, quelques couples tantriques, gnostiques ou alchimiques n'eussent réalisé dans ce domaine des performances qui les avaient sans doute profondément transformés. Quant à moi, je croyais voir clairement la voie, mais mon âge mûrissant ne me laissait plus guère l'espoir de m'y engager. Non, je n'atteindrais pas la Terre promise, ni le jardin d'Éden. En définitive, cette promenade initialement prévue pour effacer ma tristesse ne contribuait qu'à m'affliger davantage. À la nostalgie du départ s'ajoutait maintenant la nostalgie du but désormais inaccessible. Comme toutes les autres déceptions et souffrances que j'avais accumulées dans ma vie, je voulais pourtant croire que celles-ci n'étaient pas vaines. En réalité, c'est par une étrange dualisation de la pensée que nous tendons à considérer comme utile ce qui nous fait plaisir et comme inutile, voire nocif, ce qui nous fait souffrir. Mais souvent, l'un et l'autre, je veux dire le plaisir et la souffrance, concourent au même but et ne sont que les deux faces d'une même pièce. Si ces lignes sont lues par de plus jeunes, elles les inciteront peut-être à poursuivre la voie esquissée ici.

Arrivé au seuil de la maison que j'allais bientôt quitter, je vis la masse réconfortante du Mont Tabor. Elle me fit chaud au cœur. Puis, me retournant, j'aperçus Vénus, l'étoile du soir, qui brillait de tous ses feux. L'atmosphère encore vibrante de chaleur en faisait clignoter la lumière. Vénus me faisait-elle un clin d'œil ? Cette pensée me rasséréna et c'est en souriant que je rentrai préparer mes bagages.

II

UN ÉTÉ EN PÉRIGORD

CHAPITRE 8

UN CONSCIENT, DEUX INCONSCIENTS

Tous nos motifs avoués sont des phénomènes de surface : c'est derrière qu'est la lutte entre nos instincts et nos états, la lutte pour la puissance.

Friedrich Nietzsche[98]

Au cours de son vol d'approche vers l'aéroport d'Orly, l'avion fit un virage serré. Pendant un bref instant, j'aperçus à travers le hublot l'agglomération parisienne surmontée d'une cloche d'atmosphère polluée gris jaunâtre. Le dôme d'immondices gazeuses qui recouvrait la capitale me parut de mauvais augure. Depuis quelques années, mes bronches y étaient devenues sensibles. Je craignais qu'après avoir respiré pendant deux mois l'air limpide de la Galilée mes poumons ne supportent mal l'ignoble mélange que, bon gré mal gré, il me faudrait respirer. La réadaptation fut moins dramatique que je ne le pensais. Mais les promenades le long des rues parcourues de véhicules puants, pétants et pétaradants, m'étaient insupportables.

Je retrouvai cependant avec plaisir mon appartement perché au septième étage d'un vieil immeuble datant du milieu du dix-neuvième siècle. À ma grande satisfaction, il jouxtait un des plus beaux quartiers de Paris, appelé la Nouvelle Athènes parce que s'y installa tout le beau monde intellectuel et artistique de ce moment, y compris Frédéric Chopin et George Sand. Malgré cet environnement sympathique, les journées me paraissaient interminables. Je n'arrivais pas à écrire comme je l'avais fait de façon si prolifique au pied du Mont Tabor. La nature n'était là ni pour me réconforter de sa présence, ni pour me permettre les longues promenades stimulantes que je faisais dans les champs et autour du lac. Je sentais qu'il me fallait à nouveau partir. Le retour en Galilée était exclu. La chaleur y était maintenant devenue intolérable et j'y aurais été confiné dans une chambre climatisée. Mais il est d'autres parties du monde que j'aime avec la même passion et où je sens souffler l'esprit. L'une d'entre elles est le Périgord. J'y fus accueilli par des amis de longue date qui me réservaient, quand cela leur était possible, une sorte de petit pigeonnier sis à côté de leur fermette où je disposais d'une indépendance relative favorable à la méditation. En outre, Nora, reine incontestée du logis, était un fin cordon bleu et sa bibliothèque, sans être celle d'un bas-bleu, n'en était pas moins toujours riche d'enseignement et de surprise. Sa seule faiblesse - pour autant que c'en fût une - était une peur bleue des psychanalystes. Et pourtant, aucun autre pays plus que celui-ci n'évoquait les profondeurs du psychisme humain.

En surface, tout n'était que verdure et lumière. Que l'on parcourût sentiers, chemins ou petites routes serpentant de vallons en collines, on avait l'impression de se promener dans une gigantesque émeraude. Il avait plu au printemps. Les plantes s'en portaient bien et les fruits aussi. Car, outre les foies gras, les confits et les champignons fleurant bon le terreau, ce pays de cocagne était aussi celui des fruits succulents et variés. Les habitants, toujours riants, l'étincelle au regard et le bon mot à la bouche, savaient vivre et goûter la vie. Venant de Paris, j'avais l'impression d'être dans une réserve naturelle du savoir-vivre et du bien-vivre français. Car la plus grande qualité des Français est d'avoir développé ces arts au plus haut degré. Leur plus grand défaut est de s'acharner à détruire ce qu'ils font le mieux, ce que le monde entier leur envie, et à tenter de construire un pays qui rivaliserait avec ses voisins par la gloire de sa technologie. Ici heureusement, rien de tel ; l'esprit gaulois était encore intact et la finesse des papilles rivalisait avec celle du bon goût[99]. Fréquenter certains marchés est une expérience qui mérite d'être tentée. Nora et moi avions décidé qu'un sorbet aux abricots serait le bienvenu pour agrémenter une de ces journées d'été où le soleil lui-même a l'air d'un énorme fruit doré suspendu dans le ciel. À mon grand étonnement, le personnage rubicond, à la chair drue, aux jambes bien plantées et à la parole chantante qui régnait sur le bel étal de fruits et légumes que nous examinions, nous apostropha avec gentillesse mais beaucoup de fermeté.

– C'est pour quoi faire que vous achetez ces abricots ? nous dit-il.

– Un sorbet.

– Jamais de la vie ! Vous voulez rire. Ce sont les meilleurs abricots de l'année et de la région. Il faut les manger tels quels. Pour une tarte, j'en ai d'autres qui ne sont pas mal non plus. Ceux-là, dit-il en désignant une caisse de fruits, feront l'affaire pour un sorbet. Et si vous voulez faire des confitures, j'ai ce qu'il faut dans la réserve.

Respectueusement, nous acquiesçâmes et suivîmes ses directives, pour ne pas dire ses ordres. Nous aurions été stupides de ne pas l'écouter car la dégustation qui s'ensuivit nous permit de vérifier la pertinence de ses conseils.

Sous la surface du sol, il y a de très vieilles racines, celles de nos ancêtres, les hommes de Cro-Magnon. Si je sentais l'odeur fruitée du Périgord dans mes narines et sa terre sous mes pieds, je percevais plus encore ses pierres dans mes os. Périgord vient du latin *Petrocoriensis Ager*, le pays aux champs de pierres. Les Romains avaient été frappés par l'abondance des pierres qui semblent se multiplier et sortir de terre comme dotées d'une vie propre. Ils ne s'étaient guère attardés dans cette région mal-commode pour le déplacement de leurs troupes et l'avaient laissée à l'écart. Outre les pierres dans les champs, il y avait celles toutes dorées des châteaux et des églises qui semblaient faire partie du paysage naturel au même titre que les falaises, les rochers et les rocs. Ceux-ci laissent, de temps à autre, apparaître des fissures. Quelques-unes d'entre elles, dûment explorées, avaient permis des découvertes bouleversantes : celles des grottes de Lascaux, de Font-de-Gaume et de bien d'autres encore. Tout à coup s'étaient révélées des merveilles souterraines qui dormaient dans l'obscurité des cavernes depuis 20 à 30 000 ans. Un message nous venait par-delà les millénaires, comme une bulle de souvenirs enfouis dans l'inconscient émerge soudainement sous l'impact d'une émotion violente ou parfois simplement sous l'effet d'une odeur associée à un épisode oublié de l'enfance. Sans doute cet art pariétal était-il un précieux témoignage d'un autre âge de l'humanité mais non de sa naissance : les traits étaient assurés et harmonieux comme ceux tracés par un artiste accompli. Les figurations animales n'étaient ni figées, ni maladroites et les couleurs de Lascaux chantaient dans les mêmes tonalités vieil or, ocre et rousses que celles des pierres de surface ou des abricots du sorbet qui m'avait si délicieusement rafraîchi en milieu de journée. Le portrait des chasseurs préhistoriques que j'avais esquissé dans les pages précédentes se devait donc d'être corrigé. Déjà à l'époque coexistaient véritables artistes et guerriers violents et frustes. Peut-être le même homme pouvait-il tour à tour jouer l'un et l'autre rôle ?

Longtemps, ces représentations animales ont été considérées comme un art magique destiné à rassurer le chasseur et à assurer son succès en préfigurant celui-ci par des représentations murales suggestives. On pense maintenant qu'il n'en est rien. Les vraies scènes de chasse sont rares et le bestiaire figuré sur les murs des cavernes diffère notablement de la faune effectivement consommée par les chasseurs, comme en témoignent les ossements retrouvés aux alentours. J'adopte pleinement le point de vue de Claude Lévi-Strauss : « On comprend enfin que les espèces naturelles ne soient pas choisies parce que bonnes à manger mais parce que bonnes à penser »[100]. J'approuve aussi les conclusions d'Henri Delporte[101] : « L'animal n'est pas seulement un outil ou un *objet à manger* mais [...] un *contemporain*, sinon un *convive* [...] avec lequel on est condamné à vivre et à *entretenir des relations* ». Le convive en question ne possède-t-il pas le caractère que symbolise sa représentation ? Le sorcier ne revêt-il pas les attributs spécifiques de certains animaux pour en « prendre la puissance et les différentes qualités : prudence du renard, force de l'ours, rapidité du cerf » ? Toutefois, avant même d'avoir une signification magique et symbolique, l'art des grottes était sans doute le fruit d'une pulsion irrésistible incitant l'homme à poursuivre la chaîne des images : image concrète du bison dans la prairie perçue directement par l'œil du chasseur, image mentale remémorée par celui-ci lors de son repos nocturne, image restituée dans le monde objectif par le dessin du chasseur devenu artiste. Combien de grands peintres, Picasso en particulier, n'ont-ils pas répété que s'ils peignaient et dessinaient sans cesse, c'était simplement parce qu'ils ne pouvaient s'en empêcher ? Qui sait ? Peut-être les artistes de Lascaux étaient-ils dominés par la même nécessité irrépressible. Le cerveau droit s'exprimait et après, après seulement, le *mécanisme interprète* du cerveau gauche bâtissait une théorie magique ou religieuse pour justifier le geste spontanément accompli. Depuis ces temps lointains, le besoin créatif de l'artiste et la qualité de sa technique n'ont guère changé. Seuls les *mécanismes interprètes* ont évolué. Car si l'homme de Cro-Magnon donnait une interprétation à son art mural, celle-ci était certainement moins compliquée et moins laborieuse que celle des Leroi-Gourhan et autres préhistoriens ou paléontologues modernes. S'il y a quelque vérité dans mes remarques, cela signifierait donc que le cerveau droit ne s'est guère modifié depuis 30 000 ans mais que le gauche - ou tout au moins son désormais fameux *mécanisme interprète* - s'est grandement renforcé au fil des âges. Cela signifierait aussi que ce qui existe, soit dans la réalité « objective », soit dans les profondeurs de notre inconscient, n'a pas nécessairement de relation avec l'interprétation que nous en donnons consciemment. Friedrich Nietzsche, cité en exergue, l'avait écrit dès 1884 bien avant que Freud ne formule clairement sa théorie de l'inconscient[102]. Par ailleurs, le concept d'un inconscient qui envoie de temps en temps un message au conscient par l'intermédiaire du rêve est extrêmement ancien. On le trouve exprimé sous des formes variées dans de nombreux textes de l'Antiquité, qu'ils soient grecs, hébreux, sanskrits ou égyptiens. Cependant, les Anciens, s'ils n'avaient pas été capables de formuler la notion d'inconscient comme le fit Freud, avaient plus subtilement pressenti l'existence non pas d'un seul mais de deux inconscients bien distincts.

*
* *

Les philosophes, les sages et les prêtres attachaient beaucoup d'importance aux messages oniriques. Avant toute tentative d'interprétation, ils établissaient généralement une distinction entre ce que l'on appelait naguère en français les rêves et les songes. Les rêves pouvaient provenir d'une mauvaise digestion ou comporter une information d'ordre personnel, familial ou tribal ; ils concernaient les affaires terrestres. Les songes étaient envoyés au dormeur par le monde divin. Ils faisaient partie du numineux, de la sphère céleste. L'échelle de Jacob est un songe ; les cauchemars de Macbeth sont des rêves issus d'une culpabilité refoulée. Voilà pour les traditions anciennes. Quant à moi, les premiers songes dont j'ai gardé la mémoire datent de mon adolescence. Je rêvais beaucoup : des rêves souvent compliqués, parfois angoissants. Puis, de temps à autre, je me réveillais avec dans les yeux et la tête d'autres images, belles, paisibles, parfois étranges qui me rendaient, pour quelques heures ou quelques jours, joyeux et pensif tout à la fois. Je me sentais unifié, émerveillé et silencieux.

La psychanalyse m'a permis d'élaguer la plupart de mes cauchemars. Mais je fais encore des rêves et j'ai toujours des songes. J'en décrirai quelques-uns par la suite. L'important, à ce stade de ma réflexion, est de déterminer si cette distinction entre rêve et songe n'est propre qu'à quelques illuminés ou si elle a une valeur plus générale. J'ai fait plusieurs psychanalyses et analyses psychologiques, dont l'une didactique. J'ai participé au travail d'une société reichienne. J'ai reçu de nombreuses confidences. Toutes ces expériences m'ont amené à conclure qu'il existe deux états oniriques distincts. Je sais que pour les sceptiques mes dires, basés sur un vécu subjectif et sur des enquêtes ne comportant aucune statistique scientifiquement menée, n'ont pas de valeur. Mais ceux qui ont déjà fait des songes me comprendront. Peut-être, après avoir lu ces lignes, apprendront-ils à mieux discriminer les uns et les autres. Peut-être aussi se poseront-ils comme moi la question de savoir de quel territoire de leur psyché viennent ces divers types de messages nocturnes. Les songes, certaines expériences vécues en cours de méditation et les moments où, à l'état de veille, je perçois la *présence,* ont en commun les mêmes caractéristiques : unité, silence et joie. Il ne s'agit d'ailleurs pas d'émotions, de sentiments ou de sensations à proprement parler mais d'un état de conscience différent de ceux que nous connaissons habituellement. Ces constatations m'ont amené à penser qu'à certains moments et dans certaines circonstances, ce n'est pas avec un seul inconscient que s'établit la communication, mais avec, selon les cas, l'un ou l'autre de nos deux inconscients : l'infra et le supraconscient.

La lumière visible est constituée d'ondes électromagnétiques de longueur et de fréquence variables. Plus la longueur d'onde est grande, plus la fréquence est basse et l'énergie associée, faible. La longueur d'onde de la lumière rouge est d'environ 650 millionième de millimètre ; elle diminue progressivement du rouge à l'orangé, au jaune, au vert et au bleu jusqu'au violet dont la longueur d'onde n'est plus que de 400 à 420 millionièmes de millimètre. Au-delà, on passe à l'ultraviolet dont les ondes ne sont pas visibles par l'œil humain mais le sont parfaitement par celui des abeilles. Les rayons X et les rayons gamma se caractérisent par des longueurs d'onde bien plus courtes encore et véhiculent des énergies faramineuses. Si nos yeux ne perçoivent plus qu'obscurité au-delà du violet, ils ne perçoivent pas davantage les ondes dont les longueurs se situent en deçà du rouge : l'infrarouge, les ondes centimétriques et les ondes hertziennes. Plus aucun physicien ne classerait les ondes électromagnétiques en deux catégories : la lumière visible et la lumière invisible. Même les enfants savent maintenant que les ondes électromagnétiques auxquelles notre œil n'est pas sensible sont de deux ordres : l'ultraviolet et au-delà, l'infrarouge et en deçà. Cette distinction n'est toutefois devenue possible qu'à partir du moment où l'humanité a disposé de moyens techniques appropriés. Faute de tels moyens, l'existence même de « lumières » invisibles serait inconcevable, ce qui était effectivement le cas au Moyen Âge. Je crains que la psychologie des profondeurs (ou la science de l'inconscient, qu'importe son nom) ne soit encore de ce point de vue terriblement moyenâgeuse. Tout me porte à penser que les énergies physiques ou psychiques dont nous ne sommes pas conscients mais qui font partie de notre individu ou qui interagissent avec lui sont de deux types et proviennent de deux sources distinctes : l'infra et le supraconscient. L'infraconscient, c'est l'inconscient selon Freud ou selon Nietzsche, qui, dans un autre aphorisme, déclarait : « Les pensées sont le signe d'un jeu et d'une lutte des passions : elles sont toujours liées à leurs racines invisibles »[98]. C'est la multiplicité de nos pulsions intérieures (libido, pulsions de vie et de mort), de nos inhibitions innées ou acquises (interdits et culpabilités) et de leurs chocs incessants qui, comme ceux de silex frottés l'un contre l'autre dans l'obscurité, font jaillir les étincelles visibles que sont nos pensées et nos émotions. L'infraconscient, c'est aussi la multiplicité des fonctions et des personnages psychiques que nous fabriquons ou dont nous gardons l'empreinte : parent et enfant, animus et anima, sage conseiller et fou errant [35, 103]. L'infraconscient est intimement lié aux fonctions de nos organes et au tonus de notre musculature. Certains l'ont appelé pour cette raison le *moi de base*. Le supraconscient, ou *moi supérieur*, est en revanche associé à l'unité ou tout au moins à un *mécanisme unificateur*. Tout comme le *mécanisme interprète et narrateur* décrit par Gazzaniga est source d'interprétations et de théories explicatives vraies ou fausses (v. pp. 144 sq.), le *mécanisme unificateur* serait source de non-pensée et de non-émotion, c'est-à-dire générateur d'un état de conscience où l'agitation des pensées et la lutte des énergies inconscientes cessent de nous affecter. Le silence s'installe, la joie et l'émerveillement apparaissent, la *présence* devient perceptible.

L'être humain pourrait donc être considéré comme un ensemble formé de trois sous-ensembles distincts : le supraconscient, le conscient et l'infraconscient. À l'état de veille, ces trois sous-ensembles présenteraient des aires de recouvrement extrêmement réduites. La conscience ne percevrait donc qu'une infime partie des deux autres sous-ensembles, lesquels ne seraient connus que par de brefs messages, spontanés (rêves et songes) ou provoqués (méditation, analyses psychologiques). Pour que perdure l'individu, la cohésion de ces trois sous-ensembles devrait évidemment être préservée à tout prix. Un échange permanent d'information et d'énergie serait la condition nécessaire et suffisante au maintien de cette cohésion. Les rêves et les songes assureraient ce rôle d'agent de liaison, les premiers avec l'infraconscient, les seconds avec le supraconscient. Ce serait même là une des fonctions principales du sommeil paradoxal et de certains états de méditation que je conviendrai d'appeler paraoniriques[104]. Lorsque j'ai commencé l'apprentissage de la méditation, j'ai parfois été envahi d'images, de pensées et d'émotions désagréables ou même inquiétantes par leur violence. Ce phénomène semble indiquer que mon conscient communiquait alors préférentiellement avec mon infraconscient. C'est d'ailleurs la raison pour laquelle, rentré en Europe, j'ai commencé une psychanalyse tout en continuant la méditation. Déjà, avant même que commence ma psychanalyse, le contenu des méditations s'était modifié. J'éprouvais, de temps à autre et de plus en plus souvent, des états d'unification et des moments de joie pure qui suggèrent que la communication commençait à s'établir progressivement avec le supraconscient. Au début, la psychanalyse m'a fait régresser, comme il se doit, aussi bien dans le domaine de la méditation que dans celui des rêves nocturnes. Par la suite, le processus analytique m'a aidé à mieux comprendre et à mieux assumer à l'état de veille les images et les émotions vécues à l'état onirique et paraonirique. Je ne pense pas que la psychanalyse ait interféré en quoi que ce soit avec la communication toujours plus grande qui s'établissait entre mon conscient et mon supraconscient. Si mon psychanalyste avait été hostile à ma pratique méditative, peut-être en aurait-il été autrement. J'avais la sagesse de ne guère lui en parler, percevant confusément qu'il s'agissait là de deux domaines qui n'étaient pas justifiables de la même approche.

La musique pourrait jouer un rôle analogue à celui des rêves et des songes. Les musiques excitantes, de *type cardiaque*, connectent sans doute le conscient avec la libido, d'où les explosions de violence observées à l'issue de certains concerts. Les musiques de *type orgastique* seraient plutôt toniques. Chez moi, elles induisent des états dionysiaques, bien plus proches du supra que de l'infraconscient. Quant à la musique de Mozart, elle a un effet immédiat et inéluctable. Oui, vraiment plus que toute autre, elle me fait l'effet d'une fenêtre ouvrant sur le paradis perdu de la supraconscience. Dès les premières notes, j'en ressens les symptômes spécifiques : unité, joie, émerveillement. Dans un cas précis, celui du fameux andante du vingt et unième concerto pour piano déjà cité, il y a peut-être une explication rationnelle à l'étrange relation que j'observe entre cette musique et le supraconscient. En effet, tous les yogis et philosophes que j'ai rencontrés en Inde sont d'accord sur un point : le supraconscient ne peut être perçu que lorsque s'écarte le rideau des pensées. Les *Yoga sûtra* de Patanjali[105] commencent par un verset célèbre : « Le yoga est la suppression des activités du mental ». Les yogis comparent souvent le mental à la surface d'un lac. Si cette surface est agitée par le vent comme l'est notre mental par les pensées et les émotions, un observateur juché sur une barque au-dessus de la surface des eaux ne peut en voir le fond. Si le vent s'apaise, la surface devient lisse et le fond du lac est clairement visible. Personnellement, c'est aux nuages que j'aime comparer les pensées incessantes qui forment la trame continue de mon champ de conscience. Lorsque par la pratique du râja yoga les pensées deviennent moins nombreuses, une solution de continuité apparaît parfois entre deux d'entre elles, comme un rayon de soleil se glissant entre deux nuages qui s'écartent. La terre, c'est notre corps, le mental en mouvement ce sont les nuages, et l'état de conscience unifié si rarement perçu, c'est le soleil. Comment écarter les pensées pour entr'apercevoir cette lumière ? Par la respiration et la méditation prétendent les yogis. Sans aucun doute. Mais les notes espacées par la main droite du pianiste jouant l'andante du vingt et unième concerto n'induiraient-elles pas un espacement concomitant de nos pensées ? N'y aurait-il pas quelque correspondance entre le rythme d'une musique et celui des pensées ? Les musiques de *type respiratoire*, en calmant notre mental, ne contribueraient-elles pas à favoriser la communication entre le conscient et le supraconscient ? Les musiques de *type cardiaque*, par les émotions qu'elles suscitent, n'augmenteraient-elles pas la perméabilité de la membrane qui sépare si efficacement - et pour de bonnes raisons - le conscient de l'infraconscient ? Tout comme les états oniriques et paraoniriques, les musiques ne seraient-elles pas susceptibles de maintenir et même d'amplifier la communication entre les trois sous-ensembles qui composent l'individu ?

L'homme est un animal éminemment social. Il entre donc sans cesse en contact avec d'autres êtres humains, chacun constitué des mêmes trois sous-ensembles. Deux individus qui tentent de communiquer l'un avec l'autre, c'est un duo. Quand les cerveaux droits et gauches de chacun échangent des informations, c'est un quatuor. Ce peut être aussi un sextuor, résultant du jeu simultané de leurs conscients, supra et infraconscients. Quand deux personnes se parlent, elles utilisent des mots pour se transmettre consciemment des informations. En revanche, le ton de la voix c'est-à-dire sa musique, la mimique et le geste c'est-à-dire la danse du corps, et plus généralement le symbole - qu'il soit parlé, chanté, écrit ou mimé - véhiculent bien plus souvent que nous ne le pensons des messages infraconscients[106]. Combien de fois n'ai-je pas entendu une personne exprimer son amitié à une autre avec une voix qui sonnait faux, ou encore un personnage A, bras croisés sur la poitrine, déclarer à son voisin de table B, au cours d'un dîner : « Mon cher ami, si vous venez me rendre visite, je vous accueillerai à bras ouverts ». Le message est double : le conscient de A dit « oui » au conscient de B et, dans le même temps, son infraconscient lui dit « non ». Si B n'est pas très sensible, il sera déstabilisé sans comprendre pourquoi. Il ressentira sous forme d'un malaise vague la contradiction entre les deux messages de A, sans en déceler les raisons. Quant aux supraconscients, ils me semblent communiquer préférentiellement entre eux par ce que l'on appelle dans le langage courant le « contact », c'est-à-dire la présence totale d'un individu à un autre, qui se manifeste souvent par le regard. Ni le mot, ni le corps, ni même le symbole ne permettent un contact aussi puissant que celui des yeux. Quand le regard du jeune Tibétain, futur père abbé de son monastère, m'a touché, je suis devenu un avec lui parce qu'il était totalement présent à moi. J'ai alors, par son intermédiaire, communiqué avec le supraconscient : ni le sien, ni le mien, mais le nôtre puisqu'à ce niveau l'unité est de règle. Une précision n'est pas inutile : en deçà du rouge, il y a non seulement l'infrarouge mais les ondes centimétriques et hertziennes. Au-delà du violet, il y a l'ultraviolet, les rayons X et les rayons gamma. Les infra et supraconscients comprennent eux aussi de nombreuses composantes. Peut-être est-ce par un cercle qu'il faudrait symboliser l'humanité avec en son centre l'ultime et unique supraconscient[107], se divisant progressivement en une multiplicité de consciences individuelles séparées, pour se fondre à nouveau en périphérie dans un seul infraconscient collectif.

*
* *

Beaucoup de psychanalystes refusent le spirituel. Certains ont le bon goût de rester neutres à cet égard. D'autres expriment un refus actif et empêchent ou tentent d'empêcher l'ouverture spirituelle de leurs patients. Parmi ces derniers, j'en connais qui se sont véritablement castrés de leur composante spirituelle par fidélité à leur analyste, s'infligeant ainsi la plus terrible des mutilations. Les psychanalystes, tout au moins ceux de la stricte observance, présentent d'ailleurs souvent eux-mêmes des signes de castration et font montre d'un dogmatisme quasi religieux, Dieu le Père étant remplacé par Freud. On comprend dès lors que Carl Gustav Jung et Wilhelm Reich aient été excommuniés pour cause d'hérésie, le premier manifestant une trop grande ouverture au numineux, le second un trop grand intérêt pour le corps. On comprendra aussi que j'aie limité à quelques années la psychanalyse freudienne que j'avais entreprise à la suite de mon séjour en Inde. La pratique du hatha et du râja yoga, puis celle du tantrisme m'ont incité, par la suite, à parcourir les voies de la psychanalyse reichienne plutôt que celles, apparemment moins incarnées, proposées par les jungiens.

La décision de quitter mon psychanalyste freudien fut prise sans état d'âme : j'avais beaucoup appris et j'avais surtout compris qu'une psychanalyse est comme une piste d'aéroport. Elle est faite pour être quittée et non pour que l'on y tourne en rond sans jamais décoller. Beaucoup de disciples de Freud semblent incapables de voir ce danger. Ils ne comprennent pas, ou feignent de ne pas comprendre, qu'à partir d'un certain moment, la psyché crée des problèmes et fabrique des rêves dans le seul but de permettre la poursuite de la psychanalyse. La dépendance vis-à-vis du soutien de l'analyste et du cocon protecteur du divan devient aussi handicapante que celle entraînée par l'alcool ou toute autre drogue offrant un refuge à celui qui n'ose affronter seul le vaste monde.

J'ai sans doute commis un blasphème dans le paragraphe précédent en parlant de psychanalyse reichienne. Les freudiens estiment qu'il n'y a psychanalyse que de Freud. L'utilisation du terme psychanalyse est considérée par eux comme interdite hors les murs de la forteresse freudienne. Ils concèdent aux jungiens l'autorisation d'utiliser le terme d'analyse psychologique. Quant à Reich et à ses disciples, ils les ignorent superbement. D'ailleurs Reich n'était-il pas fou ? Pas plus sans doute que Freud qui cassait ses précieuses statuettes par pure superstition, mais leur forme de folie était différente, voire incompatible. Il serait stupide de récuser toute l'œuvre de Reich sous prétexte qu'il a présenté à la fin de sa vie quelques signes de délire paranoïde. Récuse-t-on l'œuvre de Nietzsche parce qu'il est mort de paralysie générale, une forme de syphilis cérébrale qui entraîne aussi des états paranoïdes ? De toute façon, quand la pensée d'un être humain devient trop gênante pour la société, elle s'en débarrasse : soit son œuvre est ignorée, soit on déclare fou son auteur ; si nécessaire on l'enferme. Reich est mort d'une crise cardiaque en prison et ses livres ont été détruits sur ordonnance judiciaire en plein milieu du vingtième siècle, pendant l'inquisition maccarthyste. Camille Claudel a moisi de longues années dans un asile d'aliénés sans qu'aucune tentative n'ait été faite pour l'en sortir et pour lui donner, si nécessaire, des soins plus appropriés. George Sand avec ses nombreux amants a décidément eu plus de chance que Camille Claudel avec Rodin. Il est vrai que Camille avait un frère ambassadeur et que ses frasques auraient pu gêner sa carrière. La prudence incitait donc notre génial poète à laisser sa sœur aux oubliettes. Génie, hélas ! ne rime pas toujours avec courage, ni poésie avec anticonformisme, pas davantage que tapageuse proclamation de foi chrétienne avec un peu de simple humanité.

Comme je n'ai pas l'esprit procédurier, je respecterai donc les ordonnances de l'Institut de Psychanalyse et j'effacerai désormais le terme de psychanalyse reichienne de mon vocabulaire. Les disciples de Reich eux-mêmes ne sont pas arrivés à s'entendre sur une terminologie commune : les uns, comme Federico Navarro, parlent de *somatopsychodynamique*[108], d'autres utilisent le terme barbare de *végétothérapie caractéro-analytique*, qui souvent fait dresser l'oreille des botanistes et des naturopathes. Ici le « végéto » se réfère non aux végétaux comme il serait naturel de le croire, mais au système neurovégétatif sur lequel Reich agissait au cours de ses séances thérapeutiques, en combinant analyse psychologique et activité musculaire répétitive. La technique mise au point principalement par Ola Raknes sous les directives de Wilhelm Reich a fait l'objet de quelques ouvrages[109]. Elle est pratiquée de façon variable par diverses écoles en Europe occidentale, aux États-Unis, au Mexique et en Amérique du Sud principalement. Ici nous sommes aux antipodes de la psychanalyse freudienne : point de rigidité mais au contraire un grand laxisme et une certaine fantaisie.

Chaque école a sa manière. Toutefois, il existe au sein de ce foisonnement des enseignements rigoureux et des praticiens non moins rigoureux qui accomplissent un magnifique travail d'autant plus méconnu que ces praticiens sont peu nombreux et perdus dans la masse multiforme de ceux qui se réclament de Reich sans l'avoir compris, de ceux qui appliquent la technique de Reich-Raknes en la dénaturant, et des nombreux somatopsycho-, psychosomato- et somato- (tout court) analystes. Je ne porte aucun jugement sur le travail des uns et des autres. Mais on comprend sans peine que ce foisonnement de techniques psychocorporelles soit à la fois source de grande richesse et de grande confusion. Je me contenterai donc ici de dire seulement quelques mots des théories reichiennes et de présenter brièvement la technique que j'ai apprise de Federico Navarro qui lui-même la tenait d'Ola Raknes.

Georg Groddeck voyait les maladies somatiques comme un langage symbolique de l'inconscient[110]. Lorsque l'inconscient (c'est-à-dire l'infraconscient) envoie un message au conscient, il commence par le murmure du rêve. Si le message n'est pas entendu, c'est à voix haute, par l'intermédiaire du symptôme, que l'inconscient s'exprime. Si malgré tout l'information ainsi manifestée est négligée, alors l'inconscient hurle : son cri, c'est la maladie. Wilhelm Reich avait une vision similaire mais plus pragmatique. Il considérait qu'émotion et trouble organique sont deux faces de la même chose, rejoignant en cela la médecine chinoise. Selon celle-ci, les dérèglements du foie engendrent la colère et la colère entraîne un dysfonctionnement hépatique. De même le poumon est associé à la dépression, la rate à l'anxiété, le cœur à la haine et les reins à la peur. Pour Reich qui s'était davantage intéressé au système locomoteur, les émotions violentes et répétées vécues au cours de la petite enfance engendrent des modifications permanentes du tonus des muscles concernés (v. p. 325). Mimez une grande frayeur. Que constatez-vous ? L'ensemble de la musculature se tend, la bouche s'ouvre, les côtes se soulèvent (surtout les côtes supérieures où parfois se porte la main), le thorax reste pendant un bref instant en apnée inspiratoire, les épaules s'élèvent de même que les sourcils et les paupières inférieures. Si cette mimique se répète chez un jeune enfant, certains muscles se raccourcissent de façon permanente. C'est le cas des trapèzes qui soulèvent les épaules comme pour protéger la nuque. Quand on demande à des individus adultes aux épaules exagérément relevées, de les abaisser, ils répondent souvent qu'ils sont parfaitement détendus, qu'avoir les épaules hautes fait partie de leur constitution. Et ils ajoutent en se tâtant, voire en vous demandant de les tâter : « Ne sentez-vous pas, ce sont mes os qui sont ainsi ». Il arrive qu'au cours d'une séance de thérapie, une ancienne peur oubliée depuis longtemps resurgisse. On observe alors, dans certains cas, une diminution brutale du tonus musculaire : en quelques instants, les épaules descendent de plusieurs centimètres. C'est toujours un spectacle stupéfiant tant pour le thérapeute que pour le patient qui se retrouve soudainement avec un corps différent de celui qu'il croyait avoir. Si les émotions précoces modifient le tonus musculaire de façon spécifique, inversement, cette modification de tonus alimente en permanence l'émotion qu'elle mime. Un adulte, dont la musculature aura été modifiée par la peur au cours de ses premières années de vie, va vivre dans une peur induite en partie par les modifications de sa musculature, même s'il n'a plus aucune raison d'avoir peur. Son *mécanisme interprète* inventera bien entendu des explications plausibles à cette peur qui le persécute. On dit de ces personnes qu'elles vivent dans la peur et parfois on les tourne en dérision parce qu'elles imaginent sans cesse de nouvelles raisons d'avoir peur. La peur qu'elles ressentent n'est pas imaginaire mais les explications qu'elles en donnent le sont souvent. Les relations entre émotion et tonus musculaire sont donc réciproques : l'émotion engendre une hyper ou une hypotonicité de groupes musculaires spécifiques et ceux-ci entretiennent l'émotion. La technique imaginée par Reich pour briser un tel cercle vicieux est simple : elle consiste à faire exécuter au patient certains mouvements élémentaires répétés pendant une durée allant de cinq à quinze minutes, par exemple tendre les lèvres comme pour téter, regarder de droite à gauche et de gauche à droite, répéter « non » en faisant un geste de dénégation, taper des poings bras tendus, balancer le bassin latéralement, etc. Au bout de quelques minutes, une fatigue musculaire s'installe ; douleur, raideur, tremblements, désorganisation du geste apparaissent. Ces manifestations sont souvent accompagnées d'une sensation de fatigue et de malaise. Parfois, dès la première tentative, des émotions violentes ou des souvenirs désagréables surviennent. Bien entendu, rien de tout ceci ne se passe si les muscles impliqués dans le mouvement ont un tonus normal. Le patient peut dans ce cas répéter le mouvement sans fatigue et sans gêne.

Prenons l'exemple d'une personne dont les premières tétées se sont mal passées, parce que difficiles, frustrantes ou indûment réduites. Dès le premier entretien, cette personne révèle un problème d'oralité. La cause lui échappe et le souvenir de ses premières tétées est occulté. Dans la technique de Reich-Raknes, la séquence des mouvements est invariable, le corps étant exploré systématiquement de la tête aux pieds. Rien ne se passera donc lors des premières séances qui n'incluent pas l'allongement des lèvres mimant la tétée. Mais dès que l'on abordera cette mimique, tous les symptômes décrits plus haut se manifesteront. Curieusement, lorsqu'à la suite de la répétition de ces mouvements pendant de nombreuses séances, les souvenirs et les émotions auront été exprimés, évacués, intégrés, le mouvement ressenti comme désagréable, voire insupportable, sera exécuté sans peine, parfois même avec plaisir. Qui n'a pas vécu de telles expériences ne peut se rendre compte à quel point elles sont bouleversantes. Les résultats le sont tout autant. Les exercices impliquant la partie inférieure du corps (lombes, bassin, jambes) entraînent eux aussi une baisse spectaculaire du tonus musculaire de ces zones. Cette modification de tonus prend parfois l'allure d'une décharge rythmique, accompagnée de soubresauts très caractéristiques du bassin et de la colonne. Ces décharges d'allure orgastique peuvent se manifester tout simplement au cours d'une relaxation profonde. J'en ai éprouvé en Inde pendant le repos qui suivait les cours de yoga. Certains de mes amis indiens essayaient de me persuader qu'il s'agissait là des prodromes d'une montée de *kundalinî*. Certains thérapeutes reichiens face au même phénomène parlent d'orgasme généralisé. À nouveau, on le voit, le *mécanisme interprète* du cerveau gauche n'est pas chiche d'explications, mais celles-ci varient selon le contexte culturel.

Les souvenirs et les émotions du nourrisson qui n'a pas encore acquis la capacité de verbaliser, encore moins celle de conceptualiser sont engrammés dans le corps mais inexprimables par la parole. Souvent d'ailleurs, lorsque se libèrent des émotions très archaïques, le patient est incapable de parler. Il perçoit quelque chose mais il ne peut trouver les mots pour le dire. Le corps s'exprime alors tout seul et les manifestations neurovégétatives sont fréquentes (transpiration, rougeur, pâleur, accélération cardiaque, paresthésies, etc.). Je connais le cas d'une jeune femme qui, au cours d'un exercice impliquant le nez et la bouche, s'est mise tout à coup à sentir une forte odeur d'éther. Il n'y avait pas d'éther dans le cabinet du thérapeute, ni même dans d'autres pièces de l'appartement. L'odeur n'était perçue que par la jeune femme qui était convaincue de l'existence réelle de celle-ci. Après enquête, il est apparu qu'au moment de sa naissance l'accoucheur avait administré à sa mère une légère anesthésie à l'éther. Tout commentaire est superflu ! Quant à la jeune femme, depuis cet épisode, son comportement s'est radicalement transformé. De la torpeur et de l'inertie, elle est passée à une activité débordante. Le nouveau-né qu'elle avait été avait largement participé à l'anesthésie maternelle : l'éther diffuse rapidement. Elle était née endormie. La réminiscence olfactive de cet épisode périnatal l'avait débarrassée à jamais de sa somnolence permanente. Il existe des mémoires profondément cachées dans les grottes de l'oubli, qui tout à coup peuvent resurgir comme si elles étaient neuves.

*
* *

Ici, le crépuscule n'avait pas la brièveté de ceux de la Galilée où je me promenais naguère. Il s'étirait languissant et le soleil jaune doré prenait tout son temps pour virer à l'orange puis au rouge. Je dégustais les restes du sorbet de midi. De forts beaux restes, ma foi. Encore améliorés par le génie inventif de Nora qui avait mis la main sur un alcool d'abricot distillé l'année précédente par Maurice. Celui-ci, comme on disait dans le pays, « tenait l'alambic » et son alcool était fameux. Ainsi tonifié, le sorbet n'en était que plus savoureux. Pour couronner le tout, deux moitiés d'abricot frais avaient été posées au sommet de l'édifice. Pendant un court instant, j'eus l'impression que le soleil crépusculaire avait laissé son reflet dans ma coupe. Vert émeraude, vieil or, orangé et ocre, telles étaient les couleurs de ce pays. En surface ! En profondeur, je savais qu'il y avait d'obscures cavernes. Comme toutes les cavernes et comme toutes les obscurités, elles faisaient peur. Mais qu'une torche lumineuse vînt les éclairer et c'était, à Lascaux et dans maints recoins de la région, l'émerveillement le plus total. Nos ancêtres de Cro-Magnon étaient de grands artistes. Il avait sans doute fallu faire montre de pas mal d'audace pour découvrir ces cavernes à trésor. Mais cela n'en valait-il pas la peine, même si d'autres ne recelaient qu'ossements blanchâtres et blêmes fantômes ? Le risque méritait d'être couru. Je me sentais prêt à courir celui de continuer l'exploration de mes propres profondeurs.

La nuit était venue. Le ciel était clair et les étoiles aussi brillantes que jamais. Un fin croissant de lune esquissait un mince sourire. Je pensai un moment à Sarah ; elle dort, murmurai-je, et la lune lui baise le cœur[111].

CHAPITRE 9

PORTRAIT D'HOMME PENSANT À SON CERVEAU

La gravité est le bonheur des imbéciles.

Montesquieu[112]

Quand j'ouvris les volets de ma chambre à sept heures du matin, je fus envahi par une vague d'air frais. Bien que mon organisme tolère mal le froid, je restai un instant à humer cette fraîcheur délectable. J'avais l'impression de me couvrir d'une rosée bienfaisante comme les plantes du jardin. Un brouillard blanc, léger, voilait encore le paysage, mais pas pour longtemps. Le soleil allait percer d'un instant à l'autre. Ce serait une belle journée claire et lumineuse. À l'ouest, des volutes de vapeurs cotonneuses plus épaisses se dégageaient de la vallée de la Vézère toute proche. En regardant les collines apparaître peu à peu comme si elles émergeaient du flou humide des voiles de la nuit, je comprenais l'amour de Nora pour ce beau pays. Je comprenais mieux aussi sa peur face à l'inquiétant voyage dans les profondeurs où nous mènent les psychanalystes. Certains nous éclairent le chemin mais tous ne sont pas des guides sûrs comme celui de Dante ! L'entreprise est d'autant plus périlleuse qu'elle est efficace. Bien des errances sont possibles sans que nul ne s'en aperçoive. Il est tellement plus facile, tellement plus sécurisant d'étudier le cerveau en tant qu'objet. J'en venais presque à éprouver quelque sympathie pour les psychophysiologistes qui, sans jamais se mettre en cause, bien calfeutrés derrière les vitres d'une science ne comportant aucun risque direct susceptible d'altérer leur confort émotionnel et mental, n'en poursuivaient pas moins, eux aussi, l'exploration passionnante de notre relation au monde. Les conclusions qui semblaient se dégager de leur travail n'en étaient que plus troublantes : ils en arrivaient, à partir de la connaissance des mécanismes cérébraux, à concevoir notre moi, notre individualité comme une illusion, une cohérence imaginaire sans cesse reconstruite à partir d'informations venant des multiples réseaux modulaires dont le fonctionnement constitue la base même de nos processus mentaux. L'effondrement de notre vision anthropocentrique du monde se poursuivait. À cette allure, sous peu, il n'en resterait bientôt plus rien. La disparition progressive de la nature - forêts décimées, eaux viciées, air pollué - semblait s'accompagner d'une disparition plus inquiétante encore des quelques certitudes que nous avions sur nous-mêmes. La terre n'était plus le centre du monde, ni le soleil celui de la galaxie. Notre conscience elle-même ne semblait plus être une unité intelligente et libre, mais la scène d'un théâtre sans cesse envahie de nouveaux protagonistes qui jouent tant bien que mal une pièce, dont la mise en scène et le texte imprécis sont source d'incertitudes et de surprises bonnes ou mauvaises tant pour les acteurs que pour les spectateurs[113]. Ces derniers, indistincts dans l'obscurité de la salle, symbolisent évidemment nos fonctions cérébrales inconscientes, tandis que les acteurs représentent les perceptions, les pensées et les sensations qui évoluent dans la lumière de notre champ de conscience.

Visiblement, la psychanalyse et la psychophysiologie constituent deux approches différentes des mêmes phénomènes, l'une subjective, l'autre objective. Cela n'empêche pas d'absurdes controverses entre les tenants des deux disciplines. Un psychanalyste avait tenté de convaincre Jacques Monod de l'existence de l'inconscient selon la conception freudienne. Agacé par le refus systématique de Monod de prendre en compte ses arguments, le psychanalyste mi-sérieux, mi-plaisant lui lança : « Si je comprends bien, moi j'ai un inconscient et vous n'en avez pas » et Monod de répondre froidement : « C'est exactement cela ! ». Cette anecdote dont je ne garantis pas l'authenticité, date de plusieurs années.

Depuis cette époque, on aurait pu espérer un changement d'attitude de part et d'autre. Il n'en est rien. La publication du livre de Jean-Pierre Changeux : *L'homme neuronal*[114] a relancé la controverse avec plus d'âpreté que jamais. Même des médecins et des scientifiques de valeur contestent encore l'interprétation psychanalytique du comportement et de la maladie. Sans prendre la peine de justifier leur position, ils conseillent au lecteur d'attendre « sagement que les scientifiques vérifient et approfondissent » et concluent : « Des psychiatres sans parti pris devraient explorer ces voies et nous en dire davantage dans les années qui viennent »[115]. Les psychanalystes, même s'il m'arrive de les critiquer, ont-ils donc tous des partis pris et leurs écrits sont-ils donc tous bons à mettre au panier ? À moins qu'être psychanalyste ne soit un parti pris. Mais alors, être psychiatre ou psychophysiologiste est aussi un parti pris. Il n'y a rien de plus contraire à la discipline scientifique que d'opposer un refus systématique et non motivé aux idées et aux théories des tenants d'une autre école de pensée que la sienne. Une telle attitude, comme celle de Monod citée plus haut, est évidemment d'origine émotionnelle et non rationnelle. Comment expliquer ce comportement de la part d'hommes dont l'intelligence ne peut être mise en doute. Où se situe le blocage qui entraîne des individus qui se veulent rationnels à prendre des positions totalement irrationnelles ? La soif de pouvoir, la volonté inflexible d'avoir raison et la peur d'explorer ses propres profondeurs ne pourraient-elles expliquer la poursuite stérile d'une controverse désormais dépassée ? Une autre question se pose, non moins pertinente. Pourquoi, parmi les chercheurs qui explorent le psychisme humain, certains choisissent-ils une voie, une méthode, un mode d'investigation plutôt qu'un autre ? Y aurait-il une composante, sinon génétique tout au moins constitutionnelle ou familiale, dans le choix du point de vue adopté pour étudier le même domaine ? N'est pas musicien ni mathématicien qui veut ! Il y a presque certainement dans la manifestation de ces dons une composante innée, ce qui n'empêche pas l'existence d'une composante acquise[58]. De la même façon, quelle qu'en soit la cause, tout suggère que les psychanalystes et les psychologues présentent très tôt dans leur existence des caractéristiques qui les distinguent de leurs confrères psycho ou neurophysiologistes. Bien que les uns et les autres se croient détenteurs de l'unique vérité, peut-être après tout ne sont-ils pas aussi libres qu'ils le pensent du choix qu'ils font.

Les psychanalystes et les psychothérapeutes portent souvent les cheveux longs ou à défaut, comme Jacques Lacan, ils ont le poil dru. Beaucoup laissent pousser leur barbe probablement par mimétisme avec Freud et aussi parce que la barbe est associée à une image paternelle, plus évocatrice de sagesse que d'agressivité. D'ailleurs, les « psy » comme on les appelle familièrement s'effondrent plus facilement dans leur fauteuil, croisent les jambes - protégeant ainsi leur sexe -, ont un maintien moins viril et des gestes plus onctueux que leurs collègues des sciences dures. Ce sont des littéraires, des amoureux du mot et de la phrase. N'est-ce d'ailleurs pas du verbe et du silence, qui sont les deux faces de la même chose, qu'ils détiennent leur pouvoir ? Même s'ils n'en portent pas, ce sont des gens de robe comme les membres du clergé et de la magistrature qui, eux aussi, tirent leur pouvoir du mot. Un jugement, une bulle, une encyclique, un livre et l'on est absous, innocenté ou condamné et exclu. Quant à la sexualité, elle n'est jamais abordée avec simplicité. Elle est souvent cachée, voire honteuse. Dans le cabinet du psychanalyste, on en parle, mais derrière des rideaux épais et dans une ambiance close. Lacan n'est-il pas allé jusqu'à cacher le tableau de Courbet qu'il possédait, *L'origine du monde*, représentant le sexe d'une femme jambes ouvertes ? Ce tableau maintenant exposé au Musée d'Orsay est d'une tendre sensualité ; il n'a rien de lubrique ou de choquant. Pourquoi l'avoir dissimulé, ne le dévoilant qu'à quelques intimes ? Qu'un psychanalyste cache un chef-d'œuvre sous prétexte qu'il représente le sexe féminin dans toute sa beauté et dans toute sa candeur, voilà qui est surprenant.

Bien plus grave cependant est la persécution sexuelle imposée par la religion et même, on l'a vu récemment aux États-Unis, par la magistrature. La confession, jadis obligatoire dans l'Église catholique, avait une valeur cathartique incontestable mais constituait aussi un moyen de pression. Faire l'amour hors du mariage était un péché mortel, justiciable des flammes de l'enfer.

Un confesseur pouvait refuser l'absolution, c'est-à-dire refuser d'écarter le danger d'une condamnation à la peine éternelle, si le pénitent ne promettait pas de cesser ses relations coupables. Malgré le pouvoir ainsi conféré au prêtre par l'Église, l'amour et la sexualité ont toujours été les plus forts. En témoigne l'anecdote suivante. Mon enfance et mon adolescence furent catholiques même si dès la puberté je n'accomplissais certains rituels que pour ne pas choquer une mère dévote. Un jour où je me rendais « à confesse », je trouvai le confessionnal occupé. Une pénitente dont je ne voyais qu'une paire de jolies jambes - un rideau violet cachait le reste de sa personne - semblait très absorbée par le récit de ses péchés. Un chuchotement persistant parvenait à mes oreilles. Je ne suis pas indiscret de nature. Je ne cherchais pas à écouter et d'ailleurs, comme il se doit, je m'étais placé trop loin du confessionnal pour qu'autre chose qu'un murmure indistinct me parvînt. Tout à coup, j'entendis le vieux confesseur élever la voix d'un ton sévère.

– Avez-vous commis l'acte du mariage ?

– Oh oui, mon père !

La réponse fut donnée spontanément et avec un accent d'extase et de ravissement que je n'oublierai jamais. Visiblement, la jeune personne venait de découvrir l'amour et trouvait la chose tout à fait à son goût. Sa voix semblait plutôt claironner son plaisir qu'avouer un forfait. J'espère pour elle que le confesseur ne fut pas trop dur ou, s'il le fut, qu'elle ne l'écouta pas. Mais je ne puis vous raconter la suite de l'histoire. Par discrétion, je m'étais éloigné.

Les physiologistes, psycho ou neuro, sont des adeptes des sciences « dures » et non des sciences dites « molles » dans lesquelles sont rangées, pêle-mêle, philosophie, sociologie et psychologie. Comme les sciences qu'ils pratiquent, les physiologistes sont des gens durs, souvent pressés, avares de mots mais riches d'action. Ils expérimentent, ils se projettent vers le monde extérieur, ils courent à droite et à gauche pour obtenir des contrats et des subventions, car l'expérimentation requiert des appareils coûteux et un personnel nombreux et qualifié. Ce sont des hommes de compétition, de combat. En un mot, ce sont des gens d'épée et non de robe. Leur attitude s'en ressent. Leurs gestes sont brusques. Ils s'assoient droit ou au bord de leur siège, prêts à bondir. Les jambes sont écartées pour bien montrer qu'ils en ont. Ils ont le menton glabre, leurs cheveux sont coupés court, à moins que leur crâne ne soit dégarni et lisse. Les femmes ont, à peu de chose près (si je puis dire), la même attitude et même les plus avenantes présentent un certain degré de virilisation dans leur conduite. Les portraits ainsi esquissés sont évidemment sommaires, peu nuancés et loin d'êtres applicables à tous les cas. Ils me semblent pourtant avoir quelque valeur. Je ne serais pas surpris qu'en moyenne les psychophysiologistes et scientifiques apparentés aient des taux d'hormones mâles supérieurs à ceux des psychanalystes ce qui expliquerait leur comportement. Est-ce une cause ou une conséquence de leur choix professionnel ? Il est certain en tout cas qu'un tempérament plus sensible - et donc moins « machiste » en apparence - favorisera la pratique psychanalytique qui exige une finesse d'écoute que l'on ne peut attendre d'un homme d'épée.

Les connaissances récemment acquises en matière de physiologie et de biochimie cérébrales justifient de moins en moins l'opposition entre les deux camps. Il est maintenant évident que le *mécanisme interprète* du cerveau gauche qui fournit les explications et les théories nécessaires à notre compréhension du monde donne parfois des interprétations conscientes qui, malgré leur cohérence, sont erronées et sans relation aucune avec une réalité connue du seul inconscient. L'existence d'un tel phénomène a été démontrée chez les malades dont le corps calleux avait été sectionné chirurgicalement. Malgré ses conséquences traumatisantes, cette opération est effectuée chez de grands épileptiques. C'est le seul moyen actuellement connu pour sauver la vie de ces patients. Après l'intervention, les crises d'épilepsie généralisées cessent mais la communication entre les deux cerveaux également. Certains des malades ainsi opérés ont été soumis, avec leur consentement, à des expériences simples. En voici un exemple. Gazzaniga[83] montre au cerveau droit de l'un des opérés une scène de neige. Il demande au patient (que je conviendrai d'appeler Bob) d'associer à cette image un des instruments de jardinage figurés sur de petites cartes. La main gauche, qui est commandée par le cerveau droit, choisit correctement la carte représentant une pelle. L'association a un sens : la pelle sert à déblayer la neige. Ensuite Gazzaniga montre au cerveau gauche du même Bob, une patte de coq. La main droite, commandée par le cerveau gauche, choisit correctement parmi un autre lot de cartes celle représentant une tête de coq. Jusqu'ici tout va bien. Bob se retrouve donc avec dans la main gauche la carte représentant une pelle et dans la main droite la carte représentant une tête de coq. On lui demande maintenant de justifier ses choix. Seul le cerveau gauche a la capacité de parler (il s'agit d'un sujet droitier) et est pourvu d'un *mécanisme interprète* capable de narration. Le cerveau gauche de Bob n'a aucune peine à expliquer pourquoi il tient dans sa main droite une carte représentant une tête de coq puisqu'il a vu la patte de ce coq. En revanche, le cerveau gauche n'a pas vu la scène de neige qui a été présentée au seul cerveau droit. Quand on *lui*[116] demande d'expliquer pourquoi la main gauche, qui correspond au cerveau droit, tient une carte figurant une pelle, *il* donne l'explication la plus cohérente possible en fonction de ce qu'*il* a vu, c'est-à-dire de la patte de coq. *Il* déclare donc que la main gauche a choisi la pelle pour nettoyer le poulailler, c'est-à-dire qu'*il* donne une explication correspondant à ce qu'*il* voit : patte de coq et pelle mais *il* ignore que le cerveau droit a choisi la pelle par association avec la scène de neige.

Chez un sujet normal pourvu d'un corps calleux, ce genre d'erreur est impossible parce que la scène de neige vue par le cerveau droit est transmise au cerveau gauche. Mais malgré la présence du corps calleux, la communication entre les deux cerveaux n'est pas parfaite. Il est dès lors tout à fait concevable que certaines informations détenues par le cerveau droit ne soient pas communiquées au cerveau gauche, surtout s'il s'agit d'informations anciennes dont l'expression est inhibée par la mémorisation simultanée d'émotions désagréables. Le cerveau gauche se trouve donc parfois dans la nécessité d'interpréter un phénomène sans posséder l'information nécessaire à cette interprétation parce que celle-ci ne lui est pas communiquée par le cerveau droit. Le cerveau gauche fournira la meilleure explication possible mais pas nécessairement la bonne. La technique psychanalytique, en levant certaines inhibitions, favoriserait le passage des informations du cerveau droit vers le cerveau gauche qui, disposant alors d'informations complémentaires, pourrait fournir spontanément l'interprétation correcte[117]. C'est sur les mêmes bases, me semble-t-il, que fonctionne la technique de Reich-Raknes. Selon la théorie reichienne, émotion et musculature sont étroitement associées. Par ailleurs, le cerveau droit excelle dans les tâches motrices. La répétition de certaines tâches ne pourrait-elle réveiller les émotions associées aux groupes musculaires mis en jeu lors de ces tâches et permettre ainsi aux émotions refoulées, parce que douloureuses, d'être transmises du cerveau droit au cerveau gauche, seul capable de les verbaliser ? Le *mécanisme interprète* pourrait alors comprendre l'origine réelle de certains comportements et, dès lors, reformuler ses hypothèses et reconsidérer son mode d'*être-au-monde*. Ceci est d'autant plus vraisemblable que le champ de conscience se comporte, selon Baars[118], comme un théâtre : « Selon ces vues, écrit-il, la principale fonction de la conscience est de donner un très large accès aux régions inconscientes du cerveau. Un tel accès est nécessaire à l'activation globale, à la coordination et au contrôle ». Personnellement, je comparerais plutôt le champ de conscience à un forum où chaque citoyen aurait la possibilité de s'exprimer. Tant que le citoyen n'expose pas son problème devant le forum tout entier, la cité n'est pas au courant et aucune mesure ne peut être prise pour le régler. Le même processus s'applique aux rêves : ceux-ci sont souvent suivis d'une micro-période de réveil qui permet au rêveur, soit de se souvenir de son rêve, soit, même s'il n'en garde aucune image consciente, d'en intégrer les informations. Le rôle de la prise de conscience si important en psychanalyse trouve ici son explication physiologique.

Ces réflexions ont d'autres implications qui mettent en cause les théories scientifiques elles-mêmes puisque le *mécanisme interprète* fournit des explications variables selon les informations disponibles. Descartes comparait les fonctions cérébrales à celles d'une mécanique. Au dix-neuvième siècle, avec le progrès de l'anatomie, chaque circonvolution se voyait attribuer un rôle défini. Vers le milieu du vingtième siècle, c'est la multiplicité des connexions entre neurones, des milliards de milliards, qui fascinait et faisait comparer le cerveau à un ordinateur. Maintenant on sait que le cerveau est aussi une gigantesque glande endocrine qui sécrète des hormones dont un bon nombre sont les mêmes que celles produites par d'autres organes. L'interprétation des mécanismes cérébraux varie donc avec les époques, c'est-à-dire avec les informations disponibles et les innovations techniques. Pour le moment, c'est la molécule qui est à l'honneur. Richard M. Bergland écrit dans son livre *The fabric of mind* : « Le substratum de la pensée n'est pas confiné au cerveau mais il est dispersé partout dans le corps.... À l'heure actuelle, il est peu douteux que le cerveau soit une glande ; il produit des hormones, il a des récepteurs hormonaux, il est baigné d'hormones »[119]. Richard Restak, qui le cite, confirme et complète ce point de vue : « Au cours de cette dernière décennie, de nombreux neurotransmetteurs chimiques du cerveau ont été aussi découverts en divers autres lieux du corps. Par exemple, des hormones de régulation telles que la substance P, la gastrine et la lipotropine existent non seulement dans le cerveau et la moelle épinière mais aussi dans l'intestin, les glandes surrénales et sexuelles. Une telle équivalence chimique suggère, en particulier, que sentir avec 'ses tripes' est plus qu'une simple métaphore, puisque certains neurotransmetteurs et modulateurs peptidiques sont les mêmes dans le cerveau et dans le tractus gastro-intestinal. Et dès lors une question troublante se pose : les neurosciences sont-elles devenues trop rigides dans leurs concepts de ce qui est et de ce qui n'est pas le cerveau et, par voie de conséquence, de ce qui est et de ce qui n'est pas l'esprit »[120].

J'ai choisi ces deux textes parmi bien d'autres, parce qu'ils reprennent à leur compte de façon très officielle - Messieurs Bergland et Restak ne sont pas des fantaisistes - une théorie de style Nouvel Age, la *all body brain theory*, selon laquelle nous pensons non seulement avec notre cerveau mais aussi avec tout notre corps. Décriée en son temps, considérée comme farfelue et refusée par l'*establishment* scientifique, cette théorie revient donc à l'honneur. Voilà qui prête à sourire et donne à réfléchir. Le célèbre généticien J.B.S. Haldane n'avait-il pas déjà parlé avec son inimitable faconde « des émotions d'un champ de blé », en raison de la similitude des molécules circulant au sein de celui-ci et dans le cerveau humain.

Il serait naïf de croire que l'on va s'arrêter là. La microphysique est très à la mode. Déjà Roger Penrose présente une théorie de la conscience basée sur la physique quantique. Nul doute qu'au début du vingt et unième siècle, le cerveau, après avoir été comparé à une mécanique, un ordinateur et une glande où les processus chimiques règnent en maître, deviendra un poste émetteur-récepteur dont les ondes électromagnétiques et les particules subatomiques seront les principales actrices (v. pp. 323 sq.).

*
* *

Psychanalyse et psychophysiologie sont donc deux aspects complémentaires d'une même réalité explorée avec des méthodes différentes. Les psychanalystes et les physiologistes ne pourraient-ils prendre exemple sur les physiciens qui, après de longs débats, ont compris que la lumière est à la fois onde électromagnétique et grain d'énergie ? De la même façon, notre vécu subjectif et le cerveau qui objectivement permet ce vécu sont deux aspects de la même réalité. Cette analogie n'a évidemment pas de valeur explicative. Les psychophysiologistes ignorent totalement comment se fait le passage de l'objectif au subjectif. C'est le problème des *qualia*, des qualités perçues, qui est posé avec tant de clarté par le philosophe David Chalmers[121]. Quand un rayon de lumière rouge vient frapper la rétine, il y déclenche une réaction électrochimique. Le courant électrique ainsi généré, c'est-à-dire l'influx nerveux, est transmis des cellules rétiniennes à la zone postérieure du cerveau. Là, d'autres cellules spécialisées dans la vision sont activées par cet influx. Cette activation peut être constatée et enregistrée objectivement : les cellules activées émettent des décharges électriques. Mais le sujet voit la couleur rouge. Comment se fait le couplage entre l'excitation d'une cellule nerveuse et la perception consciente du rouge ? Nul ne le sait. Il existe un fossé gigantesque entre le phénomène objectivement mesuré et la sensation consciemment perçue. L'étude du cerveau par la science a permis des avancées spectaculaires dans bien des domaines, y compris ceux de la médecine et de la thérapeutique. La science, comme le mot et le concept, est incontestablement un puissant outil d'action sur le monde. Que cette action puisse être considérée comme positive ou négative n'est pas une affaire scientifique même si c'est l'affaire des scientifiques. En revanche, « le tableau que dresse la science du monde réel [...] est horriblement silencieux au sujet de tout ce qui est vraiment près de notre cœur, au sujet de tout ce qui importe vraiment. Il ne peut pas nous dire un mot à propos du rouge et du bleu, de l'amer et du doux, de la douleur et du plaisir physique ». Ces phrases si justes ont été écrites par Erwin Schrödinger[122] qui, avant Chalmers, se posait, bien qu'en d'autres termes, la question des relations entre les *qualia* et le monde tel que le décrivent les scientifiques.

Deux manières distinctes de voir le monde s'offrent donc à nous : l'objective et la subjective. Boris Cyrulnik est un des rares chercheurs qui en tiennent compte explicitement. Dans son excellent ouvrage *La Naissance du sens*[58], il l'exprime sans ambiguïté : « La représentation molécularistе sert trop souvent à éviter la pensée : 'il est triste [disent les neurobiologistes] parce que son cerveau sécrète moins de dopamine'. Cette trop grande vertu explicative arrête la pensée ». La molécule intervient certes, mais comme molécule « porteuse de sens ». Autrement dit, les molécules objectivement produites par l'organisme et les émotions subjectivement vécues par le sujet déprimé sont les deux faces d'une même chose et il serait tendancieux de donner plus de poids à la vision objective qu'à la vision subjective du phénomène. Pourtant, quelques pages plus loin, le même auteur écrit ceci : « Le premier 'sourire' du bébé est déterminé par une sécrétion bio-électrique du cerveau, un neuropeptide. Vous imaginerez difficilement une mère s'extasier devant son nourrisson en s'exclamant : 'Il vient de sécréter un neuropeptide !' La maman voit un sourire ; elle interprète la mimique faciale comme un sourire. Disons brutalement qu'elle fait un contresens ». L'auteur nous explique alors que le début du sommeil paradoxal provoque la sécrétion d'un neuropeptide générateur de la contraction de certains muscles faciaux, contraction à laquelle la mère confère, à tort, le sens d'un sourire. La contradiction est flagrante : pourquoi reprocher un « molécularisme » réducteur aux neurobiologistes qui expliquent la tristesse par un manque de dopamine et réduire le sourire du nouveau-né à la sécrétion d'un neuropeptide. Cette remarque ne met évidemment pas en cause les propos de l'auteur qui se justifient de son point de vue. Elle est seulement destinée à illustrer la diversité des interprétations selon le point de vue adopté et la difficulté - que nous partageons tous - à maintenir une cohérence tout au long du discours.

La dopamine comme le neuropeptide sont des molécules douées de sens. La carence de l'une est associée à une sensation de mal-être, la sécrétion de l'autre à une sensation de bien-être. Car pourquoi discriminer le premier sourire du nouveau-né endormi et le sourire manifesté par l'adulte pendant le sommeil ou les rêves nocturnes ? Combien de fois n'ai-je pas vu ma compagne glisser dans le sommeil en souriant de plaisir ? Combien de fois ne m'est-il pas arrivé, lors de mes trop fréquentes insomnies, de voir son visage détendu et paisible, d'être ému par la sensation de repos confiant qui s'en dégageait et de l'embrasser doucement sur la joue ? Au cours du sommeil paradoxal, facile à repérer par les mouvements oculaires visibles sous les paupières closes, je l'ai vue sourire ou pleurer. Souvent, alors, elle émergeait du sommeil et me faisait part en quelques mots du rêve agréable, joyeux ou triste qu'elle venait de faire. Pourquoi qualifier le sourire du nouveau-né de purement moléculaire et lui refuser toute émotion associée, comme c'est le cas chez l'adulte ? Assurément, le nouveau-né a une forme de conscience fruste, très différente de celle de l'adulte ; il n'empêche qu'à sa façon il peut souffrir ou être heureux. La souffrance du nouveau-né existe, même si les adultes ont mis longtemps à s'en apercevoir[40]. Si la souffrance existe à cet âge et peut entraîner par la suite des conséquences désastreuses, tant physiques que psychologiques, l'absence de souffrance ou le simple bonheur de vivre, de dormir et de rêver confortablement et en sécurité aura aussi des conséquences. Trois éléments doivent donc être distingués dans les phénomènes décrits ici : le ou les mécanismes moléculaires, le vécu subjectif de l'individu observé, la réaction émotionnelle et comportementale de l'observateur. Cette dernière est de deux types. Soit l'observateur considère l'individu observé comme un alter ego, c'est-à-dire comme un sujet capable d'éprouver joie ou tristesse, plaisir ou souffrance : c'est le cas de la mère qui voit son bébé sourire, c'est le mien quand j'assiste au sommeil tranquille ou aux rêves de ma compagne. Il y a alors émergence d'un phénomène d'amplification : la mère ou le compagnon embrasse l'enfant ou la compagne, rendant ainsi le sommeil plus profitable par la création d'un environnement tendre et chaleureux. Soit l'observateur considère l'individu observé comme un objet : c'est le cas du scientifique qui enregistre l'électroencéphalogramme du bébé pendant son sommeil, qui en constate les diverses phases et repère les phénomènes concomitants : sourire associé au sommeil paradoxal, par exemple. C'est aussi le cas du neurophysiologiste qui associe tristesse et déplétion cérébrale en dopamine. Le comportement et l'interprétation des faits seront différents selon que l'on privilégie l'aspect subjectif ou l'aspect objectif d'une même situation.

Il reste à définir l'objectivité, car c'est toujours un sujet qui déclare être objectif. Quand un chat vient se frotter contre nos jambes, croire qu'il cherche à nous donner de l'affection, c'est de l'anthropocentrisme au premier degré. Nous n'analysons pas son comportement ; nous l'appréhendons globalement et nous l'assimilons à notre propre comportement humain. Nous voyons le chat comme un sujet et, en tant que sujet, nous lui attribuons un comportement analogue au nôtre. Mais dire, comme le font les éthologistes, que le chat est incapable d'affection, qu'il obéit à des mécanismes purement moléculaires et qu'il se frotte à nous pour nous imprégner de son odeur et pour nous inclure dans son univers familier, c'est de l'anthropocentrisme au second degré. Dans ce cas, nous analysons et nous considérons le chat en tant qu'objet mais c'est un objet que nous voyons avec nos yeux, avec nos conditionnements et nos méthodes d'investigations. Selon son expérience personnelle, chacun verra le chat différemment. J'ai beaucoup d'amis qui ont un ou plusieurs chats. Quand on leur rend visite pour la première fois, le ou les chats n'accueillent pas tous les visiteurs de la même façon. Il y a des chats peureux ou anxieux qui se cachent, il y a les chats conviviaux qui vont vers tout un chacun. Cependant, la plupart des chats sont très sélectifs. Ils se frottent à certaines personnes, en ignorent d'autres ou même les agressent en crachant. Dans certains cas, ces comportements sont associés à l'odeur de l'animal domestique que possède le visiteur. On ne transporte pas dans les plis de ses vêtements les mêmes odeurs si, chez soi, on a un chat ou un chien. Ce qui est plus étrange, c'est la discrimination faite par les chats vis-à-vis de personnes qui n'ont pas et qui n'ont jamais eu d'animaux domestiques. Certaines sont accueillies avec enthousiasme dès la première rencontre, d'autres sont rejetées et, quoi qu'elles fassent, elles ne seront jamais acceptées. En définitive, en marquant certaines personnes de leur odeur et non d'autres, les chats ne manifesteraient-ils pas une préférence ? Peut-être serait-ce là leur manière d'exprimer leur affection.

La science se veut objective mais il est souvent difficile de déterminer la part de subjectivité qui s'y glisse. Paradoxalement, se reconnaître et se déclarer subjectif est une attitude plus claire que se vouloir objectif. Être subjectif et en jouir, c'est vivre « avec » : vivre avec ses sensations, vivre avec son bébé, vivre avec son chat. Être objectif, c'est observer mais aussi inévitablement expérimenter, c'est-à-dire *agir-sur-le-monde*. Une simple théorie scientifique est déjà une action sur le monde, car elle fera voir le monde sous un angle spécifique et modifiera donc la représentation que nous en avons. Indépendamment même de toute discipline scientifique, l'*agir-sur-le-monde* présente un réel danger : celui d'interférer non seulement avec l'équilibre naturel de la biosphère mais aussi avec la liberté humaine et la variabilité des comportements qui font la richesse de notre espèce. Les psychanalystes n'y échappent pas malgré tous leurs efforts et tous leurs silences. Les clients des psychanalystes freudiens font des rêves freudiens et ceux des jungiens, des rêves jungiens. Quant aux clients des reichiens, ils croient déchoir s'ils n'arrivent pas à présenter, tôt ou tard, peu ou prou, des manifestations d'orgasme généralisé en cours de thérapie. Il existe, bien entendu, des psychanalystes plus doués et plus libéraux que d'autres. Ceux-là laissent toujours une totale liberté d'expression à leurs patients et c'est selon leur mode d'*être-au-monde* que les patients s'expriment sans modèle imposé, ni dans leurs rêves, ni dans leur corps. À l'opposé, les psychophysiologistes, plutôt que la réduction à un modèle standard, ont tendance à favoriser une sorte de nihilisme. Leur refus des messages oniriques, si enrichissants pour la personnalité, et la déconstruction du concept d'individu qu'ils prônent risquent de mener à un vide, à une perte de références plus suicidaire que réellement métaphysique. Varela, Thompson et Rosch[22] en donnent un parfait exemple lorsqu'ils déclarent : « [les sciences cognitives] vont si loin dans ce sens qu'elles nous permettent de penser l'esprit en dehors de toute référence à la notion de sujet ». Dans leur tentative d'opérer une synthèse entre la psychophysiologie moderne et la tradition bouddhique, les auteurs arrivent à la conclusion contestable que cette synthèse « peut nous permettre, existentiellement, de nous voir comme des êtres pensant sans sujet et faire nôtre, *sans angoisse*, une éthique du *sans fond* »[123].

Le danger le plus grave n'est toutefois pas encouru par ceux qui se laissent endoctriner par les psychanalystes, les gourous ou les religieux de quelque nature que ce soit. Il est encouru par ceux qui endoctrinent. Je n'ai que trop souvent rencontré des psychanalystes atteints de la pernicieuse manie de s'analyser et d'analyser les autres en permanence. Je n'ai que trop souvent fréquenté des scientifiques expérimentant ou disséquant tout dans le jargon de leur métier. Leurs pensées ne semblent jamais prendre de vacances, ni sortir de leurs préoccupations professionnelles. Le monde n'est plus vu qu'à travers la lunette étroite de leur spécialité. L'*agir-sur-le-monde* est parfois bon, parfois mauvais, mais toujours contraignant. Il nous maintient dans la dualité. Le *vivre-le-monde* peut être tout simplement merveilleux. Il nous donne accès à l'unité. Je crois en définitive que c'est cela que m'apporte le divin Mozart. Sa musique me permet de me sentir vivant, pleinement vivant. Un bon sorbet aux abricots aussi, même si le degré de vitalité induit n'est pas tout à fait du même niveau.

*
* *

Pendant que j'écrivais, les champignons avaient poussé dans les bois et dans les prés. Les pluies avaient été fréquentes mais de courte durée. La lumière dorée de l'été n'en avait pas été altérée mais l'humidité des sous-bois avait permis aux cèpes d'être en avance sur le calendrier. À l'heure du dîner, j'eus donc la surprise de trouver un demi-cèpe de fort belle taille couché sur mon assiette, après avoir été légèrement rissolé dans la poêle. Peu d'assaisonnement, peu de cuisson et l'on découvrait le goût naturel du champignon, son fumet puissant où l'odeur du terreau était encore vivace. Un vieux margaux de qualité complétait le tableau et venait lui aussi rappeler que les richesses de l'automne n'étaient plus loin. « Champignons et raisins annoncent l'automne et le vin » ; ce soir ils avaient, en outre, réussi à effacer mon inquiétude de la journée. Mon travail avait été laborieux et je craignais de n'être pas arrivé à transcrire clairement ma pensée. Cette belle tablée me rassurait. Ce que je ne pouvais dire, le champignon l'exprimait à ma place. Déguster des mets délicieux et faire résonner sa bouche d'un vin savoureux, n'était-ce pas cela *vivre-le-monde* ? Non pas manger et boire, encore moins s'alimenter, pas davantage penser son plaisir, ni en parler comme je le fais maintenant, tout simplement le vivre. Les larmes me vinrent aux yeux. Mes compagnons de table, j'allais dire mes complices, me jetèrent un regard discret et intrigué. En un éclair, j'avais perçu l'équilibre que j'avais toujours recherché. Il me fallait alterner l'*agir* et le *vivre*, comme l'inspiration et l'expiration du cycle respiratoire. Aujourd'hui, je m'en rendais compte, c'est ce que j'avais fait. Écrire, c'est agir. Partager ce repas avec des amis charmants, c'était vivre. Ainsi me fallait-il continuer jusqu'à ce que cela devienne aussi simple et naturel que ma respiration même.

Le soir, en montant me coucher dans la chambre haute de mon pigeonnier, je rendis grâce à la vie qui m'avait fait cadeau de ce moment à la fois gastronomique et révélateur. Sa douceur me faisait honte de ma propre dureté. Dureté envers mes collègues « psy » et « sci », dureté envers moi-même puisque je faisais partie de l'une et de l'autre confréries. Décidément, j'aurais dû intituler ce chapitre caricature et non portrait d'homme pensant à son cerveau. Les caricatures sont dures par définition ; leur dureté est donc plus acceptable que celle d'un portrait. De toute façon, ce n'étaient pas les hommes qui étaient mis en cause, car, je n'en doutais pas, beaucoup d'entre eux pensaient et sentaient comme moi : c'était le système dans lequel, inconsciemment et progressivement, nous nous étions laissé enfermer. Je m'endormis en regardant les étoiles par la fenêtre ouverte et, tout en glissant dans le sommeil, j'imaginais naïvement qu'un jour tous ensemble nous allions battre à l'unisson le rythme parfait de l'équilibre idéal entre l'*agir* et le *vivre*.

CHAPITRE 10

PETITE HISTOIRE DE LA PENSÉE RATIONNELLE

La Nature n'a donc pas l'insouciante insignifiance d'un Univers où tout serait possible, mais se révèle être un grand livre de chiffres. C'est ce langage des nombres que déchiffre la mécanique quantique en décryptant les vibrations du monde. Les nombres quantiques régissent l'infiniment petit, mais ne nous y trompons pas : c'est bien de la musique de notre monde dont ils se font l'écho.

Philippe Chomaz et
Gilles de France[124]

L'immobilité de l'écrivain est parfois pénible. Mon genou gauche me l'avait clairement exprimé au cours de l'hiver précédent. J'avais entendu l'avertissement et chaque jour je lui donnais l'exercice qui semblait nécessaire à son bien-être. Mon genou droit en profitait, de même que tout le reste de mon corps y compris mon cerveau, car j'ai déjà dit combien les promenades dans la nature stimulaient sa capacité réflexive. Ce matin, cependant, j'avais ressenti le besoin de parcourir de plus vastes espaces. J'avais donc pris la voiture et m'étais dirigé au sud-ouest, vers les Eyzies. Je voulais revoir les grottes de Font-de-Gaume avant qu'elles ne soient définitivement fermées au public. Ensuite, j'étais remonté dans la direction opposée pour aller me recueillir à Saint-Amand-de-Coly. Cette église forteresse du douzième siècle m'impressionnait toujours beaucoup. L'œuvre humaine n'est plus ici celle d'un peintre décorant les murs d'une caverne mais la caverne elle-même car, de l'intérieur, Saint-Amand ressemble plus à une caverne qu'à une église. Après avoir respectueusement salué la tour qui s'élève toute droite comme une falaise et dont émane la puissante autorité d'un moine soldat, sévère et attentif, je passai la petite porte qui ouvrait sur la nef. Là régnaient fraîcheur et pénombre. Le sol était pavé de dalles irrégulières et montait doucement vers le chœur. J'étais seul. Saint-Amand ne peut être visité que par un pèlerin solitaire. La visite devient alors expérience et le visiteur, le visité. Il y a des choses qu'on ne dit bien qu'avec le silence. Je tairai donc ce que j'y perçus. Régénéré par ce moment merveilleux, je repartis vers le manoir d'Eyrignac dont je n'avais encore jamais parcouru les jardins à la française renommés, à juste titre, pour leur beauté. Le temps écoulé entre la construction de l'église et celle du manoir n'est que de cinq siècles. Il paraît pourtant plus long que les vingt-cinq siècles qui séparent Font-de-Gaume de Saint-Amand. Tous deux sont conçus de telle manière que l'œuvre de l'homme et celle de la nature sont parfaitement intégrées. Où finit la roche et où commence la pierre taillée par les artisans du Moyen Âge ? Où finit la fissure et où commence le trait tracé par les artistes du paléolithique ? La bosse du bison et la protubérance naturelle de la paroi rocheuse se confondent comme les remparts de l'église et l'écrin crayeux qui l'entoure. La nature soutient l'œuvre de l'homme et celle-ci en souligne la grandeur. À Eyrignac, rien de tel. La complicité, la complémentarité ont disparu. L'homme domine, contrôle, façonne la nature à son gré. Pas une feuille ne dépasse l'épure dessinée par l'architecte-jardinier. Et si parfois se manifeste quelque irrégularité, c'est volontairement qu'elle a été laissée, comme un tyran relâche parfois sa pression pour faire croire à une mansuétude illusoire.

Que s'est-il donc passé entre le douzième et le dix-septième siècle qui ait apporté un tel bouleversement dans les rapports entre l'homme et la nature ? Le « miracle grec » tout simplement. Bien entendu, la pensée grecque a pris son envol dès le cinquième siècle avant notre ère mais ce n'est qu'à la Renaissance que toute la force de son impact s'est fait sentir en Europe occidentale. Jadis, les animaux et les plantes étaient des « convives », des « contemporains ». Ils participaient à la vie humaine en tant qu'eux-mêmes mais aussi en tant que symboles. C'est l'homme qui les invitait à sa table non seulement pour les manger mais bien plus encore pour enrichir sa vision du monde. Cette notion de convivialité entre l'homme et la nature a été perdue en Occident au cours de ces derniers siècles. À l'école, l'histoire de l'Égypte ancienne m'avait été enseignée. Ces « barbares » semblaient capables de grandes œuvres architecturales mais ils n'étaient que des barbares, me disait-on, adorant des dieux à têtes d'animaux. Ce n'était pas le cas des philosophes grecs qui avaient les premiers discriminé clairement la pensée rationnelle de la pensée symbolique[125]. Par discrimination, j'entends non seulement distinction, mais aussi ségrégation, au même titre que celle dont sont victimes de trop nombreuses populations humaines. Progressivement le symbole avait perdu droit de cité, la raison raisonnante l'avait réduit en esclavage. La nature n'était plus une compagne ; elle était devenue une servante, pire un objet. Un objet bon à tout faire : à étudier, tailler, disséquer, contrarier, estropier, juguler, contrôler, utiliser, contrefaire, analyser. En somme, pour des raisons précédemment évoquées, tout se passait comme si la communication entre le cerveau droit et le cerveau gauche s'était amenuisée. Le premier n'était plus guère entendu du second qui depuis cette époque régnait en maître dans le monde occidental.

L'histoire de la pensée rationnelle peut donc se résumer à deux épisodes : l'un marqué par la coexistence pacifique de la pensée rationnelle et de la pensée symbolique, l'autre caractérisé par la dictature de la première, la réduction au silence de la seconde et la diminution vraisemblable de l'échange d'informations entre les deux cerveaux. Il convient, cependant, d'affiner cette approche et d'évaluer les bienfaits et les méfaits de la rationalité triomphante. Pour cela, il nous faut consulter les archives, trop rares, de deux disciplines scientifiques trop négligées et pourtant plus que toute autre nécessaires au progrès de l'évolution humaine : l'histoire des sciences et l'épistémologie.

N'est-ce pas grâce aux quelques éléments d'histoire des sciences, grappillés de bric et de broc, que j'ai pu constater - je ne suis pas le seul à l'avoir fait - que les modèles scientifiques évoluent avec notre environnement. J'ai cité au chapitre précédent l'exemple des fonctions cérébrales. Les modèles successifs qui ont fait progresser leur étude ont été dépassés tour à tour. D'autres apparaissent. Nos connaissances progressent mais leur complexité ne cesse elle aussi de progresser. Autrement dit, plus on avance, plus ça se complique et plus l'espoir d'une connaissance complète et globale recule. Nombre de scientifiques sont semblables à Christophe Colomb qui, naviguant sur un océan en apparence sans limite, voyait l'horizon reculer sans cesse. Christophe Colomb a eu de la chance ; la courbure de la sphère terrestre n'est pas négligeable, et tôt ou tard il serait revenu à son point de départ, démontrant par l'expérience que notre planète est ronde et qu'on peut en faire le tour. Il a été arrêté en cours de route par un continent imprévu, mais d'autres après lui ont véritablement fait le tour du monde. Je crains pour mes collègues scientifiques que la sphère de la connaissance ait un rayon incommensurablement plus grand que celui de notre planète. L'humanité aura peut-être disparu avant d'en avoir fait le tour.

Les physiciens ont les mêmes difficultés avec l'atome que les physiologistes avec le cerveau. L'atome était pour les Grecs la plus petite particule de matière ; il était insécable comme l'indique son nom. Ensuite, et bien plus tard, les modèles de Rutherford et de Niels Bohr virent le jour. L'atome devenait un petit système solaire avec son noyau central et ses électrons périphériques. Aujourd'hui, la conception de l'atome est plus floue. L'électron est évanescent, tantôt onde, tantôt corpuscule. Les protons et les neutrons, constituant le noyau atomique, ne sont plus des particules simples ; elles sont formées chacune de trois quarks (v. p. 318). Peut-être les quarks eux-mêmes se révèleront-ils un jour sécables en entités plus petites. Une théorie relativement récente suggère l'existence d'objets encore plus minuscules, les cordes, formés peu après le Big Bang, et qui seraient à l'origine des particules constituant notre univers. Le monde des particules subatomiques échappe de plus en plus à toute forme de représentation. Les atomes sont accessibles à la pensée ; on les toucherait presque du doigt. Les électrons, les protons et les neutrons sont déjà moins faciles à concevoir. Quant aux quarks, jamais isolés, toujours combinés, ils sont dotés de propriétés que seules les mathématiques permettent d'appréhender. L'exploration scientifique nous révèle donc un univers que notre cerveau ne peut saisir qu'indirectement, ce qui est tout à fait normal si l'on en croit les tenants de la théorie darwinienne de l'évolution. Le cerveau n'a-t-il pas évolué selon les lois de la sélection naturelle pour nous permettre de percevoir l'environnement immédiat, de communiquer avec lui, de le contrôler et de le façonner à notre guise afin de mieux assurer notre survie ?

Un des outils forgés par le cerveau dans ce but est le langage, c'est-à-dire le mot et le concept résultant de la faculté d'abstraction et de généralisation du psychisme humain. Nous en avons exploré divers aspects dans le chapitre 4. Un autre outil est constitué par les chiffres et les nombres. Dès l'aube de l'humanité, ils ont été associés au langage. De nombreuses civilisations utilisaient les lettres de l'alphabet pour figurer les chiffres. Puis, assez rapidement, les nombres ont été notés par des signes distincts et les mathématiques sont devenues un langage à part entière, spécifique et différent du langage parlé ou écrit[126]. On comprendra donc sans peine que les mêmes zones du cerveau soient impliquées dans la gestion de divers *systèmes formels et conceptuels*, que ces systèmes soient constitués par des lettres, des chiffres ou d'autres signes utilisés en mathématiques. Au cours des opérations de calcul, d'autres zones du cerveau sont également activées. Ce sont des zones spécialisées dans les processus de vision et d'orientation spatiale. Elles servent de base à un *système analogique*, mis en jeu dans les calculs approximatifs et les processus de comparaison : ce bâton est deux fois plus long que cet autre, cet arbre est deux fois plus éloigné que cet autre, etc. Dans ce système sont donc impliqués non seulement la vue mais aussi l'espace et dès lors la motricité. Une bonne estimation des distances était un atout maître dans la cueillette, la chasse et la guerre. Le *système analogique* et la vision ont joué un rôle aussi important que le *système formel et conceptuel* dans la capacité du cerveau à abstraire et à généraliser. Pour participer à l'élaboration d'un concept, la fonction visuelle doit repérer ce qui est invariant dans un ensemble de formes et de couleurs. Un objet ou une catégorie d'objets sont définis, reconnus et conceptualisés en ce qu'ils ont d'invariant. C'est ce qui permet de distinguer de loin la forme verticale d'un homme immobile de celle d'un arbre. Cette nécessité de déterminer des invariants pour reconnaître les objets constitutifs de l'environnement est à la source même des mathématiques et de la formulation des lois de la nature. L'activité scientifique se caractérise précisément par la recherche d'invariants. Une loi naturelle, formulée par une équation, résulte de la découverte d'invariants. Une pomme qui se détache d'une branche et tombe, deux corps célestes qui s'attirent dans l'espace le font toujours selon les mêmes modalités, appelées « loi de la gravitation universelle ».

*
* *

Jusqu'ici, tout va bien. L'émergence de la pensée mathématique ne semble présenter aucune contradiction avec les théories de l'évolution : le *système formel et conceptuel* et le *système analogique*, qui en sont la base, sont avantageux pour l'individu et pour l'espèce et ont dès lors donné prise à la sélection naturelle. Il en va tout autrement lorsque, des mathématiques élémentaires, on passe aux mathématiques supérieures, et de l'individu moyennement doué aux génies et aux calculateurs prodiges. Le don des grands mathématiciens, comme celui des grands musiciens, apparaît souvent très tôt dans l'existence. Il n'a aucune commune mesure avec les facultés ordinaires. Il pose une véritable énigme aux scientifiques. Le rôle de l'éducation n'est pas exclu mais il n'explique pas la naissance, çà et là, de génies extrêmement précoces qu'aucune nécessité évolutive ne semble justifier.

Une autre énigme est posée par « l'absurde efficacité » du langage mathématique qui soulève encore et toujours l'étonnement des philosophes et des mathématiciens eux-mêmes[127]. C'est ce langage qui a contribué au progrès fulgurant de la physique. C'est lui aussi qui a permis aux physiciens de s'affranchir des conditionnements humains les plus profondément enracinés et de dépasser les notions mêmes de temps et d'espace. Comme l'écrivent les auteurs cités en exergue, « la nature se révèle être un grand livre de chiffres. C'est ce langage des nombres que déchiffre la mécanique quantique en décryptant les vibrations du monde »[124]. L'univers est ce qu'il est parce qu'il est régi par des constantes physiques précises, des nombres clés grâce auxquels est maintenue l'harmonie du cosmos. Si ces nombres étaient autres que ce qu'ils sont, notre univers ne « tiendrait » pas, ne serait peut-être qu'une informe et gigantesque énergie sans structure. Le langage des nombres serait-il le langage même de la nature auquel, on ne sait trop comment, notre cerveau aurait accès ? De là viendrait son efficacité pour comprendre le monde et pour *agir-sur-le-monde*.

La troisième énigme est la plus troublante car elle remet en cause la notion même de rationalité. C'est celle des calculateurs prodiges. Parfois normaux, parfois atteints d'un déficit mental, ils ont l'étonnante capacité de faire en un clin d'œil des calculs complexes que même les ordinateurs les plus performants mettent du temps à réaliser. Dans certains cas, il ne semble même pas y avoir d'opérations mentales si rapides soient-elles : le résultat est instantané. Oliver Sacks dans son livre, *L'homme qui prenait sa femme pour un chapeau*[128], évoque le cas de deux jumeaux autistes qui passaient leurs journées à échanger des nombres en s'esclaffant. Bien que médecin et neuropsychiatre, Oliver Sacks partage avec les physiciens la faculté de s'intéresser aux phénomènes rares. Il nota donc soigneusement les nombres que se communiquaient les jumeaux. Tous comportaient six chiffres et tous, comme le lui apprit l'ordinateur d'un collègue informaticien, étaient des nombres premiers. Un nombre premier, je le rappelle, est un nombre qui n'est divisible que par lui-même et par l'unité : 2, 3, 5, 7, 11, 13, 17, 19 etc. Au fur et à mesure que l'on avance dans la suite des nombres entiers, ils se font de plus en plus rares. Reconnaître au premier coup d'œil un nombre premier est une tâche déjà difficile lorsque celui-ci a plus de 2 chiffres : 137 est un nombre premier, 147 ne l'est pas, il est égal à 49 x 3. Comment les jumeaux faisaient-ils donc pour reconnaître instantanément des nombres premiers de six chiffres ? Poursuivant son investigation, Sacks demanda à son collègue informaticien de lui fournir un nombre premier, non de six mais de huit chiffres. Puis, le lendemain, alors que les jumeaux continuaient leur manège, il lança le nombre premier de huit chiffres comme on envoie une nouvelle et plus grosse bille dans le jeu auquel se livrent des enfants. Les jumeaux levèrent la tête, se regardèrent un instant puis éclatèrent de rire. Depuis ce jour, ils s'amusent avec des nombres premiers de huit chiffres. Une autre fois, Sacks renversa une boîte d'allumettes. « Cent onze » s'écrièrent en chœur les jumeaux. On compta les allumettes, il y en avait bien cent onze. D'autres chercheurs ont observé des phénomènes similaires : à peine le contenu d'une boîte d'allumettes était-il renversé sur une table devant de jeunes autistes « spécialistes » des nombres qu'ils en donnaient le compte exact. Non seulement ces autistes prodiges n'avaient pas le temps de dénombrer les éléments soumis à leur attention, mais ils ne pouvaient matériellement pas le faire. La boîte d'allumettes était simplement retournée ; les allumettes n'étaient pas étalées sur la table et n'étaient donc pas toutes visibles. À la lecture du livre de Sacks, on comprend qu'il en était de même avec les jumeaux.

Voilà qui ne fait pas l'affaire des rationalistes orthodoxes. Le cerveau humain aurait-il des facultés que la raison ne peut ni connaître, ni même accepter ? Oliver Sacks qui n'a cure de ce genre de réserves - je soupçonne son corps calleux d'être de bonne dimension et la communication entre ses deux hémisphères d'être excellente - s'est donné la peine de réfléchir au phénomène. Il en tire la conclusion suivante : « Les jumeaux emploient, semble-t-il, une cognition directe comme les anges. Ils voient directement un univers, un ciel fait de nombres. Cela peut paraître bizarre - mais de quel droit dirions-nous que c'est *pathologique ?* ».

Sacks se donne même la peine de proposer des hypothèses explicatives à cet étrange phénomène : « [les jumeaux] les éprouvent [les nombres] comme des *formes*, comme des *sons*, comme ces innombrables figures qui composent la nature. Ce ne sont pas des calculateurs et leur aptitude au calcul est *iconique* [...]. Ils n'ont pas l'air d'*opérer* avec les nombres comme des calculateurs ; ils les *voient* au contraire directement comme une vaste scène naturelle ». L'auteur compare alors les jumeaux à certains scientifiques tel Dimitri Mendeleïev, l'inventeur de la classification périodique des éléments. À force de réfléchir aux propriétés numériques des éléments, Mendeleïev, de son propre aveu, les voyait comme des « visages familiers ». Et Sacks d'ajouter : « Un esprit scientifique comme le sien est essentiellement *iconique* et *voit* la nature entière sous forme de visages ou de scènes, peut-être même comme de la musique. Cette *vision*, toute intérieure et presque surnaturelle, est néanmoins parfaitement intégrée à l'ordre physiologique et la tâche secondaire, ou externe, d'une telle science, consiste à opérer un retournement et à passer du psychique au physique. *(Le philosophe cherche à entendre en lui-même les échos de la symphonie du monde*, écrit Nietzsche, *et à les re-projeter sous forme de concepts*). Je suppose que les jumeaux, tout en étant idiots, entendent la symphonie du monde, mais ils l'entendent uniquement sous forme de nombres ».

Un autre exemple de facultés très développées associées à un déficit mental est celui du syndrome de Williams. Bien qu'il ne soit pas exceptionnel (un enfant sur 20 000 en est atteint), il n'est étudié systématiquement que depuis quelques années. Les personnes affectées de ce syndrome présentent à la fois un handicap mental entraînant de sérieuses difficultés de lecture, d'écriture, de dessin et de calcul, et d'étonnantes capacités dans le domaine de la parole et de la musique. Elles sont capables de raconter des histoires avec beaucoup de poésie, de chanter et de jouer d'un instrument de musique avec une surprenante facilité. Les premières recherches effectuées sur le syndrome de Williams ont apporté des informations nouvelles et extrêmement intéressantes sur le rôle du cervelet dans le traitement du langage. C'est ce qui fait dire à Howard Lenhoff et à ses collaborateurs que ces investigations permettent de « voir d'un regard nouveau les *handicapés mentaux* et révèlent que des personnes ayant des quotients intellectuels faibles ont parfois des capacités surprenantes. Ne peut-on supposer, ajoutent ces auteurs, que d'autres handicaps mentaux sont associés à des potentiels insoupçonnés qui ne demandent qu'à être découverts ? »[129].

*
* *

Il fut une époque, pas très lointaine, où les physiciens ne cessaient de découvrir de nouvelles particules. Toutes étaient rares. Produites de temps à autre pour quelques fractions de seconde, elles n'existaient pas à l'état naturel sur notre planète et résultaient de collisions savamment organisées au sein des cyclotrons. Les physiciens s'en délectaient. Grâce à ces anomalies et à leur confrontation, ils arrivèrent à mettre au point une classification cohérente des particules et à distinguer celles qui constituent les éléments fondamentaux de notre univers de celles, complexes, qui ne sont qu'agrégats temporaires de ces mêmes éléments. Tous les problèmes ne sont pas résolus, tant s'en faut. Il n'en reste pas moins vrai que la recherche effrénée de particules étranges et rares a paradoxalement simplifié et considérablement amélioré notre compréhension de la matière et des forces qui la gouvernent. L'attitude des biologistes au sens le plus large du terme est totalement différente, voire opposée. Neuf fois sur dix, face à un phénomène rare, étrange ou apparemment irrationnel, ils ne manifestent qu'indifférence ou mépris. Ce comportement n'est d'ailleurs souvent qu'un masque qui cache leur peur : peur de perdre leurs certitudes, c'est-à-dire leur pouvoir, et de perdre leur sécurité, celle d'un monde qu'ils croient contrôler.

Yves Rocard, dont j'ai cité les recherches dans le chapitre 2, en a fait la triste expérience. Il me faut revenir ici sur ce cas exemplaire. Rocard est un physicien dont nul ne conteste la compétence. Il a montré l'existence chez l'homme d'une sensibilité à de faibles variations de champ magnétique. Quoi d'étonnant à cela ? De nombreux oiseaux et animaux marins s'orientent au cours de leur migration en fonction du champ magnétique terrestre. Il n'y a donc rien d'extravagant à cette découverte. Rocard a sans doute commis l'erreur tactique de faire ses premières observations sur des sourciers. Il prétendait, à juste titre, que les sourciers sont sensibles aux champs magnétiques. Puisque les sources souterraines, comme toute eau courante, produisent un champ magnétique, le sourcier est donc capable de détecter la présence d'une source. Sourcier est malheureusement rapproché dans l'esprit de beaucoup de personnes, scientifiques ou non, de radiesthésiste, magnétiseur ou voyant. Les premières publications de Rocard ont été violemment contestées. Certaines des critiques formulées étaient justifiées. En véritable scientifique, Rocard en a reconnu la légitimité en 1974. Cet « aveu » a été monté en épingle par Michel Rouzé qui en conclut, dans un livre datant de 1978, que Rocard fait amende honorable et admet s'être trompé. Un extrait du livre de Rouzé vient d'être cité dans un recueil de textes colligés par Pecker, Krivine et Thomas. Ce recueil publié en 1997 est destiné à démontrer que tout ce qui n'est pas admis par la science officielle est faux et irrationnel. Il ne donne malheureusement aucun extrait du dernier livre d'Yves Rocard paru en 1996, dans lequel, loin de faire « amende honorable », celui-ci répond aux critiques qui lui ont été faites par de nouvelles expériences bien plus convaincantes que les premières. Les principaux textes relatifs à cette affaire sont cités en note[130]. Pecker, Krivine et Thomas ne peuvent pas plaider l'ignorance ; le dernier livre de Rocard, dont ils ne citent pas d'extrait, est néanmoins indiqué en référence à la fin de leur ouvrage. Ils connaissent donc l'existence de ce livre mais, ou bien ils ont commis la négligence grave de ne pas le lire, ou bien ils omettent sciemment d'en citer la substance, ne donnant au lecteur que le verdict de Rouzé publié, rappelons-le, en 1978. C'est atterrant. Un étudiant, qui dans une thèse de 1997 appuierait ses conclusions sur un ouvrage écrit en 1978, en omettant de citer une mise au point datant de 1996, se verrait évidemment refuser sa thèse. Le livre de Pecker, Krivine et Thomas n'a pas été refusé par l'éditeur. Bien plus, il a fait l'objet d'une critique publiée dans le mensuel *Pour la Science*. Jean-Pierre Kahane, l'auteur de cette critique, écrit textuellement ceci : « En 1962, le physicien Yves Rocard avait cru donner une explication scientifique de la détection de l'eau par les sourciers. M. Rouzé signale fort *heureusement* un texte postérieur de 1974, où Rocard se livre à une sorte d'autocritique »[131]. Comme Pecker et ses collaborateurs, Kahane ne s'est apparemment pas donné la peine de consulter la littérature sur le sujet. Il ignore, probablement de bonne foi, que les aveux que l'on fait faire à Rocard sont faux et que ses recherches, leurs résultats et les débats auxquels ils ont donné lieu, sont clairement exposés dans le dernier livre dudit Rocard. Notons, histoire de mettre un peu d'humour dans cette sombre affaire, que Kahane utilise dans le texte de sa critique l'adverbe *heureusement*. C'est moi qui l'ai mis en italique dans l'extrait cité. Pourquoi *heureusement* ? Qu'est-ce que ce mot vient faire dans un compte rendu scientifique censé être objectif ? En quoi pourrait-il être *heureux* ou *malheureux* que les résultats d'Yves

Rocard s'avèrent corrects ou incorrects. C'est comme si, jadis, des physiciens engagés dans la controverse sur l'aspect ondulatoire ou corpusculaire de la lumière avaient saupoudré leur discours d'expressions telles que « *heureusement* la théorie corpusculaire de la lumière s'est révélée fausse ».

Je pourrais citer d'autres exemples. Mais l'entreprise n'est pas appropriée dans le cadre de ces réflexions. Mon but ici n'est pas de jouer les redresseurs de torts mais bien d'étudier, si modestement que ce soit, les mécanismes de la pensée humaine. Lorsque les scientifiques officiels critiquent les parasciences (astrologie, acupuncture, homéopathie par exemple), ils n'en présentent généralement pas la bibliographie complète, ne citent que certains travaux, souvent les plus contestables et les plus anciens, et ne mentionnent ni l'existence des autres, ni leurs conclusions[132]. L'erreur commise par Pecker et ses collaborateurs n'est donc pas exceptionnelle. Jamais les scientifiques ne feraient preuve d'une telle désinvolture les uns vis-à-vis des autres. Alors pourquoi se la permettent-ils vis-à-vis de ceux qu'ils appellent des parascientifiques ? Les scientifiques ne se devraient-ils pas d'être impeccables et de montrer la valeur de leurs réflexions en donnant l'exemple de la rigueur et de l'objectivité ? Quelques exemples célèbres dans l'histoire des sciences permettront, je l'espère, de mieux faire comprendre le sens de mes propos. Quand Harvey publia ses premiers travaux sur la circulation sanguine, il souleva un tollé quasi général et se fit insulter par nombre de ses collègues, y compris le recteur de la Sorbonne. L'avenir donna raison à Harvey. Quand Boucher de Perthes déclara que les silex qu'il avait ramassés dans une caverne étaient taillés de main d'homme et témoignaient d'une civilisation primitive, il s'est littéralement fait traîner dans la boue par l'Académie des sciences tout entière. L'avenir donna raison à Boucher de Perthes. L'avenir donnera-t-il raison à Yves Rocard ?

Ce n'est pas la pensée rationnelle que je mets en cause. Harvey, Boucher de Perthes et Rocard ont tous appliqué la méthode scientifique et fait preuve d'un esprit logique et rationnel sans faille. Mais quand la pensée rationnelle fait place à un rationalisme étroit, elle devient fanatisme, religion, dogme avec des papes qui déclarent *ex cathedra* détenir la vérité sans discussion possible. On peut alors, sans crainte d'exagération, parler de la dictature du cerveau gauche dont le *mécanisme interprète* se fixe sur la théorie qu'il a fabriquée et refuse de tenir compte des informations nouvelles qui lui sont apportées. Il refuse aussi d'écouter le cerveau droit et de prendre en compte les raisons émotionnelles qui sont la cause profonde de la rigidité de la pensée. Comme Rabelais se méfiait des agélastes[133], le chercheur de vérité se méfiera des papes, des recteurs et des académiciens, même s'il en est d'excellents. Comme René Descartes, il recherchera plutôt la tranquillité que la gloire, et prendra à son compte les paroles de celui-ci : « De quoi je fais ici une déclaration, que je sais bien ne pouvoir servir à me rendre considérable dans ce monde ; mais aussi n'ai-je aucunement envie de l'être : et je me tiendrai toujours plus obligé à ceux par la faveur desquels je jouirai sans empêchement de mon loisir, que je ne ferais à ceux qui m'offriraient les plus honorables emplois de la terre »[1]. Personnellement, plus je lis et relis la littérature scientifique, plus je constate que les rationalistes les plus farouches sont en réalité les moins véritablement rationnels, c'est-à-dire les plus émotionnels. La psychanalyse n'est pas sans utilité pour un scientifique. Elle apprend à lire la peur ou la colère dans un texte, aussi clairement que sur un visage, même si l'émotion est consciemment camouflée ou inconsciemment refoulée.

Les erreurs susceptibles d'être entraînées par un rationalisme figé sont légion. Je n'en citerai que quelques-unes. D'abord le refus de tenir compte de la variabilité entre individus. Ainsi Rocard montre-t-il que certaines des difficultés qu'il a rencontrées sont attribuables à cette variabilité : la sensibilité aux champs magnétiques et à leurs fluctuations est faible chez certains individus tandis qu'elle est nette et mesurable chez d'autres. L'oreille absolue, elle non plus, n'est pas fréquente. Est-ce une raison pour en nier l'existence ? Ensuite, l'ignorance de l'interaction entre observateur et observé. Les physiciens n'en connaissent que trop bien l'importance. Les ethnologues l'ont apprise à leurs dépens mais parfois un peu tard comme cette malheureuse Margaret Mead à laquelle les villageoises de Samoa racontaient des fariboles par pur plaisir de se moquer de cette Occidentale qui venait troubler leur tranquillité avec beaucoup d'assurance, et peut-être même une pointe d'arrogance. Les primatologues commencent eux aussi à s'en rendre compte[134]. En troisième lieu, l'intolérance et l'absence de toute notion de relativisme. Il fut un temps, qui n'est pas encore tout à fait passé, où les détenteurs de la pensée juste appelaient les autres des *paraphrènes*, du grec *para*, à côté, et *phrenô*, je pense. Ils y rangeaient pêle-mêle astrologues, radiesthésistes, homéopathes, guérisseurs, voyants, symbolistes, cartomanciens. Il était sous-entendu qu'eux-mêmes étaient des *orthophrènes*, *orthos* signifiant droit. Ils pensaient droit, ils pensaient juste. L'ennui de cette classification, c'est qu'elle est réversible. Pour un *orthophrène*, celui qui ne pense pas comme lui est un *paraphrène*. Mais qui est l'*ortho* et qui est le *paraphrène* ? Qui détient la vérité et de qui la détient-il ? Nous sombrons en plein système de croyance. Les *orthophrènes* clament qu'ils ont des preuves expérimentales dont les autres ne disposent pas. Ce n'est pas toujours exact. Nous l'avons vu avec les travaux d'Yves Rocard qui démontre scientifiquement le pouvoir des sourciers, pourtant classés parmi les *paraphrènes*. D'autre part, la preuve expérimentale n'est pas tout ; il y a aussi son interprétation. Enfin et surtout, à condition d'être intégré dans la communauté scientifique orthodoxe, on peut faire les hypothèses les plus folles sans soulever de résistance, même si ces hypothèses sont invérifiables expérimentalement (v. p. 315).

*
* *

Revenons-en à l'histoire des sciences si étroitement entretissée avec celle de la pensée rationnelle et celle des langages, y compris le langage mathématique. Voyons en quoi et dans quelles conditions cette discipline pourrait nous permettre de mieux comprendre l'évolution humaine, de mieux percevoir sa dynamique et d'extrapoler, pour autant que faire se peut, du passé récent ou ancien vers l'avenir proche ou lointain. Pour cela il convient de tenir compte de trois variables souvent négligées : le temps, l'espace et le point de vue personnel.

Le temps, j'en ai dit toute l'importance. Si Margaret Mead avait lu, même superficiellement, les travaux des physiciens ou des psychanalystes de la première moitié du vingtième siècle, elle aurait compris l'importance de l'interaction entre l'observation, l'observateur et l'observé et se serait épargné de sérieuses bévues. L'espace, il faut le reconsidérer, car pour les philosophes, les épistémologues et les historiens des sciences, il se restreint souvent au bassin méditerranéen, voire à la seule Europe occidentale. L'Inde est oubliée. La Chine est trop loin. Et pourtant combien d'erreurs ne sont-elles pas attribuables à une incompréhension des Occidentaux pour la pensée et la philosophie orientales. Je ne prendrai qu'un exemple, dans lequel temps et espace sont intimement associés. Dans un livre récent, Pierre Thuillier cite l'histoire du franciscain Roger Bacon. Sous le titre *Un moine obscurantiste peut-il être un « savant » ?,* Thuillier nous fait part de sa perplexité : « Bacon, écrit-il, est considéré comme un des pionniers de la science expérimentale : non seulement, il s'intéressait activement à la physique et à l'astronomie, mais il a assigné aux mathématiques un rôle fondamental dans les sciences et affirmé la nécessité du recours à l'expérimentation »[2]. Déjà Louis Figuier au dix-neuvième siècle considérait ce moine comme « la plus grande figure scientifique du Moyen Âge ». C'était, avant la lettre, un homme de la Renaissance. Pourtant, dans son *Opus maius* datant du treizième siècle, Bacon écrit ceci : « Il est certain que des sages d'Éthiopie sont venus en Italie, en Espagne, en France, en Angleterre et dans ces terres chrétiennes où il y a de bons dragons volants ; et que, grâce à un art occulte qu'ils possèdent, ils font sortir ces dragons de leurs cavernes ; et qu'ils leur mettent aussitôt des selles et des mors ; et qu'ils les chevauchent et leur font parcourir les airs à grande vitesse, en sorte que leur chair s'amollisse et devienne plus tendre. [...] Une fois que les sages d'Éthiopie ont soumis les dragons à ce traitement, ils ont une technique spéciale pour préparer leur chair et ils s'en servent pour lutter contre les maux de la vieillesse, pour prolonger la vie aussi bien que pour stimuler l'intellect au-delà de tout ce qu'on peut imaginer »[2].

Et Thuillier de conclure de bonne foi et avec une parfaite candeur : « N'y a-t-il pas là une contradiction ? Comment le même homme a-t-il à la fois colporté les récits les plus fantastiques et préparé l'avènement de la science authentique ? ». L'étonnement de

Thuillier eût été moins grand s'il avait mieux connu la symbolique alchimique, et s'il avait fait l'association entre cette symbolique[135], certaines pratiques de la fin du Moyen Âge et le tantrisme arrivé en Europe, probablement via le Proche-Orient et la Grèce (v. p. 227). Le dragon, c'est l'énergie sexuelle ; les selles, les mors et la chevauchée, c'est le contrôle de cette énergie. Lorsqu'elle est domptée, elle est intériorisée par une technique spéciale et conduite à travers la colonne vertébrale jusqu'au cerveau. Je sais par expérience personnelle que cette technique permet de stimuler l'intellect. J'ignore encore, faute d'être suffisamment âgé, si elle permet de lutter contre les maux de la vieillesse. De plus, comme je l'ai signalé dans le chapitre 7, ma pratique dans ce domaine est rudimentaire : je suis loin de connaître tous les secrets des tantriques et des alchimistes. Les textes d'alchimie symbolique, du quatorzième au dix-septième siècle, ne laissent cependant pas de doute sur la validité de cette interprétation. J'en citerai quelques exemples dans le chapitre 13. L'Église catholique ne donnait guère aux adeptes de ces pratiques d'autre choix que le secret et le langage codé. Même dans les pays où la liberté de pensée était davantage respectée, en Grèce dans les écoles gnostiques et en Inde chez les yogis, les secrets étaient bien gardés, ne serait-ce qu'à cause des dangers inhérents à de telles pratiques. Voici donc Roger Bacon réhabilité et son obscurantisme expliqué, tout au moins dans ce cas précis. D'autres documents semblent cependant donner raison à Pierre Thuillier. Le savant moine devait faire preuve de quelque naïveté lorsqu'il attribuait à d'étranges mixtures des propriétés qu'elles n'avaient sans doute pas. Mais une naïveté en vaut bien une autre.

Le point de vue, plus encore que le temps et l'espace, doit être pris en considération dans l'histoire des sciences. Le point de vue, c'est la grille de connaissance avec laquelle on appréhende un phénomène, c'est la méthode adoptée, c'est la théorie formulée par le *mécanisme interprète*. Pour comprendre l'objet de son étude, un scientifique doit l'examiner sous différents angles. Un amateur d'art regarde-t-il une sculpture seulement de face ? Il tourne tout autour et le jeu combiné des formes, de la lumière et de son regard en mouvement donne à la sculpture sa dynamique propre. La distinction actuellement faite entre sciences dures et sciences molles est une commodité, comme toutes les classifications, mais ne correspond à aucune nécessité intrinsèque. Elle est révélatrice de l'inconscient collectif des scientifiques et correspond aux portraits caricaturaux que j'ai esquissés plus haut : celui du psycho-physiologiste qui est dur et celui du psychanalyste qui est, sinon mou, en tout cas moins dur. Le terme de science molle est d'ailleurs une mauvaise traduction de *soft science* qui signifie science douce, comme on dit médecine douce et non médecine molle, ou même chimie douce pour parler d'une nouvelle chimie faite en milieu tempéré, excluant froid ou chaleur extrême[136]. Les sciences dures fondées sur des résultats expérimentaux quantitatifs, c'est-à-dire sur des chiffres et sur des mesures, ne peuvent en aucun cas être séparées de l'observateur, de la méthode adoptée et de la technique utilisée. Il faut cesser de se laisser mystifier par les chiffres et les appareils et de croire que les résultats ainsi obtenus sont nécessairement plus « réels » ou plus « vrais » que ceux qui découlent de la simple observation qualitative. L'important n'est-il pas la lucidité de l'observateur, plutôt que la sophistication de sa technique. L'une n'exclut évidemment pas l'autre.

Que tirer de cette brève incursion dans l'histoire de la pensée rationnelle ? Le rationnel comme l'orgasme sera bien tempéré ou ne sera pas ! L'homme du paléolithique construisait rationnellement des haches très efficaces et des pièges très bien conçus ; cela ne l'empêchait pas de peindre. Les Égyptiens étaient des architectes prodigieux et savaient construire des édifices inégalés jusqu'ici ; cela ne les empêchait pas de figurer des dieux à têtes d'animaux. Les Indiens ont inventé le zéro ; cela ne les empêchait pas de faire monter leur *kundalinî*. La pensée rationnelle et les sciences sont des outils permettant d'*agir-sur-le-monde*. Mais le but réel de cette action n'est-il pas de permettre à l'humanité de mieux *vivre-le-monde* ? Inversement, *vivre-le-monde* en spectateur n'a guère de sens si l'*agir-sur-le-monde* ne lui est pas associé. Car l'action amplifie la sensation et réciproquement. Un peintre voit bien plus intensément le paysage qu'il reproduit sur sa toile qu'un promeneur inattentif. La dictature du cerveau gauche est donc un bien : nous lui devons d'énormes progrès conceptuels et matériels. C'est aussi un mal : le cerveau droit, brimé comme l'inconscient, ne se défend pas mais il se venge[137]. D'où les débordements de perversions et de violence de ce vingtième siècle. Mais c'est surtout une nécessité : une communication trop fluide entre les deux cerveaux n'aurait-elle pas été un facteur de confusion ? L'homme n'était-il pas affecté à l'origine d'un handicap majeur, celui de ne pouvoir distinguer à l'intérieur même de son propre champ de conscience, la pensée rationnelle et logique de la pensée symbolique et analogique ? Le mythe est aussi important que la raison. Encore convient-il de les distinguer : leurs fonctions ne sont pas les mêmes. Le divorce entre les deux formes de pensée, ou si l'on préfère entre les deux cerveaux, était une nécessité évolutive. Le cerveau gauche s'est distancié partiellement et provisoirement du cerveau droit. La pensée rationnelle a dominé, voire étouffé partiellement et provisoirement les autres formes de pensée. Tout me donne à croire que, comme des amants explorant timidement encore la troisième fonction du sexe, nos deux cerveaux vont inventer un nouveau mode de relation entre eux.

*
* *

J'avais travaillé jusque tard dans la nuit. J'étais fatigué. Je sortis pour contempler les étoiles. J'aurais voulu qu'elles m'attirent à elles comme celles que j'avais jadis perçues dans les prunelles du jeune moine tibétain. J'aurais aimé partir dans l'espace et quitter cette terre dont la gravitation me pesait autant que la gravité des gens sérieux. Je fis une pause comme dans l'espoir de recevoir une réponse. Puis, tout soudain, j'éclatai de rire. Dans l'espace, j'y étais. N'étais-je pas un astronaute embarqué avec quelque six milliards d'autres voyageurs sur le plus bel astronef que l'on puisse rêver ? Cette planète m'entraînait à travers le cosmos à la vitesse de plusieurs milliers de kilomètres par seconde ; elle-même voyageait autour d'un soleil qui se dirigeait à une vitesse plus faramineuse encore vers le centre de la galaxie. Par quelle aberration avais-je souhaité voguer dans l'espace alors que c'était précisément ce que j'étais en train de faire ?

Je rentrai me coucher. La première partie de la nuit fut difficile. Je rêvais que ma chambre faisait partie d'une immense fusée.

J'entendais le bruit des moteurs. Par moment, mon lit tanguait et roulait légèrement. Le vent solaire, sans doute ! Toute cette agitation finit par me réveiller. Je regardai ma montre. Il était trois heures du matin. Moitié éveillé, moitié endormi, je continuais à me poser la question obsédante qui revenait sans cesse dans mon sommeil : mais où donc va cette fusée qui m'emporte dans l'espace ? Je me sentais stupide comme quelqu'un qui se retrouve au beau milieu d'une rue, ayant totalement oublié sa destination. Pour me calmer et chasser les phantasmes de la nuit, je saisis mon livre de chevet, *L'Évangile selon Thomas*. Il s'ouvrit de lui-même et je lus le verset qui s'offrait à ma vue : « Car là où est le commencement, là sera la fin. Heureux celui qui se tiendra dans le commencement, et il connaîtra la fin » (Log. 18 : 6-10). Bien, pensai-je, en me recouchant, je devrais au moins arriver à me souvenir d'où je viens. Et sur cette pensée réconfortante, je m'endormis d'un sommeil paisible et sans rêves jusqu'au matin.

CHAPITRE 11

LA NATURE CRÉE, L'HOMME BRICOLE

Et je n'ai jamais remarqué non plus que par les moyens des disputes qui se pratiquent dans les écoles, on ait découvert aucune vérité qu'on ignorât auparavant. Car pendant que chacun tâche de vaincre, on s'exerce bien plus à faire valoir la vraisemblance qu'à peser les raisons de part et d'autre : et ceux qui ont été longtemps bons avocats ne sont pas pour cela par après meilleurs juges.

René Descartes[1]

Le hasard est le déguisement que Dieu prend quand il veut passer inaperçu.

Proverbe soufi

Le village où j'habite possède un *deus ex machina*. Une tuile s'envole, une serrure se détraque, une plante tombe malade, un arbre doit être coupé, un interrupteur réparé, Monsieur Blaise est là. Faut-il des haricots verts, un peu de persil, des œufs frais, une canette bien dodue, Monsieur Blaise n'est pas loin. Sa demeure est tapie dans un vallon où court un petit ruisseau. Passé la grille du portail, se dresse une maison proprette et bien entretenue que rien ne distinguerait de bien d'autres s'il ne manquait un carreau à la porte du garage. Cette négligence étonne. Si l'on reste un moment immobile, on en comprend la raison. Deux hirondelles passent et repassent par cette ouverture. Un coup d'œil par le carreau manquant permet de voir le nid, et un coup d'oreille d'entendre pépier les petits. Le reste du garage est vide et silencieux. J'appris par la suite que Monsieur Blaise en avait interdit l'usage pour ne pas déranger les oiseaux. Les voitures restent donc dehors avec les chiens et les chats, tandis que les hirondelles sont dedans. La maison est fleurie abondamment. À sa droite se glisse un étroit sentier qui a juste la place nécessaire pour se faufiler entre le mur et une plantation de haricots haut perchés sur leurs tuteurs. À l'arrière, commence un autre monde. J'ai toujours l'impression de passer à travers le miroir, comme Alice. Ce n'est cependant pas dans un jardin de roses que je pénètre, mais dans une sorte de jungle à la fois hétéroclite et harmonieuse, où tout pousse et bouge dans le désordre le plus total, et avec la vitalité la plus prodigieuse : pots de grès et pots de terre grands et petits, remplis de fleurs ou de verdures, canards et canettes, poules et coquelets, planches mal équarries d'une petite remise biscornue qui défie les lois de la pesanteur, enchevêtrement confus d'outils et d'instruments aratoires. Plus loin, on découvre un réseau serré de plantes folles, comestibles ou non, rassurantes comme des choux ou inquiétantes comme des plantes tropicales. Les insectes se chargent de la musique et les papillons de la décoration. Si on appelle d'une voix forte : « Monsieur Blaise », se dresse alors, tel un diablotin sorti d'une boîte à ressort, un personnage extraordinaire. Sec comme un coup de trique, bruni comme une couenne de lard, l'étincelle à l'œil et le sourire aux lèvres, il vient vers le visiteur à vive allure malgré une légère claudication. Il ne doit pas avoir loin de 70 ans et pourtant il ne cesse de s'agiter, d'aller et de venir, de proposer quelques fruits ou quelques légumes avec les commentaires appropriés. Il ne s'arrête que pour raconter une bonne histoire. Alors, posant sa main sur le bras de son interlocuteur, il commence son récit par un avertissement : « Ne bougez pas ! » ce qui, en langage clair, signifie qu'il s'arrête lui-même de bouger pour raconter son histoire. Quand il parle de ses hirondelles, son regard s'attendrit, tout son corps se détend, sa voix chantante se fait plus douce. On entendrait son cœur battre. Madame Blaise n'est pas un personnage secondaire, loin de là, mais son domaine est ailleurs, dans les profondeurs de la maison où elle prépare quelque gourmandise. Je soupçonne Monsieur Blaise d'être un descendant direct des Cro-Magnons. C'est là un grand compliment que je lui fais, car même s'il ne décore pas les murs de sa maison avec des fresques colorées, il a, comme nos ancêtres, le sens de la véritable convivialité avec les hôtes multiples qui peuplent son jardin et son garage. Digne représentant du Périgord, il fait partie intégrante d'une de ces réserves d'où repartira la vie, lorsque s'effondrera la dictature du rationalisme borné et de la finance esclavagiste et que, fatigués de ne pas vivre, les hommes-machines auront crevé les yeux de leurs écrans.

Quand je me tourne vers le passé et que je regarde les heurs et malheurs de la vie sur notre planète depuis ses origines, je conçois de nouvelles raisons d'espérer. Les cataclysmes, y compris celui qui entraîna la disparition des dinosaures, n'ont jamais empêché la vie de progresser, ni l'univers de se déployer. Il y a à cela d'excellentes raisons. J'ai parsemé les pages précédentes de réflexions fragmentaires sur le phénomène de l'évolution. C'est le moment ou jamais, me semble-t-il, de rassembler ces pensées pour donner au lecteur un aperçu sommaire de la naissance de notre univers et de sa croissance.

Tout a commencé, comme il se doit, par un B.B., sigle qui peut se traduire par « Big Bang » pour les scientifiques ou « Bereshit Bara » pour les adeptes de la Bible[138]. Dans les instants qui suivirent l'explosion, des grumeaux apparurent au sein de cette formidable énergie en expansion : ce sont les hypothétiques cordes. Elles-mêmes se rassemblèrent en structures plus grandes, plus hétérogènes aussi. De proche en proche, en quelques fractions de seconde, par suite d'une chute rapide de la température, un univers indifférencié donna naissance à des particules douées de propriétés spécifiques, en particulier des protons et des électrons.

Les protons, bien que chargés positivement, s'agglomèrent parce qu'ils sont dotés d'une capacité d'interaction appelée interaction forte. À faible distance, l'interaction forte qui attire les protons les uns vers les autres est plus puissante que la force électromagnétique qui les repousse en vertu de leurs charges positives. S'il en avait été autrement, les protons n'auraient pas pu s'agglomérer et les noyaux atomiques n'auraient pu exister. Mais ils existent et leur charge électrique positive est égale au nombre de protons qu'ils contiennent. Un noyau atomique formé de 14 protons, chacun de charge +1, aura donc une charge totale de +14. Je simplifie en omettant les neutrons qui existent aussi au sein du noyau atomique, mais ils n'ont pas de charge électrique, ils sont neutres comme l'indique leur nom, et bien qu'ils ne soient pas présents dans le noyau seulement pour la décoration, leur rôle ne sera pas discuté ici. Nous sommes en promenade, ne l'oublions pas, et non dans une salle de cours de physique.

L'univers comporte aussi des électrons de masse considérablement plus faible que celle des protons et de charge électrique identique mais affectée d'un signe contraire. Un noyau atomique de charge totale de +14 attirera donc 14 électrons chacun de charge égale à –1. Les électrons sont néanmoins dotés de propriétés telles qu'ils ne fusionnent pas avec le noyau mais tournent autour de lui. La terre tourne autour du soleil parce que la force gravifique centripète et la force centrifuge due à sa vitesse de révolution s'équilibrent. En ce qui concerne les électrons et le noyau, les forces mises en jeu sont différentes mais le résultat est similaire même si l'électron est perçu, selon les cas, comme un corpuscule spatialement localisé, ou comme un paquet d'ondes. Un noyau de charge +14 entouré de 14 électrons de charge –1 constituera l'atome de carbone. Un noyau de charge +16 entouré de 16 électrons constituera l'atome d'oxygène.

Les électrons se caractérisent par d'autres propriétés, explicitées par des nombres quantiques qui déterminent leur disposition dans l'espace et le nombre de couches concentriques qu'ils forment autour du noyau. Ainsi, ces particules, électrons et protons, sont affectées de propriétés telles qu'il était inévitable que, dans les étoiles, se soient formés progressivement des atomes de tailles diverses c'est-à-dire des éléments de plus en plus lourds, depuis l'hydrogène qui n'a qu'un proton central et un électron périphérique, jusqu'à l'uranium par exemple dont le noyau comporte 92 protons cernés de 92 électrons. Le nombre et la disposition des électrons sont à l'origine des propriétés chimiques des éléments. Ces propriétés amènent les éléments à se combiner et à former de petites molécules telles que l'eau (deux atomes d'hydrogène combinés à un atome d'oxygène) ou le méthane (quatre atomes d'hydrogène combinés à un atome de carbone). Ces petites molécules ont elles-mêmes des propriétés telles que, dans certaines conditions, elles se combinent en molécules plus grandes et ainsi de suite jusqu'aux très grosses molécules qui sont à la base même du phénomène de la vie, c'est-à-dire d'ensembles moléculaires complexes doués du pouvoir d'autoreproduction. On conviendra d'appeler vivants ces agrégats moléculaires. Eux-mêmes se combineront, s'agrégeront, s'engloberont de diverses façons et donneront naissance à des formes de vie de plus en plus élaborées. La grande aventure que représente l'évolution de l'univers, puis de la vie sur terre a été fort bien racontée dans de nombreux livres. J'en cite quelques-uns en note[139].

Mon intention dans ces lignes est de suggérer que l'évolution de l'univers depuis le Big Bang jusqu'aux organismes vivants les plus évolués n'est pas due à une suite de hasards extraordinaires, ni à l'intervention répétée du doigt de Dieu. Ces deux formulations sont différentes dans leurs termes mais elles ont la même signification profonde. Chacun utilisera celle qu'il préfère selon son système de croyance : les athées, c'est-à-dire ceux qui ne croient pas en Dieu (ce qui est une croyance, car l'existence d'un Dieu n'est pas démontrée mais son inexistence pas davantage) parleront de hasard, les déistes (qui s'appellent croyants mais ne sont ni plus ni moins croyants que les athées) parleront d'intervention divine. À mon avis, et je ne suis pas le seul à penser ainsi, ils ont tort les uns et les autres. Beaucoup de physiciens et de chimistes dont la pensée n'est pas obscurcie par un système de croyance considèrent qu'une fois données certaines propriétés de la matière primordiale, l'évolution de l'univers, telle que je l'ai résumée ici, était inévitable et devait inévitablement donner naissance successivement aux éléments, aux micromolécules, aux macromolécules, aux agrégats moléculaires vivants, aux cellules, aux agrégats cellulaires, aux organismes pluricellulaires et ainsi de suite. L'évolution de l'univers et de la vie n'est donc qu'un déploiement progressif de potentialités initiales représentées par des nombres[124]. Évidemment, il faut du temps. Évidemment aussi le hasard joue un rôle. C'est par hasard que tel système solaire ou telle planète plutôt que d'autres présentent les propriétés requises pour le développement de la vie. Mais si le moment et le lieu où se passe tel ou tel événement est *a priori* indéterminé, la séquence générale des événements est, au contraire, inéluctable.

Nous en revenons au jeu des poupées russes ; chaque fonction, chaque propriété ou chaque étape de l'évolution contient les étapes suivantes à l'état potentiel. Comment se fait-il qu'il en soit ainsi ? Comment se fait-il que, dès les premières millisecondes après le Big Bang, tout était déjà présent en puissance ? Là est la vraie question. À nouveau, la réponse est fonction du système de croyance. On ne peut faire que des hypothèses : ou bien il existe une entité créatrice appelée Dieu qui a conçu les propriétés originelles de cet univers, ou bien il existe un univers capable de créer sans cesse d'autres univers. L'hypothèse a été décrite et développée par Lee Smolin dans un récent ouvrage[140]. Elle est très sérieuse mais elle est invérifiable. Comme le démontrent ou tentent de le démontrer Hartle et Hawking avec force équations et raisonnements, l'univers n'aurait ni commencement, ni fin, ni limites[141]. Si de surcroît il est constitué de telle façon que sans cesse des fractions d'univers disparaissent dans des trous noirs pour réapparaître sous d'autres formes de l' « autre côté » de ces mêmes trous noirs, on comprend fort bien que tôt ou tard apparaîtra un univers qui aura toutes les potentialités du nôtre et dont le déploiement aboutira à la vie et aux organismes complexes (v. p. 315). Le problème avec certains philosophes et avec certains scientifiques quand ils font de la philosophie, c'est qu'ils ne possèdent pas toujours une faculté de discrimination suffisante pour comprendre ce que signifient leurs mots. Ils fixent leur attention sur les mots eux-mêmes, lesquels sont souvent associés à des émotions inconscientes. Essayons de ne pas nous laisser ensorceler par les mots, comme le propose si justement Ludwig Wittgenstein (v. p. 328). Prenons plutôt exemple sur René Descartes (mais non sur les cartésiens) ou sur Erwin Schrödinger (il n'y a heureusement pas de schrödingériens). Que constatons-nous ? Nous constatons l'identité des deux hypothèses : un univers sans commencement ni fin, sans limites et générant sans cesse une multiplicité d'autres univers, c'est précisément cela la définition de

Dieu par les déistes. J'entends d'ici les hurlements de protestation venant des deux camps. Les athées se récrieront : c'est faux, notre univers n'est pas conscient. Mais après tout, qu'en savent-ils ? Les déistes clameront : c'est faux, Dieu est conscience, certains disent même qu'il est infiniment bon. Mais après tout, qu'en savent-ils ? Rien dans ce monde n'indique que Dieu soit conscient de nos misères et s'il en est conscient, alors vraiment il est impossible de le considérer comme infiniment bon, ni même comme finiment bon. Les deux hypothèses n'en font donc qu'une, mais avec des connotations émotionnelles différentes. Si nous sommes dans l'émotion, nous ne sommes plus dans le rationnel, ni dans la science objective telle qu'elle est habituellement définie. Les scientifiques athées qui croient en un univers sans conscience, gouverné par le seul hasard, sont généralement des orgueilleux : ils sont les plus forts, les plus intelligents, les plus stoïques aussi. Ils préfèrent accepter héroïquement leur disparition prochaine dans le néant - une vie, c'est très court - plutôt que l'idée d'une entité supérieure à eux en intelligence et à laquelle ils seraient soumis. Les scientifiques déistes, qui croient en une conscience divine créatrice, sont généralement des inquiets : il leur paraît tellement plus réconfortant de ne pas avoir à affronter le néant et de gagner le paradis. Nous retrouvons, comme avec les psychophysiologistes et les psychanalystes, les durs et les mous, pardon, les moins durs. C'est à se demander s'il n'y a pas une prédisposition qui incite les uns et les autres à penser ce qu'ils pensent. Car rien ne prouve qu'ils soient libres de penser ce qu'ils pensent, ni d'écrire ce qu'ils écrivent. Il me semble que ce discours est le seul véritablement objectif et scientifique mais, bien entendu, je me crois trop lucide pour ne pas penser que ce discours n'est que l'expression de mon propre système de croyance qui est de croire que je ne crois pas : ni en l'absence du divin, ni en sa présence, tout au moins celle qu'imaginent les déistes.

*
* *

Comment la vie a-t-elle commencé ? Nul ne le sait avec certitude. Les hypothèses sont nombreuses mais aucune n'est véritablement convaincante (v. p. 319). Quoi qu'il en soit, des agrégats de molécules douées de la faculté d'autoreproduction semblent être apparues sur la terre il y a trois à quatre milliards d'années. Ces formes de vie primitives, en se modifiant, furent à l'origine des trois « inventions » qui résument toute l'évolution : le code génétique, la reproduction sexuée et, plus tard, le cerveau, *substratum* de la pensée humaine.

Les acides désoxyribo et ribonucléiques (ADN et ARN) constituent le support de l'information génétique. Ce sont de longues chaînes moléculaires sur lesquelles des bases azotées sont implantées les unes à la suite des autres, selon des séquences variables : l'adénine (a), la guanine (g), la cystosine (c), et la thymine (t) dans l'ADN ou l'uracil (u) dans l'ARN. Les gènes responsables de la transmission des caractères héréditaires sont des fragments d'ADN. Chaque gène constitue une unité fonctionnelle, c'est-à-dire un mot. Plusieurs gènes qui contribuent à une même fonction forment une phrase et les phrases, un livre qui est le génome de la cellule. L'ADN est transcrit en ARN qui est lui-même traduit en protéines par la cellule. Une succession de trois bases d'ARN forme un code correspondant à un acide aminé. Ainsi, trois séquences de trois bases, par exemple : a g u, c c a, c g a, seront traduites en trois acides aminés : sérine, proline et arginine. Les protéines, de grosses molécules responsables de toutes les réactions chimiques qui constituent le fondement même de la vie cellulaire, ne sont rien d'autres que de très longues suites d'acides aminés. Ces considérations mettent en évidence la parcimonie de la nature, c'est-à-dire son extraordinaire économie de moyens : une dizaine de particules élémentaires (v. p. 318), une centaine d'éléments simples et quatre ou cinq bases azotées. Tout se résume à des nombres (les nombres quantiques en physique, les nombres de protons et d'électrons des atomes en chimie) et à des codes (4 bases codant pour 21 acides aminés distincts). D'autre part, la nature est prodigue : les particules élémentaires et les atomes forment des centaines de milliers de molécules différentes et des milliards d'étoiles et de galaxies. Les gènes codent pour des centaines de milliers d'espèces bactériennes, végétales et animales, constituées elles-mêmes de milliards d'individus.

Pendant plusieurs décennies, les généticiens pensaient qu'à

chaque gène correspondait une fonction précise, structurelle ou régulatrice. On sait maintenant qu'il n'en est rien. Le génome de la mouche du vinaigre, la drosophile si chère aux généticiens, comporte environ douze mille gènes. La fabrication d'un œil de drosophile au cours du développement requiert à elle seule deux mille gènes. Il ne resterait donc plus que dix mille gènes disponibles pour tout le reste de l'organisme, ce qui est rigoureusement insuffisant. Cette apparente contradiction n'a pas tardé à être résolue. Les gènes impliqués dans le développement de l'œil le sont également dans celui des antennes, mais leur fonctionnement ne se fait pas selon les mêmes modalités[142]. Par exemple, les séquences temporelles ou les synergies ne sont pas les mêmes. Il est évident que si deux gènes de structure A et B contrôlent la fabrication de deux protéines qui jouent un rôle clé dans le développement des organes sensoriels, l'activation de A avant B ou de B avant A, par un gène de régulation C, donnera selon les cas des résultats tout à fait différents. Le même gène peut être activé à plusieurs reprises et son activité peut être maintenue pendant des périodes plus ou moins longues par les gènes de régulation qui orchestrent la séquence selon laquelle s'expriment les gènes de structure. Les gènes sont, en définitive, comme les notes d'un piano. Combien d'œuvres différentes ne peut-on pas jouer avec un même piano comportant la même cinquantaine de touches. Les douze mille gènes de la drosophile peuvent donc donner lieu à un nombre pratiquement infini de combinaisons. À nouveau, constatons la parcimonie de la nature. Les molécules chargées de l'organisation du développement sont elles-mêmes contrôlées par des gènes qui se comportent comme de véritables ordinateurs moléculaires et jouent donc le rôle du pianiste. Avec les mêmes notes, ils créent diverses mélodies ; avec les mêmes gènes, ils donnent naissance à des organes et à des fonctions distinctes. La question qui se pose alors est de savoir comment la programmation d'un tel ordinateur ou d'un tel pianiste moléculaire, capable d'utiliser le clavier des gènes de façon appropriée, s'est faite d'elle-même au cours de l'évolution. Il en est de ces mécanismes génétiques comme des univers multiples de Smolin : ils expliquent bien des choses sauf leur propre existence.

À partir de là tout se complique parce que l'on quitte le domaine expérimental pour entrer dans le domaine spéculatif. Une équation mathématique dûment vérifiée par l'expérimentation ne prête pas à controverse. Une théorie biologique invérifiable, tout au moins dans sa totalité, est vulnérable. Elle soulève donc des discussions, des passions, des émotions et dès lors quitte le domaine de la science pour entrer dans celui de la croyance, du dogme et du fanatisme. Les théories de la relativité restreinte et de la relativité générale d'Einstein sont appelées par leur nom. Personne ne parle ni d'einsteinisme, ni d'einsteiniens. En revanche, la théorie de la sélection naturelle imaginée par Darwin pour expliquer l'évolution des espèces s'appelle le darwinisme et les adeptes de cette théorie sont des darwiniens, comme il y a le freudisme et les freudiens, le christianisme et les chrétiens, le communisme et les communistes, etc. On passe de la science à l'idéologie quand précisément il y a une idée à défendre, et si elle est défendue par ses prosélytes, c'est qu'elle est vulnérable. Le darwinisme l'est plus que toute autre. Charles Darwin n'a pas inventé la théorie de l'évolution, c'est Lamarck qui le premier l'a énoncée clairement. Charles Darwin n'a inventé qu'un des mécanismes possibles pouvant expliquer cette évolution, la théorie de la sélection naturelle connue de tous[143]. La paternité de cette idée ne revient d'ailleurs pas au seul Darwin puisqu'au même moment Alfred Wallace l'a également émise. Les communications de Wallace et Darwin ont été présentées le même jour, le 1er juillet 1858, au cours de la même séance de la Société Linnéenne de Londres. Darwin, plus actif et plus ambitieux que Wallace, a toutefois saisi immédiatement le parti qu'il pourrait tirer de la théorie de la sélection naturelle et a publié dans le courant de l'année suivante un gros volume, *L'Origine des espèces*. Wallace a été oublié mais la double paternité de l'idée originale a rendu la position de Darwin plus fragile et entraîné, en compensation, un effort plus grand pour assurer la prééminence de son rôle dans cette théorie.

Après Darwin, la biologie se développe. À la fin du dix-neuvième siècle, Weismann élabore une théorie qui préfigure la génétique, renforce les idées de Darwin et réduit à néant l'hypothèse de l'hérédité des caractères acquis défendue par les disciples de Lamarck. La nouvelle théorie aurait dû normalement, selon les habitudes scientifiques, s'appeler la théorie de Darwin-Weismann. Mais non, Darwin était devenu le père de toute une génération de penseurs et devait seul être maintenu. Weismann comme Wallace fut éliminé. La nouvelle théorie prit le nom de néodarwinisme. Les darwiniens et les néodarwiniens sont athées en majorité. Darwin, par ses écrits, a puissamment contribué à accréditer la notion selon laquelle l'évolution des espèces pouvait très bien se faire sans qu'aucune intervention divine ne soit nécessaire. Dieu a donc lui aussi été éliminé de toute l'affaire. Toutefois, à l'exception des physiciens qui tiennent leur assurance des mathématiques, même les plus orgueilleux des athées ont besoin d'un père. Charles Darwin en avait toutes les caractéristiques, y compris la barbe. La théorie devint un dogme, le darwinisme un système de croyance et comme à l'origine d'une croyance il ne peut y avoir qu'un père et non deux ou trois, Wallace et Weismann devaient être activement oubliés. La théorie en vogue pour expliquer l'évolution des espèces s'appelle donc néodarwinisme même si elle n'a cessé de subir, sous l'influence de la génétique moléculaire, de nombreux développements qui font que Darwin, en définitive, n'a plus qu'un rôle limité dans toute cette histoire qui est d'ailleurs loin d'être terminée. De nombreuses questions restent sans réponses. D'année en année, de nouveaux phénomènes sont mis en évidence. Deux d'entre eux méritent une attention toute spéciale car ils aboutissent à une intéressante comparaison entre l'action humaine et celle de la nature. Ils concernent « l'évolution de l'évolution » d'une part et « la sagesse des gènes »[31] de l'autre.

Les mécanismes impliqués dans le phénomène de l'évolution ont probablement évolué au cours du temps. Certains *mécanismes facilitateurs* tels que l'empreinte génomique seraient d'acquisition récente (v. p. 321). D'autres, en revanche, auraient disparu ou seraient en cours de disparition. Je me demande si ce n'est pas le cas de certains transposons. Ces gènes, appelés familièrement gènes sauteurs, ont la faculté de se déplacer d'un endroit à l'autre à l'intérieur du génome d'une cellule. Ils ont aussi la propriété de sauter d'une cellule à une autre, et même d'un organisme à un autre.

Ils passent ainsi d'individus à individus au sein d'une même espèce ou d'une espèce à une autre, exactement comme les virus (v. p. 321). Les gènes sauteurs interindividuels ou interspécifiques auraient pu être beaucoup plus fréquents jadis qu'ils le sont maintenant. Ils auraient contribué à la diffusion à grande échelle d'informations génétiques. Lors de certaines étapes de l'évolution, la nature aurait fait ce que les généticiens font maintenant à petite échelle avec les organismes génétiquement modifiés. Cette comparaison n'est pas dans mon esprit une justification des manipulations génétiques faites par l'homme. La nature progresse lentement et en utilisant des procédés bien plus ingénieux que ceux des scientifiques. Autrement dit, même si j'en apprécie l'intérêt, je ne reprendrai pas à mon compte la formule de François Jacob selon laquelle la nature bricole[144]. Il me semble au contraire que c'est l'homme qui bricole et que ses bricolages peuvent être dangereux comme le sont ceux d'un apprenti-sorcier. Donner des farines animales à des vaches n'était pas une bonne idée : les vaches en sont devenues folles et déjà quelques humains en sont morts. L'usage de certains insecticides est peut-être un bricolage tout aussi dangereux sinon pire[145]. Quant à l'utilisation massive des organismes génétiquement modifiés, nul ne sait encore quel pourrait être son impact sur l'équilibre de la biosphère.

Les ordinateurs construits de main d'homme sont dotés, dit-on, d'une « intelligence artificielle ». C'est le terme consacré et nul ne le contestera. Les ordinateurs moléculaires chargés de manipuler le clavier des gènes ne pourraient-ils être dotés d'une « intelligence naturelle ». Malgré les difficultés qu'elle soulève, l'hypothèse de l'intelligence des génomes dépasse le cadre de la simple analogie ou de la boutade. Christopher Wills a intitulé son livre *La Sagesse des gènes*. Dès l'introduction, il précise qu'il faut comprendre l'expression *sagesse des gènes* comme celle plus communément utilisée de *sagesse du corps*[31]. Il ne nous dit toutefois pas comment il faut comprendre cette dernière expression. Le corps, c'est-à-dire les gènes qui le gouvernent, n'aurait-il pas véritablement une sagesse ou, pour adopter une terminologie plus précise, une intelligence ? Ne serions-nous pas le réceptacle de deux intelligences : celle de notre cerveau qui nous est personnelle et celle de notre génome qui serait commune à toute notre espèce (v. pp. 323 sq. et 331 sq.) ?

La première réaction du lecteur rationaliste sera de qualifier mes propos de science-fiction. Mais en quoi cette hypothèse serait-elle plus proche de la science-fiction que la recherche d'extra-terrestres par l'émission dans l'espace de messages codés qui font l'objet de programmes scientifiques aussi officiels qu'onéreux ? La seconde réaction consistera sans doute à proclamer l'absurdité de la comparaison : le cerveau présente une unité de lieu et de temps, le génome n'en a pas. Son intelligence serait à la fois dispersée spatialement entre toutes les cellules d'un même organisme et tous les individus d'une même espèce, et temporellement sur de longues périodes de temps, toute évolution prenant des milliers, voire des millions d'années. Sommes-nous au dix-septième siècle ? Nous faut-il penser selon les règles strictes qui étaient appliquées à la tragédie, qui ne pouvait se dérouler que dans une unité de lieu et d'action ? Ce carcan conceptuel était très français et très Grand Siècle ; William Shakespeare ne l'a jamais adopté. N'oublions pas que pour les physiciens le temps et l'espace n'existent pas en eux-mêmes. Les ouvrages de Bernard d'Espagnat[146] sont éloquents à cet égard : « Ainsi que la physique quantique semble le suggérer, localité et séparabilité relèvent essentiellement, comme les couleurs et les goûts, de nos modes humains d'appréhension [...]. Il est impossible de concilier la notion d'une réalité locale et séparable avec les données expérimentales. Si l'on prétend décrire un tel réel [celui de la physique quantique], il faut donc construire un modèle réaliste explicitement non séparable et non local »[147]. La physique quantique a déjà été impliquée dans le phénomène de la conscience par un scientifique de grand renom, Roger Penrose[148]. Pourquoi la physique quantique ne serait-elle pas impliquée dans le fonctionnement génomique ? Pourquoi les génomes des individus d'une même espèce, sous prétexte qu'ils sont séparés les uns des autres, ne formeraient-ils pas cependant une entité fonctionnelle ? Pourquoi, sous prétexte que nos pensées créatrices prennent quelques secondes pour surgir et quelques heures ou quelques jours pour être formulées, n'accepterions-nous pas que les génomes pensent avec une constante de temps différente et que chaque pensée prenne des siècles[149] ?

L'homme et son cerveau se situent à la fin d'une longue chaîne ; ils constituent l'aboutissement le plus accompli du processus de l'évolution, tout au moins pour l'instant car rien n'indique que l'homme actuel ne soit pas susceptible de transformations ultérieures. Toutefois, un autre « phylum », une autre branche de l'arbre des espèces vivantes, plus ancienne, a poussé la « perfection » presque aussi loin que celle incarnée par l'espèce humaine. Ce sont les insectes dont la forme la plus aboutie est représentée par les hyménoptères sociaux : les abeilles qui ont un langage parlé et dansé, et les fourmis dont les sociétés ressemblent à s'y méprendre aux sociétés humaines. Elles ont même un inconscient collectif matérialisé par la circulation des phérormones dans et aux alentours de leur nid. Comme l'homme, elles pratiquent l'élevage et la culture, elles se répartissent les tâches en couches sociales organisées, elles font la guerre, utilisent des gaz incapacitants, organisent des razzias, emmènent des esclaves, tentent des génocides dont les termites sont les victimes. Elles fabriquent des nids avec des morceaux de feuille préalablement découpés avec la cisaille de leurs mâchoires. Elles tissent et cousent les feuilles avec un instrument, celui constitué par leurs larves qui sécrètent un fil de soie. Elles élèvent leurs petits, les changent de place selon les nécessités du climat intérieur de la fourmilière dont elles contrôlent partiellement la température en utilisant la chaleur émise par des matières organiques en voie de fermentation. Elles font des provisions, constituent des réserves d'eau. Elles se droguent avec des substances sucrées qui suintent de l'abdomen de certains insectes commensaux ; elles en sont friandes et en deviennent parfois dépendantes au point de négliger leurs tâches et de précipiter leur société dans une totale déliquescence, jusqu'à la mort de la fourmilière. Elles ont des cimetières ou en tout cas des dépôts d'ordures, une des caractéristiques majeures de notre civilisation. Des révolutions se manifestent parfois à l'intérieur du nid. Enfin, à défaut d'avoir des médecins, certaines espèces possèdent une caste spéciale dévolue entièrement à l'élimination des parasites, mouches ou guêpes microscopiques qui pourraient venir infester les autres membres de la communauté. Les fourmis n'ont pas à proprement parler d'activités artistiques comme les humains, mais elles peuvent se révéler non seulement d’habiles couturières mais aussi de bons architectes et construire parfois dans les arbres des nids de formes extravagantes permettant une circulation d'air efficace, à l'instar des termites, leurs ennemis héréditaires[150]. En voilà assez pour les ressemblances. Voyons maintenant les différences. Chez l'homme, les comportements sont acquis bien que certaines prédispositions soient d'ordre génétique. C'est le modelage du cerveau, par le jeu conjoint d'influences multiples, qui permet à l'homme de faire ce qu'il fait et de constituer les sociétés qu'il constitue. Chez les fourmis, aucun ou presque aucun apprentissage n'est possible parce que le seul responsable du comportement de la fourmilière, c'est le génome. Le cerveau humain apprend en quelques années l'ensemble des comportements cités plus haut. Le génome des fourmis l’a appris en quelques millions d'années. Le cerveau est centralisateur. Celui de chaque individu est capable en principe de presque tous les comportements propres à l'espèce humaine. Le génome des fourmis est décentralisateur : les divers comportements cités sont l'apanage d'espèces distinctes. L'unité de temps et d'espace est donc bien la caractéristique du cerveau humain alors que l'extension dans le temps et l'espace est celle du génome. Ils fonctionnent l'un et l'autre selon des modalités différentes mais le résultat de leur action ne permet pas d’attribuer l'intelligence à l'un et de la refuser à l'autre.

Nous avons constaté que nous faisions partie d'un univers doté des mêmes caractéristiques que celles que les déistes attribuent généralement à Dieu. Ces caractéristiques sont aussi celles que l'on pourrait accorder à un gigantesque organisme dont l'intelligence consisterait à se déployer de proche en proche à partir de quelques nombres quantiques. La combinaison d'une aussi extrême parcimonie de moyens avec une aussi grande multiplicité de formes et de fonctions n'est certes pas du « bricolage ». Cet univers « intelligent » serait gros de la vie et donc gros d'une forme d' « intelligence » secondaire, celle des génomes responsables de l'évolution des espèces vivantes ; celle-ci serait à son tour grosse d'une forme d' « intelligence » tertiaire, celle de notre cerveau. Les deux premières formes d' « intelligence », nous ne les voyons pas, probablement par myopie intellectuelle. Dès qu'un « objet » diffère un peu de ce qui nous est familier, nous cessons de le voir tel qu'en lui-même et nous le réduisons à ce que nous sommes habitués à voir et à concevoir[10]. Une autre forme de myopie consiste à admettre en théorie la poursuite du processus évolutif et à refuser en pratique l'existence possible d'hommes et de femmes possédant des dons différents de ceux du commun des mortels[151]. Les jumeaux calculateurs ne seraient-ils pas des mutants, pas très réussis sans doute, mais révélateurs de facultés qui seront peut-être l'apanage de tous les humains dans quelques milliers ou dizaines de milliers d'années ? Les sujets sensibles aux variations de champ magnétique détectés par Yves Rocard n'en seraient-ils pas d'autres, réussis ceux-là, mais injustement persécutés comme tous les mutants parce que « différents » ? Car, en définitive, n'enfreignent-ils pas les lois étriquées du *biologiquement correct* décrétées par la dictature du cerveau gauche ?

*
* *

Tout en contemplant un coucher de soleil rutilant, je respirais avec gourmandise l'air fraîchissant de cette belle soirée périgourdine. Il est des goûteurs de vins et des goûteurs d'eaux ; il est des « humeurs » de parfums. J'étais, quant à moi, devenu un humeur d'air. La crainte de la pollution parisienne que j'allais retrouver dès le lendemain avait développé la sensibilité de mes muqueuses respiratoires au point de me permettre de distinguer sans peine les diverses atmosphères que je respirais. Cette anxiété récurrente qu'engendraient mes retours dans la capitale me plaçait incontestablement au rang des névrotiques, même si les théories développées plus haut risquaient de me faire prendre pour un psychotique par nombre de mes collègues. Je commençais à comprendre les mots du biologiste moléculaire Lev Kisselev sur « la bonne science, qui est toujours risquée, toujours sur la frontière entre la folie et la raison »[152]. Je commençais aussi à me demander avec Hannah Arendt : « Si une existence humaine décente [n'était] possible aujourd'hui qu'en marge de la société où l'on risque soit de crever de faim, soit d'être lapidé »[153]. Dans ce pays périgourdin si tendrement aimé, j'avais vécu quelques semaines en marge de la société et je puis affirmer qu'effectivement je n'avais pas crevé de faim, bien au contraire. Quand ce manuscrit trouvera éditeur, je me ferai connaître de la société et je ne sais que trop combien je risque de m'y faire lapider. Mais les pierres que l'on me jetterait seraient peut-être comme celles citées par Thomas dans son Évangile lorsque les disciples lui demandaient de dévoiler les paroles secrètes murmurées par Jésus : « Si je vous dis une des paroles qu'il m'a dites, vous prendrez des pierres et vous les jetterez contre moi ; alors un feu sortira des pierres et elles vous brûleront » (Log. 13 : 22-26).

III

UN AUTOMNE FACE À LOUXOR

CHAPITRE 12

JE NE SUIS PAS MOI

Le scientifique simplifie inconsciemment son problème qui consiste à comprendre la Nature : il se néglige lui-même, il exclut de la représentation à édifier sa propre personnalité, le sujet de la connaissance.
Erwin Schrödinger[122]

Me voici maintenant au bord du Nil, face à Louxor. Le début de l'automne avait été pluvieux à Paris. Cela m'incitait à repartir vers les pays du soleil. Je désirais aussi poursuivre mes réflexions philosophiques, ce qui ne me paraissait possible que dans la nature. J'avais gardé un souvenir ébloui d'une semaine passée jadis à Louxor. Mes souvenirs avaient été ravivés récemment par les nombreux ouvrages d'égyptologie de la bibliothèque de Nora. À peine rentré à Paris, j'avais été rendre visite à des amis de longue date. Et qu'avais-je trouvé grand ouvert sur la table de leur salon ? Un livre sur la symbolique égyptienne.

Après un voyage en avion sans histoires, un parcours en taxi avec histoires - le chauffeur était bavard mais sympathique - et une traversée du Nil en felouque dans le silence rêveur d'une voile blanche gonflée de vent et d'un passeur souriant mais muet, j'arrivai dans un petit hôtel que j'avais repéré au cours de mon précédent séjour. Caché dans les fleurs et la verdure, c'était un endroit charmant. Les chambres agréables étaient cependant trop petites pour me permettre de disposer de l'espace nécessaire à mes exercices philosophico-littéraires. J'ai beau être cloué sur mon siège quand j'écris, il me faut le faire dans une vaste pièce comme si le volume visible compensait l'immobilité de mon corps attablé devant une feuille blanche. Le patron avait bien proposé de me louer à prix réduit une autre chambre communiquant avec la première, mais à son grand regret et, d'une certaine façon au mien, je n'avais pu me résoudre à accepter la vie hôtelière plus d'une semaine. Le rythme obligatoire des repas était une contrainte qu'il m'était difficile de supporter. Seule l'alternance, dans une totale liberté, de périodes d'écriture et de promenades stimulantes pouvait me permettre de poursuivre la rédaction de ces pages pendant une durée qui risquait d'être encore longue.

Je décidai donc de me mettre à la recherche d'une maison ou d'un appartement à louer. À Louxor même, cela eût été facile, mais Louxor n'est fréquentable qu'aux heures où les touristes mangent ou dorment, heures qui très heureusement sont nombreuses. L'autre rive, celle où était situé mon hôtel, était semi-désertique. Il ne serait pas facile d'y trouver un lieu d'accueil qui puisse me convenir. Mes recherches étaient entrecoupées de multiples traversées, de visites aux temples, de moments de repos au bord du Nil où j'aimais rêver. Les dieux égyptiens étaient partis mais ils avaient laissé leur empreinte. Seule était encore et toujours présente la plus vieille des divinités, celle qui était là bien avant Isis, Osiris et Horus, celle qui serait là peut-être encore bien après que l'humanité aura déserté ces lieux : le Nil. Je ne lui attribuais aucune autre vertu que celle d'être ce qu'elle est, c'est-à-dire la plus noble et la plus belle des eaux de ce monde.

Dans mon discours intérieur, j'utilise le féminin pour me référer au Nil. Mais évidemment, quand je m'adresse à des interlocuteurs, j'emploie le masculin. Je suis toujours surpris du fossé qui sépare le monde intérieur qui m'est propre du monde extérieur que je partage avec les autres humains. La conscience, en vérité, est douée d'une bien étrange faculté, celle de se situer sans cesse entre deux mondes, l'intérieur et l'extérieur.

La poursuite de ces réflexions exigera une sérieuse révision de la terminologie adoptée jusqu'ici. Le lecteur me le pardonnera, je l'espère, et me suivra, je le souhaite, dans ce nouveau mode d'expression. Au printemps dernier, peu avant mon départ pour la Galilée, François, un ami cher et un scientifique tout à fait conforme au modèle standard, était venu me voir dans mon appartement parisien. J'étais en train de contempler une rose rouge dans un vase blanc sur la table. Il s'assit à côté de moi et se mit lui-même à l'admirer. Cette rose et ce vase étaient bel et bien réels ; ils faisaient partie l'un et l'autre du monde dit objectif que John Eccles et Karl Popper ont appelé le *monde 1* ou *monde extérieur*[154]. Je demandai ensuite à François de fermer les yeux et je fis de même. J'essayai alors de visualiser la rose et le vase. Ce n'était pas difficile. Je voyais très bien les formes et surtout les couleurs très contrastées du rouge de la fleur et du blanc du vase. Je notai cependant que cette représentation était moins stable et moins nette que l'image « réelle » que j'avais vue quelques instants avant. Cette image intérieure était, elle aussi, un objet et non pas un sujet ; le sujet c'était l'observateur, c'est-à-dire moi. C'était le même sujet qui observait la rose réelle et l'image mentale de la rose. Qualifier cette dernière de représentation subjective, comme je l'avais fait au cours des chapitres précédents, risquait de créer de regrettables confusions. La rose vue et la rose visualisée intérieurement étaient l'une et l'autre des objets, mais le second en tant que représentation de la rose réelle était une image mentale ou, selon la nomenclature d'Eccles et Popper, un objet faisant partie du *monde 2*, c'est-à-dire du *monde intérieur*. Tout en priant François de garder les yeux fermés, je lui demandai de visualiser les feuilles vertes le long de la tige et de me dire combien il en comptait. Cette fois l'expérience était plus difficile. Faute d'avoir porté attention à cette partie du « spectacle », François n'arrivait pas à en obtenir une image claire. Tantôt il voyait trois feuilles, tantôt quatre. Moi-même j'en comptais quatre ou cinq. Nos images mentales respectives étaient donc instables et différentes. J'interrogeai aussi François sur les autres « choses » qui se passaient éventuellement dans son champ de conscience pendant cet exercice. Il m'avoua, toujours les yeux fermés, que bien malgré lui il se mettait à penser à des arriérés d'impôts qu'il lui fallait payer et qui étaient pour lui un important facteur d'anxiété. Sa pensée déviait sur ce sujet de préoccupation tout à fait involontairement et c'est tout à coup, me disait-il, qu'il se rendait compte qu'au lieu de se concentrer sur la représentation mentale de la rose, il s'était mis à ruminer son inquiétude. À ce moment, volontairement, il ramenait sa pensée vers la rose et la voyait à nouveau avec ses feuilles dont le nombre continuait à fluctuer. Je faisais quant à moi la même expérience mais ce n'était pas une question d'argent qui détournait mon attention de la rose mais mon genou gauche douloureux. D'un commun accord, nous ouvrîmes les yeux. François était plus proche de la réalité du *monde 1* que moi : la rose portait trois feuilles et non quatre ou cinq. Nous échangeâmes aussi nos autres expériences. L'anxiété de François et la facture fiscale qui étaient venues se glisser dans son champ de conscience étaient, elles aussi, des objets, des objets psychiques propres au *monde 2* de François. Quant à ma douleur, c'était une sensation mais c'était aussi un objet du *monde 2* de Jean-Georges. Le genou, encore légèrement enflé, faisait, en revanche, bel et bien partie du *monde 1*. Nous en restâmes là et je lui conseillai la lecture du livre d'Eccles. La classification d'Eccles ne me paraissait cependant pas entièrement justifiée. En outre, il attribuait au cerveau, d'une façon assez arbitraire, me semblait-il, le rôle d'intermédiaire entre *monde 1* et *monde 2*.

Pour faciliter la discussion, j'utiliserai provisoirement les initiales d'Eccles et les miennes pour désigner nos conceptions respectives des *mondes 1* et *2*. De plus, je conviendrai d'appeler perception ou *représentation perçue*, l'image que j'ai de la rose quand je la regarde et évocation ou *représentation évoquée,* l'image de la rose visualisée les yeux fermés. Le *monde 1* selon John Eccles c'est-à-dire le *monde 1(J.E.),* c'est la réalité telle qu'en elle-même c'est-à-dire la rose et son vase. Quant au *monde 2 (J.E.)*, c'est non seulement la représentation perçue directement à la suite de la stimulation des neurones cérébraux par l'influx nerveux venant de la rétine, mais c'est aussi la *représentation évoquée* de cette rose quand elle est visualisée les yeux fermés. Autrement dit, selon Eccles, le *monde 1 (J.E.)* existe indépendamment de la représentation que nous en avons, et cette représentation - qu'elle résulte d'une stimulation directe de l'œil ou d'une évocation mentale - fait partie du *monde 2 (J.E.)*[154]. En revanche, selon moi, la rose « réelle » et la représentation perçue que j'en ai constituent toutes deux le *monde 1 (J.G.H.)* car elles ne peuvent être distinguées. Je ne peux en effet connaître la réalité que par sa représentation. Quant au *monde 2 (J.G.H.),* c'est la *représentation évoquée*, celle que je visualise les yeux fermés (tableau 1). L'utilisation d'instruments scientifiques n'y change rien, car si au lieu de voir la couleur rouge, je mesure la longueur d'onde de la lumière réfléchie par la rose, l'instrument de mesure, la mesure et l'observation du résultat de la mesure sont aussi des représentations qui toutes font partie du *monde 1 (J.G.H.)*. Cette discordance entre la pensée d'Eccles et la mienne m'était apparue depuis longtemps déjà et me mettait mal à l'aise. Quelle ne fut donc pas ma surprise de lire récemment les lignes suivantes dans un livre d'Erwin Schrödinger : « Aucun homme ne peut établir de distinction entre le domaine de ses perceptions et le domaine des choses qui les causent »[155]. Les physiciens, comme toujours, venaient à ma rescousse.

Le *monde 1* regroupe donc deux éléments indiscernables l'un de l'autre : d'une part un monde dit « réel », non local, non séparable et constitué d'énergie dont les deux aspects, corpusculaires et ondulatoires, ne me sont connus qu'indirectement - c'est le *réel*

	Selon Eccles et Popper	**Selon l'analyse de l'auteur**
Monde 1	l'objet « réel » tel qu'en lui-même	l'objet « réel » * indistinguable de la *représentation perçue*
Monde 2**	la *représentation perçue* et la *représentation évoquée* de l'objet	la *représentation évoquée* de l'objet

Tableau 1 : Définition des *mondes 1* et *2* selon la conception de J. Eccles et K. Popper[154] et selon celle de l'auteur basée sur les travaux de E. Schrödinger[23] et de B. d'Espagnat[146].

* L'objet « réel » correspond ici au *réel voilé* de B. d'Espagnat.

** Le *monde 2* est évidemment constitué aussi des émotions, images et pensées qui traversent le champ de conscience de l'individu à tout moment. La signification des termes *représentation perçue* et *représentation évoquée* est précisée dans le texte.

voilé de Bernard d'Espagnat ; d'autre part, la *représentation perçue* que j'ai de ce monde. Je ne saurai jamais ce qu'est la rose en elle-même ; avec d'Espagnat et Schrödinger, je dois m'en faire une raison. Ce n'est pas trop difficile quand on est en aussi bonne compagnie. En revanche, je vois la rose et tous les autres humains la voient de la même façon. Cette représentation de la rose, commune à tous ceux qui la regardent, c'est le *monde 1*. Quant au *monde 2*, il n'existe pas au singulier : il y a autant de *mondes 2* que d'individus. La *représentation évoquée* de la rose dépend de tout un ensemble de facteurs personnels ; elle est entretissée avec d'autres évocations, pensées ou émotions qui font partie du *monde 2* de chacun. Le cerveau ne fait pas exception à la règle et vouloir le considérer comme un intermédiaire entre le *monde 1* et le *monde 2* constitue une proposition arbitraire. Le cerveau est un objet du *monde 1*. Celui de John Eccles malheureusement n'existe plus ; quant au mien, un chirurgien pourrait le voir, le toucher et le disséquer si je devais subir une opération intracrânienne. En revanche, la *représentation évoquée* que j'en ai et les théories que je construis mentalement pour expliquer son fonctionnement, tout cela fait partie du *monde 2* (*J.G.H.*).

Faute de pouvoir, comme le dit Schrödinger, « établir de distinction entre le domaine de [mes] perceptions et le domaine des choses qui les causent », c'est-à-dire entre la rose que je vois (la *représentation perçue*) et la cause de ma perception (le *réel voilé*), je ne peux parler que de la *représentation perçue* d'un objet, sous-entendant qu'il y a une cause partiellement inaccessible à cette perception. Démocrite, au cinquième siècle avant notre ère, l'avait déjà bien compris : « Nous ne saisissons rien de ferme et d'assuré, mais seulement ce qui nous affecte conformément à la disposition de notre corps et aux [choses] qui le frappent et lui offrent résistance »[156].

*
* *

Il nous faut maintenant aller plus loin dans un domaine difficile, celui de la conscience. Nombre d'auteurs s'y sont attaqués avec des succès divers. Le point de vue de chacun est néanmoins plein d'intérêt. Je n'en citerai que quelques-uns parce qu'ils me paraissent les plus représentatifs des principaux courants de la pensée actuelle. John Eccles[154] est le plus complet ; il envisage le problème sous de nombreux aspects complémentaires. Roger Penrose[148] est le plus créatif, mais, selon Chalmers, la théorie qu'il propose « ne dit rien sur la manière dont ces processus [les processus quantiques] engendreraient la conscience »[121]. John R. Searle[157] lui fait une critique similaire : « Aux énigmes de la conscience et de la mécanique quantique, en effet, [Penrose] voudrait ajouter un troisième élément lui aussi bien mystérieux, une mécanique quantique non calculable qui reste encore à découvrir… ». Francis Crick[158] est le plus rigide. Daniel Denett[159] est le plus conservateur : il voit toujours le cerveau comme un ordinateur et la conscience comme son sous-produit. David Chalmers est le plus subtil : il a compris où gît la vraie difficulté ; il a réfléchi au problème des *qualia* et mis en évidence le fossé qui sépare l'activité d'un neurone du cortex visuel, de la sensation consciente d'une couleur et conclut : « Je propose donc que l'on considère la conscience comme une caractéristique fondamentale, irréductible à quoi que ce soit de plus élémentaire »[121]. Cette proposition me semble plus raisonnable que celle qui consiste à croire que le cerveau produit de la conscience comme le foie sécrète de la bile. Une fois de plus, les physiciens n'auront pas de peine à comprendre ; ils savent bien qu'un électron ne « produit » pas une charge électrique et que la charge électrique ne peut être réduite à quoi que ce soit de plus fondamental ; on ne peut rien dire de sa nature. Et si par la suite, dans le cadre d'une théorie unitaire des champs, la charge électrique était réductible à autre chose, il resterait toujours quelque chose d'irréductible, ne serait-ce que l'énergie. Évidemment, comparer l'irréductibilité de la conscience à celle de l'énergie pose un problème. Dans notre univers, il n'y a pas conservation de la masse ; celle-ci peut se transformer en énergie : c'est le cas lors de l'annihilation d'un proton par un antiproton. En revanche, il y a conservation de l'énergie même si celle-ci peut prendre différentes formes, y compris celle d'un proton. Faire de la conscience une caractéristique « fondamentale, irréductible » est plus délicat. La plupart des psychophysiologistes clament que sans cerveau, il n'y a pas de conscience, que celle-ci est donc bien un produit du cerveau. Mais, comme l'écrit le philosophe John Searle, attribuer le phénomène de la conscience aux processus neurobiologiques du cerveau est déjà lourd de « présupposés philosophiques »[157].

Si Searle me paraît avoir le mot de la fin (de la discussion), c'est évidemment à Schrödinger que j'attribuerai le mot du commencement (de la solution) : « Ainsi, pour résumer, nous n'appartenons pas à ce monde matériel que la science construit pour nous. Nous ne sommes pas dedans, mais plutôt dehors. Nous ne sommes que des spectateurs [...]. La science est également réticente lorsqu'il est question de la grande Unité - de l'Un de Parménide - dont nous faisons tous d'une certaine façon partie, et auquel nous appartenons. À l'heure actuelle, son nom le plus commun est Dieu, avec un 'D' majuscule. On caractérise habituellement la science en disant qu'elle est athée. Après ce qui vient d'être dit, ce n'est pas étonnant. Si son tableau du monde ne contient même pas le bleu, le jaune, l'amer, le doux, la beauté, la joie et la tristesse, si la personnalité en est exclue par convention, comment pourrait-il contenir l'idée la plus sublime qui se présente à l'esprit humain ? »[122]. Cette citation a l'intérêt de montrer à quel point Schrödinger, tout en étant fondamentalement un scientifique, était aussi un philosophe. Avec Chalmers et Searle, il fait partie des rares penseurs qui, au cours du vingtième siècle, ont compris le problème des *qualia* qui reste hermétique, semble-t-il, à beaucoup de scientifiques rationalistes, tels Francis Crick ou Jean-Pierre Changeux. Il ne s'agit évidemment pas de leur part d'un manque d'intelligence mais d'une capacité d'abstraction insuffisante. Ils semblent oublier qu'ils ne peuvent étudier le monde objectif sans prendre en compte leur propre psychisme qui leur fait écrire ce qu'ils écrivent et leur conscience qui leur permet de percevoir, c'est-à-dire d'être spectateur. Les philosophes hindous avaient compris cela depuis longtemps. Un petit traité du quatorzième siècle, comportant seulement quarante-six versets (*shloka*), expose avec une parfaite clarté l'essence même de la philosophie du Vedânta. Je ne citerai que le premier *shloka* qui résume les quarante-cinq suivants : « Tout d'abord, la forme est perçue, et c'est l'œil qui perçoit. À son tour, l'œil est perçu ; le mental est maintenant le sujet percevant. Le mental et ses modifications passent enfin dans la catégorie des objets perçus ; c'est le spectateur qui, en dernier ressort, perçoit réellement, et ce spectateur, nul ne saurait le percevoir »[160]. La simplicité de ce *shloka* faisait dire à Sarah : « En Inde, la philosophie est fondée sur le silence ; en Occident, elle est fondée sur les mots par peur du silence ».

La solution, pour autant qu'on puisse trouver une solution au plus grand, mais aussi au plus mystérieux des phénomènes, gît dans ces mots et dans les citations précédentes. Je paraphraserai Bernard d'Espagnat en disant que la solution est voilée par de multiples confusions qu'il nous faut débusquer, en commençant par celle que Schrödinger lui-même a commise bien involontairement et qui n'altère en rien la valeur de sa pensée. Dans le texte cité en exergue de ce chapitre, il remarque : « Le scientifique se néglige lui-même, il exclut de la représentation à édifier sa propre personnalité, le sujet de la connaissance ». Les deux propositions sont vraies, mais leur énoncé dans une même phrase est inadéquat. La plupart des scientifiques excluent effectivement leur personnalité de la représentation à édifier. Ils parlent du cerveau et pensent au cerveau sans se rendre compte que c'est leur cerveau qui parle du cerveau. Ils ne cultivent pas le doute comme René Descartes ; ils ne mettent pas en question les théories fabriquées par le *mécanisme interprète* de leur propre cerveau gauche. Or, nous avons vu que ce *mécanisme interprète* peut commettre des erreurs. S'il a été maintenu et perfectionné par le jeu de la sélection naturelle, c'est pour permettre à l'homme de comprendre le monde afin de mieux le contrôler. Ce *mécanisme interprète* avait au départ une fonction pragmatique. Il semble donc fondamental que les rationalistes purs et durs se remettent en cause, cultivent le doute à propos d'eux-mêmes et prennent quelque distance par rapport aux mécanismes de leur propre cerveau. En toute logique, Francis Crick et Daniel Denett, par exemple, ne devraient-ils pas éviter de dire : « Je pense ceci, je pense cela », ou même « mon cerveau pense ceci, mon cerveau pense cela », car le « mon » se réfère encore à un « je » implicite ? Ils devraient dire, s'ils étaient cohérents avec eux-mêmes : « Le cerveau d'un individu nommé Crick ou Denett pense ceci ou cela ». Dans le chapitre 9, j'ai tracé un portrait sommaire des psychophysiologistes, des darwiniens et des athées, qui contraste avec celui des psychanalystes, des anti-darwiniens et des déistes. J'ai suggéré qu'il y avait peut-être une composante constitutionnelle à l'origine de tel ou tel mode de pensée, composante dont ces penseurs ne sont pas conscients et qui les amène à adopter un système de croyance plutôt qu'un autre. Schrödinger a donc raison de penser qu'il faut tenir compte, dans l'observation d'un phénomène ou dans la construction d'une théorie, de la personnalité de l'observateur et du penseur. C'est d'ailleurs une des raisons qui m'ont poussé à écrire ce livre sous forme d'un témoignage personnel, car on ne peut distinguer la pensée du penseur, sa théorie de sa vie privée ou publique, l'une influençant l'autre et réciproquement. Schrödinger a également raison de penser que le scientifique exclut le sujet de la connaissance. Malheureusement, sa phrase pourrait laisser croire que la personnalité du scientifique et le sujet sont une seule et même chose, ce qui serait erroné[161].

Considérons à nouveau le *monde 2* de François et le mien pendant que nous tentions d'évoquer les yeux fermés l'image de la rose. Il s'y passait bien des choses : des pensées, des émotions (l'anxiété de François), des sensations (la douleur de Jean-Georges), etc. Toutes ces choses sont des objets. La confusion qui consiste à croire que penser c'est être conscient est fréquente. Les pensées et les sensations sont des objets tout comme la rose. Il y a toujours quelqu'un pour percevoir l'émotion, l'image et la pensée. Ce quelqu'un, c'est « je ». Mais dès que je le prononce mentalement ou à voix haute, ou si je l'écris comme je le fais maintenant, ce « je » devient un objet. Dès que le « je » est énoncé ou manifesté d'une quelconque façon, il y a un sujet qui l'énonce, qui le manifeste, qui est conscient de l'énoncer et de le manifester. Autrement dit, le *sujet pur* est insaisissable. « Le spectateur, nul ne saurait le percevoir ». Dès qu'il est saisi, il devient objet. Or la conscience, c'est le sujet pur, c'est « je ». Rectifier l'aphorisme le plus célèbre de René Descartes, dont je chante les louanges tout au long de cet ouvrage, me contrarie mais une expérience est plus puissante qu'un aphorisme. Ce que m'enseigne mon expérience intérieure vécue, ce n'est pas : « Je pense donc je suis » mais « Je suis conscient de mes pensées, donc je suis ». En fait, cette proposition se résume tout simplement à « Je suis conscient » ou mieux encore « Je suis ». Il me semble que « quelqu'un » a déclaré jadis : « Je suis celui qui suis » (v. p. 251). Le grand poète et mystique Kabir, quant à lui, a écrit :

> Il est un arbre étrange qui se dresse sans racines et qui porte des fruits sans avoir fleuri.
>
> Il n'a ni branches, ni feuilles ; c'est un pur Lotus.
>
> Deux oiseaux y chantent : l'un est le Maître et l'autre est son disciple.
>
> Le disciple choisit les nombreux fruits de la vie et les goûte ; le Maître le contemple avec joie.
>
> Ce que Kabir dit est difficile à comprendre : « L'oiseau ne peut être atteint et cependant il est clairement visible. Le Sans-Forme est au sein de toutes formes. Je chante la gloire des formes »[162].

L'oiseau qui ne peut être atteint, c'est le Maître, bien entendu. Ce Maître qui contemple et ne peut être atteint, ne serait-ce pas « je » ? C'est dans ce sens que j'utiliserai désormais le mot « je » mis entre guillemets. Le « je », *sujet pur*, est identique à la conscience, mais le mot conscience a une connotation plus objective que le mot « je » qui me semble plus approprié pour cette raison. Ce « je » n'a rien de commun avec le moi, l'*ego*, la personnalité, le personnage ou l'individu qui sont tous des objets. Le « je » étant *sujet pur* ne peut être qualifié. Un « je » qui serait grand ou petit, ou bon ou mauvais ou même conscient devient un objet. Le « je » n'est pas conscient, il est conscience ; il est le spectateur qui observe. En écrivant ceci, je sais que je fais du « je » un objet puisque je le qualifie, mais parler du « je », *sujet pur*, est impossible, le saisir est illusoire et en faire l'expérience vécue est extrêmement difficile. J'y suis arrivé quelquefois. La technique est simple en principe mais le succès n'est pas garanti. Mettez-vous dans un endroit tranquille. Fermez les yeux. Observez tout ce qui passe dans votre champ de conscience. Nommez éventuellement les « choses » qui y passent. Et à chaque fois, dites-vous intérieurement que l'objet qui survient dans votre champ de conscience, c'est « je » qui l'observe, c'est « je » qui le nomme. Au moment où vous pensez c'est « je qui observe », constatez que cette formulation, cette pensée, est elle-même un objet dont « je » suis conscient, etc. Avec le temps et la pratique, il vous arrivera peut-être d'avoir pendant quelques instants l'expérience du « je », *sujet pur*. Chez moi, cette expérience est toujours trop courte pour que je puisse en évaluer la durée. Un paquet d'ondes qui représente un électron se réduit en un corpuscule dès qu'on l'observe. C'est le même processus avec « je ». Toute interaction avec le « je » le fait se réduire, passer de l'état de sujet à l'état d'objet.

J'ai connu cependant quelques moments de grâce, je ne puis les nommer autrement. Dans ces moments où « je suis » à l'état pur, où j'ai l'expérience d' « être », tout simplement d' « être », j'éprouve une joie sans limite, un sentiment d'unité sans bornes. Puis soudain la nostalgie d'un « état d'être » stable, permanent, continu (ou plus exactement hors du temps et de l'espace) surgit comme si je l'avais connu jadis et ne pouvais le retrouver. Alors je me mets à pleurer des larmes d'une cruelle langueur mais aussi des larmes de joie rétrospective au souvenir d'avoir vécu, si brièvement que ce soit, un tel moment. Comment expliquer cela à certains rationalistes dont le cerveau ne cesse de bavarder, qui ne cessent de se mirer avec complaisance dans le miroir de leur propre intelligence. Il y en a cependant d'autres qui pourront comprendre mes paroles, avoir le courage et la ténacité requises pour les mettre en pratique. Christian De Duve a récemment écrit : « L'univers a donné naissance à des êtres susceptibles de le connaître parce qu'il est ce qu'il est. Je parviens donc finalement à une vision qui est peut-être en dernière analyse plus poétique que la vision strictement rationnelle d'un homme de science. Peut-être certaines notions sont-elles par nature difficiles à exprimer en langage scientifique, voire en langage philosophique. Des notions pour lesquelles il faudrait utiliser le langage de la poésie... Je ne suis pas seul à penser cela »[163].

C'est beau et c'est bien dit. Mais l'expérience dont je parle n'est pas une notion et ne peut être exprimée dans aucun langage, même celui de la poésie. La poésie et plus encore la musique peuvent créer des conditions favorables à l'expérience, mais l'expérience même est indicible, car pour être vécue elle demande le passage à un autre état de conscience, un état unifié où ni le langage ni le concept n'ont cours. Si des poètes mystiques comme Kabir pouvaient, avec des mots, induire cette expérience, c'est très probablement parce qu'ils étaient à la fois dans deux états de conscience distincts : celui qui nous est familier, que j'appelle l'état de conscience dualisé, et l'autre, l'état de conscience unifié.

*
* *

Il convient maintenant d'analyser quelques textes dont l'intérêt n'est pas douteux mais qui, de mon point de vue, contiennent des imprécisions ou des contresens. Je me livre à cet exercice non dans un but critique, mais plutôt pour éclaircir certains points restés obscurs. Pour Chalmers, l'information est à la base du phénomène de la conscience. Les lois physiques et les lois psychophysiques pourraient, selon son hypothèse, se réunir dans une superthéorie de l'information. Il ajoute ceci : « Nous pourrions [...] admettre que toute information a un aspect de conscience : lorsqu'il y a un traitement complexe de l'information, il y a une conscience complexe, et lorsqu'il y a un traitement simple de l'information, il y a une conscience simple. Dans ce cas, même un thermostat pourrait avoir une conscience, mais elle serait beaucoup plus simple que même la conscience fondamentale que nous avons d'une couleur, et il n'aurait aucune émotion ni pensée associée »[121]. L'hypothèse de Chalmers, si farfelue qu'elle paraisse, est du plus haut intérêt car elle implique l'attribution d'un certain degré de conscience, non seulement à un thermostat mais aussi à un proton : ses caractéristiques quantiques sont des informations. Reprenant les propres termes de Chalmers, il me semblerait cependant plus cohérent de considérer la conscience « comme une caractéristique fondamentale, irréductible à quoi que ce soit de plus élémentaire ».

Damasio considère la conscience sous un tout autre aspect. Selon lui[164], l'erreur de Descartes serait d'avoir proposé l'existence de deux mondes, l'un matériel, l'autre spirituel, arrimés l'un à l'autre par le point de contact que constitue l'épiphyse[165]. L'hypothèse est proche, bien que distincte, de celle proposée par Eccles et Popper lorsqu'ils font état d'un *monde 1* et d'un *monde 2* dont le cerveau serait l'interface[154]. Certes, il ne faut pas ériger la pensée des grands hommes du passé en dogme. J'ai moi-même proposé de reformuler le célèbre aphorisme de Descartes : « Je pense donc je suis ». Damasio a incontestablement raison d'adopter le slogan à la mode outre-Atlantique : « *Behind every crooked thought, there is a crooked molecule* »[166]. Mais la véritable question, c'est de savoir comment passer d'une molécule ou d'un objet considéré comme faisant partie du monde qui nous entoure à une pensée, une émotion ou une perception. Même si l'objet « réel » ne peut être distingué de la représentation perçue, il n'en reste pas moins vrai que la science nous amène à une double représentation du monde : celle de l'onde électromagnétique qui, par l'intermédiaire de l'œil, stimule les cellules du cerveau, et celle de la sensation visuelle. Cette dernière est directe : je vois la lumière ; elle est considérée comme « subjective ». La première est indirecte : je mesure l'activité d'un neurone stimulé par la lumière, via l'œil et le nerf optique, mais je vois le résultat de la mesure sur un enregistreur ou un écran d'ordinateur ; elle est considérée comme « objective ». Dans les deux cas, le « réel » reste voilé. Nous sommes donc face à une dualité qui n'est pas celle suggérée par Descartes (mondes matériel et spirituel) ni celle proposée par Eccles et Popper (mondes réel et perçu), mais celle engendrée par l'action et la pensée humaine (*représentation perçue* directement, par exemple la lumière rouge réfléchie par la rose, et *représentation perçue* indirectement, l'activité électrique des neurones stimulés par la lumière, mesurée et rendue perceptible par des concepts et des instruments). Les « erreurs » de Descartes, Eccles et Popper sont d'une certaine manière empreintes de vérité, car elles mettent toutes deux en évidence l'existence d'une dualité dans notre perception du monde, alors que l'erreur de Damasio comme celles de Crick et de Denett, sont des erreurs bien plus graves car elles négligent le problème posé par les *qualia* et le fossé qui sépare la sensation perçue de l'activité neuronale. Gerald Edelman est sans doute celui qui fait montre de la plus grande sagesse et se rapproche le plus de Schrödinger en déclarant que la science ne peut expliquer pourquoi la chaleur est éprouvée sous forme d'une sensation de chaleur spécifique et que nous ne devons pas exiger cela d'elle[167].

D'autres erreurs continuent à se perpétuer envers et contre tout. Non seulement la conscience d'une pensée est confondue avec la pensée elle-même, les *qualia* avec leur support neuronal, mais plus grave encore, la conscience est confondue avec le niveau de vigilance. J'ai beaucoup d'estime pour les travaux de Bernard J. Baars[113] mais je ne peux passer sous silence la confusion qu'il fait entre conscience et vigilance : « Certaines notions sont tellement évidentes qu'elles sont rarement explicitées. Nous savons, par exemple, que l'état d'éveil conscient (*waking consciousness*) est biologiquement adaptatif. Faute de cet état, les vertébrés ne pourraient se nourrir, copuler, se reproduire [...]. D'un point de vue neurophysiologique, la conscience présente une grande pénétrance (*pervasive effects*) : sa signature électrique caractéristique (rapide, irrégulière et de faible voltage) peut être observée partout dans le cerveau éveillé ; et dans les états d'inconscience, comme dans le sommeil profond et le coma, des ondes lentes et cohérentes sont également largement réparties. À cet égard, la conscience n'est pas un phénomène subtil ou difficile à observer : il est difficile à ignorer »[168]. Si ma lampe de bureau est munie d'un rhéostat, il suffira que j'en augmente la résistance pour que l'intensité du courant électrique qui passe à travers le filament de l'ampoule diminue. La lumière émise diminuera également au point de disparaître quand l'intensité du courant sera trop faible. Ma lampe peut donc produire une lumière forte qui me permettra de lire ou une lumière faible, voire nulle, qui m'empêchera de lire parce que je n'y verrai plus rien. La conscience du lecteur est une chose, le niveau de vigilance (c'est-à-dire l'intensité lumineuse requise pour la lecture) en est une autre. Les vertébrés de Baars ne peuvent s'activer que dans un état d'éveil (*waking state*). Mais cela n'implique nullement que l'on puisse identifier le niveau de vigilance avec le phénomène de la conscience. Les insectes s'activent, se nourrissent et copulent tout comme les vertébrés, mais ils ne présentent pas de variations de niveau de vigilance similaires à celles des vertébrés et rien ne permet de savoir s'ils sont conscients ou inconscients. Ce que Baars appelle *waking consciousness* ne leur est donc pas nécessaire pour s'activer. D'autre part, dans l'espèce humaine, la « signature électrique » des états d'éveil *(waking states)* ou des états d'inconscience *(inconscious states)* n'est pas étroitement associée au phénomène de la conscience. Une certaine activité mentale persiste au cours du sommeil (v. p. 326). On est conscient de ses rêves alors que l'électroencéphalogramme est celui du sommeil dit paradoxal et non celui de l'état de veille. On peut même apprendre à analyser un rêve sans se réveiller. C'est ce qu'expérimentent la plupart des psychanalysants et psychanalysés. On peut aussi agir sur certains rêves et les modifier volontairement[169]. Il convient donc de distinguer le phénomène propre de la conscience, ce que j'appelle le « je » et que Chalmers dénomme « la présence à soi », des états (ou niveaux) de vigilance (sommeil profond, rêve, somnolence, éveil) et des états (ou niveaux) de conscience tels que je les ai définis dans le chapitre 8 : l'état conscient habituel ou conscience dualisée, l'état supraconscient ou conscience unifiée, et l'état infraconscient qui correspond à l'inconscient défini par Sigmund Freud (v. p. 327).

Une distinction rigoureuse doit également être faite entre le « je », l'individu, le moi, et le personnage. Le « je », c'est le *sujet pur*, inaccessible au mot, au concept ou à la définition. L'individu, c'est l'ensemble formé par les trois sous-ensembles qui lui sont propres, c'est-à-dire « son » conscient, « son » supraconscient et « son » infraconscient. L'adjectif possessif se réfère au supra et infraconscient proches. Car plus on explore des zones lointaines de l'état de conscience habituel, plus les frontières qui séparent les individus les uns des autres s'estompent. À la limite, elles disparaissent, d'une part dans un inconscient commun - c'est l'inconscient collectif - et d'autre part dans un supraconscient unique correspondant à l'état de conscience unifié. Contrairement à l'individu dont le territoire est immense, mais les frontières évanescentes, le moi, c'est-à-dire l'*ego,* constitue une fonction psychique précise nécessaire à la fabrication du personnage qui est lui-même indispensable à la représentation de notre *être-au-monde.* Ce personnage constitue une représentation faite pour les autres, mais aussi pour notre propre bénéfice, pour le bénéfice de l'individu et du « je ». Si je n'avais pas créé le personnage d'un scientifique-psychologue-philosophe-non conformiste, l'individu que je suis ne serait pas en train d'écrire ces lignes. L'*ego* est aussi nécessaire au psychisme que le foie au corps physique. Encore convient-il que l'*ego* n'usurpe pas le pouvoir et que le « je » ne s'identifie pas totalement à lui. Que deviendrait un organisme dont la fonction hépatique exercerait un diktat ?

D'autre part, nous sommes convenus que le « je », *sujet pur*, ne peut être pourvu d'aucune qualité sous peine de devenir un objet. Il est la simple conscience d'être. Puisqu'il est dépourvu de qualité, il est identique chez tous les individus. Des « je » identiques ne peuvent être distingués. En conséquence, « je » est unique. Ce « je » unique, je l'appelle « JE ». La difficulté n'est d'ailleurs pas d'accepter l'existence d'un « JE » unique mais celle de plusieurs « je » distincts. Car, comment ces « je » peuvent-ils être distincts s'ils sont identiques ? La distinction est pourtant un fait d'expérience. Comment se fait-il que le « je » des autres soit distinct du mien ? Sans doute s'agit-il d'un problème d'identification. Cela expliquerait pourquoi il est si difficile de faire l'expérience du « je », sujet pur, ne serait-ce que pendant une fraction de seconde ; il faut pour cela se « désidentifier » de son personnage. C'est aussi la raison pour laquelle, quand on fait cette expérience, on se sent unifié, unifié en soi-même (les trois sous-ensembles de l'individu ne font plus qu'un) et unifié avec les autres « je » (il n'y a alors plus qu'un seul « JE »).

Imaginez un projectionniste de cinéma. Il est dans sa cabine ; il met la caméra en marche, puis s'assoit et regarde le film projeté sur l'écran de la salle de spectacle. Il se passionne peu à peu pour les aventures du héros. Il s'identifie à lui. Il pleure, comme lui, quand la femme de sa vie meurt sous ses yeux. Il a oublié qu'il est projectionniste. Imaginez maintenant qu'il ait cette étrange faculté de s'identifier simultanément au héros, à l'héroïne et même au vilain de l'histoire. Cette triple identification ne divisera-t-elle pas le personnage du projectionniste en trois personnages, ceux du film ? Or, comme le « je », *sujet pur*, n'est généralement pas distingué du personnage, le projectionniste sera alors apparemment doté de trois « je » distincts.

*
* *

Le crépuscule était somptueux. Je m'arrêtai de philosopher pour le contempler un instant. Les eaux du Nil étaient devenues bleu foncé. Les voiles des quelques felouques qui naviguaient encore en paraissaient d'autant plus blanches. À l'horizon, au-dessus de la tache rouge laissée dans le ciel par le soleil couchant, se devinait une large bande de couleur indigo. Plus haut dans le ciel, dominait le bleu, ce bleu indicible des crépuscules et des nuits claires comme celles que je contemplais en Galilée : un bleu à fois obscur et lumineux. Vénus apparut. La fraîcheur tomba sur mes épaules comme si la voûte du firmament était venue se poser sur moi. Je frissonnai et repris le chemin de l'hôtel. J'étais fatigué, très fatigué. Toutes ces réflexions, toutes ces notes valaient-elles la peine d'être écrites ? Une peine d'autant plus grande que la tâche la plus ardue restait à faire : compléter, reprendre, corriger, mettre en ordre, retrouver les références. J'avais envie de partir cette nuit avec le duvet qui ne me quitte jamais lorsque je voyage loin des villes, et d'emporter la liasse de papiers que j'avais accumulée depuis mon séjour au Mont Tabor. Arrivé loin de tout et de tous, là où même les broussailles ne poussent plus, j'aurais fait un grand feu avec tous ces papiers. J'aurais regardé la flamme et les cendres sans joie mais sans tristesse, puis je me serais allongé et j'aurais contemplé les étoiles. Jadis, dans le Sinaï, j'avais passé une nuit sans dormir à regarder le ciel. Par instants, il me semblait possible de cueillir les étoiles en étendant le bras. Un fennec était venu nous rendre visite. Il avait flairé mes camarades endormis puis s'était dirigé vers moi. Nos regards s'étaient croisés. Il avait rebroussé chemin et était reparti de son pas sautillant. L'aube violette était apparue puis l'aurore triomphante. Nous avions repris notre route après un bref repas. Ce soir, j'aurais voulu rester étendu sans bouger jusqu'à ce que la nuit m'ait glacé et que le soleil m'ait cuit. Mais je savais que la soif, la faim et la chaleur du grand jour auraient raison de moi et que je serais rentré piteusement à l'hôtel. Alors autant valait ne pas partir cette nuit et ne pas brûler le manuscrit. Je montai dans ma chambre après avoir pris quelque nourriture. Au moment de me coucher, je me remémorai un rêve ou plutôt un songe que j'avais fait il y a quelques années. Et puisque dans ces pages j'ai décidé d'abandonner toute réserve, je vais le raconter. J'étais dans un magnifique paysage verdoyant. « Je » tout seul, sans corps, sans pensées. Je gambadais de droite et de gauche tout à la joie d'une liberté sans bornes. Il y avait un ruisseau bordé d'arbres et de plantes. Je vis une grande graminée et, tout naturellement, j'y pénétrai. Je veux dire que je devins cette graminée. Je sentais l'eau fraîche baigner mes racines, et les graines perchées en haut de ma tige se balancer dans le vent. Puis l'envie me vint d'être le ruisseau. Je quittai la graminée et sentis mon corps fluide couler et glouglouter entre les cailloux ronds dont je percevais la masse à la fois dure et lisse. Je me faufilai sous un grand saule et j'eus un instant l'envie de sauter dans le saule et d'être le saule, puis tout se brouilla et je me réveillai. Je n'ai oublié aucune seconde de ce rêve, aucune sensation, ni cette joie et cette liberté sans limite. En me glissant dans mon lit, j'espérais secrètement qu'un songe semblable vînt à nouveau me visiter. Il n'en fut rien. Mon sommeil fut profond et silencieux.

CHAPITRE 13

DU JARDIN D'ÉDEN À LA DANSE COSMIQUE

L'homme pense, Dieu rit.
Proverbe juif cité
par Milan Kundera[170]

Le vieil homme était à l'heure. Il était venu me chercher avec sa voiture branlante pour m'amener à ma nouvelle résidence. Je l'avais rencontré deux jours avant dans un café alors que je tentais en vain de me faire comprendre du patron. Il intervint dans la conversation avec beaucoup d'autorité et dans un excellent français : « Vous cherchez un appartement dans la région ? J'ai ce qu'il vous faut. Ce n'est pas tout près d'ici mais vous y serez tranquille ». Nous décidâmes immédiatement d'aller voir l'endroit, non sans qu'au préalable il se soit lancé dans de grandes explications. Sa voiture lui coûtait cher en réparations et en essence, et il me demandait de bien vouloir participer aux frais du voyage. Il m'assurait que je ne le regretterais pas. Il connaissait bien le village qui était tout petit et à l'écart de toute route touristique. Les propriétaires de la maison qu'il voulait me faire voir étaient des gens riches, selon lui, mais dont la maison était trop grande pour eux maintenant que leurs enfants étaient partis. Ils louaient de temps à autre le premier étage. « Vous verrez, vous y serez très bien », me répéta-t-il à plusieurs reprises. J'étais cependant très inquiet. Le voyage se prolongeait, la voiture semblait prête à s'effondrer à tout moment et je redoutais un isolement qui m'eût rendu la vie difficile. Il tenta de me rassurer, sans succès. Nous arrivâmes enfin. L'endroit était charmant, mais l'unique épicerie du village semblait plus virtuelle que réelle, comme si elle avait été mise là pour le décor. Quant à la maison où nous nous rendions, elle était toute blanche, entourée de fleurs et d'arbres au bout d'une rue pentue qui allait ensuite se perdre dans le désert. Un couple âgé nous accueillit. Avec eux, c'était l'anglais qu'il me fallait parler. Ils semblaient tout heureux à la perspective d'avoir un locataire, un événement visiblement rare dans ce village. Le premier étage qui serait réservé à mon usage exclusif était vaste et propre. Je voyais le feuillage des arbres au travers des fenêtres. Il y avait même une salle de bain moderne et le prix de location était modéré. Avant de payer le premier mois, je m'enquis cependant de mes conditions de vie. L'épicerie semblait effectivement plus un lieu de rencontre qu'une boutique susceptible de m'approvisionner. Mais après avoir longuement discuté en arabe, ils convinrent tous trois d'un commun accord que Leïla représentait pour moi la solution idéale. C'était la jeune femme qui servait de bonne à tout faire. Elle n'avait pas beaucoup de travail et serait certainement heureuse d'entretenir mon appartement, mais aussi de faire le marché et même la cuisine si je le désirais. De la nourriture, il y en avait. Il fallait seulement savoir où la chercher. L'affaire fut donc conclue. Le vieil homme me ramena à l'hôtel et nous convînmes qu'il viendrait me reprendre le surlendemain.

L'accueil des propriétaires fut chaleureux. La vieille dame fit le tour de l'appartement avec moi pour voir si rien ne manquait et pour me signaler les chaises sur lesquelles il ne fallait pas s'asseoir en raison de leur état de vétusté. Le nombre de sièges solides était heureusement très suffisant pour mes besoins. « Leïla va arriver d'un instant à l'autre », me dit-elle, « mon mari et moi, nous l'aimons beaucoup. Vous verrez, elle est très gentille ». Je l'interrogeai sur la langue dans laquelle je pourrais communiquer avec elle, point capital qui m'avait complètement échappé jusque-là. Je poussai un soupir de soulagement quand elle me répondit qu'elle parlait parfaitement le français. Leïla avait perdu ses parents quand elle était enfant. Elle avait été élevée par ses grands-parents. Son grand-père d'origine franco-égyptienne était très attaché à la culture française et avait toujours tenu à ce qu'on parlât français chez lui. Les grands-parents habitaient au Caire. Maintenant, ils étaient décédés et Leïla, pour je ne sais quelle raison, était venue se perdre dans ce village au bout du monde.

Leïla était une jolie jeune femme d'une trentaine d'années. Le regard était intelligent et vif, le visage souriant, les traits fins, la peau d'un beau bronze doré ; les cheveux noirs finement bouclés étaient ramenés en un chignon fait à la va-vite. Sa tenue était sobre mais ses vêtements propres et de bonne qualité. Seule fausse note au tableau, un collier en verroterie, heureusement peu visible, mais qui détonnait avec l'élégante simplicité du reste de sa personne. Leïla, comme le vieil homme à la voiture branlante, était très décidée. Elle viendrait deux fois trois heures par semaine, ce qui me paraissait beaucoup, mais la modicité du salaire qu'elle réclamait ne me permettait guère de le lui refuser : une heure pour le marché, deux pour le ménage, la cuisine et le linge. Elle s'enquit de mes goûts mais, en définitive, elle ne m'écoutait que d'une oreille et écrivait déjà la liste des achats à faire. Elle ne tarda pas à sortir puis revint, au bout d'un moment, chargée de fruits, de légumes, d'un beau poulet et de produits de base. La note de frais était étonnamment basse. Leïla était honnête ! Je me sentais heureux et rassuré. Je commençais à ranger mes affaires pendant que Leïla faisait la cuisine. « J'aimerais m'asseoir un instant et prendre une tasse de café, vous voulez bien n'est-ce pas ? Voulez-vous aussi un peu de café ? » Leïla avait l'art de poser des questions qui, en fait, étaient des affirmations mais elle travaillait vite et bien. Son marché était fait avec goût. Que pouvais-je désirer de plus ?

Je m'assis donc avec elle et nous nous mimes à bavarder. Leïla m'interrogea sur la vie parisienne. Son grand-père avait fait des études à Paris pendant un an. Lesquelles ? Elle ne le savait pas mais, en revanche, elle connaissait Flaubert, Balzac, Berlioz et Debussy. Elle regrettait visiblement la vie qu'elle avait menée au Caire avec ses grands-parents. C'étaient des gens cultivés - son grand-père surtout - qui devaient jouir d'une certaine aisance. Je ne comprenais toujours pas comment elle en était arrivée à devenir bonne à tout faire dans ce village isolé. Je lui fis part de mon étonnement. Il y eut un long silence. Leïla me regarda avec anxiété. Elle baissa les paupières et, la respiration haletante, la gorge serrée, elle murmura qu'elle ne pouvait pas parler. Il était clair, cependant, qu'elle en ressentait profondément le besoin. Dès mon plus jeune âge, j'ai toujours attiré les confidences. Je connais quelques personnes qui ont cette même faculté. C'est une responsabilité parfois lourde à porter. Il n'est guère possible de s'y soustraire. Une écoute attentive dépourvue de tout jugement, quelques mots venant du cœur, une main chaleureuse posée sur le bras d'un être humain emprisonné dans sa solitude peuvent parfois faire plus qu'un grand discours ou qu'une longue thérapie. Je n'eus pas trop de mal à rassurer Leïla : j'avais une formation médicale et psychologique ; j'étais habitué à garder le secret professionnel. Plus que tout, je crois que c'est ma qualité d'étranger qui la décida à se confier à moi.

À la mort de ses grands-parents, une conjonction malheureuse d'événements imprévus l'avait réduite à la misère. Elle n'était pas préparée à cela. Par bribes et morceaux, au fil des conversations que nous eûmes tout au long de mon séjour, je compris comment Leïla en était arrivée à se prostituer. Elle ne faisait pas le trottoir ; elle considérait cela comme indigne d'elle. En revanche, il ne lui paraissait pas déshonorant d'accorder ses faveurs à des messieurs qui, me disait-elle, la traitaient avec gentillesse et même avec respect. Leïla était une âme simple et je crois qu'elle pratiquait son métier comme d'autres font des massages, avec un réel désir de satisfaire ses clients. Sa réputation ne tarda pas à grandir. Ce fut sa perte car ses activités furent dévoilées au grand jour. L'opprobre et le mépris dont elle fut l'objet de la part de son entourage la décidèrent à quitter la ville.

L'affectueuse complicité qui s'établit entre nous au cours de ces entretiens la réconforta beaucoup. Elle arriva à se débarrasser d'une culpabilité qui était moins la sienne que celle qui avait été projetée sur elle par un milieu social bourgeois et hypocrite. Quant à moi, j'appris, dans ce domaine, plus que ce que m'avaient appris mes psychanalystes ; les confidences de Leïla m'amenèrent à revoir le point de vue conventionnel, que j'avais jusque-là, sur les relations entre la sexualité, le plaisir et l'argent.

*
* *

Souvent, dans le rapprochement sexuel, le désir prime le plaisir. Le besoin est intense mais la satisfaction est brève. La continence imposée par les disciplines religieuses limite le plaisir aux mornes satisfactions qui résultent de pollutions nocturnes ou de masturbations hâtives, d'autant moins agréables qu'elles sont assorties d'un sentiment de culpabilité. Même les couples ne peuvent se livrer aux joies de la sexualité en toute liberté. À nouveau, tout concourt à déprécier le plaisir et à brimer le corps. Le rire lui-même n'était-il pas vu d'un mauvais œil par la hiérarchie ecclésiastique du Haut Moyen Âge[171] ? Pourtant le rire est le propre de l'homme. Le plaisir aussi me semble-t-il. Le plaisir sexuel n'est-il pas augmenté par les jeux de l'amour ? Ne prend-il pas toute son ampleur quand le désir est contrôlé ? Cette gratification retardée est précisément le propre de l'espèce humaine, et dans l'espèce humaine, le propre des individus les plus évolués. Elle donne un surcroît de sens à toutes nos actions, même les plus triviales.

À l'heure actuelle, les psychologues estiment que la réussite sociale dépend autant de l'intelligence mesurée par le quotient intellectuel (QI) que de l'équilibre émotionnel mesuré par le quotient émotionnel (QE). Ce dernier, tout comme le succès social, est dans une large mesure associé à la capacité qu'ont certains individus de préférer une gratification retardée à une gratification immédiate[172]. Les psychologues se sont livrés à des expériences fascinantes, dont l'interprétation est riche de perspectives pour l'évolution humaine. On offre, par exemple, des chocolats glacés à de jeunes enfants d'âge préscolaire en leur proposant un choix. Il peuvent avoir un chocolat, mais un seul, tout de suite ou, s'ils le préfèrent, en avoir deux mais plus tard. Les enfants sont suivis pendant plusieurs années au cours de leur scolarité. En moyenne, ceux qui ont choisi la gratification retardée, c'est-à-dire ceux qui ont choisi une frustration dans l'instant mais deux fois plus de plaisir par la suite, ont de meilleures notes scolaires et se révèlent plus « débrouillards » dans la vie que ceux qui choisissent le plaisir immédiat. L'inhibition, la capacité d'attente, est donc un facteur de succès mais aussi de plaisir.

Dans la sexualité, il en est exactement de même. L'orgasme obtenu rapidement et sans beaucoup de préliminaires procure un plaisir limité. Il favorise la carence affective et en même temps occulte le problème posé par cette carence comme le constate si justement Martha Welch[88]. Il y a rapprochement physique qui mime l'amour mais qui n'est pas de l'amour. Ce type de comportement est souvent associé à des difficultés relationnelles. Il est observé chez les couples souffrant de déséquilibre affectif. Parfois aussi la relation sexuelle sert de prétexte au maintien d'une relation vide de sens mais souvent riche d'avantages sociaux ou matériels. C'est une forme de prostitution plus pernicieuse que la prostitution avérée, parce que mensongère.

Sur le plan professionnel, il n'en va pas autrement. Il existe des prostituées *significatives*, comme il existe des médecins et des cuisiniers *significatifs*. Exercer une profession de façon significative, c'est lui donner tout son sens. C'est le faire en toute conscience, avec le désir réel de satisfaire le client, d'être présent à lui et à sa demande, et plus encore de partager son plaisir. De ce comportement se dégage une réelle convivialité. Le fait de payer le service rendu n'y change rien. Les prostituées *significatives* peuvent être considérées comme des artistes, des courtisanes ou des thérapeutes. Il existe aussi de véritables sexothérapeutes, hommes et femmes, qui pratiquent la relation sexuelle avec leurs patients[173]. Combien d'être humains inhibés, solitaires et complexés n'ont-ils pas retrouvé un certain degré d'équilibre physique et affectif grâce à des prostituées ou des sexothérapeutes de ce niveau ? Par ailleurs, j'ai vu des médecins baver de joie parce qu'on leur annonçait une guérison longtemps attendue, et des cuisiniers avoir les yeux embués de larmes quand on célébrait la réussite d'une nouvelle recette. Ces mêmes activités payées le même prix peuvent être exercées de façon machinale : la relation sexuelle devient une simple décharge, le malade est négligé au profit des feuilles d'examens et la nourriture servie est sans goût. Il n'y a plus de service rendu[174]. L'activité exercée devient vide de sens, c'est-à-dire *non significative*. Cette distinction est valable dans toutes les conditions, y compris l'amour conjugal, et dans toutes les disciplines, y compris les mathématiques[175].

Je connais trop la malice humaine pour ne pas savoir que mes propos risquent d'être mal interprétés. C'est la raison pour laquelle j'ai soigneusement distingué deux types de prostitutions. La prostitution *non significative* non seulement dénature le sens et la beauté de l'acte sexuel mais aussi, dans bien des cas, devient un fléau social, une forme d'esclavage particulièrement odieuse. Qu'il soit bien clair aussi que je ne prône nullement la dissociation de la sexualité et de l'affectivité. Je veux simplement exorciser l'opprobre dont le plaisir sexuel fait trop souvent l'objet et distinguer, ce que je n'avais pas fait dans les chapitres précédents, une sexualité de type exutoire, d'une sexualité élaborée. Cette dernière peut être un art, une célébration de la vie, une glorification de la chair, une prière de gratitude et de remerciement pour les délices du jardin d'Éden. Elle permet alors, non seulement de magnifier des sensations, mais aussi d'utiliser des énergies qui, si elles ne sont pas exploitées, se retournent contre nous[109]. Le sage et raisonnable Descartes ne renierait pas ces propos. N'écrit-il pas dans *Les Passions de l'âme* : « Et maintenant que nous les connaissons toutes [les passions], nous avons beaucoup moins de sujet de les craindre que nous n'avions auparavant. Car nous voyons qu'elles sont toutes bonnes de leur nature et que nous n'avons rien à éviter que leurs mauvais usages ou leurs excès »[176] ? Au dix-huitième siècle, le ton change. L'esprit est moins sérieux, plus coquin, plus ludique aussi. Boyer d'Argens ou peut-être Diderot (l'auteur est incertain) ne fait-il pas dire à la jeune Thérèse, à la fois philosophe et libertine : « Imbéciles mortels ! Vous croyez être maîtres d'éteindre les passions que la nature a mises en vous. Elles sont l'ouvrage de Dieu. Vous voulez les détruire ces passions, les restreindre à certaines bornes. Hommes insensés ! Vous prétendez donc être de seconds créateurs plus puissants que le premier ? Ne verrez-vous jamais que tout est ce qu'il doit être, et que tout est bien ; que tout est de Dieu, rien de vous, et qu'il est aussi difficile de créer une pensée que de créer un bras ou un œil »[177]. Les paroles de Thérèse proclament en termes vigoureux une vérité aussi vieille que l'humanité elle-même mais qui a trop souvent été cachée. Dans les textes tantriques, elle est étouffée par un langage laborieux et abscons et aussi, il faut le dire, par le côté verbeux et la manie classificatoire de nombreux philosophes hindous. Dans les textes alchimiques, elle est voilée par une symbolique compliquée destinée à égarer les persécutions religieuses. Dans de nombreux textes érotiques, elle est pervertie en une pornographie lubrique, qui transforme l'extase sexuelle en une fonction organique, où se mêlent sécrétions de tous genres et phantasmes de tous bords. Dans les poèmes mystiques où l'indicible est exprimé, elle est dénaturée par des exégètes frustrés qui veulent nous faire croire que les termes utilisés ne sont là que pour mieux nous montrer à nous autres, pauvres hommes de chair et d'os, le désir de l'âme, esprit pur, pour son créateur qui ne serait lui aussi que pur esprit, même si on lui attribue la création de nos corps et de nos sexes !

La fonction spirituelle du plaisir est bien plus difficile à définir que sa fonction physique, ne serait-ce que parce que le mot spirituel recouvre généralement un concept assez flou. Le spirituel, c'est le supraconscient. C'est un état de conscience unifié auquel il nous est possible d'accéder à partir de l'état de conscience dualisé dans lequel nous sommes habituellement plongés. La dichotomie introduite par la plupart des religions entre le corps et l'esprit ne fait qu'accroître l'ancrage dans la dualité. L'unification du corps et de l'esprit par la musique, la danse, l'humour, le rire, la relation sexuelle, le plaisir et le jeu, prépare, au contraire, le passage à la supraconscience. La musique, j'en ai déjà largement discouru ; j'y reviendrai à propos du jardin d'Éden. Le rire est une forme d'orgasme et la danse une forme de musique où l'instrument est le corps. L'amour et la relation sexuelle sont à la fois fête, danse et ivresse, celle que l'on connaît quand on s'abreuve aux sources de la vie. Le tout est un grand et formidable jeu, le jeu cosmique à la fois jubilatoire et rigoureux, dont le jeu des musiciens n'est qu'une préfiguration. C'est donc par le jeu que nous commencerons cette exploration des voies qui mènent à l'unification. Mais c'est aussi par lui que nous la terminerons. Car le jeu, comme le « je », sont le début et l'aboutissement du jardin d'Éden. Et le jardin d'Éden est à la fois l'univers, l'exploration de l'univers et l'explorateur de l'univers.

*
* *

Krishna, c'est le fripon divin. C'est aussi le dieu de l'amour. En tant qu'avatar de Vishnou, il s'incarne dans le corps d'un enfant ou d'un jeune homme et se livre à mille espiègleries. Certaines d'entre elles sont érotiques. C'est inévitable, le jeu, le rire et l'*eros* ne sont-ils pas les diverses facettes de la même pulsion vitale ? La pulsion créatrice de la vie n'est-elle pas l'apanage même de la divinité ? Krishna caché dans un arbre contemple les *gopî*, de jeunes bergères folâtres qui semblent plus préoccupées de s'amuser que de garder les troupeaux. Les *gopî* se sont assemblées au bord d'une rivière où elles décident de se baigner. Elles se déshabillent et se glissent avec volupté dans ses eaux fraîches. Elles ont laissé leurs vêtements sur la rive et, nues, s'ébrouent et jouent avec les flots. L'arbre, la pelouse verte et la rivière pourraient bien se situer dans le jardin d'Éden. Krishna dissimulé dans le feuillage pourrait bien ressembler à un fruit. Il a aussi entre les jambes une sorte de petit serpent. Celui-ci ne pourrait-il pas, comme celui du paradis de la Bible, se dresser et montrer sa petite tête ronde à la vue des *gopî* offrant le spectacle de leurs propres rondeurs, semblables à de jolis fruits prêts à être croqués ? Qu'elle qu'en soit la raison, par jeu, par esprit taquin, par plaisir de contempler les formes appétissantes des jeunes filles, par désir d'inciter en elles une gêne pudique, expression voilée d'un désir retenu, Krishna se laisse glisser le long du tronc. En un éclair, il ramasse tous les vêtements laissés sur la berge et remonte avec eux dans son arbre. L'histoire racontée dans les textes hindous n'est évidemment pas assortie de tous les détails croustillants de mon cru. Les textes ne disent pas non plus comment elle se termine. Tout ce que l'on sait, c'est que Krishna, le petit scélérat, force par ce stratagème les *gopî* à sortir de l'eau toutes nues sous son regard coquin pour venir reprendre leurs vêtements suspendus dans les branches. Les miniatures indiennes montrent les attitudes charmantes des *gopî* manifestant leur pudeur par d'adorables mouvements de mains cachant tantôt une poitrine ronde, tantôt un sexe velouté. C'est un jeu. Krishna est ravi de leur surprise embarrassée mais l'embarras des *gopî* n'est lui-même qu'une feinte ; elles ne sont que trop heureuses d'offrir leur nudité au dieu de l'amour !

Cette parabole nous enseigne que la vie est un jeu, un grand jeu érotique. L'arbre est évidemment l'arbre de la vie et le jeu consiste à désirer et à se faire désirer. Ainsi se déploie le désir, non comme une attente frustrante, mais comme la promesse de plaisirs d'autant plus ineffables qu'ils auront pris le temps de mûrir plus longuement. Le désir lui-même devient plaisir parce que promesse élusive, retenue et pourtant toujours tenue. Sans le jeu, cette scène n'aurait aucun charme. Une prostituée, professionnelle ou bourgeoise, qui se met sur le dos, jambes écartées, qu'apporte-t-elle ? Rien. Une coquine qui joue des cils, des yeux, de la langue et des dents aussi bien que de ses dix doigts ne crée-t-elle pas un jardin de délices de son corps et du corps de son amant ? L'univers qui joue avec nous et qui nous fait jouer avec lui n'est-il pas semblable à l'amante et à ses jeux d'amour ? Tel est le sens profond de la gratification retardée : celui de l'intensification de la pulsion de vie par le maintien d'une tension prolongée, celui de la découverte et des multiples surprises que réserve le jeu et enfin celui du plaisir magnifié lorsqu'au bout du chemin, à la fin de l'ascension, se profile l'union de l'aimé et de l'aimée. Évidemment, des théologiens ou des philosophes à face de navet ne manqueront pas de me dire d'une voix trop douce - celle que l'on prend lorsqu'avec une « grande bonté », on essaye d'expliquer à un enfant peu doué des évidences qu'il semble ne pas voir -, ils ne manqueront pas de me dire que les *gopî* représentent les âmes humaines qui doivent se dépouiller de tout (les vêtements), puis se purifier (dans la rivière) avant d'arriver nues et sans taches devant leur Seigneur Dieu. Les mêmes explications sont dites et redites à propos de tous les textes sacrés, y compris l'incomparable *Cantique des Cantiques*. Ces commentaires se justifient, j'en conviens, mais le problème posé n'est pas celui du symbolisme des textes, qui est parfaitement clair, mais celui de leur formulation. Si le nécessaire dépouillement de l'âme pour atteindre son créateur était le seul message à transmettre, pourquoi faudrait-il recourir à des phrases chargées d'un érotisme puissant à en faire bander un âne de bois ? La même remarque est valable pour les gravures symboliques qui accompagnent les traités d'alchimie. Pourquoi donc représenter le soufre et le mercure ou le soleil et la lune par des hommes et des femmes aux corps nus et affriolants qui semblent attendre que le lecteur ait tourné la page pour s'accoupler ? L'*eros* est partout présent dans les images et dans les textes mystiques : il est impossible de ne pas en tenir compte.

Écartons donc les explications trop sévères de ceux qui s'obstinent à vouloir exclure le corps de la quête mystique et revenons à des réalités plus tangibles. La geisha est l'exemple classique de la femme qui associe dans un même comportement musique, danse, humour, rire, jeux et plaisir. La mise sous tension du client se fait à un double niveau. Les regards, les sourires, les délicats attouchements des geishas, toutes jolies et terriblement féminines, créent une tension dans la région génitale. La musculature de cette région constitue ce que l'on appelle en termes techniques le diaphragme pelvien. Les plaisanteries, elles, entraînent une tension au niveau du diaphragme respiratoire. Avez-vous remarqué à quel point une bonne histoire, bien racontée « tient en haleine ». On est « suspendu » aux lèvres du conteur. Au moment où l'histoire se termine, de façon inattendue de préférence, une brusque détente se produit. Elle se fait de façon rythmique : c'est le rire. Le jeu des corps et le toucher des zones érogènes provoquent donc une mise sous tension du périnée et une décharge orgastique d'ordre sexuel, tandis que le jeu des mots provoque une mise sous tension du diaphragme et une décharge rythmique sous forme de rire. Chaque système constitue un ensemble parfaitement cohérent : au niveau inférieur, le toucher et la zone génitale, au niveau supérieur le mot et la zone respiratoire, celle-ci impliquant à la fois phonation et audition.

Le rire entraîne toute une série de phénomènes physiologiques : vasodilatation cutanée, accélérations cardiaque et respiratoire, sécrétions hormonales, qui stimulent l'organisme puis l'apaisent, d'une façon tout à fait similaire à l'orgasme sexuel. L'un et l'autre ont un réel pouvoir curatif. Rabelais l'avait bien compris puisqu'il commença à écrire *Gargantua* pour faire rire ses malades dans le but de favoriser leur guérison. Cette méthode, longtemps oubliée, est remise à l'honneur ; la thérapie par le rire se pratique de plus en plus. Les clowns se mettent à fréquenter les milieux hospitaliers et font bien des heureux parmi les enfants malades. Le rire existe-t-il chez les animaux ? Les primates manifestent parfois une sorte de halètement qui ressemble vaguement à notre rire. Il aurait une fonction sociale importante et serait utilisé par la tribu pour désamorcer les manifestations agressives. Chez les chimpanzés Bonobo, c'est le sexe qui est utilisé dans ce but[178]. Pour apaiser une querelle naissante, les singes stimulent le sexe de l'opposant ou de l'opposante dès les premières manifestations d'hostilité. Chez l'homme, le rire a parfois la même fonction. Quand survient un événement désagréable susceptible de déclencher nervosité ou agressivité, ne dit-on pas : « Il vaut mieux en rire ». Le rire sert aussi à masquer la peine, le désarroi, c'est le rire « jaune ». Mais le vrai rire, le rire franc et joyeux est bien, comme le disait Rabelais, le propre de l'homme. Il est aussi, tout particulièrement, le propre des amants et contribue à la fête amoureuse. Il y a bien longtemps, je me promenais avec une amie aussi jeune et folâtre que moi dans une belle campagne printanière, isolée dans un coin perdu de France. Il faisait chaud déjà et, pour sentir la caresse du soleil sur sa poitrine, elle avait ouvert largement son corsage. Par jeu, elle avait fait un petit bouquet de fleurs qu'elle avait planté entre ses seins nus. Ils étaient suffisamment fermes et opulents pour assurer le maintien du bouquet. Elle m'offrit aussi quelques fleurs, presque par défi. Où allais-je les mettre ? Derrière l'oreille ou dans les cheveux ? C'était vraiment trop banal. Ma poitrine masculine n'offrait aucune prise. Mon ombilic n'était pas assez creux. Je me résolus donc après avoir ouvert ma braguette, à glisser la tige mince et lisse d'une jolie fleur bleue dans l'extrémité de mon pénis. L'effet était assez comique. Nous rîmes beaucoup et finîmes par cueillir nos fleurs respectives au pied d'un vieux chêne bienveillant.

*
* *

Une allusion avait déjà été faite au jardin et à la musique. Il me faut maintenant approfondir cette relation en citant à nouveau le *Gan naoul* : « Le corps, comme le jardin, est maître de la végétation. Et l'âme est l'Éden, maître de tous les délices, où le corps est planté. Et le sens caché de *gan Eden* (le jardin d'Éden) c'est le *ad naguen* »[61]. Les deux expressions sont faites des mêmes lettres dans un ordre différent ; cette permutation de lettres est un des jeux préférés de la tradition hébraïque, jeu à la fois amusant, inattendu et porteur d'un message symbolique puissant car *ad naguen* signifie « jusqu'à ce qu'il joue ». Le texte se poursuit d'ailleurs par la phrase suivante : « Car la prophétie apparaît quand le serviteur joue, ainsi qu'il est écrit : tandis que le musicien jouait, la prophétie s'empara de lui [du prophète Élisée] ». Le jardin d'Éden, c'est le corps et ses délices, c'est la musique qui mène à l'unification de la conscience, c'est aussi une des dénominations du Paradis. Paradis vient du grec *paradeisos* qui signifie parc, lieu planté d'arbres où l'on entretient des animaux. Le mot grec est lui-même issu du persan, *paradaiza* ou *pairideza*, verger, jardin planté d'arbres. En hébreu, *pardès* signifie verger et plus particulièrement un verger planté d'orangers, c'est-à-dire de pommes d'or : les pommes d'or du jardin des Hespérides que le héros Hercule doit aller cueillir, les pommes de l'arbre de la vie au centre du paradis, le dieu Krishna lui-même, symbole de l'amour, fruit de l'arbre au pied duquel se tiennent les *gopî*.

L'Évangile selon Thomas et la Bhagavad-Gîtâ mentionnent aussi ce jardin. Le texte hindou est le plus explicite : « Quelle que soit la créature immobile ou mobile, sache qu'elle est née de l'union du champ avec le connaisseur du champ » (BGK XIII : 26). « Ce corps est nommé le champ et ce qui le connaît est appelé par les sages le connaisseur du champ » (BGK XIII : 1) (voir réf. 183). Le champ et la connaissance du champ sont donc, dans le texte de la Bhagavad-Gîtâ, le corps et la conscience du corps, ou comme le dit le *Gan naoul* : le corps, jardin, maître de la végétation et l'âme, l'Éden, maître de tous les délices. Le corps, jardin, verger ou paradis, c'est aussi vraisemblablement ce que les alchimistes ont appelé la roseraie des philosophes qui se présente dans les gravures comme un jardin enclos d'un mur et dont la porte est fermée de trois serrures. C'est aussi le *Jardin des délices* du retable de Jérôme Bosch, peint à la demande ou selon les instructions des Frères et des Sœurs du Libre-Esprit.

Cette secte faisait partie d'un vaste mouvement dit hérétique, celui des *homines intelligentiae*, répandu à travers toute l'Europe depuis le treizième siècle. Regroupés en petites communautés ésotériques, ces frères et ces sœurs s'inspiraient vraisemblablement des gnostiques grecs et du concept de l'androgyne originel développé dès le cinquième siècle avant notre ère par Platon mais dont l'origine remonte à des traditions bien plus anciennes[92, 179]. Quelle qu'en soit l'origine exacte, les doctrines et les pratiques de ces communautés venaient d'Orient. Elles nous sont connues, en particulier, par les minutes d'un procès intenté à l'un de ces groupes et par le tableau de Jérôme Bosch. Les pratiques tantriques qui refleurissent maintenant en Occident n'ont donc jamais été perdues.

Malgré l'Inquisition et les interdits religieux, malgré la honte dont le sexe était l'objet et le rejet de la femme dont l'Église faisait « la porte de Satan », les pratiques sexuelles n'ont jamais cessé de se perpétuer au sein de sociétés secrètes où ne régnait nulle dépravation mais, au contraire, une ascèse visant à la sanctification de l'amour humain et à la réintégration du corps dans la quête spirituelle. Wilhelm Fraenger[179] a écrit un livre passionnant intitulé *Le Royaume millénaire de Jérôme Bosch* où sont mises en parallèle les scènes du *Jardin des Délices* et des extraits du procès fait aux libres-spiritistes. Voici, à titre d'exemple, quelques fragments du texte du procès, cités par Fraenger : « L'acte sexuel peut être accompli de façon telle que devant Dieu, il revête la même valeur qu'une prière » affirme Frère Wilhelm, un moine carmélite, membre de la secte. Plus loin, une femme laïque appelée Séraphine déclare : « qu'en dehors des liens sacrés du mariage, il pouvait également y avoir un commerce charnel innocent et que l'acte sexuel était une affaire purement naturelle, tout comme le manger et le boire. Cependant [...] seul l'acte sexuel est réprouvé et non pas les deux autres ». Enfin le maître de la secte, Aegidius Cantor reconnaît qu'il existe « une façon particulière (*modus specialis*) de faire l'amour qui n'est cependant pas contre nature, et dont il dit qu'elle était celle d'Adam au Paradis ».

Pour Fraenger, commentant à la fois le texte du procès et les détails du tableau de Jérôme Bosch, ce *modus specialis* ne fait aucun doute, c'est le *coïtus reservatus*, une des principales pratiques du trantrisme. Wilhelm Fraenger se livre à de nombreux commentaires sur ces pratiques appelées *chemin ascendant* par les libres-spiritistes : « En effet, le rôle du *chemin ascendant* était d'ennoblir de telle façon la physiologie de la procréation que celle-ci n'apparaît plus comme un acte animal humiliant, mais est ressentie comme un principe divin, créateur et exaltant [...]. Le Libre-Esprit a devancé l'*émancipation de la chair* proclamée par la Renaissance, grâce à une *déification de la chair*, une prémonition de sa nature divine ».

Les libres-spiritistes cherchaient à retrouver l'innocence primitive d'Adam et d'Ève au Paradis terrestre. Le corps faisait partie de la création divine, il était donc parfait puisqu'issu de Dieu. Quant à la jouissance, elle était accordée par Dieu pour permettre à l'homme et à la femme de glorifier leur créateur. Cette jouissance n'impliquait pas seulement la relation sexuelle, mais aussi et surtout le jeu, le jeu des corps entre eux et le jeu des corps avec toute la nature, animaux, plantes et roches, qui participent à l'immense danse érotique si bien dépeinte par Jérôme Bosch. On y retrouve même la fleur bleue mais c'est dans l'anus d'un de ses personnages que Bosch l'a plantée et non dans le sexe comme je l'avais fait par une belle après-midi de printemps !

*
* *

Au fur et à mesure que je notais ces réflexions, je voyais se dessiner plus clairement les trois voies qu'avaient suivies les rares humains assez lucides et courageux pour tenter la quête de l'unification. L'une était celle de l'*action* dans le sens le plus noble du terme. C'est la voie du « je sais » et du « je veux », la voie des sciences dites ésotériques dont le but est la connaissance destinée non à contrôler le monde matériel, mais à se contrôler soi-même pour accéder à l'unification et à la supraconscience. C'est le chemin emprunté par les yogis. Le contrôle qu'ils ont de leur corps est surprenant : ils ralentissent à volonté leur cœur au point de provoquer de brefs arrêts cardiaques[180]. Ils diminuent leur métabolisme de base ou l'augmentent selon les cas. Ils ont un étonnant pouvoir de concentration mentale[12]. Mon maître, T. Krishnamacharya[181] a vécu jusqu'à cent ans et il est mort, selon le désir qu'il avait exprimé, quelques mois après la célébration de son centenaire. Certains yogis acquièrent le regard de feu que j'ai noté chez les moines tibétains qui pratiquent des disciplines similaires.

Cette voie comporte le contrôle de l'énergie sexuelle (le yoga de la *kundalinî*) et plus rarement celui du son (le mantra yoga), plus efficace encore. N'arrivent à son terme que ceux qui y consacrent leur vie. Il y faut une discipline de fer. Les hommes et les femmes qui l'ont choisie sont des ascètes mais ils présentent aussi fréquemment un caractère stoïcien, rigide, directif, impérieux, volontariste, à la limite de l'orgueil. Les techniques pratiquées peuvent entraîner des dérèglements physiques et psychiques. Mais le plus grave danger est constitué par la tentation du pouvoir. Il est facile à ces mages et à ces yogis de soumettre à leur volonté des individus plus faibles et de prendre sur eux un ascendant démesuré, même si c'est, disent-ils, pour leur bien. Car faire le bien, à l'insu ou contre le gré d'une personne, est aussi dangereux que faire le mal. L'ordre interne du microcosme individuel et de ses trois composantes, consciente, infra et supraconsciente, est perturbé. Le seul bien que l'on puisse faire à qui que ce soit, c'est de lui permettre d'acquérir par lui-même une autonomie qui le rend à la fois libre et pleinement responsable. La voie de l'*action* ainsi définie est une voie descendante qui permet aux énergies et aux informations du supraconscient individuel et collectif de descendre vers la zone de conscience dualisée dans laquelle nous vivons. Symboliquement, ce phénomène est représenté par le feu (les langues de feu du Saint-Esprit) ou le souffle (le *pneuma* des Grecs) qui active (l'ivresse mystique) et informe (le don des langues). Pour que de tels phénomènes se passent, le canal que constitue le mage ou le yogi doit être parfaitement ouvert. La transparence à l'énergie supraconsciente, symbolisée par la lumière, doit être totale, faute de quoi l'*ego* de celui qui possède de telles facultés les utilise à son avantage. Et les pires égarements, les plus graves excès de pouvoir sont alors à craindre. En définitive, c'est peut-être une chance que je n'aie pu poursuivre les premiers pas que j'avais faits sur ce chemin. Qui sait si j'aurais été capable d'assumer le pouvoir que j'aurais ainsi acquis ?

La seconde voie est celle de l'*enchantement* si bien représenté par Jérome Bosch dans le *Jardin des Délices*. Tout y est prétexte à jeux et à plaisir. Non un plaisir égoïste encore moins une débauche mais une joie qui est célébration de la vie : « L'homme à chaque bouchée qu'il avale, à chaque gorgée qu'il boit, de même que dans le pur amour des sexes, participe de la bénédiction et de la puissance de la terre et du ciel »[179]. Mais toute lumière a son ombre : « La suspicion poursuit telle une ombre tout secret, et si l'on y pressent une touche de sexualité, il devient inévitablement la victime d'une curiosité lubrique. De nos jours encore subsiste la confusion grossière entre Eros et Sexe, accentuée par l'aride matérialisme sexuel de ces dernières générations »[179].

La voie de l'enchantement ou de l'émerveillement est une voie ascendante. C'est la voie du « je sens », celle de la poésie vécue (et non de la poésie dite seulement avec des mots), celle de la reconnaissance. L'amour de la nature, de l'univers, de la vie, du Créateur, du « JE » cosmique (qu'importe les dénominations) pour l'homme que « je » suis est à nouveau perçu après avoir été longtemps oublié. Par cette reconnaissance - qui n'est pas gratitude mais connaissance révélée à elle-même - « je » deviens un miroir et « je » renvoie à la nature l'amour qu'elle a pour moi et que « je » ressens dans ma psyché et dans mon corps sous forme de joie, de jubilation et de jouissance. La voie de l'enchantement ne doit pas être confondue avec une sorte d'hédonisme cosmique ou avec une dévotion - la *bhakti* diraient les indianisants - qui n'est souvent que sentimentalité sucrée et complaisance dans ce que l'on croit être sa propre capacité d'aimer. Pour préciser ma pensée, je prendrai un exemple aussi neutre que possible afin d'éviter les réactions émotionnelles que soulève toujours la sexualité. J'expose mon corps aux rayons d'un doux soleil de printemps. Ce plaisir que je me donne peut être totalement égocentrique : je me fais plaisir à moi-même. Ce plaisir peut être aussi célébration de la magnificence solaire, célébration dont un des instruments est mon corps. Le corps devient alors matrice aimée, grosse d'une jouissance qui n'est plus masturbation solitaire et narcissique, mais reconnaissance de l'amour réciproque qui se tisse entre la nature et moi-même. Le corps jouit parce que j'aime le soleil et non parce que je désire le faire jouir en le mettant au soleil ! C'est bien plus qu'une nuance ! Mais pour la saisir, il faut l'expérimenter. Dans la voie de l'*enchantement*, il y a abandon, acceptation de sa nature et de la nature, célébration de la grandeur divine par la jouissance de son univers. Cette voie ascendante ne brime pas le corps et ne lui impose guère d'ascèse, comme la voie descendante. Elle requiert cependant, elle aussi, une discipline car le danger ici n'est pas le glissement progressif dans le pouvoir, mais l'enlisement dans une sensualité où l'être humain, au lieu de s'unifier progressivement avec le Tout, se replie dans la recherche d'une autosatisfaction toujours déçue.

La danseuse sacrée, celle des temples du sud de l'Inde, la

danseuse de Bharata-Natyam qui exprime, avec et au nom du peuple, la tension érotique qu'elle ressent pour le grand Tout cosmique est, elle aussi, une représentante de la voie ascendante. Cependant, à l'instar d'une prêtresse ou d'une moniale, son partenaire n'est pas un amant mais Dieu lui-même et, à ce titre, sa danse participe à la fois de la voie de l'enchantement et de la troisième voie, celle du dépouillement et du renoncement à soi-même. Par la beauté de son art, elle enchante et symbolise la danse cosmique de Shiva, jonglant avec les mondes. Par son élan vers la divinité, elle abandonne le Paradis terrestre pour « Cela » qui est au-delà de toute manifestation. La scène représente l'univers, la danseuse l'humanité. Son art, qui demande une extrême virtuosité, implique une parfaite intégration des diverses parties du corps les unes avec les autres, du corps avec la psyché, et de la danseuse avec la musique et les musiciens. Il y a donc unification ou tentative d'unification à tous les niveaux. J.B.S. Haldane me confia un jour que les deux seules danses qui méritent d'être vues sont le Bharata-Natyam et la danse des abeilles. Je lui laisse la responsabilité de ses paroles.

Le Bharata-Natyam est composé selon des règles strictes. Certaines danses sont rythmiques, d'autres poétiques et expressives, d'autres encore, comme le *varnam*, alternent les deux formes. Le *varnam* est une danse de longue durée, une demi-heure environ, épuisante dans la chaleur de l'Inde, et qui pourtant n'a de véritable impact que si elle est exécutée avec le sourire le plus ineffable et une absence apparente d'effort qui rend le corps de la danseuse véritablement glorieux. Il y a d'abord un poème, dit par le chanteur qui est aussi le maître à danser, murmuré et mimé par la danseuse qui, avec ses gestes et les expressions de son visage, en transmet l'essence. Le texte exprime toujours la nostalgie de la créature pour son créateur, c'est-à-dire son désir d'accéder à la supraconscience. Le chant et la danse sont parfaitement intégrés, soutenus par un petit orchestre comprenant principalement l'équivalent d'une basse continue et des percussions. Ensuite vient un intermède rythmique pur. Comme dans une fugue, un contrepoint corporel se construit : d'abord le regard et les yeux animés d'un mouvement latéral, puis la tête qui commence à battre un rythme en sens inverse, ensuite les mains, les bras et les épaules qui amorcent un autre rythme en contrepoint avec le précédent, enfin les jambes, les chevilles munies de clochettes et les pieds qui frappent le sol et complètent l'architecture de la danse qui, à ce stade, est à la fois mouvement et musique. Dans un troisième temps, le poème est repris mais cette fois associé au rythme. Tout est alors unifié : poème, sentiment et expression du visage, rythme battu par les percussions et rythmes multiples du corps de la danseuse, musique et mouvement, temps et espace. Seule manque souvent, chez la plupart des danseuses que j'ai vues en Inde, l'expression mystique ou plutôt l'impression mystique faite d'intériorité et de joie sereine qui, au centre du rythme cosmique que symbolise la danse, représente l'œil du cyclone, l'immobilité au cœur du mouvement, l'un au cœur du multiple.

Cela, je l'ai perçu avec netteté chez Malavika au temps où elle dansait le Bharata-Natyam dans son inimitable pureté originelle. Bien d'autres Indiens, plus experts que moi, partageaient ce point de vue y compris son maître à danser, Ellappa, qui, outre le génie de la musique et de la danse, possédait un rayonnement et une simplicité proches de ceux de François d'Assise. Sa maison était petite et nue, murs blancs et sol bétonné, nattes roulées dans un coin que l'on étendait la nuit pour dormir, coffres et malles remplis de vêtements qui étaient là comme pour suggérer un prochain départ. Une armoire surmontée d'images pieuses faisait office d'autel pour la prière. Seule la cuisine était mieux fournie. Ellappa chantait et frappait le rythme au cours des leçons qu'il donnait tout au long de la journée. Les compositions tant musicales que chorégraphiques étaient de son invention. Avec quelques gestes des mains, il transmettait à la danseuse ce qu'il attendait d'elle mais jamais il ne se levait pour danser lui-même. Un peu d'encens brûlait dans un coin, une cruche d'eau et des verres étaient tapis dans un autre. Et de temps en temps, comme pour se détendre, Ellappa crachait un long jet de salive rouge - il mâchait du *pan*, sorte de noix de bétel enrobée de feuilles - par la fenêtre. Bien que celle-ci, comme toutes celles des maisons indiennes, fût munie d'épais barreaux, je n'ai jamais vu le jet s'écraser contre l'un d'eux ou éclabousser les murs de la pièce.

Il serait injuste de ma part de ne pas citer d'autres artistes dont le talent égalait ou surpassait dans certains domaines celui de Malavika. La vénérable Balasarasvati aux expressions émouvantes, la jeune Padma Subramanyam dont la plastique et les équilibres n'avaient pas d'égal, la rigoureuse Yamini Krishnamurti dont les rythmes impeccables ressemblaient aux traits d'un artiste zen ou aux coups de pinceaux dépouillés d'un Matisse arrivé au faîte de son art, Kamala Laxman et bien d'autres encore qui me firent frémir et pleurer. Mais la prière du cœur n'émanait d'aucune d'entre elles avec la puissance silencieuse que manifestait Malavika dès son entrée en scène.

La troisième voie est celle de l'*être*. C'est la voie directe, centrale, ni ascendante, ni descendante, celle qui comme une flèche atteint son but et rejoint l'Unique, le centre de la cible. C'est la voie monastique, celle du dépouillement et du silence, réservée à quelques êtres hors normes vivant dans des conditions exceptionnelles. C'est la voie du « je suis ». Le corps n'est ni négligé, ni rejeté, ni frustré. Tout refoulement n'aboutit qu'à induire une compression des énergies instinctives qui tôt ou tard jaillissent avec force comme le pétrole lorsque le foret atteint le gisement. Dans la voie de l'*être*, le partenaire du jeu érotique de la vie n'est pas humain. Ce partenaire, c'est le « JE » cosmique dont l'étreinte amène la grande mort, celle de *l'ego*, comme l'étreinte des amants amène la petite mort induite par l'orgasme. Le jardin d'Éden, *gan Eden*, devient le « jusqu'à ce qu'il joue », *ad naguen* : la musique caresse de ses sons l'oreille du moine comme la main de l'amant caresse de ses doigts le corps de l'amante.

Bon gré, mal gré, par curiosité et par suite de coïncidences, j'ai été amené à explorer un peu, si peu que ce soit, chacune de ces trois voies. Je n'ai rien fait d'autre que d'y tremper un orteil prudent comme un nageur frileux qui redoute de se lancer dans les eaux fraîches d'une mer inconnue. Cela m'a permis de faire beaucoup d'expériences, car la spiritualité est expérimentale au même titre que la science. Cela m'a contraint à suivre une voie moyenne, non pas celle dont parle Gautama le Bouddha, mais une voie faite d'une mosaïque plus ou moins cohérente des trois autres. Peut-être est-ce la meilleure façon de progresser, peut-être même est-ce la seule pour l'homme ordinaire que je suis. Ces lignes ne s'adressent-elles pas à d'autres hommes ordinaires qui ne pourront jamais, pas plus que moi, vivre la montée de la *kundalinî* d'un yogi, les ravissements mystiques d'un Joseph de Copertino ou la fusion avec le « JE » de ceux qui ont franchi la nuit, traversé la mort, sauté au-delà du néant comme sans doute l'avait fait en son temps Jean de la Croix ?

*
* *

J'éteignis ma lampe pour contempler la nuit à travers la fenêtre de mon appartement, celle qui à l'est donnait sur le désert. Elle était entourée d'une guirlande de verdure. Pendant la journée, son ombre légère me rafraîchissait la vue, bien qu'elle n'atténuât guère l'implacable lumière du soleil réverbérée par le sable et les roches. À cette heure tardive, les feuilles émettaient une douce odeur de sève. Les collines étaient obscures, d'un noir profond qui contrastait avec le bleu faiblement lumineux du ciel nocturne. Derrière le plus élevé des escarpements, se dessinait un gros nuage aux bords festonnés et joufflus dont la blancheur reflétait encore la luminosité rémanente d'une journée depuis longtemps achevée. J'eus une vision, non celle d'un visionnaire, d'un voyant ou d'un illuminé, mais celle familière aux artistes qui tout à coup voient dans toute sa perfection le tableau qu'ils vont peindre. Chez moi, ces visions sont surtout dynamiques, comme une courte scène qui se déroule sous mes yeux, et assorties d'un accompagnement sonore, parlé ou musical. Peut-être, plutôt que scientifique et philosophe, aurais-je dû devenir metteur en scène ! Au sommet de la montagne devant moi, aussi obscur que la roche qui le portait, je voyais Shiva Natarâjâ, le danseur cosmique. Frappant le sol du pied droit, il dansait du pied gauche et bénissait, protégeait, créait et dissolvait les mondes des mains de ses quatre bras. Le vent se leva et le nuage blanc sur lequel se découpait sa silhouette dériva lentement vers la gauche, découvrant une seconde image de Shiva, immense, remplissant le firmament tout entier et du même blanc que le nuage, semblable à un gigantesque reflet contrasté du danseur sombre qui, en équilibre sur une jambe, couronnait le sommet de la montagne. Une vibration profonde et ténue, presque imperceptible, se fit entendre, comme celle d'un orchestre qui s'accorde. Des phrases émergèrent, perçues intérieurement plutôt qu'entendues mais cependant parfaitement audibles et lentement articulées :

> Ivresse jubilatoire de la danse des mondes
> Explosion créatrice
> Folie sans limite du multiple
> Amour embrasé de la Présence totale
> Joie sans borne de l'Un
> Immobilité sans fin et fulgurance sans limite
> Silence absolu de la Conscience pure
> Cœur du cœur
> Néant source de l'Être
> Vide sans nom
> Absence d'au-delà du silence.

Ces mots résonnaient encore en moi lorsque, plus tard dans la nuit, je les notai. Mes collègues me prendront pour un fou, au mieux pour un mystique, pensai-je en m'endormant. Et pourtant, la science que j'ai tellement aimée et qui a tenu une si large place dans ma vie fait, elle aussi, partie de « Cela ». Mon seul égarement, partagé avec tant d'autres, fut de confondre la partie et le tout.

CHAPITRE 14

UNE BONNE NOUVELLE MAL REÇUE

Ô amie, réveille-toi ; ne dors plus ! La nuit est finie ; veux-tu aussi perdre ta journée ? [...] Kabir dit : « Celle-là seule s'éveille dont le cœur est percé par les flèches de sa parole ».

Kabir[182]

J'aimais me promener le long du Nil. Parfois aussi j'explorais les collines désertiques et je montais loin au-dessus du village. De là, les eaux du fleuve me paraissaient encore plus grandioses. Le silence rendait leur beauté plus émouvante. Ni bruit, ni présence humaine ne s'interposait entre elles et moi. D'autres jours, la solitude me pesait. Les visites de Leïla ne pouvaient suffire à combler le vide que je ressentais par instant. La vie érémitique est bien difficile : on en arrive à ne plus pouvoir supporter ni la foule, ni la solitude, ni l'agitation, ni le calme. J'avais envie de voyager à nouveau, de me rendre à Nag Hammadi, là où avait été trouvé le manuscrit copte de l'Évangile selon Thomas. Le village de Nag Hammadi n'était pas très éloigné à vol d'oiseau, mais m'y rendre eût été long et fatigant. De toute façon, je n'y aurais probablement rien vu et ce pèlerinage n'aurait été que de pure forme. Plus proche et combien plus explicite était le texte lui-même que j'arrivais maintenant à lire sans trop de difficultés dans la langue originale. La beauté des caractères coptes me ravissait et la densité du message me bouleversait. Ce livre était pour moi un ami sûr et toujours disponible pour me réconforter dans les moments de tristesse. Était-ce une illusion de ma part ou l'expression d'une surprenante réalité ? J'avais souvent le sentiment que l'Évangile selon Thomas était relié, ne serait-ce que par une petite phrase de-ci, de-là, à la Bhagavad-Gîtâ, un texte indien composé par divers auteurs entre le quatrième et le troisième siècle avant notre ère, et au Banquet de Platon, écrit à peu près à la même époque. La doctrine tantrique, les joyeux contes de François Rabelais, les sages réflexions de René Descartes et même la pensée de Freud me semblaient y être déjà en germe. La vérité et la sagesse sont uniques. Parfois recouvertes des voiles du dogmatisme religieux ou déformées par les cultures propres à chaque civilisation, elles n'en restent pas moins inchangées depuis des millénaires. Seules les modalités du grand jeu de « cache-cache » ou de « qui-cherche-trouve » varient selon les lieux et les époques.

Les comparaisons de textes sont aussi un jeu auquel, si vous le voulez bien, nous nous livrerons ensemble, allant du simple vers le complexe, de phrases dont la similitude peut n'être due qu'au seul hasard à des versets entiers qui dispensent le même enseignement malgré l'espace et le temps qui les séparent.

Le repos. L'Évangile de Thomas nous dit : « Vous-mêmes, cherchez un lieu pour vous dans le repos de peur que vous ne deveniez cadavre et que l'on ne vous mange » (Log. 60 : 16 - 19)[7]. René Descartes renchérit : « Car bien que je n'aime pas la gloire par excès, ou même, si je l'ose dire, que je la haïsse, en tant que je la juge contraire au repos, lequel j'estime sur toute chose, toutefois aussi je n'ai jamais tâché de cacher mes actions comme des crimes »[1]. Cette déclaration, ajoute-t-il, ne peut « servir à me rendre considérable dans le monde ; mais aussi n'ai-je aucunement envie de l'être ». Les honneurs et la gloire empêchent le véritable repos, la tranquillité de l'esprit, le silence intérieur et, faute de celui-ci, nous cessons d'être vraiment vivants, nous devenons « cadavre », « considérable(s) dans le monde » mais dévorés par lui et perdus pour nous-mêmes.

L'authenticité. Les disciples interrogeaient Jésus et lui demandaient s'il fallait jeûner, faire l'aumône, comment prier, quel régime alimentaire suivre. Jésus leur répondit : « Ne dites pas de mensonge, et, ce que vous récusez, ne le faites pas » (Log. 6 : 7 - 8).

« Si vous jeûnez, vous engendrerez une faute pour vous-mêmes et si vous priez, vous serez condamnés et si vous donnez l'aumône, vous ferez du tort à vos esprits » (Log. 14 : 2 - 7). « Mangez ce que l'on mettra devant vous [...] car ce qui entrera dans votre bouche ne vous souillera pas, mais ce qui sortira de votre bouche, c'est cela qui vous souillera » (Log. 14 : 11, 13 - 16). Dans la Bhagavad-Gîtâ, Krishna n'est pas moins catégorique : « Abandonnant tous tes devoirs, ne viens qu'en moi chercher refuge » (BGE, XVIII : 66)[183]. « Tiens pour passionnel, le sacrifice offert avec la pensée des avantages qu'il procure ou même par (simple) ostentation » (BGE, XVII : 12). Nous voici très loin des disciplines, des devoirs et des rituels imposés par les Églises et bien plus proches du « Fais ce que voudras » et de l'Abbaye de Thélème de François Rabelais[184]. Ni Jésus-Thomas, ni Krishna, ni Rabelais ne prônent l'anarchie. Ils préconisent la spontanéité et plus encore l'harmonisation entre ce que l'on fait et ce que l'on pense ou ce que l'on sent. L'origine de tous les refoulements, et dès lors de toutes les maladies et de tous les vices, considérés eux-mêmes comme maladies de la psyché, doit être recherchée dans le conflit permanent introduit par des sociétés répressives entre nos devoirs et nos pulsions internes inexprimées. « Quand [le disciple] est partagé, il sera rempli de ténèbres » (Log. 61 : 17 - 18).

L'ivresse. « Seigneur ! Il y en a beaucoup autour du puits mais personne dans le puits » (Log. 74 : 1 - 3). Quelques siècles plus tôt, Démocrite disait déjà : « En réalité nous ne savons rien, car la vérité est au fond du puits ! »[156]. Existe-t-il un moyen de descendre au fond du puits et de boire son eau ? Jésus semble le penser. Il dit à Thomas, qui refuse de le comparer à qui que ce soit et de le prendre pour un ange ou pour un gourou : « Je ne suis pas ton Maître, car tu as bu et tu t'es enivré de la source bouillonnante que j'ai moi-même mesurée » (Log. 13 : 12 - 15). Quelle est cette eau bue au puits ou à la source qui enivre et donne accès à la connaissance ? « *In vino veritas* » dit le proverbe. Quant à l'oracle de la dive bouteille que va consulter Pantagruel, que lui dit-il ? Rien. Aucun mot. Aucun conseil. Juste un son cristallin, celui du verre que l'on choque : « Trinch », c'est-à-dire trinque, bois, célèbre le banquet de la vie. Il y a donc deux formes d'ivresse, celle qui dissipe l'illusion et nous fait voir la vérité, celle des « hommes ivres de Dieu »[185] et celle qui, au contraire, brouille notre entendement et nous plonge dans la torpeur. « Jésus a dit : je me suis tenu au milieu du monde et je leur suis apparu dans la chair. Je les ai trouvés tous ivres ; je n'ai trouvé parmi eux personne qui ait soif, et mon âme a souffert pour les fils des hommes parce qu'ils sont aveugles dans leur cœur [...]. Quand ils auront rejeté leur vin, alors ils changeront de mentalité » (Log. 28 : 1 - 7, 12 - 13). Cette même notion d'aveuglement, d'incapacité de percevoir le divin caché dans la chair est aussi exprimée dans la Bhagavad-Gîtâ : « Les égarés me méconnaissent, parce que j'ai assumé un corps humain ; ils ne reconnaissent pas mon essence suprême, ni [en moi] le Souverain Seigneur des êtres » (BGE, IX : 11). L'aveuglement est donc attesté par deux sources différentes. Quant à l'ivresse, elle est effectivement de deux natures, et il n'y a nulle contradiction entre le logion 13 et le logion 28 ; ils ne se réfèrent tout simplement pas au même type d'ivresse. Nous rencontrons ici un des premiers exemples des apparentes contradictions que l'on trouve tout au long de l'Évangile de Thomas. L'état de conscience dans lequel nous sommes est un état dualisé. Tout est donc toujours à double sens, d'où la multitude des interprétations erronées.

La famille. Un double sens analogue se manifeste à propos de la famille. Jésus ne dit-il pas : « Aime ton frère comme ton âme ; veille sur lui comme sur la prunelle de ton œil » (Log. 25 : 2 - 4) ? La Bhagavad-Gîtâ dit aussi : « Celui qui est harmonisé par le yoga [...], dont le soi est devenu le soi de tous les êtres, celui-là n'est pas affecté, lors même qu'il agit » (BGK, V : 7). Le mot *âtman* du texte sanskrit est traduit par soi, mais *âtman* signifie aussi âme. Aimer son frère comme son âme, c'est réaliser qu'il n'y a qu'une âme et que notre âme, c'est aussi l'âme de tous les êtres. D'autre part, Jésus n'hésite pas à proclamer : « Celui qui ne récuse son père et sa mère ne pourra devenir mon disciple et celui qui ne récuse ses frères et ses sœurs [...] ne sera pas digne de moi » (Log. 55 : 2 - 6). Les phrases du logion 16 sont encore plus dures ; il y déclare qu'il n'est pas venu « jeter la paix sur le monde » mais la guerre et la division dans la famille, entre le fils et le père, et il conclut : « Ils se dresseront solitaires » (Log. 16 : 12). Le même détachement de la famille est encouragé par la Bhagavad-Gîtâ : « S'abstenir de cet attachement qui rend passionnément lié à fils, épouse, maison ou toute autre possession [...] voilà ce qu'on proclame la connaissance » (BGE, XIII : 9, 11). Le texte indien est plus modéré et plus abstrait mais le sens en est le même. La lecture d'autres logia montre clairement que, de même qu'il y a deux ivresses, il y a deux familles : la famille selon la chair et la famille selon l'esprit : « Celui qui ne récuse son père et sa mère comme moi ne pourra devenir mon disciple, et celui qui n'aime son Père et sa Mère, comme moi, ne pourra devenir mon disciple. Car ma mère m'a engendré mais ma véritable Mère m'a donné la vie » (Log. 101 : 1 - 8). « Les disciples lui dirent [à Jésus] : tes frères et ta mère se tiennent à l'extérieur. Il leur dit : ceux qui en ces lieux font le vouloir de mon Père, ceux-là sont mes frères et ma mère. Ce sont eux qui entreront dans le royaume de mon Père » (Log. 99 : 1 - 7). Il est clair que ces logia dénoncent violemment l'attachement névrotique à la famille. L'oiseau, une fois adulte, doit quitter le nid sinon il ne pourra jamais voler de ses propres ailes. Le fils doit quitter la tutelle du père, mais le père doit l'y aider et ne pas l'infantiliser ou le castrer en le maintenant dans un état de dépendance. Le fils doit transcender l'amour qu'il porte à sa mère. Jésus ne favorise pas le complexe d'Œdipe, pas davantage qu'il ne favorise le népotisme. L'enfant doit acquérir son autonomie et reconnaître pour seul géniteur « Cela » qui lui a donné la vie. Une fois l'autonomie acquise, le père, la mère, les frères et les sœurs de la famille de chair deviennent comme tous les autres humains ; nous partageons avec eux la même âme et devons donc les aimer comme notre âme (Log. 25). Le logion 99 suggère en outre la possibilité de constituer une nouvelle famille basée sur une communauté d'aspiration spirituelle. Ces quelques logia contiennent donc trois enseignements distincts : l'autonomie et le détachement de la famille de chair, l'amour de tous les humains qui sont nos frères et avec lesquels nous partageons la même âme (c'est-à-dire la même conscience, le même « je »), et la reconstitution d'un groupement de type familial avec ceux qui « font le vouloir de mon Père ». Les deux premiers préceptes sont contenus en termes à peine différents dans la Bhagavad-Gîtâ et le troisième l'est implicitement.

Le terrain. L'Évangile de Thomas comporte également des aspects psychologiques. Il y a d'abord l'histoire de la paille que l'on voit dans l'œil de son frère et de la poutre que l'on ne voit pas dans le sien. La dernière phrase du logion est la plus intéressante : « Lorsque tu rejetteras la poutre de ton œil alors tu verras clair pour rejeter le brin de paille de l'œil de ton frère » (Log. 26 : 6 - 8). Autrement dit, pour soigner la névrose de son prochain, il faut d'abord voir la sienne et ainsi éviter de la projeter sur l'autre ; c'est un des préceptes majeurs de la psychanalyse. Il y a ensuite la notion de distance nécessaire ; un psychanalyste ne psychanalyse pas ses amis, « un médecin ne soigne pas ceux qui le connaissent » (Log. 31 : 3). Il y a celle de la motivation : « À celui qui a dans sa main, on donnera, et à celui qui n'a pas, même le peu qu'il a, on le prendra » (Log. 41 : 2 - 6). Pour recevoir, il faut déjà une grande richesse intérieure. Celui qui n'a ni courage, ni désir réel d'apprendre et d'évoluer, ne suivra ni enseignement, ni thérapie. La démarche même d'aller voir un autre pour apprendre signe le début de la guérison qu'elle soit physique ou psychologique. Il y a le problème du terrain, de la prédisposition, non dans le sens d'une prédisposition génétique mais dans celui d'une disposition à faire un travail sur soi-même : « On ne récolte pas des raisins sur les buissons épineux » (Log. 45 : 2). Les graines tombées sur la rocaille « ne prirent pas racine dans la terre ni ne firent lever d'épis vers le ciel » (Log. 9 : 7 - 8). Les gens rétifs et durs comme la rocaille refusent de voir leurs problèmes. S'ils consultent un thérapeute, ils s'arrangeront pour le récuser sous un prétexte quelconque. Jésus le dit finement dans un autre logion qui révèle une intelligence très profonde du psychisme humain : « Cherchez et vous trouverez. Mais ces choses sur lesquelles vous m'avez interrogé en ces jours et que je ne vous ai pas dites en ce temps-là, maintenant je tiens à les dire et vous ne vous en préoccupez pas » (Log. 92 : 2 - 7). Il y a un refus inconscient de savoir : on veut bien chercher, c'est-à-dire poser des questions, à condition de ne pas avoir de réponse. Quand on sent qu'on peut avoir une réponse (ou obtenir une guérison), on cesse de poser des questions, on trouve quelque prétexte pour interrompre sa thérapie ou on va consulter un thérapeute inefficace sachant qu'avec lui la névrose n'est pas mise en péril.

L'enfant. L'enfant a davantage la faveur de Jésus que la famille : « L'homme âgé ne tardera pas à interroger pendant ses jours un tout petit enfant de sept jours au sujet du lieu de la vie » (Log. 4 : 1 - 5). L'enfant de sept jours, c'est celui qui n'est pas encore circoncis, qui n'a donc reçu aucune marque, aucun conditionnement. Il est vierge de toute empreinte due à la culture. Ces empreintes, Jésus ne les approuve visiblement pas. À ses disciples qui lui demandent : « La circoncision est-elle utile ou non ? » Jésus répond en bon évolutionniste : « Si elle était utile (les darwiniens diraient : si elle présentait un avantage sélectif), leur père les engendrerait circoncis de leur mère » (Log. 53 : 2 - 5). Par ailleurs, chez le nouveau-né, les connexions interneuronales sont loin d'être définitives. Certaines d'entre elles disparaissent faute d'être utilisées. D'autres, au contraire, s'établissent sous la pression de l'environnement. Au bout de quelques années, les réseaux cellulaires se stabilisent. Mais à sept jours, le nouveau-né est encore riche de toutes les potentialités. Cette richesse et cette liberté, l'homme âgé doit se préparer à les retrouver au-delà de la mort. Le logion 4 se termine par cette phrase à la fois éloquente et sibylline : « Beaucoup de premiers deviendront derniers et ils seront unifiés ». Je suppose qu'elle fait allusion à une notion qui revient souvent dans les textes sacrés : la fin est semblable au commencement. « Il est le Premier et le Dernier », dit le Coran, « celui qui est apparent et celui qui est caché » (LVII,3). Le vieillard après sa mort redeviendra comme l'enfant avant sa naissance. Il n'y aura plus ni jeunes ni vieux, ni premiers ni derniers, mais un seul être unifié. Le petit enfant est souvent associé au thème de l'unification : « Ces petits qui tètent sont semblables à ceux qui entrent dans le Royaume » (Log. 22 : 3 - 4) et à celui de la nudité et du dépouillement : « [Vous] les déposez à vos pieds [les vêtements] comme les tout petits enfants, les piétinez, alors vous verrez le Fils de celui qui est Vivant » (Log. 37 : 7 - 11). Ce dépouillement symbolise évidemment l'abandon de nos habitudes de vivre et de penser. C'est l'abandon du personnage que nous jouons dans ce monde : « Le royaume du Père est semblable à un homme voulant tuer un grand personnage. Il dégaina l'épée dans sa maison et transperça le mur afin de savoir si sa main serait sûre. Alors, il tua le grand personnage » (Log. 98 : 2 - 7). Car pour tuer le personnage, il faut d'abord transpercer le mur de nos conditionnements, détruire notre cuirasse musculaire et caractérielle, disait Wilhelm Reich. C'est, en définitive, l'abandon de l'*ego* ou tout au moins de sa tyrannie : « Ne portant de haine à aucun être, amical et compatissant, détaché du mien et du moi » (BGE XII : 13). Il convient aussi d'abandonner les biens matériels (Thomas, Log. 63 et 64 ; BGE XVI : 15 - 19). Ceux-ci, non seulement fascinent les riches et les maintiennent dans l'illusion, mais ils les empêchent de trouver le repos du mental recommandé par les yogis, par Jésus et même par Descartes, car les riches sont « troublés par la multitude de leurs pensées, enveloppés dans les rets de l'égarement, attachés à jouir des objets de leurs passions » (BGE XVI : 16). Les intellectuels ne sont pas mieux traités : « Enchaînés à des réflexions sans fin dont la mort seule est le terme, sans autre but que le fruit de leurs désirs, convaincus que c'est ainsi que sont les choses » (BGP XVI : 11). « Le monde est sans Dieu, disent-ils, [...] il est un monde de hasard » (BGA XVI : 8). Les controverses actuelles, entre les scientifiques athées qui considèrent que l'évolution de l'univers est attribuable au seul hasard et les partisans d'un monde divin, étaient déjà clairement exposées dans la Bhagavad-Gîtâ, il y a 23 ou 24 siècles. Quant aux disciples, ils ressemblent étrangement aux généticiens apprentis-sorciers de notre époque : « Ils ressemblent à des gamins installés dans un champ qui n'est pas le leur. Quand viendront les maîtres du champ, ils diront : libérez-nous notre champ » (Log. 21 : 4 - 9). À notre époque, il s'agirait sûrement d'un champ de maïs transgénique !

Le désert. Le dépouillement amène alors au vide, au désert : « Quand le disciple est désert, il sera rempli de lumière » (Log. 61 : 15 - 16), à la pauvreté : « Heureux êtes-vous, les pauvres, parce que votre royaume est le royaume des cieux » (Log. 54 : 2 - 3), et à la solitude : « Heureux êtes-vous, les solitaires et les élus, parce que vous trouverez le Royaume » (Log. 49 : 2 - 3). La solitude est l'aboutissement de l'autonomie prônée par Jésus et du détachement de la famille de chair.

La vision. Nu, désert, unifié, libéré de ses conditionnements, l'homme « voit » alors « la réalité » : « Lorsque vous faites le deux Un [...], lorsque vous faites des yeux à la place d'un œil, et une main à la place d'une main, et un pied à la place d'un pied, une image à la place d'une image, alors vous entrerez dans le Royaume » (Log. 22 : 9, 17 - 21). Comme le dit plus explicitement la Bhagavad-Gîtâ, il faut mettre l'œil divin à la place de l'œil humain : « Mais moi [Krishna] tu ne peux me voir par cet œil qui est tien ; je te donne l'œil divin » (BGE XI : 8). L'œil divin qui voit « la réalité »[186] sans grille de décodage, c'est l'œil de Jean le Baptiste. Aucun ne le surpasse, dit Jésus, « parce que ses yeux ne sont pas brisés » (Log. 46 : 5). Néanmoins, il ajoute : « Celui qui parmi vous deviendra petit connaîtra le Royaume et surpassera Jean » (Log. 46 : 7 - 9). Ce regard neuf sur le monde, c'est celui qu'acquiert l'alchimiste ayant accompli le grand œuvre. La dernière page du *Mutus liber* porte la mention *oculatus abis*, tu t'en vas clairvoyant, c'est-à-dire avec de nouveaux yeux, avec un regard non brisé[187].

*
* *

Cette notion de « vision » non conditionnée qui permet de voir avec les yeux divins me conduit à reconsidérer le mythe de la caverne de Platon. Je le résume brièvement pour ceux qui n'en auraient pas gardé la mémoire. Platon compare les êtres humains à des prisonniers attachés à des piliers dans une caverne dont ils ne peuvent voir que le fond. Les liens qui les enserrent ne leur permettent pas de se retourner pour regarder la lumière qui pénètre par l'ouverture de la grotte. À l'extérieur, se trouvent d'autres êtres, libres d'aller et de venir. Les prisonniers ne peuvent les apercevoir. En revanche, ils voient leur ombre projetée sur le fond de la caverne. L'ombre projetée, c'est la vision que nous avons de ce monde. Les êtres libres à l'extérieur, c'est la « réalité ». Cette « réalité » inaccessible aux prisonniers constitue les archétypes fondamentaux originels. Les ombres ne sont que des images secondaires obscures et déformées. En Inde, le mythe platonicien a pour correspondance l'histoire de la corde : celle que voit le promeneur dans la nuit et qu'il prend pour un serpent. Le promeneur terrorisé est cloué sur place. Seule l'arrivée d'un autre voyageur portant une lampe lui permet de comprendre sa méprise et de « voir » la « réalité ». Le Rabbi Jésus a-t-il connu l'œuvre de

Platon ? Rien ne le prouve, mais rien ne le dément. Ce qui est certain, c'est que le logion 22 qui incite l'homme à retrouver l'unité, à faire le deux Un, l'incite aussi à remplacer un œil, une main, un pied et une image par un autre œil, une autre main, un autre pied et une autre image. Nous avons déjà compris grâce à la Bhagavad-Gîtâ que c'est l'œil humain qu'il faut remplacer par l'œil divin. Qu'en est-il de l'image ? Henri Maldiney dans un article intitulé *Image-regard*[188] remarque qu'il ne faut pas confondre l'image (en grec *eikôn*, en copte *hikôn*) avec la ressemblance (en copte *eïne*). Il ajoute : « Notre reflet dans un miroir est à la ressemblance de notre moi *mondain* qui lui-même est le reflet déchu et compromis de notre moi authentique ». Le moi mondain, c'est l'ombre profilée sur le mur de la caverne, c'est le personnage qui, comme l'œil humain, c'est-à-dire l'œil brisé, doit être remplacé par son équivalent divin, lumineux, authentique, « réel ». Les explications données par les logia 84 et 88 sont tout à fait claires à cet égard : « Les jours où vous voyez à qui vous ressemblez (littéralement : les jours où vous voyez votre ressemblance, *eïne* dans le texte de Thomas), vous vous réjouissez. Mais lorsque vous verrez vos modèles (littéralement : image, *hikôn* dans le texte) qui au commencement étaient en vous, qui ne meurent, ni ne se manifestent, qu'est-ce que vous supporterez ! » (Log. 84 : 2-7). « Les messagers (*angelos*) viendront vers vous avec les interprètes (*prophêtês*) et ils vous donneront ce qui est vôtre. Et vous aussi, ce que vous détenez, donnez-le-leur » (Log. 88 : 2 - 5). Ces versets sont proches d'un texte gnostique plus tardif, cité par Maldiney : « Je viens à la rencontre de mon image et mon image vient à ma rencontre. Elle m'accueille affectueusement et m'embrasse à mon retour de captivité »[188]. Par l'entremise de l'interprète, du prophète, du saint, notre image et nous-mêmes pouvons nous rejoindre. Cette rencontre, c'est donc celle de notre archétype personnel, de notre être spirituel authentique avec notre moi mondain, l'ombre de notre être spirituel.

Le « Royaume » et le « monde » sont deux autres concepts clés de l'Évangile de Thomas. Dix-neuf logia sur cent quatorze font référence au Royaume. Onze logia se réfèrent au monde. Parmi ceux-ci, deux logia mentionnent à la fois le Royaume et le monde. L'un des deux nous incite à veiller « en face du monde », à veiller avant que le voleur n'arrive « pour ne pas laisser percer un trou dans la maison de son Royaume, pour en emporter les affaires » (Log. 21 : 17 - 20). L'autre proclame : « Si vous ne jeûnez pas au monde, vous ne trouverez pas le Royaume » (Log. 27 : 1 - 2). Dans les deux cas, le monde est dangereux ; il faut l'éloigner comme un voleur, ou s'en éloigner, c'est-à-dire s'en abstenir, le jeûne étant une abstinence. C'est seulement dans ces conditions, qui demandent de la vigilance, que le Royaume peut être préservé ou trouvé. Quel est ce monde qu'il faut tenir à l'écart ? « C'est une ténèbre », c'est-à-dire une ombre ; seule la « lumière en dedans d'un être lumineux » peut l'éclairer (Log. 24 : 6 - 10). C'est aussi une ivresse et un aveuglement (Log. 28, v. p. 240). Les hommes ne voient pas celui qui s'est « tenu au milieu du monde et [leur est] apparu dans la chair [...]. Quand ils auront rejeté leur vin, alors ils changeront de mentalité ». Ici, « changer de mentalité » est la traduction française du verbe grec *métanoeïn,* composé de *méta*, au-delà (comme dans métaphysique) et de *noeïn,* comprendre, penser. Ce verbe implique donc le passage à un autre mode de pensée, voire à un autre état de conscience. Quant à l'ivresse, c'est l'hébétude et non l'ivresse mystique citée dans le logion 13 (v. p. 239). Le monde est comparé à un cadavre : « Celui qui a connu le monde a trouvé un cadavre [...], le monde n'est pas digne de lui » (Log. 56 : 1 - 5). Mais, par ailleurs, comme le conseille le logion 60, il convient de chercher le repos, sinon on devient cadavre, et alors on est mangé (v. p. 238). Le monde n'est pas davantage digne de celui qui se trouve lui-même (Log. 111), car se trouver soi-même c'est trouver son image, son étincelle divine. C'est trouver la partie de soi-même qui émerge dans la supraconscience.

Le Royaume, c'est le trésor caché qu'on ne découvre qu'en labourant (Log. 109). C'est la perle que le marchand n'hésite pas à acquérir en vendant tous ses biens (Log. 76). C'est la graine de moutarde, la plus petite des semences qui produit une grande tige (Log. 20). C'est le levain qui, introduit dans la pâte, fait lever le pain (Log. 96). C'est donc un petit rien qui fait lever (la pâte) ou s'élever (la tige). Ce petit rien, ne serait-ce pas le passage de l'état de conscience dualisé à un état de conscience unifié ? Car du Royaume, « on ne dira pas : voici il est ici ou voilà il est là ! Mais le royaume du Père s'étend sur la terre et les hommes ne le voient pas » (Log. 113 : 5 - 8). Aux disciples qui demandent quand viendra le monde nouveau, c'est-à-dire le Royaume, Jésus répond : « Ce que vous attendez est venu, mais vous, vous ne le connaissez pas » (Log. 51 : 7 - 8). Le monde est cadavre, aveuglement, torpeur, ténèbres. Le Royaume est vie, facteur de croissance, vigilance et lumière ou plutôt feu : « Celui qui est près de moi est près de la flamme, et celui qui est loin de moi est loin du Royaume » (Log. 82 : 1 - 3). Joël Goldsmith, d'origine juive, de religion protestante, nourri aux mamelles de la Bible et grand connaisseur de la tradition hindoue, n'hésite pas[189]. Pour lui, l'état de conscience dualisé est un état d'hypnose, qu'il appelle l'*hypnose universelle* entretenue par le mental collectif humain. L'éveil consiste à « voir » la « réalité » transcendante. Le Royaume est donc non local et intemporel. « Comme vous êtes issus de lui [le Royaume], vous y retournerez » (Log. 49 : 4 - 5). « Heureux celui qui était déjà avant qu'il n'existe » (Log. 19 : 2 - 3). « Je suis le commencement, le milieu et la fin des êtres » (BGE, X : 20). « Fendez du bois : je suis là ; soulevez la pierre et vous me trouverez là » (Log. 77 : 6 - 8). « Celui qui Me voit partout et voit tout en Moi, pour lui Je ne suis jamais perdu, de même qu'il n'est jamais perdu pour Moi » (BGA, VI : 30). « Mais le Royaume est le dedans de vous et il est le dehors de vous » (Log. 3 : 7 - 8). « Si l'on vous interroge : quel est le signe de votre Père qui est en vous ? Dites-leur : c'est à la fois un mouvement et un repos » (Log. 50 : 15 - 18). « Extérieur et intérieur aux êtres, immobile et mobile, à cause de sa subtilité, il est incompréhensible ; il est loin et il est tout proche » (BGE, XIII : 15).

*
* *

L'analyse de l'Évangile de Thomas et de la Bhagavad-Gîtâ confirme donc celle d'autres textes cités dans cet ouvrage. Elle confirme aussi mon expérience personnelle et les enseignements que j'ai reçus. Il existe deux états de conscience. L'état de conscience dualisé correspond au regard brisé, à « ce monde », à notre moi « mondain », aux ombres projetées sur le fond de la caverne. L'état de conscience unifié correspond au regard non brisé de Jean-Baptiste, au Royaume, à notre être lumineux - c'est-à-dire à notre véritable image (*hikôn*) -, à la « réalité » extérieure de la caverne de Platon. Ces mêmes textes mentionnent aussi les trois voies d'accès à l'unification que j'ai décrites dans le chapitre précédent. Les citations suivantes ne laissent guère de doute à cet égard.

La voie de l'*action*, c'est une voie volontariste, celle de la discipline unitaire, qui implique le contrôle du mental, de l'énergie et du corps. C'est la voie de « ceux qui se sont débarrassés des désirs, délivrés des couples des contraires » (BGE, XV : 5), « libérés de la paire des opposés » (BGK, XV : 5). C'est l'unification harmonieuse du corps et de la psyché, qui exclut toute domination de l'un sur l'autre. Dans l'Évangile de Thomas, n'est-il pas écrit : « Pitoyable est la chair qui dépend de l'âme ! » (Log. 112 : 2) ? Le dieu Krishna approuve : « Les gens qui pratiquent une austérité terrible [...] torturent le groupe des éléments sis en leur corps et Moi aussi qui réside en leur corps » (BGE, XVII : 5 - 6). Si l'esprit ne doit pas brimer le corps, il n'est pas davantage question de permettre au corps d'entraîner l'esprit dans une sensualité sans contrôle. « Pitoyable est l'âme qui dépend de la chair » (Log. 112 : 3). « Car l'esprit errant çà et là qui suit la loi des sens, leur fougue en emporte la sagesse, comme le vent fait d'un navire sur les eaux » (BGE, II : 67). La voie de l'*action*, c'est aussi et surtout l'unification des polarités masculine et féminine par des pratiques tantriques. Dans l'Évangile de Thomas, Salomé, une des disciples de Jésus, dit : « Qui es-tu, homme ? Est-ce en tant qu'issu de l'Un que tu es monté sur mon lit, et que tu as mangé à ma table ? » (Log. 61 : 5 - 8). Les paroles mêmes de Jésus sont tout à fait claires à cet égard : « Deux se reposeront sur un lit : l'un mourra, l'autre vivra » (Log. 61 : 1 - 3)[190]. Deux sur un lit, c'est la dualité. Tant qu'on n'a pas fait le deux Un, on est soumis au cycle de la vie et de la mort. En revanche : « Lorsque vous faites le deux Un, et faites l'intérieur comme l'extérieur, et l'extérieur comme l'intérieur (lorsque l'on ne fait plus de différence entre le *monde 1* et le *monde 2*) et le supérieur comme l'inférieur (lorsque l'on réunit le pôle psychique et le pôle sexuel, c'est-à-dire lorsque l'on fait monter la *kundalinî*) afin de faire le mâle et le féminin en un seul pour que le mâle ne devienne mâle et le féminin ne devienne féminin (lorsque l'unité, c'est-à-dire l'androgyne, est réalisée, il n'y a plus ni homme, ni femme, mais un être humain qui possède en lui la double polarité) [...] alors vous entrerez dans le Royaume » (Log. 22 : 9 - 16, 21). Quand on a coupé le lien avec sa famille de chair, on est solitaire (Log. 16, v. p. 240) et « ce sont les solitaires qui entreront dans le lieu du mariage » (Log. 75 : 4 - 5). Ceux qui ont renoncé au monde sont prêts à vivre soit le mariage mystique avec la divinité, soit l'union physique et spirituelle avec un (ou une) partenaire. « Quand l'homme et la femme deviennent un, Tu es cet Un ; quand les unités sont effacées, Tu es cette Unité », dit le poète soufi[191]. Inversement, si l'on rompt cette unité (si l'on sort de l'état de conscience unifié), il y a lieu de s'affliger : « Quand le marié sort de la chambre nuptiale, alors, que l'on jeûne et que l'on prie ! » (Log. 104 : 6 - 7). Quitter la chambre nuptiale est une faute ; car c'est pour réparer une faute que l'on jeûne et que l'on prie. Jésus le dit clairement à ses disciples. Quand ceux-ci lui disent : « Viens, prions aujourd'hui et jeûnons », il leur répond : « Quelle est donc la faute que j'ai commise ? » (Log. 104 : 2 - 4). Dans l'Évangile de Thomas, comme dans de nombreux textes mystiques, il y a souvent une ambiguïté, qui semble voulue, entre l'union de l'homme avec la femme et l'union du mystique avec Dieu. La première mène à la seconde si elle est faite selon la discipline tantrique, c'est-à-dire selon la chair et l'esprit, mais la seconde ne requiert pas forcément la première.

La voie de l'*enchantement*, c'est le jardin d'Éden, c'est l'ivresse (Log. 13, v. p. 239) qui mène à l'exultation des hommes ivres de Dieu. C'est la manifestation de la pulsion de vie. « Je suis en toute chose le désir en harmonie avec l'ordre cosmique », dit Krishna (BGP, VII : 11). « J'ai jeté un feu sur le monde et voici que je le préserve jusqu'à ce qu'il embrase », dit Jésus (Log. 10 : 2 - 4). C'est la voie de celui qui aime son frère comme son âme (Log. 25, v. p. 240), dont « le soi est devenu le soi de tous les êtres » (BGK, V : 7, v. p. 240). C'est la voie de François d'Assise qui prêche aux oiseaux et qui parle à la nature, au frère soleil et à la sœur lune, la voie de « celui qui Me voit partout et voit tout en Moi » (BGA, VI : 30). C'est « le yogin qui s'appuie sur l'unité et M'aime en tous les êtres : de quelque façon qu'il vive et agisse, il vit et agit toujours en Moi » (BGA, VI : 31). C'est la voie de la dévotion mais aussi celle de l'amour réciproque de Dieu et de sa créature. Le dieu Krishna dit à Arjuna : « Tu m'es inébranlablement cher » (BGE, XVIII : 64). Il dit aussi : « Comme les hommes viennent à Moi, de même Moi aussi, Je vais au-devant d'eux » (BGK, IV : 11), tandis que Jésus dit à ses disciples : « Venez à moi parce que mon joug est efficient et que mon autorité est douce et vous trouverez pour vous le repos » (Log. 90 : 2 - 5)[192].

La voie de l'*être*, c'est la voie directe, la voie du « je suis » qui mène à la mort du « je » individuel et à sa fusion avec le « JE » cosmique. Elle est réservée à quelques élus. Sans doute est-ce de ceux-là dont Jésus parle quand il dit : « Je vous choisirai un entre mille » (Log. 23 : 1 - 2). Philippe de Suarez commente ainsi ce logion : « Le choix ou l'élection n'est pas fonction des dons que la créature met en valeur. Il est tout le contraire d'une affirmation personnelle et résulte plutôt d'une totale dépossession, d'une absolue transparence. Maître Eckhart traduit cette intuition fondamentale par une formule célèbre : « *Le regard par lequel je connais Dieu est le regard même par lequel Dieu me connaît* ». C'est le retour à l'Origine, l'Unification. L'élection représente en définitive non un privilège pour la créature mais un effacement de celle-ci »[193]. Que disent les textes sacrés à ce sujet ? Il convient d'abord de remarquer que, dans l'Évangile de Thomas, il est toujours fait référence au Père plutôt qu'au Dieu d'Israël, YHWH. Au premier abord, cette référence paraît étonnante car après tout Jésus était juif même s'il manifestait violemment son refus de la religion officielle. Elle surprend moins quand on lit soigneusement la Bible, car Dieu lui-même se présente à Moïse sous deux noms lorsqu'Il lui confie la mission de libérer le peuple juif. Il lui dit d'abord : « *Ehieh asher Ehieh* » (Je suis celui qui suis) et il ajoute : « Voici en quels termes tu t'adresseras aux enfants d'Israël : *Ehieh* (Je suis) m'a envoyé vers vous ». Il lui dit ensuite : « Tu parleras ainsi aux enfants d'Israël : YHWH, le Dieu de vos pères, le Dieu d'Abraham, le Dieu d'Isaac et le Dieu de Jacob, m'a envoyé vers vous. C'est le nom que je porterai à jamais, sous lequel m'invoqueront les générations futures »[194]. Dieu révèle donc à Moïse d'une part, son vrai nom : « Je suis », c'est-à-dire le *sujet pur*, le grand « JE » et d'autre part, le nom, YHWH, révéré par le peuple de génération en génération, autrement dit le nom que lui donne l'homme en ce monde. Le « JE » ou le « Je suis », c'est l'Un, la conscience cosmique, le sujet ultime. YHWH, c'est la divinité révérée par le monde ; elle est associée à la conscience dualisée, au bien et au mal, à la récompense et à la punition, au paradis et à l'enfer.

En égyptien hiéroglyphique[77], le mot père comporte trois caractères : le roseau fleuri (i), le rapporteur (t) et la vipère cornue (f). Accolés à un verbe, ces trois hiéroglyphes jouent le rôle de pronoms personnels suffixes et correspondent respectivement à *je* (aux deux genres), *tu* (au féminin) et *il*[195]. Père, c'est donc : *je*, *tu*, *il*. Le mot contient le sujet, la deuxième personne du féminin et la troisième personne : le Père « JE » cosmique, la Mère en tant que matrice de l'univers (c'est-à-dire l'univers potentiel) et l'univers actualisé (le troisième issu du Père et de la Mère). Voilà donc sous forme d'hiéroglyphes la conception tout entière de la création du monde telle qu'elle est donnée dans les *Tantra*[196]. Le *sujet pur,* le Père, se dédouble et donne naissance à la Mère, sa *shakti,* c'est-à-dire son énergie active qui elle-même engendre de sa matrice l'autre ou les autres, la multiplicité des « je » et des formes de ce monde.

Les juifs ont emporté avec eux de nombreuses connaissances ésotériques lors de leur exode d'Égypte. Jésus aurait donc pu choisir de parler du Père et non de YHWH, non seulement pour se démarquer des pharisiens et de la religion hébraïque officielle mais aussi parce que le mot Père comportait le concept de « JE », tant en égyptien que dans le copte qui en dérive. Ou peut-être est-ce là l'œuvre de Thomas ? Car, qui a écrit l'Évangile sinon Thomas dont on connaît l'intérêt pour l'Égypte et pour l'Orient puisqu'il a terminé sa vie en Inde ? Krishna déclare à Arjuna : « Je suis le Père de l'univers » (BGK, IX : 17). Thomas fait dire à Jésus s'adressant à Salomé : « Je suis celui qui est, issu de celui qui est égal[197] ; il m'a été donné ce qui vient de mon Père » (Log. 61 : 10 - 12), et aux autres disciples : « Si l'on vous dit d'où êtes-vous ? Dites-leur : nous sommes venus de la lumière, là où la lumière s'est produite d'elle-même ; elle s'est dressée et elle s'est manifestée dans leur image. Si l'on vous dit : est-ce vous ? Dites : nous sommes ses fils et nous sommes les élus du Père-le-Vivant. Si l'on vous interroge : quel est le signe de votre Père qui est en vous ? Dites-leur : c'est à la fois un mouvement et un repos » (Log. 50 : 2 - 18). Le Père est donc en nous, à l'intérieur de nous ; il est caractérisé par la non-dualité puisqu'il est égal, c'est-à-dire homogène[197], et à la fois mouvement et repos, c'est-à-dire qu'il représente l'union des contraires. Outre la composition hiéroglyphique du mot Père qui contient le « JE », l'adéquation entre Père et « JE » est suggérée par de multiples versets. Krishna ne dit pas à Arjuna « Moi, Krishna, suis le principe de toutes choses », mais il dit « Je suis le principe de toutes choses » (BGE, X : 8). Jésus dit : « Je suis la lumière qui est sur eux tous. Je suis le Tout » (Log. 77 : 2 - 3). Joël Godsmith arrive à la même conclusion. Pour lui, quand Jésus dit : « Je suis le chemin et la voie », il ne veut pas dire : « Moi, Jésus, suis le chemin et la voie ». Cette affirmation n'aurait aucun sens de la part de Jésus puisqu'il ne cesse de répéter que, de lui-même, il ne peut rien faire mais que c'est le Père qui fait les actes. Il faut donc comprendre, selon Goldsmith : « JE suis le chemin et la voie », ce « JE » est le « JE » de « Je suis celui qui suis » révélé à Moïse. Nos petits « je » individuels sont ses fils. La Bhagavad-Gîtâ le précise dans le verset 16 du chant XIII dont l'importance est telle que j'en donnerai plusieurs traductions. « Indivisible, il se présente comme divisé entre les êtres ; conservateur des êtres est ce connaissable » (BGE). « Indivisible, il réside dans tous les êtres, comme s'il était partagé. Il est ce qui soutient tous les êtres » (BGK). « Indivisé dans les êtres, il y semble divisé ; il porte les êtres, lui qu'il faut connaître » (BGL). « Présente tout entière en tout ce qui existe, cette conscience [ultime] est comme partagée. Il faut savoir qu'elle est, de tout ce qui existe, tout à la fois soutien, destruction, création » (BGP). Le « Il » de ces versets se réfère au *Brahman* qui, dans la Bhagavad-Gîtâ, est équivalent à *Cela, Père, l'Existant*. N'y est-il pas écrit : « Om ! tat ! sat ! : telle est la triple désignation traditionnelle du Brahman » (BGE, XVII : 23) ? *Om* est le son sacré, *Sat* participe présent de *As*, être, signifie : l'*Existant,* et *Tat* signifie *Cela*. La voie du Père, c'est la voie du « JE », la voie de l'*être*, la voie directe de la perte en Dieu.

*
* *

La journée s'était passée sans que je m'en aperçoive. J'avais écrit, écrit à n'en plus finir. J'avais tenté, par une multiplicité de mots, de phrases et de comparaisons, de comprendre et de faire comprendre la quintessence, « la substantifique moelle » des textes sacrés qui s'étaient trouvés sur ma route. Avais-je réussi à transmettre ce que je percevais, à montrer à quel point la bonne nouvelle de l'Évangile de Thomas avait été mal reçue, ignorée des uns, incomprise des autres ? Une analyse intellectuelle des textes permet d'en communiquer les concepts mais non la poésie. Ceux-ci doivent être lus directement et, une fois lus, ils doivent être vécus. Bientôt, j'arriverais au terme de ces promenades philosophiques. Il me serait alors loisible de vivre plus complètement ce que j'avais écrit. Car en somme j'écrivais ce que j'avais vécu, mais l'écrire me permettrait sans aucun doute de le vivre plus pleinement.

Je m'étirai et contemplai une fois de plus mes amies les étoiles. J'aime la lune mais, la nuit, elle me gêne car sa lueur m'empêche de contempler la Voie lactée et les constellations dans toute leur plénitude. C'est le soir, au crépuscule, que la lune m'apparaît le plus délectable. La veille, j'avais assisté à un spectacle magnifique et peu fréquent, mais qui me ravissait chaque fois qu'il m'était donné de le contempler. Au moment où le soleil virait du jaune doré à l'orangé, à l'instant même où il touchait l'horizon, la lune s'était levée de l'autre côté du ciel. Dans la lumière du jour finissant, elle semblait presque translucide, comme un disque de verre hâtivement recouvert d'une mince couche d'argent. Frère Soleil et sœur Lune s'étaient trouvés face à face pendant quelques secondes et moi entre les deux, tournant la tête alternativement à droite et à gauche pour les voir tour à tour. Soudain, je réalisai la vanité de mes efforts. En tenant la tête immobile, en regardant droit devant moi, je pouvais du coin des yeux apercevoir simultanément le soleil et la lune. Point n'était besoin de mouvement, ni d'agitation pour les inclure dans mon champ visuel. Ainsi les deux astres se rejoignirent-ils dans mon regard avant que la grande horloge cosmique ne poursuive inéluctablement sa route et que le soleil ne disparaisse dans l'ombre, tandis que la lune montait tout droit, pressée de prendre sa place au milieu du ciel.

En définitive, mon pessimisme n'était pas totalement justifié. La bonne nouvelle n'avait pas été mal reçue par tous puisqu'elle avait fait, et continuait à faire, mes délices. Elle avait réjoui le cœur de Philippe de Suarez, d'Émile Gillabert, de Jean-Yves Leloup et de bien d'autres. Il fallait cependant me rendre à l'évidence. Dans ce monde de dualité, les bonnes nouvelles mettent longtemps à être entendues, les mauvaises sont perçues immédiatement. Une grande partie de l'humanité, faute de comprendre que cette planète est, ou peut être un jardin d'Éden, se distrait avec des catastrophes. Un matin, il y a longtemps, alors que ma voisine de palier m'avait, une fois de plus, réveillé avec le bruit tonitruant de sa radio mise à plein volume, j'étais allé frapper à sa porte pour lui faire part de mes doléances. « Pourtant, me répondit-elle, je n'utilise guère la radio. Je n'écoute que les catastrophes ! ». Depuis lors, j'ai déménagé et j'ai perdu ma voisine de vue. Mais si un jour je la rencontre à nouveau, je lui offrirai un exemplaire de l'Évangile selon Thomas. Ou peut-être les quatre livres de François Rabelais.

CHAPITRE 15

L'ORDRE ET LE DÉSORDRE

L'ordre est le plaisir de la raison : mais le désordre est le délice de l'imagination.

Paul Claudel[14]

Le fils des propriétaires était venu passer quelques jours avec ses parents. Nous avions pris ensemble la tasse de café traditionnelle et partagé notre passion commune pour la vie du désert. Ahmed parlait un excellent anglais américain - il avait fait une partie de ses études aux États-Unis - et le métier d'informaticien qu'il pratiquait au Caire ne l'empêchait pas d'avoir une solide connaissance de la biologie des zones arides. À la suite de cet échange sympathique, nous avions décidé de faire une grande excursion. Dès l'aube, nous étions partis avec la jeep qu'il s'était procurée et avions visité dunes, plateaux et canyons. J'ai vu bien des déserts, et à chacune de mes explorations, j'ai été fasciné par leur beauté dépouillée. L'harmonie et l'ordre semblent y régner plus que partout ailleurs : on y trouve d'immenses surfaces parsemées de buissons d'un vert d'autant plus éclatant qu'il contraste avec le jaune ocré du sol. La régularité de leur disposition, la précision des distances qui les séparent sont telles qu'on les croirait plantés par un jardinier méticuleux. Et pourtant, ce sont les arbustes eux-mêmes qui règlent leur implantation en fonction de leurs besoins propres. Une trop grande proximité rendrait leur survie impossible. La terre est pauvre, l'eau est rare. Au printemps, ces buissons fleurissent. Je le sais pour en avoir vu de semblables au Sinaï. Ils sont alors entourés d'une nuée d'insectes, guêpes, mouches, papillons, qui forment autour de chacun d'eux une auréole bruissante et frémissante, mobile comme une flamme. Chaque buisson chante la gloire de la vie. Puis le calme revient, les fleurs se transforment en graines et, jusqu'au printemps suivant, seul le souffle du vent fait crépiter les tiges sèches.

La contemplation de ce spectacle m'avait lavé le cerveau, reposé des mots et des lettres qui étaient ma pâture quotidienne. Régénéré par cette journée de communion avec la nature, j'avais entrepris de mettre de l'ordre dans mes notes, les rangeant et les espaçant autour de moi comme les buissons au milieu desquels je m'étais promené.

L'insuccès de ma première tentative philosophico-scientifique m'avait appris la spontanéité. Le livre que j'avais entrepris d'écrire, puis abandonné, portait en germe son propre échec. Je m'étais cru obligé de lui donner une formulation conventionnelle, c'est-à-dire tronquée, bourrée de références et vide de moi-même. On connaît la suite. Depuis lors, au Mont Tabor, en Périgord et à Louxor, j'avais laissé courir ma plume sur le papier au gré de l'inspiration. Il me semblait extrêmement important de parler à la première personne, de n'introduire aucune césure artificielle entre les faits, mes pensées, mes émotions et mon histoire personnelle passée et présente[198]. La spontanéité de mon discours n'empêchait cependant pas un certain ordre de se dégager de ces pages qui recueillaient l'une après l'autre mes confidences. Les différentes façons de comprendre l'univers et d'en interpréter l'évolution commençaient à prendre un sens et se révélaient complémentaires plutôt que contradictoires[199].

Reprenons l'exemple de la lumière rouge qui frappe la rétine, déclenche des influx nerveux qui eux-mêmes stimulent des neurones cérébraux. Les processus physiques et chimiques mis en jeu sont apparemment connus, compris et objectifs. Ils nous apparaissent comme tels parce que nous avons créé activement une représentation cohérente du phénomène. La sensation du rouge, en revanche, ne s'explique pas. La sensation est inexplicable parce qu'elle est perçue passivement. C'est donc notre attitude envers le monde, active ou passive, qui déterminera le point de vue. Ce sera soit l'ensemble des processus physiques et physiologiques de la vision résultant d'un travail de compréhension, d'interprétation et d'expérimentation - autrement dit d'un *agir-sur-le-monde* -, soit la sensation visuelle du rouge, vécue, perçue, constatée qui constitue un des aspects de ce que j'ai appelé *vivre-le-monde*. Le scientifique, ou plutôt le *mécanisme interprète* de son cerveau gauche, construit une structure cohérente dont l'analyse aboutit de proche en proche à des molécules, à des atomes et à des particules. Ensuite, l'intelligibilité du processus commence à lui échapper ; on en arrive à un réel voilé inaccessible, à des « objets », à la fois ondes et corpuscules, eux-mêmes fluctuants puisque la matière peut se transformer en énergie et l'énergie en matière. Seule constante véritable, l'énergie et les nombres quantiques qui en régissent les transformations. Mais les nombres quantiques n'expliquent rien ; ils résultent d'observations.

Dire d'un électron que son aspect corpusculaire est la « cause » de son aspect ondulatoire ou inversement n'est pas acceptable pour un physicien. Corpuscule et onde sont deux aspects différents d'une même réalité. Introduire une relation de causalité entre les processus physiologiques mis en jeu par un rayon lumineux frappant la rétine et la sensation perçue consciemment me paraît tout aussi inacceptable[200]. J'aimerais proposer l'hypothèse suivante : l'état de conscience dualisé qui est le nôtre engendre une double représentation du monde. Cette dualité s'exprime à tous les niveaux et semble opposer le *monde 1* collectif aux *mondes 2* individuels qui eux-mêmes s'opposent entre eux. Le processus explicatif de la connaissance scientifique, fabriqué par notre *mécanisme interprète*, semble s'opposer à la sensation perçue mais inexplicable en termes de mots et de concepts. Le bien s'oppose au mal ; le beau au laid ; la santé à la maladie ; la psychophysiologie à la psychanalyse ; l'expérimentation objective à l'introspection subjective ; les comptes rendus scientifiques aux textes sacrés des traditions anciennes. Toutes ces oppositions ne pourraient-elles être la résultante de notre état de conscience ? Le problème consisterait alors, non à chercher des relations de causalité, mais à passer d'un état de conscience dualisé à un état unifié. Les « yeux non brisés » de Jean-Baptiste (Log. 46 : 5) signifieraient, dans le langage simple du copte évangélique, la vision unitaire d'un monde perçu à partir d'un état de conscience unifié. L'état de conscience dualisé entraînerait, en revanche, une brisure dans notre vision (c'est-à-dire dans notre représentation), comme la lumière blanche est brisée par le prisme en ses différentes composantes colorées. Dans ce contexte, on comprend alors l'humour contenu dans le logion 29 de l'Évangile de Thomas :

« Si la chair s'est produite à cause de l'esprit, c'est une merveille » (c'est le point de vue des spiritualistes et des idéalistes ; le monde est fait de représentations que projette notre conscience) (Log. 29 : 2 - 3).

« Si l'esprit s'est produit à cause du corps, c'est une merveille de merveille » (c'est le point de vue des matérialistes, la conscience est un produit du cerveau, lui-même constitué de matière) (Log. 29 : 4 - 5). L'ironie transcendante et la surprise jaillissent des trois derniers versets de ce même logion :

« Mais moi, dit Jésus, je m'émerveille de ceci : comment cette grande richesse s'est mise dans cette pauvreté » (Log. 29 : 6 - 8). Dans l'Évangile de Thomas, la richesse, au sens figuré, est toujours exprimée en langue copte. La racine du mot est *ro,* la même que celle de riche (pris aussi dans le sens figuré), roi, royaume, bouche et porte. En revanche, quand il s'agit de riche dans le sens propre, celui du mauvais riche attaché à ses possessions, c'est le mot grec *plousios* qui est employé. Dans le logion 29, c'est le mot copte qui est utilisé. « Cette grande richesse », c'est donc le Royaume, c'est-à-dire - si les conclusions des chapitres précédents sont exactes - le monde tel qu'il est perçu par la conscience unifiée. « Cette pauvreté » serait alors ce monde-ci, tel qu'il est perçu par notre conscience dualisée. Jésus et Thomas se moquent. Est-ce l'esprit qui crée la matière ? Est-ce la matière qui crée l'esprit ? Bêtise que tout cela, pauvreté d'une conception dualiste du monde. C'est l'histoire de l'œuf et de la poule. Où est l'effet ? Où est la cause ? Comment la conscience unifiée, cette grande richesse pour laquelle esprit et matière sont deux aspects d'une seule et même chose, a-t-elle pu se dégrader et se dualiser au point d'en arriver là, c'est-à-dire d'en arriver à une controverse d'une telle pauvreté ?

*
* *

Je voudrais maintenant proposer au lecteur un exercice d'imagination. Nous tenterons de reconstituer l'évolution de l'univers telle que pourrait la concevoir une conscience dualisée. Ensuite, nous imaginerons l'univers tel que pourrait le voir ou le penser une conscience unifiée. Enfin, nous reviendrons à des hypothèses scientifiques plus conformes à la pensée de notre époque.

Comme je l'ai suggéré dans le chapitre 11, certaines des caractéristiques attribuées à l'univers par les scientifiques les plus farouchement athées sont semblables à celles que les croyants attribuent à Dieu. D'autres caractéristiques de l'univers le rapprochent d'un être vivant puisqu'il aurait la faculté de se reproduire et serait doué d'intelligence. Il pourrait aussi être considéré comme une sorte de gigantesque ordinateur. Un tel ordinateur est théoriquement possible. Les « objets » quantiques tout comme les macromolécules biologiques peuvent constituer des systèmes informatiques capables de traiter un grand nombre d'informations (v. pp. 323 sq. et pp. 331 sq.). En vertu de la loi des poupées russes, l'univers-ordinateur aurait contenu en germe des génomes-ordinateurs. Certains de ceux-ci contenaient eux-mêmes à l'état potentiel d'autres ordinateurs, les systèmes nerveux centraux dont sont pourvus de nombreuses espèces animales, dotés comme les précédents d'une « intelligence naturelle ». L'un d'entre eux, le cerveau humain, est, de plus, doué de la faculté de réfléchir à lui-même, de la faculté d'imaginer avec son *mécanisme interprète* des théories vraies ou fausses, et de la faculté de posséder une volonté propre (ou ce qui lui paraît comme tel) et en conséquence des buts et des intentions.

Avec le cerveau humain apparaît donc, de façon incontestable, la notion de finalité. Si l'apparition d'un tel cerveau était inévitable, tôt ou tard, ici ou là, il ne serait donc pas faux de dire que la finalité - cachez ce mot que je ne saurais voir ! - existait en germe dès le début de l'univers lui-même. Les adeptes de la secte athéiste formulent l'hypothèse que les caractéristiques des premières particules qui conditionnent le développement ultérieur de tout l'univers sont dues au hasard. Cela n'explique pas l'existence de l'énergie primitive, ni l'émergence, à partir du seul hasard, de l'intelligence, d'une volonté apparemment libre, et surtout de la conscience. La croyance en un Dieu tout-puissant est tout aussi arbitraire. Elle contient, elle aussi, une contradiction flagrante. Comment un Dieu supposé être « pur esprit » (personne ne sait ce que cela veut dire, mais toutes les religions en parlent) pourrait-il créer de rien (c'est le terme employé par les créationnistes) une énergie dont la structuration a donné naissance au monde que nous connaissons ? C'est une hypothèse d'autant plus absurde que Dieu, s'il existe, ne crée pas de rien puisque lui-même existe. Il crée à partir de lui-même, c'est-à-dire d'une conscience. En définitive, selon les uns, au commencement étaient l'énergie et le hasard et, selon les autres, la conscience divine. Je propose une troisième voie, à mon sens plus vraisemblable : au commencement étaient l'énergie et la conscience, les deux propriétés fondamentales, irréductibles à quoi que ce soit d'autre, de l'être primordial dont l'existence restera toujours un mystère : le mystère de savoir pourquoi il existe quelque chose plutôt que rien, mystère d'autant plus grand qu'à ce niveau il n'y a pas de commencement puisque l'énergie-conscience est hors de tout temps et de tout espace. C'est, diraient les philosophes, une situation de fait et non de droit. Nous constatons. S'il n'y avait rien, nous ne pourrions pas constater. Je doute même qu'il soit possible que « quelque chose existe » s'il n'y a pas de conscience pour l'observer. Il s'agirait là d'un de ces nombreux paradoxes d'autoréférence auxquels il sera fait allusion dans l'Annexe 3. Quant à la croyance en une création *ex nihilo*, elle est en contradiction flagrante avec les textes traditionnels que j'ai étudiés. « Ceux qui sont morts ne vivent pas, et les vivants ne mourront pas » (Log. 11 : 4 - 5). Le texte copte, toujours concret et imagé, est confirmé par le texte hindou de la Bhagavad-Gîtâ, plus abstrait et donc plus accessible à nos psychismes occidentaux : « Ce qui n'est pas ne peut venir à l'être, et ce qui est ne peut cesser d'être » (BGP, II : 16).

Dire de l'univers, du génome et du cerveau que ce sont des ordinateurs naturels, c'est proclamer une évidence. Le mot *ordinateur* existait en français bien avant l'apparition des ordinateurs artificiels ; il avait à peu près le même sens qu'ordonnateur. Au cours de leur évolution, les ordinateurs naturels ont-ils fait autre chose que créer de l'ordre ? L'univers pourrait-il être appréhendé de façon aussi efficace par les mathématiciens s'il n'était pas ordonné ? Les constantes universelles et les nombres quantiques n'expriment-ils pas l'invariance des propriétés de l'énergie-matière et de l'ordre qui y règne ? Les ordinateurs naturels ne fonctionnent évidemment pas comme les ordinateurs artificiels ; les premiers « laissent » une part au désordre qui est précisément la source de leur souplesse. Mais tous sont dotés d'une forme d'intelligence. Les tests d'intelligence, en particulier ceux destinés à mesurer le quotient intellectuel, sont précisément basés sur la capacité de l'individu testé à mettre de l'ordre dans des formes, des nombres ou des signes mis à dessein en désordre par les psychométriciens. L'intelligence ne se limite évidemment pas à la faculté de mettre de l'ordre, mais l'ordre est toujours l'expression d'une intelligence.

L'ordre de l'univers - ou tout au moins la représentation que nous en avons - est manifesté non seulement par les lois naturelles quantifiables, mais aussi par des processus qualitatifs, communs à tous les niveaux d'existence, de la galaxie à l'homme, lois que je conviendrai d'appeler analogiques. En voici quelques exemples. L'univers est parcimonieux, mais cette parcimonie de procédés est associée à une grande prodigalité de moyens. Il sculpte : à partir d'une immense masse, il élimine, il sélectionne morceau par morceau, comme un sculpteur fait émerger une statue d'un bloc de pierre. C'est ainsi qu'ont été construits notre cerveau et notre système immunitaire[201]. La nature utilise un certain nombre d'autres « méthodes » récurrentes : celles de la symétrie/ asymétrie[202], des recombinaisons (permettant d'actualiser de fait toutes les potentialités existant de droit)[203], du mimétisme[204], de la différenciation/dédifférenciation[205]. Il y a aussi une loi qui a reçu des dénominations variées de la part des philosophes et des scientifiques. J'aimerais l'appeler la loi du un et un font quatre. À chaque niveau, deux objets sont maintenus à la fois solidaires et séparés par un troisième, ces trois objets formant un quatrième et nouvel objet. Un proton et un neutron sont maintenus ensemble par un gluon. Les deux particules ainsi associées mais non fusionnées forment le noyau de l'atome de deutérium. La même loi s'applique de niveau en niveau, jusqu'à et y compris celui de la famille : l'homme et la femme sont attirés et maintenus ensemble par l'amour et le désir (et leur double aspect moléculaire et sensori-émotionnel) et les trois, l'homme, la femme et le lien qui les attache génèrent un quatrième : l'enfant. Ces rapprochements *a priori* saugrenus (peut-on comparer un proton et un neutron au couple formé par un homme et une femme ?) n'ont évidemment de sens que dans la mesure où ils montrent que notre représentation du monde repose toujours sur les mêmes modèles, même si les forces mises en jeu sont différentes. Cette façon de décoder la réalité n'en vaut-elle pas une autre et ne doit-elle pas, elle aussi, être incluse dans notre tentative de compréhension du monde (v. p. 333) ?

*
* *

Imaginons maintenant comment se présenterait l'univers pour une conscience puissante et totalement unifiée. Imaginons qu'une telle conscience soit celle d'un architecte et que celui-ci décide de bâtir une maison. Imaginons que chaque pensée de cet architecte soit un objet, non pas un objet instable et fugitif comme le sont nos pensées humaines qui surgissent dans chacun de nos *mondes 2*, mais un objet stable et observable par tous comme le sont les objets du *monde 1* (étant entendu que cet objet ne peut être distingué de sa représentation). L'architecte unifié construit ainsi une maison qui est peut-être un palais, peut-être même un royaume. Pièce par pièce, le palais se met en place. Chaque pièce est une pensée ou chaque pensée, une pièce. Caché dans un coin, il y a un groupe de petits architectes dotés chacun d'une conscience faible, peu puissante, de modèle réduit, si je puis ainsi m'exprimer. En outre, leur conscience est dualisée, c'est-à-dire qu'elle fragmente en différentes facettes tous les objets qu'elle perçoit. Ces petits architectes sont à la fois curieux, actifs et un peu voleurs. Ils décident de construire un palais semblable à celui qu'ils voient bâtir sous leurs yeux, un palais dont ils puissent avoir à la fois la jouissance et la maîtrise. Que vont-ils faire ? D'abord dresser un plan, faire un dessin, tracer une épure, c'est-à-dire mettre sous forme abstraite ce qu'ils voient sous forme concrète. Cela présente un grand avantage. Ainsi réduit en lignes et en chiffres (les dimensions, les proportions et les angles), le palais gigantesque est condensé sous une forme que les petits architectes peuvent glisser en douce dans leur poche.

Le palais, c'est l'univers. Les objets qui le composent sont les pensées de l'architecte unifié. Je dis bien « sont » les pensées. Ces objets (particules, molécules, étoiles) dont est constitué l'univers seraient dans mon hypothèse les pensées mêmes de l'architecte cosmique et non un produit de ses pensées. Cette distinction est fondamentale. Les mathématiques et les nombres sont une réduction formelle et conceptuelle du monde physique, comme le plan est une réduction formelle et conceptuelle du palais. Le monde physique constitue l'univers manifesté, actualisé. Les formules et les nombres calculés par les mathématiciens et les physiciens en sont une abstraction. Ils constituent ou représentent l'univers à l'état potentiel. Que vont faire nos petits architectes une fois rentrés chez eux ? Ils vont tenter de reconstruire le palais avec leur conscience dualisée ou, si vous préférez, avec leur cerveau tel qu'il fonctionne dans l'humanité actuelle. La reconstitution du palais sera à la fois difficile, laborieuse et incomplète. Il y a à cela plusieurs raisons. D'abord, il y a les imperfections du plan : le plan n'est pas exact et ne reproduit pas le palais dans ses ultimes détails. Tous les physiciens sont d'accord sur ce point. Deuxièmement, le cerveau des petits architectes pense mais les pensées sont des objets de leurs *mondes 2* et leurs *mondes 2* sont différents les uns des autres. Pas totalement différents : il y a des similitudes et même des points véritablement communs. Mais les différences entraînent des difficultés qui retardent la mise au point définitive du plan. Les pensées des *mondes 2* de nos petits architectes sont, de plus, instables et d'une si faible intensité qu'elles ne peuvent pas se manifester, directement et sans intermédiaire, dans le *monde 1*. Voilà qui complique singulièrement les choses. Troisièmement, les petits architectes sont dans un état de conscience dualisé. Ce phénomène a plusieurs conséquences. D'abord cet état de conscience crée et amplifie les antagonismes entre les *mondes 2* des divers architectes : « J'ai raison, tu as tort ; ceci est vrai, cela est faux ». Ensuite, cette dualisation de leur conscience leur fait voir tout en double, c'est-à-dire sous deux aspects. Les plus doués des architectes, ceux qui ont dessiné les plans, calculé les proportions, mesuré les angles sont, une fois de plus, les physiciens. Ils ont bien compris que la « réalité » est voilée et que ce que nous en percevons présente deux faces : l'une ondulatoire, l'autre corpusculaire. Ils ne savent peut-être pas que ces deux faces qu'ils perçoivent sont le résultat de leur état de conscience dualisé. Certes, dans l'état de conscience qui est le leur, cette double face n'est pas une illusion mais une réalité intrinsèque, indépendante de la présence effective d'un observateur. Toutefois, selon mon hypothèse, la réalité, ou plutôt sa représentation, change avec les états de conscience. Les biologistes, moins habitués à l'abstraction, ont plus de difficulté à comprendre qu'une molécule (par exemple un transmetteur neurohumoral tel que l'adrénaline) et l'émotion qui lui est associée sont les deux faces de la même chose. Faute de comprendre la double face de la réalité perçue, ils se différencient en deux groupes, l'un se spécialisant dans l' « objectif », l'autre dans le « subjectif ». C'est un peu comme si les physiciens se spécialisaient, les uns dans l'aspect ondulatoire de l'univers et les autres dans son aspect corpusculaire. Le psychopharmacologue est rassuré par une molécule qui lui semble un objet simple et connu parce qu'il ignore la physique quantique. Il n'est pas conscient du mystère que constituent la représentation et le réel voilé. Le psychanalyste n'a pas besoin d'être rassuré par une molécule puisqu'il trouve la sécurité dans le mystère de l'autre et dans son propre mystère : « Celui qui arrive chez un psychanalyste est inconnu, venant à un inconnu. Lorsqu'il en repart, il est mystère »[206].

*
* *

Ce merveilleux univers, dont nous faisons intégralement partie, ne pourrions-nous pas le considérer comme la pensée ou le corps de Dieu, sa conscience étant le « JE » cosmique[207] ? Au niveau humain, il en serait de même, toute proportion gardée. J'ai un corps et « je » suis conscient d'avoir et d'être ce corps. De l'avoir, car ce corps est un objet d'observation pour le « je » que je suis ; je le possède comme un automobiliste possède son automobile. De l'être, car « je », *sujet pur*, m'identifie sans cesse à l'individu et au personnage, et cet individu, ce personnage, comporte un corps qui fait partie de cette identification, de cette image que je crois être, jusqu'au jour où mon regard cessant d'être brisé, je verrai ma véritable image. Alors, comme le dit l'Évangile de Thomas, « qu'est-ce que je supporterai ? »[208]. « Celui qui cherche ne doit pas cesser de chercher, jusqu'à ce qu'il trouve, et quand il trouvera, il sera stupéfié, et, étant stupéfié, il sera émerveillé, et il régnera sur le Tout » (Log. 2 : 1 - 8). Dans cette perspective, les paroles que le Rabbi Jésus aurait dites à ses disciples en leur présentant du pain et du vin auraient un sens : « Prenez et mangez, ceci est mon corps ; prenez et buvez, ceci est mon sang ». Toute nourriture, comme tout ce qui fait partie de cet univers, est le corps de Dieu. Dès lors, manger du pain, c'est manger le corps de Dieu. Si nous mangions en ayant à l'esprit cette pensée, ne mangerions-nous pas autrement ? Notre attitude vis-à-vis de la nourriture ne serait-elle pas différente, comme était différente l'attitude des libres-spiritistes vis-à-vis de l'union charnelle ? Au lieu de nous nourrir, nous fabriquerions du vivant (à partir du pain et du vin)[209]. Au lieu de copuler, nous irradierions de l'amour (à partir de l'union du couple). C'est peut-être aussi ce contact direct avec le corps de Dieu qui explique l'étrange sensation ressentie par les cosmonautes au cours de leur voyage sur la lune. Borman, Lovell et Anders de retour de la mission Apollo-8 ont fait part de leur sentiment d'avoir perçu l'existence d'une « vérité absolue »[210]. Ce n'est pas tellement différent de la *Présence* que je ressens au contact de la nature.

Revenons à nos petits architectes, pourvus chacun d'un *monde 2* intérieur et d'un « je ». Les « je » se perçoivent comme séparés et les *mondes 2* de chacun sont distincts. Ils communiquent par l'intermédiaire du *monde 1*, riche d'un grand nombre d'objets destinés à faciliter (parfois à embrouiller) cette communication : parole, écriture, radio, télévision, téléphone, ordinateur, etc. Un certain nombre de faits suggèrent qu'il existe aussi une communication directe entre les *mondes 2* de certains individus. Les recherches sur la télépathie sont toutefois encore plus mal traitées que ne le sont celles de Rocard[130]. Il est vrai qu'il s'agit d'un phénomène fluctuant et difficile à saisir. Mais je regrette l'attitude de trop nombreux scientifiques faite de refus *a priori*, d'indifférence ou d'une peur irrationnelle de tomber dans l'irrationnel. Certaines des publications que j'ai lues sur le phénomène de la télépathie m'ont paru très convaincantes. Il reste à savoir si elles sont véridiques. Il n'y a cependant pas de raison de mettre en doute systématiquement des résultats sous prétexte qu'ils concernent un sujet qualifié arbitrairement de parascientifique[211]. La téléphonie sans fil aurait été considérée comme de la sorcellerie au Moyen Âge. Heureusement, Marconi ne vivait pas à cette époque.

Il y a les expérimentations mais il y a aussi les expériences vécues. J'aime, quand je le puis, associer ces deux approches. J'ai donc été voir une dizaine de voyants, tous de haut niveau à en croire leur réputation. Dans les deux tiers des cas, des détails prodigieusement précis m'ont été donnés sur ma vie passée, détails que personne ne pouvait connaître, mais jamais une seule prédiction ne s'est accomplie. En revanche, beaucoup de pseudo-prédictions correspondaient à mes espérances et à mes attentes secrètes du moment. Il est donc probable que les voyants consultés ne connaissaient pas l'avenir mais qu'ils étaient capables de percevoir mon « contenu » psychique, mémoires passées ou désirs présents inexprimés. Tous mes amis psychanalystes et psychothérapeutes vivent régulièrement des expériences similaires en cours de séance. Ils profèrent une phrase apparemment anodine et celle-ci se révèle pertinente et directement associée aux préoccupations actuelles du patient. Souvent d'ailleurs, celui-ci s'étonne et clame : « Comment pouvez-vous savoir cela, je n'en ai parlé à personne ? » Quand le thérapeute est honnête, il répond : « Je l'ignorais, la phrase m'est venue toute seule ». Les thérapeutes moins honnêtes jouent au mage et prétendent avoir la capacité de lire consciemment le contenu psychique de leur patient, ce qui induit chez ces derniers admiration, respect, crainte et dépendance.

Hormis la télépathie, la plupart des phénomènes parapsychologiques que j'ai étudiés me paraissent relever de l'imaginaire. Ils seraient la manifestation d'un besoin de merveilleux qui n’est satisfait ni par le mode de vie, ni par l’environnement contemporains. Mais il ne faut pas mettre dans le même sac tout ce qui, à tort ou à raison, est étiqueté parascience. La découverte d'Yves Rocard a souffert de ce préjugé qui est tout sauf scientifique et rationnel. Le phénomène de la télépathie en souffre aussi. La confirmation éventuelle de sa réalité aurait, en tout cas, l'avantage d'expliquer bien des faits d'observation courante.

L'existence d'un tel phénomène ne présente d'ailleurs aucune contradiction flagrante avec les connaissances scientifiques actuelles. Toutes les molécules émettent des vibrations, y compris les macromolécules. Selon certains chercheurs, les vibrations émises par l'ADN pourraient présenter une cohérence similaire à celle des rayons laser. Selon d'autres, les protéines effectueraient la synthèse des informations qui leur parviennent et en émettraient d'autres ; elles pourraient de ce fait posséder certaines des propriétés des réseaux neuronaux[212]. Ces considérations laissent supposer que chaque cellule - en plus des molécules qu'elle sécrète et capte sans arrêt et dont l'échange avec les autres cellules de l'organisme constitue un véritable langage - se comporte aussi comme un système émetteur-récepteur d'ondes électromagnétiques. Chaque cellule serait capable de mémoriser et de traiter un nombre considérable d'informations, à l'instar des ordinateurs artificiels[213]. Mon but ici n'est pas de démontrer la validité de ces concepts nouveaux mais de suggérer qu'il existe de multiples voies de recherches qui pourraient constituer une base scientifique au phénomène de la télépathie, phénomène qui n'est d'ailleurs pas sans évoquer la nature non locale et non séparable du monde de la microphysique (v. pp. 323 sq.).

Outre les informations spécifiques véhiculées du *monde 2* d'une personne à celui d'une autre personne, il existerait des informations générales circulant au sein des *mondes 2* de la population humaine et dont l'ensemble constituerait ce que Carl Gustav Jung a appelé l'inconscient collectif. Faute de trouver d'autres mots, à titre provisoire, cet inconscient collectif pourrait être considéré comme un champ psychique dans lequel baignent les *mondes 2* individuels comme les fourmis baignent dans l'atmosphère chargée de phérormones de leur nid. Un tel champ psychique maintiendrait nos psychismes individuels rivés à l'état de conscience dualisé qui caractérise l'humanité. Il expliquerait aussi pourquoi il est si difficile à un individu déterminé de passer de la conscience dualisée à la conscience unifiée. Puisque nous explorons un domaine où seule la pensée analogique est utilisable, je prendrai à nouveau un exemple pour préciser mes propos. Nous sommes tous soumis au champ de gravitation terrestre. L'homme a toujours rêvé d'y échapper et de s'envoler dans les airs. La tentative d'Icare a été un échec, mais depuis, les moyens mis en œuvre ont été grandement améliorés. Le plus difficile n'a pas été de voler, un peu et pas très haut, mais d'échapper au champ gravitationnel de la terre. Ce champ est intense. Il fallait donc trouver une source d'énergie suffisamment puissante et sous un volume suffisamment réduit pour surmonter l'attraction terrestre. Les fusées et les carburants modernes ont permis d'obtenir ce résultat et d'atteindre la lune. Dans l'esprit des yogis et des sages hindous que j'ai interrogés, le premier étage de la fusée humaine ne serait autre que l'énergie sexuelle symbolisée par la *kundalinî* ; elle propulserait les étages supérieurs, le cerveau et la psyché, du champ psychique dans lequel nous sommes maintenus (la conscience dualisée) vers un autre champ psychique (la conscience unifiée).

Le champ psychique de l'humanité, l'inconscient collectif, le mental universel, telles sont les diverses dénominations qui ont été données au même phénomène. Joël Goldsmith qualifie ce champ psychique d'*hypnose universelle.* Il prétend avoir été capable de s'en échapper de façon répétée. Il prétend aussi avoir opéré des guérisons. Je résume en quelques mots sa théorie, qui est exposée en détail dans de nombreux ouvrages[189]. Quand un malade venait le voir pour lui faire part d'un problème de santé, il prenait d'abord conscience du fait que santé et maladie n'existent que dans l'état de conscience dualisé, celui du malade, du médecin et de leur entourage. Pour Joël Goldsmith, il s'agissait d'une illusion ou d'une distorsion de la « réalité », engendrée par l'*hypnose universelle.* Il se plongeait ensuite volontairement dans un état de conscience unifié. Il avait, semble-t-il, la faculté de passer instantanément d'un état de conscience à l'autre. Lorsqu'il était dans un état de conscience unifié, l'existence même des concepts de santé et de maladie disparaissait. Comme il existait un certain degré de communication entre sa psyché et celle du malade venu le consulter, ce dernier recueillait les bénéfices du « travail » mental ou spirituel effectué par Goldsmith. De nombreux cas de guérisons semblent avoir été constatés par ses proches. Joël Goldsmith n'était pas un gourou. Il n'y avait ni secte, ni groupement organisé autour de lui. Il n'y avait donc pas d'effet de groupe - hystérie collective ou autres - susceptible d'expliquer les guérisons. En termes scientifiques, ces guérisons pourraient relever d'une stimulation par Goldsmith du *mécanisme unificateur* dont j'ai postulé l'existence précédemment. L'activation d'un tel mécanisme entraînerait l'apparition d'un état de conscience plus unifié (ou moins dualisé) lui-même générateur d'une intensification de la pulsion de vie. Toutes les personnes qui ont les yeux et l'esprit ouverts savent que certains médecins guérissent mieux que d'autres, tout en appliquant les mêmes thérapeutiques. Les médecins qui guérissent sont en général des personnes douées d'une forte pulsion de vie et d'une conviction inébranlable dans la valeur de leur thérapeutique. Pulsion de vie et conviction ne pourraient-elles être communiquées au malade, tant par l'intermédiaire du *monde 1* (la vitalité du médecin, la qualité de son discours) que par la communication directe entre le *monde 2* du médecin et celui de son patient ? Un phénomène semblable, mais plus difficile à objectiver, existerait aussi en psychanalyse et en psychothérapie. Les quelques expériences d'unification intérieure que j'ai vécues ne me laissent aucun doute à ce sujet ; elles provoquent non seulement le jaillissement d'une joie sans objet, mais aussi celui d'un appétit de vivre accru. La stimulation du *mécanisme unificateur* serait donc génératrice d'un changement d'état de conscience, lui-même facteur de guérison.

Le passage d'une conscience dualisée à une conscience unifiée[214], la stimulation d'un hypothétique *mécanisme unificateur*, l'intensification de la pulsion de vie et l'effet placebo me paraissent intimement liés. Si les chercheurs étudiaient l'effet placebo pour lui-même et évitaient le « ne que » réducteur (ce n'est que l'effet placebo), peut-être découvriraient-ils bien des choses nouvelles. Quant à l'énergie sexuelle, qu'on l'appelle serpent *kundalinî* comme les tantriques ou dragon comme le moine Roger Bacon[2], sa montée vers le cerveau stimulerait ce même *mécanisme unificateur* et intensifierait en conséquence la pulsion de vie de l'individu qui se livre aux pratiques sexuelles dont j'ai parlé précédemment. Le sentiment d'une *présence* ressentie dans certains sanctuaires ou de la *Présence* plus puissante encore que je perçois parfois au contact de la nature relèverait du même phénomène. Le tableau 2 constitue une tentative préliminaire pour mettre un peu plus d'ordre dans l'ensemble des hypothèses formulées ici. La réalité perçue varierait selon les états de conscience. L'unification progressive de la conscience dualisée mènerait à la perception du jardin d'Éden, à celle de notre véritable image intérieure (*hikôn*). À l'inverse, une plus grande dualisation de la conscience par des croyances collectives négatives pourrait être génératrice de guerres, de famines et autres catastrophes. La conscience aurait donc un réel impact sur la réalité dite objective. L'Évangile selon Thomas nous dit : « Lorsque vous faites le deux Un, vous deviendrez Fils de l'homme et si vous dites : montagne, éloigne-toi : elle s'éloignera » (Log. 106 : 2-6).

*
* *

L'épuisement me gagnait. Les femelles de certains insectes fabriquent de grandes quantités d'œufs. Au moment de la ponte, leur abdomen distendu se vide et l'insecte réduit à l'état d'un sac flasque meurt, comme si tout son potentiel vital était passé dans ses œufs. Je ne suis ni une femelle, ni un insecte et ces pages d'écriture ne sont pas des œufs. Cependant, l'écriture, la lecture et la réflexion me fatiguaient de plus en plus. Malgré la dépense énergétique qu'elles impliquent, des activités plus physiques et sans doute plus physiologiques, telles que faire une grande promenade, me régénéraient. Le passage à un état de conscience plus unifié aurait sans doute eu le même résultat. Mais pour l'instant, mon intellect fonctionnait trop et mon champ de conscience était envahi par les mots, ce qui rendait difficile toute tentative d'unification par la méditation et la pratique du vide mental. Faute de mieux, j'optai pour la promenade. Au moment où j'allais partir, une musique bien connue et tendrement aimée, monta vers moi : la scène des adieux de *Cosi fan tutte*. Sans doute, Ahmed avait-il apporté des disques avec lui car ses parents n'en écoutaient jamais. Je m'assis près de la fenêtre et j'écoutai, les larmes aux yeux. D'autres airs d'opéras de Mozart suivirent, puis le silence revint. Le soleil s'était couché. La

États de conscience	Représentation du monde	Équivalence symbolique
1. Conscience pure*, virtuelle	Néant	Le non-manifesté, nuit cosmique, dissolution universelle
2. Conscience unifiée, "JE"	Réel dévoilé	Lumière, α et ω, Nature, Dieu, Père, la Présence, "Cela"**, le manifesté, jour cosmique, création universelle
3. - Conscience en voie d'unification, supraconscience - Communication maximale entre les "je" individuels - Activation du *mécanisme unificateur*	Représentation unifiée Non-discrimination entre *monde 1* et *mondes 2*	Jardin d'Éden, paradis, le Royaume, "réel", image transcendante (*hikôn, eikôn*), nudité, regard non brisé, monde extérieur à la caverne de Platon
4. - Conscience dualisée - Communication minimale entre les "je" individuels - Activation du *mécanisme interprète et narrateur*	4 *a.* *monde 1* extérieur commun 4 *b.* *mondes 2* intérieurs séparés	4 *a.* Ce monde, vallée de larmes, "illusion", ressemblance (*eïne*), hypnose universelle, mental universel, regard brisé, lumière et ombres projetées dans la caverne de Platon 4 *b.* Sujet inaccessible, individu, *ego*, moi, moi mondain, personnage
5. Conscience potentielle, infraconscience	Néant	Inconscient individuel et collectif, le "Ça"***

Tableau 2 : Tentative de classification des états de conscience, des représentations du monde correspondantes, et des expressions symboliques utilisées dans la littérature traditionnelle et les livres sacrés.

* Conscience sans objet c'est-à-dire conscience de rien ;

** "Cela", le *tat* sanskrit de la philosophie hindoue (le Brahman) ;

*** le "Ça" de Groddeck et des psychanalystes.

promenade serait pour demain. Mais je ne regrettai rien. La musique plus encore que ne l'aurait fait la promenade m'avait réconforté. Le cerveau droit excelle dans les tâches motrices telles que la marche, mais il est aussi préférentiellement activé par la musique[84]. Peut-être ces diverses activités stimulaient-elles aussi l'hypothétique *mécanisme unificateur* que je situe dans le cerveau droit. Peut-être rétablissaient-elles l'équilibre rompu au profit de mon cerveau gauche dont le *mécanisme interprète* était mis à contribution tout au long de ces journées consacrées à l'écriture et à la réflexion. Tout est une question d'équilibre, pensais-je, en m'attablant devant un excellent repas que m'avait préparé Leïla. Une question de balance entre les deux cerveaux, entre le *mécanisme unificateur* et le *mécanisme interprète* que je soupçonnais de favoriser la conscience dualisée. Une simple question de balance. Le tout était de savoir dans quel sens on voulait la faire pencher.

CHAPITRE 16

LA MÉTAMORPHOSE DES INSECTES ET CELLE DE L'HOMME

Nous sommes chenilles, et notre malheur est que, contre nature, nous nous cramponnons de toutes nos forces à cet état.

René Daumal[215]

Les jardins du petit village où je résidais étaient non seulement remplis d'arbres et de fleurs mais aussi peuplés d'insectes. J'y trouvais des papillons blancs, jaunes ou orangés, d'étranges mantes religieuses habilement camouflées, vêtues du même vert que celui des plantes où elles s'embusquaient dans l'attente d'une proie, et de très jolis scarabées dont les couleurs métalliques en faisaient de véritables bijoux. Ce spectacle me réjouissait le cœur et réveillait une vieille passion pour les sciences naturelles et tout particulièrement pour l'entomologie.

C'est dans le grenier familial que se décida ma carrière, peut-être même tout le déroulement de mon existence. À l'âge de quatre ans, j'y découvris de vieux volumes des œuvres de Buffon éditées à Paris en 1845 par Monsieur Abel Ledoux, libraire-éditeur. Les nombreuses planches finement coloriées à la main faisaient mes délices, mais nommer les animaux, que je ne me fatiguais pas d'admirer, me paraissait important. Aussi, faute de pouvoir le faire moi-même, avais-je demandé à mon père de lire les légendes de toutes les figures. D'assez bon gré, il passait chaque jour de longs moments à ânonner des noms souvent difficiles à lire, que je retenais par cœur avec une surprenante facilité : agouti, babiroussa, strepsiceros. Les oiseaux jouissaient, dans mon esprit, d'une faveur toute particulière, surtout les oiseaux de paradis et les colibris tels que le manucode à bouquets de la Nouvelle-Guinée, dit le magnifique, ou le soui-manga vert doré changeant. Vers l'âge de sept ans, je commençai un herbier, puis une collection de papillons composée au début de quelques piérides et vanesses. La capture d'un bel exemplaire mâle de lucane cerf-volant - un grand coléoptère à la belle ramure - dans la verdure des collines qui dominaient ma ville natale vint renforcer une passion pour les insectes qui ne s'est jamais démentie par la suite. Les merveilleux récits de Jean-Henri Fabre n'avaient pas été sans me stimuler et, sur le rebord de la fenêtre de ma petite chambre, s'accumulaient pots en verre et cages grillagées de toutes sortes contenant chenilles ou larves diverses dont je contemplais avec fascination la croissance, la nymphose et la renaissance sous forme adulte. Comme beaucoup d'enfants, la métamorphose des insectes m'intriguait au point que dès l'âge de onze ou douze ans, je commençai la lecture d'ouvrages de zoologie de niveau universitaire : *La zoologie* de Rémy Perrier et *La biologie animale* de Max Aron et Pierre Grassé[216].

Très rapidement, mon attention fut attirée par les remaniements profonds que subissait l'insecte au cours de la nymphose. Non seulement le changement de forme était radical mais l'anatomie intérieure de l'animal se trouvait aussi complètement modifiée. Le système nerveux en particulier subissait une étrange transformation. Dispersé sous forme de petits ganglions (un par anneau) dans tout le corps de la chenille ou de la larve, il se condensait chez l'insecte adulte, se centralisait en un véritable cerveau, parfois énorme par rapport à la taille de l'animal comme chez l'abeille et la fourmi. Le thorax comportait, lui aussi, une importante masse ganglionnaire, sorte de cerveau accessoire, complétant les fonctions des ganglions céphaliques. Mes lectures me montraient que cette centralisation du système nerveux s'accompagnait d'une évolution considérable du comportement. D'une larve simplement capable de dévorer ce qui était à sa portée, la métamorphose faisait naître un animal au mode de vie complexe, voire quasi humain, comme celui des hyménoptères sociaux dotés d'un langage - la danse des abeilles - et des multiples caractéristiques qui font le charme douteux de l'espèce humaine - élevage, culture, guerre et esclavage pratiqués par les fourmis[47, 150].

Mon adolescence fut difficile, tiraillée entre des pulsions vitales puissantes et une éducation répressive. L'entrée en Faculté de médecine m'apporta une heureuse libération, tant dans le domaine intellectuel que dans le domaine affectif et sexuel. Mais les empreintes de jeunesse sont persistantes et j'étais assez lucide pour comprendre que, malgré les apparences, de sourdes luttes continuaient à me déchirer en profondeur. Mon ambivalence s'exprimait aussi dans le domaine professionnel. J'étais écartelé entre le désir de pratiquer la médecine pour apporter aux autres le secours de mes soins et à moi-même le contact humain dont j'avais tant besoin, et celui de poursuivre des recherches qui, entreprises dès l'âge de vingt ans, me permettraient d'entrouvrir - tout au moins était-ce à l'époque ma croyance - les portes de la connaissance.

C'est à la même période que mes chers insectes, quelque peu délaissés au profit de mes autres activités, se rappelèrent à moi. À nouveau, ils m'enseignaient une intéressante leçon. Je me sentais dans un état larvaire, fragmenté non pas anatomiquement mais fonctionnellement entre plusieurs composantes émotionnelles apparemment antagonistes. Il m'apparaissait clairement que, toujours comme l'insecte, il me fallait passer du stade larvaire au stade adulte, me rassembler, intégrer des fonctions psychiques désordonnées, apprendre à les contrôler et à les agencer dans un tout cohérent. Cette image de la métamorphose des insectes m'obsédait. Je percevais confusément la nécessité pour l'homme en général et pour moi en particulier d'opérer une transformation radicale. La lecture de *La Grande Beuverie*[215] vint confirmer mon intuition.

*
* *

Avant de faire le point dans le chapitre suivant et de résumer la quintessence des expériences que j'ai faites jusqu'ici, il me faut préciser les méthodes et les techniques que j'ai suivies et rappeler une fois de plus que le récit de mon expérience ne constitue pas un enseignement. La route vers l'état de conscience unifié peut prendre bien des aspects : comprendre quelques grands principes de base, vivre simplement mais régulièrement au fil des jours la non-dualité dans les actions les plus banales, et pour les plus courageux, pratiquer des techniques d'unification.

Le premier principe de base est une évidence : pour évoluer vers un état de conscience unifié, il convient d'apprendre à penser en termes de non-dualité. Cela peut se faire en intégrant le *monde 1* avec le *monde 2* comme je l'avais fait au cours de la promenade du chapitre 4. Cela peut se faire aussi en évitant d'opposer perpétuellement le bien et le mal. Il ne s'agit nullement d'ignorer la souffrance d'autrui, ni de refuser son aide et sa sympathie. Mais pour être authentiques, sentiments et actions doivent jaillir du plus profond de nous-mêmes comme une source à laquelle les autres viennent s'abreuver, et non constituer une lutte volontariste contre le mal. Sans doute convient-il de se défendre lorsque l'on est attaqué, de se battre pour sa survie et celle de ses proches quand la nécessité s'en fait sentir. Mais vivre dans un esprit de lutte permanente, même si c'est pour le bien, ne pourra qu'entretenir une dualité de la conscience[217]. Le bien et le mal se créent par paires comme un électron chargé négativement et un positon chargé positivement à partir d'une onde électromagnétique. Ce qui importe donc, c'est l'attitude intérieure, l'intention plus encore que l'action. L'esprit de lutte, d'opposition et d'antagonisme induira toujours une dualité. Un simple mouvement de tendresse, un sourire, une œuvre d'art (une jolie table préparée pour recevoir des amis par exemple) engendreront un instant de poésie, c'est-à-dire une dynamique vers l'unification, si modeste et si brève soit-elle. C'est la raison pour laquelle je me refuse, avec Antony Aveni, à attaquer systématiquement : « [les] approches alternatives de perception de la réalité. Je ne désire nullement », écrit cet auteur, « considérer toute forme de magie, comme de la camelote superstitieuse - de la science distordue. Je ne désire pas davantage démystifier la magie et la réduire à un ensemble de considérations inférieures à ma propre méthode scientifique de comprendre le monde »[218]. Antony Aveni est un scientifique de valeur, à la fois astronome, anthropologue et professeur à l'Université d'Hamilton dans l'État de New York. Qu'il soit remercié de ces belles paroles qui font preuve d'une intelligence ouverte et d'une perception unifiée de la réalité. Martin Gardner, en revanche, constitue un parfait exemple d'homme plongé dans la conscience dualisée. Il commente le livre d'Aveni en ces termes : « Je trouve incroyable qu'un astronome se refuse à dire que la croyance en la magie, qu'il traite si bien dans son livre, est inférieure à ses propres croyances en tant que scientifique »[219]. Remarquons que Gardner utilise le mot croyance (*belief*) à deux reprises. Il est donc dans la croyance, non dans l'évidence, et se comporte à ce titre comme un adepte d'un dogme ou d'une religion et non comme un scientifique rationnel.

Refuser la dualité ne signifie pas tout accepter sans discrimination. Il convient, comme le faisaient les alchimistes, de séparer le subtil de l'épais. L'alchimie va précisément nous donner un bon exemple de discrimination. Descartes considérait l'alchimie comme une superstition ; Newton la pratiquait activement[220]. Comment expliquer cette contradiction, alors que ces deux grands penseurs sont considérés comme des piliers de la science moderne. L'explication, comme toujours, est simple. Il y avait au moins trois lignées différentes d'alchimistes. Il y avait les précurseurs de la chimie et de la pharmacologie moderne ; leur science a reçu le nom de spagirie. Il y avait les naïfs et les illuminés qui cherchaient à faire de l'or avec du plomb ; les autres alchimistes s'en moquaient et les traitaient de « papillons enfumés » qui passent leurs jours et leurs nuits à rôder autour de leurs fourneaux[135]. C'est probablement à ceux-là que Descartes se référait. Il y avait enfin ceux qui comme Newton pratiquaient l'alchimie symbolique et n'usaient « ni de charbons ardents, ni de bois enflammés »[135]. Pierre Thuillier a eu l'intelligence et l'honnêteté de présenter l'œuvre et la pensée de Newton dans sa totalité sans essayer d'escamoter, comme l'ont fait tant d'historiens peu scrupuleux, l'aspect alchimique de son œuvre. Deux phrases de Thuillier méritent d'être citées à cet égard : « Newton s'est montré méthodique. En étudiant la Bible, par exemple, il procédait à des comparaisons et à des recoupements systématiques entre les divers textes ; ou encore, [notait] expressément que le langage des prophètes était *hiéroglyphique* et mieux compris en Orient qu'en Occident [...]. Newton n'hésitait pas à mettre sur le même plan ses propres connaissances chimiques et les récits alchimiques ou mythologiques. Son postulat, c'était que la connaissance est une ; il faut donc réconcilier toutes les formulations qu'elle revêt »[2].

Newton utilisait le langage même des alchimistes. « J'ai fait voler Jupiter sur son aigle », écrivait-il. L'aigle, c'est le *mercure philosophique*, c'est-à-dire le mercure symbole de la psyché et du mental, transmuté grâce au *lion vert*, c'est-à-dire à l'énergie sexuelle[221]. Il pourrait donc avoir connu et pratiqué des techniques de type tantrique. Descartes et Newton avaient tous les deux raison : quand ils parlaient d'alchimistes, ils ne parlaient pas des mêmes alchimistes, ce qui explique la confusion.

Séparer le subtil de l'épais, c'est aussi, comme Newton, séparer l'interprétation d'un texte sacré au premier degré, du message profond qu'il contient sous forme symbolique. C'est être capable de comprendre que notre langage et celui de certains ésotéristes et prophètes ne sont pas les mêmes. Il convient donc de connaître le langage des ésotéristes pour en interpréter les textes. Les rejeter en bloc parce que nous refusons par orgueil d'admettre qu'il existe d'autres formes d'expression que la nôtre est une absurdité. Séparer le subtil de l'épais, c'est distinguer dans une religion ce qui est dogme, hiérarchie contraignante et persécution, de ce qui est ouverture du cœur, élan vers l'unité et techniques favorisant cet élan, tels la vie monastique et le chant grégorien. Séparer le subtil de l'épais, c'est distinguer une protoscience - la sensibilité humaine aux variations de champ magnétique découverte par Rocard - d'une parascience ou d'une superstition. C'est comprendre aussi que l'acquisition progressive et partielle d'un état de conscience unifié n'exige pas le rejet total d'une conscience dualisée, nécessaire pour fonctionner dans la société actuelle et pour *agir-sur-le-monde*. L'essentiel c'est d'être conscient de notre vision dualiste du monde, je dirais même de notre vision fragmentée. Comme les insectes ont des yeux à facettes, nous avons un mental à facettes ; il suffit de le savoir et d'en tenir compte.

Le second principe de base, c'est l'acquisition de l'autonomie. Comment pourrait-on prendre le chemin de l'unification si l'on est dépendant d'un dogme religieux ou d'un gourou qui prétend penser pour ses disciples ? N'est-ce pas la pire des dualisations que d'introduire en soi, comme une greffe, la pensée d'un autre ? Les maîtres à penser existent. J'en ai cité. J'en ai eu et j'en ai encore. Mais leur pensée ne fait que nous éclairer et nous proposer différentes voies pour nous aider à trouver la nôtre. C'est précisément là que certains scientifiques manquent à leur tâche : au lieu de proposer leurs réflexions, ils veulent penser pour les autres. Ils croient que l'homme « ordinaire » n'est pas capable de penser par lui-même ; parfois ils refusent même de dialoguer avec lui et essayent de le persuader - en employant un langage hermétique - qu'il est à jamais banni de la science. Cette tendance n'est pas l'apanage des scientifiques. Elle est bien plus prononcée chez les religieux et les politiques. Mais elle existe à tous les niveaux, y compris dans la presse trop souvent partiale. Aider les autres, c'est, de mon point de vue, leur montrer le choix qu'ils peuvent faire entre la dualisation et l'unification. C'est surtout leur permettre d'acquérir l'autonomie. L'accession à l'autonomie passe par l'expérience personnelle, la vérification par chacun de ce que disent les autres, le refus des idées toutes faites.

Si les principes de base sont simples à énoncer, leurs applications dans un mode de vie unificateur vécu au jour le jour sont bien plus difficiles. Le lecteur qui adhère à mes propos les oubliera une fois le livre refermé, à moins qu'il ne se construise de temps en temps de nouvelles journées, des journées qui seront consacrées au silence, où les seuls sons seront ceux de voix aimées ou de musiques unifiantes, des journées où régneront le jeu, l'étreinte chaleureuse et le contact. Ces vues n'ont rien d'utopique. Par la pratique du *holding*, Martha Welch, aux États-Unis, obtient des résultats spectaculaires avec les enfants et les familles à problèmes[88]. Les médecins commencent à comprendre que la chaleur d'une mère attentive est peut-être plus efficace pour la survie physique et psychique du prématuré qu'une couveuse artificielle ultra-perfectionnée[222]. Jean-Claude Casadesus, dans la région de Lille, observe une diminution de la délinquance et des comportements asociaux dans les quartiers difficiles où il emmène régulièrement son orchestre[223].

Les techniques d'unification, quant à elles, ne pourront être mises en œuvre que par des personnes motivées et douées d'un solide bon sens. Elles visent à promouvoir l'unification du corps (l'espace corporel et sa représentation, le schéma corporel), de la respiration (le rythme) et de la psyché (l'attention concentrée sur un objet du *monde 1* ou du *monde 2*). Dans tous les cas, il y a toujours une notion d'arrêt provisoire du temps (impliquant une gratification retardée) ou un retour vers le passé (impliquant une régression selon la terminologie psychanalytique ou une dédifférenciation selon la terminologie biologique). Ces techniques varieront évidemment selon que l'on choisira l'une ou l'autre des trois voies décrites dans les chapitres 13 et 14. Mais quelle que soit la voie choisie, elle sera pratiquée légèrement, comme un jeu et non comme un devoir, avec plaisir, et non avec la volonté farouche d'atteindre un but, c'est-à-dire un pouvoir. Le voyageur en marche vers l'unification créera lui-même sa propre méthodologie et sélectionnera les exercices qui lui conviennent le mieux. À un stade plus avancé, pour la pratique des disciplines qui requièrent la présence d'un guide, c'est le choix du guide qui sera essentiel. Une véritable alliance doit pouvoir s'établir entre l'enseigné et l'enseignant, mais c'est l'esprit de l'enseignement qu'il faudra respecter et non la lettre.

Les exercices les plus simples serviront à préparer l'apprenti, mais aussi à le soutenir au jour le jour, même lorsqu'il se sera engagé dans la pratique de techniques plus avancées. La régularité dans l'exécution des exercices est nécessaire bien qu'elle ne doive pas devenir obsessionnelle. Au début, la discipline parfois ressentie comme contraignante sera indispensable. Par la suite, ce sera une joie, un moment de bien-être, voire de découverte, à condition de rester toujours ouvert, sans crispation, et de ne rien attendre. Il n'y a rien à réussir. Il n'y a rien à gagner. Il faut seulement observer en sachant qu'il n'y a ni bon ni mauvais jour, ni succès ni échec. Quant aux exercices, ils sont bien réels mais leur valeur est avant tout symbolique. Je m'explique ou plutôt je laisse d'abord Alain Berthoz s'expliquer : « J'ai soutenu dans ce livre, que le cerveau projette sur le monde ses perceptions internes, qu'il construit sa perception en fonction des actions qu'il prépare »[224]. Berthoz nous montre comment le cerveau recrée le monde ; il analyse, au niveau psychophysiologique, un phénomène que connaissent les artistes de scène et les conférenciers. Mes amis et moi-même en avons souvent fait l'expérience. La répétition intérieure d'un geste chez une danseuse, d'une phrase parlée ou chantée chez un acteur, un conférencier ou un chanteur, ou même d'un doigté chez un musicien instrumentiste, est bien plus efficace que la répétition réelle. De même, certaines visualisations évoquent la réunion de diverses parties du corps et permettent le tracé intérieur de la dimension qui les joint. Penser alternativement à ses pieds et à sa tête contribue à la construction d'une dimension verticale. Alain Berthoz suggère une hypothèse intéressante pour expliquer les attaques de panique dont sont victimes certaines personnes en présence d'un espace ouvert. Selon son hypothèse, ces personnes seraient affectées « d'une fragmentation de la représentation de l'espace et d'une difficulté à construire une cohérence entre les multiples référentiels corporels et les informations sensorielles ». Inversement, certains mouvements accompagnés de visualisations et de respirations permettraient de construire des représentations cohérentes et homogènes de l'espace corporel et serviraient de point d'appui, soit à la construction d'une conscience unifiée, soit à la stimulation du *mécanisme unificateur*, les deux formulations étant probablement équivalentes. C'est ce qui explique l'importance donnée à la croix dans toutes les traditions antiques. La croix symbolise l'unification de la dimension verticale et de la dimension horizontale. Pendant de longues années, j'ai pratiqué régulièrement des exercices destinés à intégrer ces deux dimensions. Ils comportent des visualisations accompagnées de respirations. J'en donne quelques exemples en note[225]. En unifiant le schéma corporel, ces exercices unifient le psychisme. Il existe aussi des exercices spécifiques pour unifier, dans le corps, les trois dimensions de l'espace.

L'unification du bas et du haut sera favorisée par les pratiques destinées à promouvoir la circulation de l'énergie sexuelle. Ces pratiques seront facilitées par des exercices actifs et passifs de la partie inférieure du corps. Les muscles du périnée et du petit bassin sont souvent à la fois faibles et tendus, durcis, ce qui entraîne une insuffisance d'irrigation sanguine[226]. Cette situation n'est qu'un cas particulier de ce que Wilhelm Reich a décrit sous la dénomination de cuirasse musculaire[43, 109]. Elle est surtout perceptible au niveau du bassin, des lombes et du diaphragme, des épaules et de la nuque. Ce sont des zones très réactives, dont les muscles se contractent et changent de tonus sous l'effet des émotions. La plupart des hommes et des femmes croisent sans cesse les jambes pour protéger les organes génitaux ou bien tendent les muscles adjacents ; l'inconscient assure ainsi une forme de protection symbolique contre toute tentative d'agression. Ces contractures se manifestent très tôt dans la vie, soit parce que le nourrisson ou l'enfant a été victime de violence ou de tentatives de violence sexuelle, ce qui est moins rare qu'on ne le croit, soit parce qu'il a été manipulé maladroitement ou brutalement lors des soins d'hygiène journaliers, ce qui est très fréquent. Une mère peut être à la fois très affectueuse dans ses sentiments et ses paroles et très dure et brusque dans ses gestes, reproduisant elle-même la gestuelle apprise de sa propre mère. Il serait utile que les couples se livrent de temps à autre à des massages mutuels de cette région, surtout s'ils souhaitent s'adonner à des pratiques sexuelles. Un massage global de tout le corps d'au moins un quart d'heure suivi de ce que j'appellerai un « massage sacré » de la même durée, une fois par semaine, amènera des améliorations spectaculaires de la vie sexuelle des partenaires, principalement une augmentation du désir et de l'intensité de l'orgasme. Ce massage demande tendresse, attention et délicatesse. La personne massée, pour obtenir un bénéfice maximum du massage, ne devra pas masser son ou sa partenaire immédiatement après, mais au plus tôt le jour suivant. Après le massage, une longue période de détente dans un endroit chaud, sous une couverture ou dans un bain, sera utile. Les principales zones concernées sont le sacrum, les muscles et les articulations qui l'entourent, les fesses, la zone périanale, le périnée, la face interne des cuisses et toutes les attaches tendineuses correspondantes, le bas-ventre juste au-dessus du pubis. Une fois la région bien détendue, après quelques semaines de pratique, un renforcement de la musculature pourra alors être effectué par des contractions, une douzaine chaque jour, des muscles périnéaux, vaginaux et rectaux. Quant aux pratiques sexuelles proprement dites, elles peuvent être faites seul, c'est le cas de l'exercice connu sous le nom d'*orbite microcosmique*, ou à deux[96]. Contrairement à ce que pensent certains, la pratique du *coïtus reservatus* n'est ni frustrante, ni triste, à condition qu'elle soit bien faite et pas trop fréquemment pour ne pas entraîner de congestion de la zone génitale. Les partenaires en tireront un sentiment de chaleur affective due à la longueur de l'étreinte et une sensation de vitalité physique et de lucidité mentale exceptionnelles. Si, à la suite d'une telle pratique, l'un ou l'autre, ou les deux partenaires, ressentent dans les heures qui suivent le besoin impérieux d'une relation complète avec orgasme, rien ne les empêche de le satisfaire, évidemment. Les pratiques plus avancées sont plus efficaces encore, ai-je entendu dire, mais dangereuses. Je ne les connais ni ne les exerce. Je me contenterai donc de recommander la plus grande prudence à ceux qui voudraient s'y aventurer.

L'unification de la droite et de la gauche se fera par le rétablissement de la balance entre cerveau gauche et cerveau droit, entre *mécanisme interprète et narrateur* et *mécanisme unificateur*. Le déconditionnement des habitudes confortant une fixation de la latéralisation est à conseiller : par exemple changer son mouchoir et son portefeuille de la poche droite à la poche gauche ou inversement, dessiner, découper, éventuellement écrire avec la main non dominante, déplacer l'écouteur téléphonique d'une oreille à l'autre. L'observation et l'acceptation des comportements respectifs de la femme et de l'homme au sein du couple me semblent, toutefois, et de loin, la pratique la plus efficace. Outre les respirations mentionnées en note[225], les mouvements latéraux des yeux et (ou) de la tête seront profitables de même que les exercices impliquant les paumes des mains[11].

L'arrière et l'avant du corps représentent l'inconscient et le conscient. Une « perméabilisation » de la membrane qui les sépare se fait au cours du rêve. L'analyse des rêves, la psychothérapie et diverses formes d'analyses psychologiques contribuent à promouvoir l'échange d'informations entre inconscient et conscient. Le massage du dos et les exercices à deux, dos à dos, constituent souvent un adjuvant utile car beaucoup d'individus ignorent leur dos comme ils ignorent leur inconscient. Quant au centre et à la périphérie, ils représentent symboliquement le « je », *sujet pur*, et le moi, personnage. Le développement du sens du jeu, c'est-à-dire savoir jouer et prendre du plaisir à le faire, est dans cette perspective tout aussi important que la prise de conscience du « je » décrite au chapitre 12. Jeu et « je » sont les clés du retour à l'unité. Le « je » cesse de s'identifier au personnage et à l'*ego*. Nos diverses composantes internes s'unissent entre elles et le « je » individuel s'unit au « JE » universel.

Toutes ces pratiques respectent et imitent les lois analogiques mentionnées au chapitre précédent. On y retrouve la loi de la dédifférenciation : redevenir comme de petits enfants, jouer, se décontracter, changer ses habitudes, perdre ses rigidités et ses certitudes, affronter l'innovation et l'inattendu sans peur et sans refus. C'est difficile pour beaucoup d'êtres humains, surtout pour les hommes, plus rigides que les femmes, et pour les rationalistes et les scientifiques. Bien souvent, en effet, ceux-ci choisissent d'être ce qu'ils sont pour se rassurer et tentent de donner à l'univers une structure, imaginaire ou réelle, pour trouver une sécurité illusoire. Tout au long de ma carrière, j'ai entendu des patrons refuser les observations ou les découvertes de leurs élèves et déclarer : « C'est impossible, cela ne correspond pas à ce que l'on sait ». Bien sûr, cela ne pouvait correspondre au connu puisque c'était nouveau ! J'ai eu droit à ce genre de remarques quand, à vingt ans, j'ai réussi la cristallisation d'une nouvelle protéine musculaire dans des conditions où, me disait le directeur du laboratoire, c'était impossible[227]. Les cristaux étaient petits et ne pouvaient être vus qu'au microscope, mais c'étaient bien des cristaux, sans aucun doute possible. Après les avoir regardés, le directeur me répondit froidement : « Ce sont des crasses ». Il s'est avéré par la suite que ces « crasses » étaient des cristaux de parvalbumine, les premiers jamais obtenus de cette importante protéine qui joue de multiples rôles dans la cellule. Le directeur a poursuivi les recherches tandis que je poursuivais mes études de médecine. Mon nom a été cité quelquefois[228], puis s'est évanoui des publications, alors que le nom de celui qui avait traité de « crasses » mes jolis cristaux est désormais associé à la parvalbumine en question.

La loi de la parcimonie est, elle aussi, présente tant au niveau de la gestion de la vie personnelle que de la vie sociale. Cette loi implique à la fois retenue et austérité sans pour autant exclure générosité et munificence. Dans ma vie, je ne me suis que trop livré à de multiples pratiques destinées à induire ma métamorphose intérieure. Trop en faire, trop en vouloir et trop vouloir ne font que retarder le processus de maturation. Dans les contes et légendes de diverses traditions, on présente toujours la porte du paradis comme s'ouvrant vers l'extérieur. Plus on pousse pour entrer, plus elle se ferme. Il faut, au contraire, se reculer pour lui permettre de s'ouvrir.

La loi de la symétrie/asymétrie ne s'applique pas moins que les précédentes. Le « je » individuel s'est détaché du « JE » universel, au point d'en oublier l'existence. Cette brisure de symétrie a engendré une nouvelle symétrie, celle de la dualisation de la conscience qui nous fait tout percevoir par paires, dans le meilleur des cas, ou par fragments dans le pire. La symétrie du bien et du mal, de la lumière et de l'ombre pourrait être à nouveau brisée par un rééquilibrage de la balance des hémisphères cérébraux en faveur du *mécanisme unificateur* aux dépens du *mécanisme interprète et narrateur*. L'acquisition d'un état de conscience plus unifié créerait à son tour une nouvelle symétrie entre le « je » individuel et le « JE » universel.

La loi de la sculpture et de la sélection est sous-jacente à toutes les pratiques et à toutes les prises de conscience. C'est le thème de la nudité et du désert repris si souvent dans les textes sacrés et en particulier dans l'Évangile de Thomas. Couper, élaguer, éliminer le superflu pour aller à l'essentiel, et sculpter ainsi la silhouette de l'homme véritable, du Fils de l'homme, qui est emprisonnée dans la gangue du manque ou de l'excès, car trop de pauvreté comme trop de richesse empêchent la manifestation du trésor caché, de l'unité perdue au sein de la multiplicité. De même, l'acquisition d'une conscience en voie d'unification et d'une meilleure communication entre cerveaux droit et gauche pourrait donner naissance à un nouveau mode de fonctionnement de notre encéphale et de notre psyché. Ainsi verrions-nous s'appliquer une fois de plus la loi du *un et un font quatre* : le cerveau droit et le cerveau gauche communiquant mieux l'un avec l'autre engendreraient une nouvelle forme de pensée et, dès lors, un nouveau comportement individuel et une nouvelle société. Quant à la suspension du temps mentionnée plus haut, elle relève de la loi de la dédifférenciation : ralentir sa respiration au point d'entraîner des moments d'apnée constitue un retour symbolique au fœtus chez lequel le cycle respiratoire est absent ; suspendre l'éjaculation et l'orgasme dans le *coïtus reservatus* a une signification similaire. L'accession à l'androgynat psychique et spirituel serait alors une forme de dédifférenciation dont le résultat ne serait ni une triste uniformisation des sexes, ni une perte de toute sexualité, mais une sexualité rajeunie et régénérée.

*
* *

Assis au bord du Nil, je regardais les étoiles s'allumer une à une et j'entendais les grillons et les criquets entonner leur chant l'un après l'autre. La lumière du ciel réfléchie par les eaux du fleuve, comme le son des insectes réfléchi par la voûte de l'arbre sous lequel je m'étais installé, vibrait doucement. Un petit papillon crépusculaire, un sphinx, évoluait de fleur en fleur. Comme les colibris, il volait sur place en face de chacune d'elles et plongeait sa longue trompe au sein de la corolle, puis dans un mouvement plein d'élégance, il pirouettait sur lui-même pour passer à la suivante. Un autre papillon, plus nocturne celui-ci, tant par ses habitudes que par ses couleurs, dansait et sautait sur la branche d'un arbre face à moi. Tantôt virevoltant, tantôt s'agrippant à l'écorce tout en battant des ailes, la noctuelle était folle et ivre comme toutes les noctuelles. Elle exécutait un ballet désordonné et incohérent dont le désordre même était un délice, le délice de l'ivresse de vivre. Ce spectacle évoquait celui presque identique que j'avais contemplé trente ans plus tôt sur les hauteurs qui surplombent le lac d'Annecy. La vue était magnifique. Mes amis bavardaient doucement et contemplaient le crépuscule descendant sur les eaux du lac. Aucun d'entre eux ne s'était rendu compte que je m'étais absenté, que je les avais quittés sans bouger, et que, pendant quelques instants, j'avais dansé avec la noctuelle. Un jour peut-être, comme dans mon rêve, pourrais-je à volonté devenir noctuelle. Non plus danser avec elle, mais la danser. En définitive, l'univers, ce corps immense et précieux du « JE » cosmique, était un grand livre de chiffres et de rythmes vivants, mais combien plus encore une danse, la danse de Shiva lui-même. Je comprenais maintenant mon attachement au Bharata-Natyam, la danse sacrée de l'Inde. Le maître battant la mesure, bâton sur planchette, et la danseuse lui répondant, pieds sur sol, étaient une préfiguration de ce que je vivais si intensément en cet instant fugitif mais éternellement présent par la puissance de sa beauté. Je rentrai dans ma chambre, en titubant comme la noctuelle ivre. Peut-être avais-je bu trop de nectar !

CHAPITRE 17

COMMENT D'UN TRIANGLE FAIRE UNE ROUE

Du mâle et de la femelle, fais un cercle, de là un carré, ensuite un triangle, fais un cercle et tu auras la pierre des philosophes.

Michel Maier[229]

En ouvrant les yeux ce matin-là, le ciel m'avait paru moins bleu et le soleil de l'aurore moins doré. Dans un peu plus de vingt-quatre heures, j'allais quitter cette maison, prendre l'avion à Louxor et rentrer à Paris. Malgré la solitude que je supportais mal par instants, j'aimais cet endroit. Je m'étais attaché à Leïla. Ses visites régulières qui rythmaient mes semaines allaient me manquer. Sa spontanéité, sa vitalité, son amitié me manqueraient plus encore. Elle était venue sous prétexte de me préparer un repas ; le ménage, elle le ferait après mon départ. Nous avions longuement parlé. Je lui avais promis de lui envoyer des cartes postales auxquelles je savais qu'elle ne pourrait répondre - car si elle parlait le français, elle avait des difficultés à l'écrire. Au moment de partir, elle s'était jetée dans mes bras en pleurant et j'avais senti son nez mouillé contre mon cou. Puis brusquement, après avoir effleuré mes lèvres, elle s'était précipitée vers la porte et avait dégringolé les escaliers avant que je puisse dire un mot. Je me penchai à la fenêtre et je la vis dévaler la rue comme si mille diables couraient à ses trousses. Elle ne se retourna pas.

Près d'un an s'était écoulé depuis ma crise d'arthrite : un an, un manuscrit de cinq cents pages et trois voyages. Je n'avais trouvé ici ni la sublime *Présence* que j'avais ressentie au pied du Mont Tabor, ni l'abondance gourmande du Périgord, ni les mystères obscurs des cavernes paléolithiques. Mes visites aux temples de Louxor et de Karnak avaient été trop rapides, comme un « bonjour » lancé en passant à de vieilles connaissances. Ces deux mois au bord du Nil m'avaient pourtant apporté quelque chose d'aussi précieux que mes voyages précédents. Le *Yi-King* - encore un livre qui fait partie de mes vieux amis - aurait dit : « l'innocence, l'inattendu »[230]. Avec ma terminologie personnelle, je parlerai de dépaysement, de déconditionnement, car tout ce qui m'était arrivé au cours de cet automne avait été totalement imprévu et imprévisible. Même les pages que j'avais écrites ne laissaient pas de me surprendre, car elles exprimaient ma pensée mieux que toutes les notes que j'avais accumulées au cours de ces dernières années. Le moment était venu de parler du triangle, du grand triangle, celui qui constitue le commencement et la fin de cette série de promenades philosophiques. D'autres petits triangles, non moins beaux, non moins riches, avaient poussé sous mes pas au cours de mes promenades. Le triangle Sarah, Nora, Leïla ; le triangle montagne, caverne, eau ; le triangle Tabor, Périgord, Louxor ; le triangle livre inachevé, livre non signé, livre qui n'était pas un livre mais un commentaire des deux autres (si bien qu'il était devenu lui-même un troisième livre, celui que j'achève aujourd'hui). Ni ces triangles, ni leur localisation, ni leur nom - à l'exception de ceux des trois amies dont je m'abstiendrai de révéler le véritable patronyme - rien de tout cela n'avait été inventé ni prémédité. Fallait-il y voir une série de coïncidences, une fois de plus, ou l'expression de mon désir inconscient d'explorer les vertus du chiffre trois, ou encore l'action souterraine de ce phénomène mystérieux auquel Jung a donné le nom de synchronicité pour tenter de cerner l'inexplicable[8] ? Au milieu de ce bouquet de triangles, seul retenait présentement mon attention le grand triangle, celui que les Anciens appelaient corps, âme, esprit, et qui, au fil de ces pages, avait été investi d'une double dénomination : matière et science, psyché et psychanalyse, spirituel et unification.

*
* *

Décrire les trois angles du triangle est indispensable mais insuffisant. Il me faut aussi évoquer leur dynamique qui n'a cessé de varier selon les écoles et les époques, passant de la cohérence à la disjonction. Celle-ci prédominait au cours des deux derniers siècles. Depuis quelques années, la tendance s'inverse. Une poignée de pionniers tentent de redonner au triangle une cohésion perdue. Pour ma part, c'est un point de vue légèrement différent que j'adopterai. Il me semble plus justifié de faire tourner le triangle plutôt que d'en faire converger ou diverger les angles. Encore faut-il lui trouver un centre pour lui imprimer un mouvement de rotation. Ce centre existe ; je l'ai déjà évoqué et je ne tarderai pas à y revenir.

Le premier angle du triangle, c'est la matière[231]. Elle n'est plus ce que l'on pensait. Elle n'est pas immuable. Elle peut disparaître et se transformer en énergie, ou inversement. L'énergie est le seul élément « physique » de notre univers qui soit irréductible à quoi que ce soit d'autre. Plus on explore l'infiniment petit et le monde quantique, plus ils semblent nous échapper : les notions de localisation et de séparabilité n'y ont plus cours. Quant au temps, on en discute encore. De plus, nous savons maintenant qu'il est impossible de distinguer l'objet « réel » de sa représentation. C'est pourquoi l'un et l'autre font partie de ce que j'ai convenu d'appeler le *monde 1*.

Le second angle du triangle, la psyché[232], n'est guère plus facile à saisir. Elle constitue le monde intérieur de chacun avec ses multiples aspects fugaces et souvent obscurs. Ce sont les *mondes 2*, un pour chaque être humain. Ces *mondes 2* communiquent indirectement par l'intermédiaire du *monde 1* commun à tous. La télépathie et les concepts d'inconscient collectif et de champ psychique suggèrent l'éventualité d'une communication directe entre les *mondes 2*. Parmi les phénomènes rejetés par la science actuelle, la télépathie est un des rares qui, à mon sens, relève plus de la protoscience que de la parascience. La communication à distance des *mondes 2* expliquerait de nombreux faits d'observation courante, y compris la synchronicité mentionnée plus haut, et les coïncidences dont j'ai fait état à plusieurs reprises dans cet ouvrage. Synchronicité et coïncidences impliquent également une communication entre *monde 1* et *monde 2*. La fréquence accrue d'une telle communication au cours du déroulement de mon existence serait-elle la signature d'une accession, même partielle et limitée, à une conscience plus unifiée, qui permettrait de percevoir ou d'engendrer des résonances entre des mondes apparemment distincts ? La question se poserait alors de savoir où est l'illusion : celle qui consiste à voir des correspondances là où il n'y a que hasard ou celle qui consiste à appeler hasard des résonances harmoniques ? Par d'autres voies, des physiciens de plus en plus nombreux arrivent à la conception d'un univers unifié où tout est connecté à tout, et où l'espace et la distance sont des représentations dont la pertinence au niveau quantique est remise en question. Télépathie, synchronicité et coïncidences ne peuvent en tout cas pas être arbitrairement attribuées au hasard sans qu'un examen plus approfondi de ces phénomènes ne soit effectué. Rien ne me semble plus irrationnel que l'attitude de certains rationalistes qui consiste à jeter dans une poubelle nommée « hasard » tout ce qui dérange leur vision du monde.

Le troisième angle prête à confusion plus encore que les deux autres. Les livres, les émissions télévisées ou radiodiffusées et les colloques sur *Science et Spiritualité* se multiplient, mais on n'y parle presque toujours que de science et de religion. C'est navrant. Les religions sont des institutions humaines et donc des instruments de pouvoir. Des hommes d'une grande spiritualité peuvent accepter une religion en tant que support de leur pensée ou de leur action. Ils peuvent aussi la récuser. Le pôle spirituel de l'homme est un état de conscience unifié, ou en voie d'unification[214, 233]. C'est un état de conscience dans lequel le *monde 1* et les *mondes 2* apparaissent comme deux aspects d'une seule réalité, dans lequel les *mondes 2* communiquent et, à la limite, confluent entre eux et avec le « JE » universel. Cette hypothèse est fondée sur l'étude des textes anciens mais aussi sur mon expérience personnelle et celle des quelques mystiques qui ont accepté de m'en parler, même si dans ce domaine les mots sont d'un usage mal commode. Les rares instants d'unification qu'il m'a été donné de vivre m'ont plongé dans le ravissement mais aussi dans l'embarras, car de telles expériences sont non conceptuelles, donc difficiles à verbaliser. C'est ce qui m'a amené à proposer une hypothèse complémentaire, celle d'un *mécanisme unificateur* situé dans le cerveau droit qui est muet, symétrique du *mécanisme interprète et narrateur* du cerveau gauche[234]. Celui-ci serait responsable, en tout ou partie, de notre vision dualiste du monde : il est bavard et il tente d'expliquer et de structurer l'environnement en termes de bon et de mauvais, par rapport à la survie de l'individu. Le *mécanisme unificateur* contrebalancerait l'activité du *mécanisme interprète* et induirait une représentation unifiée de l'univers. Cette représentation ne résulterait évidemment pas de la simple superposition du *monde 1* et des *mondes 2*. Comme toujours, l'union de deux objets ou de deux états donne naissance à un troisième totalement nouveau par rapport aux précédents. La figure 1 tente de préciser sous une forme différente la classification proposée dans le tableau 2.

Les doctrines officielles, philosophiques, scientifiques et religieuses ont toujours tout fait pour empêcher la cohésion du triangle : l'âme opposée au corps, l'esprit à la matière, etc. Les disciplines dites ésotériques enseignaient l'inverse. C'est d'ailleurs la raison pour laquelle elles étaient tenues secrètes. Les menaces du pouvoir exotérique n'étaient que trop réelles pour qu'il en soit autrement. La pensée ésotérique, celle relevant d'une conscience unifiée, n'a pourtant jamais cessé d'exister. Au début du dix-huitième siècle encore, Newton, scientifique renommé s'il en fut, écrivait que Dieu est « omniprésent non seulement de façon virtuelle mais de façon substantielle [...]. C'est en Dieu, ajoutait-il, que toutes les choses sont contenues et mues ». À la suite de Pythagore, de Giordano Bruno et de bien d'autres, Newton considérait donc l'univers comme le corps de Dieu[235]. Au cours des dix-neuf et vingtième siècles, les avancées spectaculaires de la science et la naissance de la psychanalyse ont renforcé l'opposition entre matière, psyché, esprit, opposition d'autant plus féroce que derrière un débat d'idées se cachait une lutte de pouvoir. Une telle situation n'a fait qu'aggraver l'enracinement de l'homme dans la dualité. Dès le début du vingtième siècle, cependant, la séparation artificiellement introduite entre corps, âme, esprit, a été contestée par des scientifiques et des philosophes tels que Frijtjof Capra, Gary Zukav, Olivier Costa de Beauregard et plus récemment Paul Davies, David Böhm, Willis Harman, David Peat[236]. Ce sont

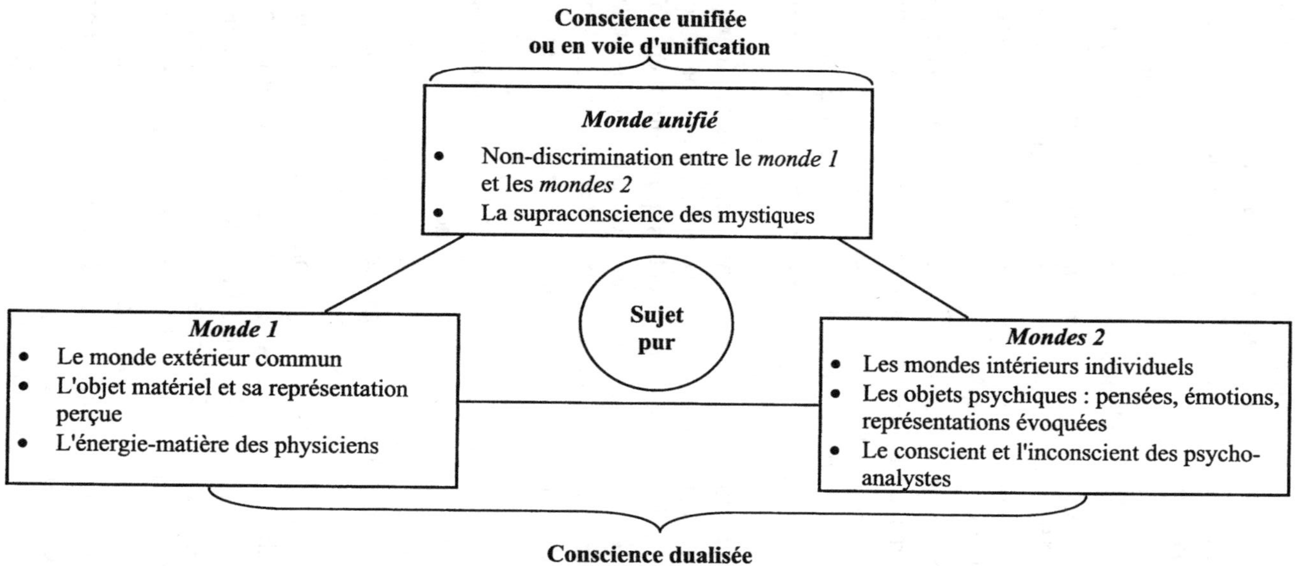

Figure 1 : Triangle corps (matière), âme (psyché), esprit (conscience unifiée) construit d'après les éléments du tableau 2. La convergence du *monde 1* et des *mondes 2* favorise le passage à un état de conscience unifié. Cette convergence est facilitée par la discrimination du "je", *sujet pur*, et des diverses représentations (*monde 1*, *mondes 2*, *monde unifié*) perçues par le sujet en tant qu'objets. La non-identification du sujet à l'objet induit la rotation du triangle c'est-à-dire le passage permanent du *monde 1* aux *mondes 2* et réciproquement, et l'accession fugace au *monde unifié*. A un stade ultérieur d'évolution, la conscience humaine pourrait être unifiée en permanence.

cependant Schrödinger, Chalmers et Searle qui me semblent avoir le mieux perçu les clés de la nouvelle renaissance scientifique, celle que verra le vingt et unième siècle, qui pourrait être aussi profonde que celle du seizième. C'est également le cas de Roger Sperry. Plus encore que John Eccles et Karl Popper, il a été un précurseur dans ce domaine et son article *Changing priorities*[237] a fait grand bruit. Il y proposait de considérer la conscience comme une réalité causale : « Au lieu de récuser ou d'ignorer la conscience, la nouvelle interprétation reconnaît pleinement la primauté de la conscience intérieure (*inner conscious awareness*) en tant que réalité causale ». Quant à Gaston Bachelard, il est à nouveau d'actualité. Il pose à ses commentateurs l'éternelle question : comment peut-on être à la fois poète et scientifique[238] ? L'homme du vingtième siècle semble éprouver, en effet, un profond besoin de « réenchanter » le monde et de revenir à la poésie. Beaucoup de ceux qui expriment ouvertement ou secrètement cette opinion croient encore que la poésie s'oppose à l'efficacité, à la rationalité, et à d'autres vertus qui sont censées permettre l'épanouissement de la civilisation occidentale alors qu'elles n'ont fait que l'amener au bord du gouffre. Loin de freiner le progrès, la poésie constitue, au contraire, le contrepoids nécessaire à l'excès de dualité dans lequel nous ont plongés une science, une technicité et un rationalisme mal compris.

Sperry et son paradigme, Bachelard et sa poésie, la nécessité de trouver un centre au triangle matière, psyché, esprit, m'amènent à poser une fois de plus le problème de la conscience. Car au-delà des états de conscience dualisés ou unifiés, le mystère demeure en ce qui concerne le phénomène de la conscience en lui-même. Chalmers n'ignore pas la difficulté que présente sa théorie. Si la conscience est un aspect de l'information, « même un thermostat pourrait avoir une conscience »[121]. Mon hypothèse pose le même problème. Si énergie et conscience sont les deux faces d'une même chose, si la conscience engendre de l'information et non l'inverse, un proton doit avoir une conscience et ses caractéristiques quantiques, mises en nombres par les physiciens, sont la manifestation de l'information générée par sa conscience. Il est toutefois possible de tourner la difficulté en complétant l'hypothèse de départ. Si l'énergie du proton, tout comme celle des galaxies, fait partie intégrante d'un organisme universel unique, la conscience du proton ne peut constituer à elle seule une conscience séparée ; elle fait partie intégrante de la conscience universelle que j'ai appelée « JE ». À tous les niveaux d'organisation, de la particule à la molécule, de l'étoile à l'herbe, à l'amibe et aux mammifères supérieurs, l'énergie-conscience de plus en plus structurée serait néanmoins encore et toujours partie intégrante du même organisme universel en cours de déploiement. Parvenue à l'homme, l'évolution aurait présenté une singularité. Le cerveau ouvre en effet à l'être humain une possibilité nouvelle que n'avaient pas les autres organismes avant lui. À ce moment, et à ce moment seulement, se crée une césure, tout au moins apparente, entre le « JE » universel et la conscience humaine ; il y a émergence d'un « je » autonome, ou qui se considère comme tel. Le cerveau fait office de miroir : nous retrouvons le mythe de Narcisse.

L'analogie avec la naissance de l'enfant est tout aussi évidente. L'enfant devient un organisme séparé à partir du moment où se fait la coupure du cordon ombilical. La séparation psychologique se fait plus tard et plus progressivement. À un certain stade de son développement, l'enfant se trouvera devant un triple choix :

– passer sa vie à soupirer après le paradis perdu de l'utérus maternel : il recherchera sans cesse un amour fusionnel pour recréer l'unité primitive. C'était le point de vue de Freud, qui malheureusement excluait l'existence d'un paradis autre que celui-là et n'a jamais envisagé le jardin d'Éden comme symbole d'un nouvel état de conscience ;

– couper tout lien avec la mère et d'une façon générale avec la famille, pour acquérir une totale autonomie ; c'est ce que nos « je » humains ont fait avec le « JE » universel ;

– acquérir une autonomie pour nouer un nouveau mode de relations affectives avec la mère, celui d'un être humain aimant un autre être humain en toute liberté, le véritable amour ne pouvant être vécu que dans l'indépendance totale. C'est ce que vit, me semble-t-il, le « je » du mystique avec le « JE » universel, bien qu'un retour à la fusion originelle ne soit pas exclu. Cette fusion sera même inévitable en fin d'évolution, c'est-à-dire quand l'univers se repliera à nouveau sur lui-même, que « les cieux s'enrouleront, ainsi que la terre » (Log. 111) et que tous les « je » individuels réintégreront le « JE » universel, étape que la Bhagavad-Gîtâ appelle « la nuit cosmique » (tableau 2).

Il n'est pas inconcevable qu'un « accident » se soit produit au cours de l'évolution. Non seulement le cerveau humain a pris conscience d'être conscient, d'où la naissance d'un « je » autonome, mais il a oublié son origine et ne peut dès lors nouer un nouveau type de relations avec le « JE » universel, géniteur et génitrice, Père et Mère tout à la fois. Un enfant qui a oublié jusqu'à l'existence de sa mère ne peut en aucun cas établir de relations affectives avec elle, puisque pour lui elle n'existe pas. Cette perte de mémoire me semble attribuable à la dualisation excessive de la pensée, elle-même due à une activation disproportionnée du *mécanisme interprète et narrateur* du cerveau gauche aux dépens du *mécanisme unificateur et muet* du cerveau droit. C'est ce qui explique que les prophètes authentiques n'écrivent pas ou peu. C'est ce qui explique aussi, à un niveau plus pragmatique, la fatigue que j'éprouve quand j'écris, fatigue que j'attribue au déséquilibre entre le *mécanisme interprète* et le *mécanisme unificateur* de mon encéphale. Des retrouvailles avec la mémoire perdue ne sont possibles que dans la mesure où un rééquilibrage se fait ; et il ne peut se faire que si nous y travaillons activement, en modifiant progressivement notre mode de vie. La civilisation moderne rationnelle et technique aggrave le déséquilibre en suractivant tout ce qui est du domaine du cerveau gauche et de son *mécanisme interprète*. Cette situation est ressentie confusément par certains individus plus sensibles que d'autres ; ceux-là, dans une tentative maladroite pour rétablir l'équilibre, iront vers la superstition, l'ésotérisme de pacotille, le merveilleux à bon marché, et certaines sectes qui distillent l'illusion et mènent à l'asservissement. En revanche, ceux qui comprennent clairement l'origine du déséquilibre tenteront de rétablir la balance, non par des illusions, mais par des moyens appropriés dont certains ont été mentionnés dans le chapitre précédent.

*
* *

La poésie surgit quand le « je » individuel commence à rejoindre le « JE » universel c'est-à-dire quand il cesse de s'identifier à l'*ego*. L'union entre le « je » et le « JE » s'amorce alors d'elle-même, car tel est l'état naturel de la conscience. La dualité, la scission interne, se produit quand le « je » s'identifie au moi, au personnage. La lutte entre les individus, les personnes et les institutions s'amorce alors d'elle-même car, pour exister, il leur est nécessaire de s'opposer sans cesse l'un l'autre. La dualité implique donc automatiquement la souffrance, non pas seulement parce qu'une vision dualisée du monde est faite de lumière et d'ombre, mais aussi parce que l'opposition, dans un monde duel et fragmenté, est une nécessité ontologique pour maintenir la séparation entre les « je » individuels ; sinon, ils tendraient, de par leur origine unique, à manifester un mouvement de convergence et même de confluence. Réenchanter le monde ou injecter une dose de poésie dans la connaissance de l'univers constitue toutefois une tautologie. L'univers est poétique en lui-même. Le percevoir et l'explorer sont des actes poétiques et, à ce titre, la science est poésie. L'astrophysique, la mécanique quantique et les sciences naturelles ont évidemment une charge poétique plus directement accessible que la pharmacologie, la biochimie, la dynamique des fluides ou la statistique classique. Mais quand ces sciences sont placées dans un contexte unitaire, c'est-à-dire que leurs connexions avec les autres sciences sont vues et comprises, la poésie inhérente à la représentation que nous avons de l'univers transparaît à nouveau. Le monde est un enchantement perpétuel quand on sait le percevoir. Se plaint-on de l'obscurité quand on ferme les yeux en plein jour ? Ce serait absurde, aussi absurde que de se plaindre de ne pas ressentir l'intense poésie qui se dégage de l'exploration de l'univers par la science, quand on refuse volontairement de se laisser aller à l'émerveillement sous prétexte que ce n'est pas sérieux ou que ce n'est pas scientifique. Pour qui garde l'esprit ouvert, une molécule n'est pas un assemblage de petites boules, les atomes, mais un chaînon enchanté entre la subtilité des incertitudes de la microphysique, la complexité coordonnée de la cellule vivante et la magnificence des centrales nucléaires que constitue chaque étoile.

Ma réflexion sur la science aussi bien que mon discours sur la religion paraîtront ambivalents à certains lecteurs, alors que l'ambivalence réside dans les institutions elles-mêmes. Le tuteur qui soutient la jeune plante dans sa croissance ne doit pas devenir un carcan. Une piste d'aéroport est faite pour permettre l'envol, une hélice pour propulser et non pour agiter l'air ou l'eau qui l'entoure.

Cette dernière phrase annonce la rotation du triangle qui nous est désormais familier. Si les hypothèses proposées dans cet ouvrage sont correctes et si l'humanité survit aux conflits inhérents à la dualité, son évolution vers l'unification de la conscience est inévitable. En théorie, l'émergence d'une conscience en voie d'unification donnera naissance à une nouvelle représentation du monde, le jardin d'Éden, qu'il nous est difficile de concevoir actuellement. L'image de ce que serait un tel monde lui-même transitionnel ne peut être appréhendée que par quelques mystiques. L'évolution vers un tel état de conscience sera lente selon toute vraisemblance, comme le sera par la suite la transition vers l'unification totale, c'est-à-dire le retour au « JE » universel. Mais l'homme, par sa conscience d'être conscient, c'est-à-dire son « je » individuel, a la faculté de faciliter et d'accélérer ce processus, ou au contraire de le retarder et de le rendre douloureux. Puisque toutes les potentialités en viennent tôt ou tard à se manifester, il n'est pas absurde de penser que, dans un avenir lointain, l'espèce humaine se scinde en diverses composantes selon la volonté lucide de chacun. Avec un peu d'imagination, on pourrait même affubler les composantes extrêmes de ce processus évolutif des noms évocateurs, sinon mélodieux, d'*Homo sapiens convergens* et d' *Homo sapiens divergens*. Quant à la convergence et à la divergence, elles ne pourraient être que synonymes de « dynamique » et d' « apathique ». Le prisme décompose la lumière blanche en un spectre coloré. Inversement, lorsqu'on fait tourner un disque divisé en sept segments peints aux couleurs du spectre, il apparaît blanc en raison du mélange optique des couleurs. Si le « je » individuel, le *sujet pur,* perçoit tour à tour les composantes corps, psyché, esprit qui caractérisent l'individu et auxquelles il s'identifie, un certain degré d'unification de la conscience ne tardera pas à se faire jour. Ainsi, selon les circonstances, « je » suis conscient du monde extérieur, le *monde 1*, et de la nécessité d'*agir-sur-le-monde* ; « je » suis conscient du monde intérieur, mon *monde 2* individuel, et de l'expérience de *vivre-le-monde* ; « je » suis conscient de l'*unité-du-monde* et de la non-séparabilité du *monde 1* d'avec le *monde 2*, le mien, et des *mondes 2* les uns par rapport aux autres, le mien et ceux des autres. Le passage incessant d'un état à l'autre entraîne une dynamique. C'est la rotation du triangle qui fait la transition entre une conscience dualisée et une conscience en voie d'unification. C'est elle qui permet, à partir de la dualité, de séparer le subtil de l'épais - les processus *évolutifs* des processus *régressifs* (réflexion, sexualité, musique) - pour faciliter l'accession à l'unité. La vision du monde cesse d'être brisée et devient globale comme le regard de Jean-Baptiste. La convergence est donc la résultante d'une conception dynamique du monde, sans cloisonnement et sans opposition. La divergence se maintiendra, au contraire, et la vision du monde restera fragmentaire pour ceux qui demeureront cloîtrés dans leur terrier, celui du psychophysiologiste qui explore l'objet « cerveau » mais refuse de s'explorer lui-même, celui du psychologue qui explore sa psyché mais refuse d'accepter que la molécule et la cellule ne sont pas distinctes de la pensée mais qu'elles en constituent seulement un autre aspect. Il n'y a pas à « jeter un pont entre l'esprit et la matière » comme l'ont prétendu certains philosophes et scientifiques, car il n'y a pas de séparation entre l'esprit et la matière, cette séparation n'est qu'une illusion créée par notre état de conscience. Vouloir « jeter un pont », c'est reconnaître de fait l'existence d'une séparation qui n'existe pas. Plus on voudra jeter de ponts entre l'esprit et la matière, plus la conscience plongera dans la dualité, persuadée de l'existence de cette séparation. De la même façon, certaines musiques favoriseront l'excitation, l'émotion et la violence qui nous incitent à croire en un monde compartimenté et fragmenté où règnent conflit et jouissance égoïste. D'autres musiques, au contraire, en stimulant notre *mécanisme unificateur*, nous amèneront à vivre la joie, l'amitié, la compréhension, la convivialité, la collaboration, la tendresse, le plaisir partagé. Le mot, écrit ou parlé, même s'il me semble moins efficace que la musique, peut jouer un rôle similaire. C'est pourquoi, faute d'avoir un talent de compositeur, j'ai écrit ces lignes.

*
* *

J'avais quitté Sarah, Nora et Leïla. J'avais quitté le Mont Tabor, le Périgord et j'allais bientôt quitter Louxor. Il était trois heures du matin et le lendemain à huit heures, le vieil homme à la voiture branlante viendrait me chercher et me conduirait à l'aéroport. Je n'aurais guère le temps de dormir. Une nuit de veille était sans importance. Plus grave était la tristesse qui m'envahissait. Après toutes ces séparations, une autre plus inquiétante et plus douloureuse se profilait à l'horizon. Ce livre était terminé. Il allait, à son tour, me quitter pour passer aux mains d'un éditeur puis des lecteurs. J'avais peur, je l'avoue, peur de me retrouver seul, sans compagne, sans nature, sans livre-confident. Nu, dépouillé et désert, serai-je alors rempli de lumière ? J'en doutais. Je n'avais pas encore acquis la confiance et pourtant, au centre de moi-même, je la sentais présente mais endormie. C'était le moment de mettre en action les paroles que ma main avait transcrites tout au long de ce livre. Après la théorie, viendraient les exercices pratiques comme à l'école.

Maintenant, c'était une autre vie qui m'attendait, celle de l'automne. Ses couleurs étaient l'or et le pourpre, et ses parfums le raisin et le champignon. Des festins imaginaires dansèrent devant mes yeux et chatouillèrent mes papilles. Je m'assoupis malgré moi quelques instants et je me mis à rêver d'un magnifique repas servi par une pulpeuse cuisinière. Je redressai soudain la tête, conscient de ma somnolence. La sagesse eût été de me coucher mais je ne pouvais arrêter mes pensées qui m'entraînaient toujours plus loin. Après l'automne, ce serait l'hiver, si je vivais jusque-là. Je ne le souhaitais pas vraiment. Bien que je ne fusse pas encore très vieux, la mort était déjà devenue une amie familière. J'espérais qu'elle ne tarderait pas trop à venir me chercher mais surtout qu'elle me prendrait par la main sans brutalité et sans souffrance. Qu'arriverait-il alors ? Si je m'étais trompé et que désormais « je » cessais d'être, c'était sans importance puisque « je » ne serais pas là pour le constater. Si j'avais raison, me retrouverais-je dans le jardin d'Éden ? Je me voyais émerger d'un trou entre deux rochers en bordure d'un canyon qui faisait face au désert. La lumière était éblouissante. Une jeune femme, belle, belle, belle, à la peau dorée, aux cheveux noirs, entourée d'un halo de lumière s'approchait de moi. D'une voix plus douce que le miel, plus harmonieuse que la musique des sphères, elle me disait : « Je suis ton image ; bienvenue et heureuse vie à toi qui reviens de captivité » et, me prenant par le bras, elle m'emmenait vers une oasis vert émeraude dont émanaient des effluves parfumés et l'odeur piquante d'une fraîche verdure. Une source jaillissante en était le centre et répandait autour d'elle son eau bienfaisante. Je relevai la tête car je m'étais à nouveau endormi. Toutes les hypothèses étaient permises. La mort en définitive n'était qu'un pas : « La Voie n'est qu'un seul pas : fais un pas hors de toi-même pour arriver à Dieu. S'en aller de soi, c'est se rendre compte que ce soi n'existe pas, et que rien n'existe sauf Dieu »[239]. Le plus probable, bien que le moins facile à imaginer pour mon cerveau limité, me paraissait être le retour à la maison du Père, la fusion du « je » individuel avec le « JE » universel. Le lien ne serait pas coupé car « JE » serais conscient du bonhomme Jean-Georges mais aussi de milliards de milliards d'autres êtres engendrés par l'Un que j'aurais rejoint. Cette pensée me donna le vertige et, cette fois, je décidai enfin de m'allonger pour prendre quelques heures de repos.

ÉPILOGUE

LE MANUSCRIT TROUVÉ À NAG HAMMADI

Étrange ! À tout instant, je suis dominé par la pensée que mon histoire n'est pas seulement une aventure personnelle, que j'agis pour beaucoup d'hommes, en vivant ainsi, en me développant et en m'analysant ; il me semble que je forme une pluralité, et que je m'adresse à elle en paroles d'une intimité grave et consolante.

Friedrich Nietzsche[240]

Aie le courage de te servir de ta propre intelligence.

Immanuel Kant[241]

Tous les chapitres de cet ouvrage ont été rédigés en deux ou trois jours que j'ai encadrés d'un seul matin et d'un seul soir pour en faciliter la présentation. Loin de mon domicile, de ma bibliothèque et de mes documents, je ne disposais que de notes personnelles, de notes de lectures et de quelques citations. Cette méthode qui préserve la spontanéité explique aussi des absences, celles de Cioran, Jacob Bœhme et Lao Tseu, parmi d'autres. Il ne s'agit de ma part ni d'une méconnaissance de ces auteurs ni d'un refus de les citer, mais plutôt d'un manque d'intimité avec le tissu de leur pensée.

Le texte a été écrit au fil de l'inspiration, sans plan préétabli, ni préméditation autre que celle du Triangle et de la Roue. Ma pensée s'est précisée au fil des pages. Je n'ai pas tardé à me rendre compte que c'était le livre qui m'écrivait et non l'inverse. Certains concepts ont évolué en cours de rédaction. Il en résulte parfois quelque flou et quelques répétitions mais nulle contradiction. Car si la spontanéité de rédaction a été quasi totale, la pensée elle-même résulte de nombreuses années de recherches et de réflexions. Cependant, comme une poule couvant un œuf de cane, j'ai été surpris de voir apparaître, après cette longue incubation, le caneton que je n'attendais pas à la place du poussin que j'escomptais.

Certains concepts récents m'ont profondément marqué, en particulier celui du *mécanisme interprète et narrateur* proposé par Gazzaniga[82]. J'en ai extrapolé des considérations qui ne sont pas celles de son inventeur. Elles m'ont amené à abandonner bien des théories. Les principes de base de l'univers me paraissent simples, même si leur déploiement nous en donne une représentation complexe. Les théories produites par le cerveau de ceux qui les conçoivent me semblent le plus souvent destinées à rendre le monde intelligible non pour en approfondir la compréhension mais pour rassurer, pour calmer les peurs et les angoisses existentielles. Les théories se forgent au gré du climat émotionnel de chacun, déistes ou athées, et du réconfort qui en résulte.

Je n'ai cependant pas pu m'empêcher de formuler quelques hypothèses. La première est celle de l'unité de l'univers et de la réductibilité de toutes ses propriétés à un seul Être, l'énergie-conscience. La seconde est celle de la pluralité des états de conscience : de la conscience dualisée à la conscience unifiée. La quasi-totalité des êtres humains, au stade actuel de leur évolution, est plongée dans un état de conscience dualisé, ce qui a de nombreuses implications. La perception dualisée de l'Être unique, ultime et irréductible, explique qu'il nous faille deux mots et deux concepts pour le nommer : l'énergie et la conscience. La perception dualisée de l'univers explique sa fragmentation entre un *monde 1* et des *mondes 2*, sa double polarisation entre le bien et le mal, et son double aspect « objectif » et « subjectif ». Lorsque l'aspect « subjectif » est privilégié, nous sommes amenés à postuler l'existence d'un supraconscient, à faire des expériences qualifiées de mystiques ou de spirituelles qui ne sont que diverses façons de nommer le processus d'unification de la conscience. Une telle démarche demande du courage et une forte dose de non-conformisme. Sous une apparence passive, c'est la démarche la plus active. Elle nous permet d'atteindre l'évidence et nous donne la capacité individuelle d'accélérer ou de retarder l'évolution vers l'unification, évolution par ailleurs inévitable parce que programmée à un niveau inaccessible à nos possibilités humaines. Lorsque l'aspect « objectif » est privilégié, nous sommes amenés à faire des hypothèses complémentaires : celle d'un *mécanisme unificateur et muet* situé dans le cerveau droit, et celle d'un univers intelligent et harmonieux. De même que l'homme moderne multiplie les *intelligences artificielles*, de même l'univers bien avant lui aurait multiplié les *intelligences naturelles* ; chaque niveau d'intelligence contiendrait en germe les suivants, l'intelligence de l'univers engendrant celle des génomes et cette dernière, celle des cerveaux.

Il suffit donc de peu d'hypothèses pour expliquer beaucoup de choses. Il faut beaucoup de lucidité et de contrôle émotionnel pour accepter d'abandonner la pensée philosophique qui se replie sur elle-même, les théories laborieuses de ceux qui veulent tout expliquer par un rationalisme étroit et les prothèses instrumentales multiples des êtres humains qui ont la suffisance de croire en leur force et la faiblesse de croire en l'insuffisance de la nature. Ce serait certes de la suffisance de ma part de penser que cet écrit est autre chose qu'une histoire, « en laquelle, parmi quelques exemples qu'on peut imiter, on en trouvera peut-être aussi plusieurs autres qu'on aura raison de ne pas suivre ; j'espère qu'il sera utile à quelques-uns, sans être nuisible à personne, et que tous me sauront gré de ma franchise »[1]. C'est pourquoi ce livre a pris la forme d'un témoignage personnel qui se devait d'être sincère, autant que possible, et multiforme, comme je le suis moi-même en ma qualité d'être humain. Il lui fallait englober tout à la fois mes expériences d'unification et les théories que me suggérait, au long de ces lignes, mon *mécanisme interprète*. Puisque je suis gaucher, peut-être ce mécanisme se situe-t-il dans mon cerveau droit et non dans mon cerveau gauche comme chez les droitiers. Peut-être même, de ce simple fait, se trouve-t-il voisin de l'hypothétique *mécanisme unificateur*. Cette proximité expliquerait, alors, que je puisse vivre une expérience avec le *mécanisme unificateur et muet*, et néanmoins l'expliciter avec les mots du *mécanisme interprète et narrateur*. L'un et l'autre entretiendraient des relations de bon voisinage, car à aucun moment ils ne m'ont paru s'opposer ou se contredire, mais présenter tour à tour deux aspects d'une seule et même réalité, celle que je vis et que j'ai partagée avec ceux qui m'ont accompagné au cours de ces promenades.

Je n'épiloguerai pas davantage. Toutefois, malgré l'estime et l'affection que je porte à René Descartes et à son œuvre, ce n'est pas à lui que je laisserai le dernier mot mais à Thomas et à son Évangile. Un soir, alors que je rentrais chez moi, de retour d'un concert dont la musique m'avait rempli de joie et sans doute unifié, je me mis à dialoguer avec les logia du manuscrit de Nag Hammadi[242]. Je les connais par cœur. Les questions et les réponses ne tardèrent pas à se suivre tout naturellement. Elles clôturent ces pages comme le bouchon clôt la bouteille que je vais livrer au gré des flots et à la fortune des marées, avec en son sein le récit que j'ai aimé transcrire dans l'île où je vis, l'île du *monde 2* qui est le mien, où j'ai la bonne fortune de ne plus me sentir seul, alors que par une étrange illusion je m'y étais cru abandonné.

*

J'avais faim et tu m'as nourri.
Tu *pris un peu de ferment,*
le cachas dans de la pâte
et en fis de gros pains (96 : 3 - 5)
Alors, je compris que le royaume est semblable au pain
que tu as toi-même pétri.

*

J'avais soif et tu m'as désaltéré.
J'ai bu
et je me suis enivré *de la source bouillonnante* (13 : 14)
Alors, je compris que le royaume est semblable à la source
dont tu as toi-même jailli.

*

J'avais froid et tu m'as réchauffé.
Alors je compris que *celui qui est près de toi est près de la flamme,*
et celui qui est loin de toi est loin du royaume (82 : 2 - 3).

*

J'étais pauvre et tu m'as enrichi.
Alors je compris que l'*argent* m'était donné
non pour que je le *prête à usure*
mais pour que je le *place*
dans ce qui n'en rapportera pas (95 : 2 - 5).

*

J'étais vêtu et tu m'as dénudé.
Alors j'ai appris à me *départir de ma pruderie*
et à *prendre mes vêtements*,
à *les déposer à mes pieds*
comme les tout petits enfants
et à *les piétiner* (37 : 5 - 9)
Alors je vis *le Fils de celui qui est Vivant*
et je n'ai plus eu *peur* (37 : 10 - 12).

*

J'étais vide et tu m'as comblé.
Alors je compris que lorsque le *disciple est désert*,
il sera rempli de lumière ;
mais quand il est partagé,
il sera rempli de ténèbres (61 : 15 - 18).

*

J'étais seul et je t'ai attendu.
Alors je compris que *ce sont les solitaires*
qui entreront dans le lieu du mariage (75 : 4 - 5).
Heureux sont les solitaires car ils trouveront le royaume (49 : 2 - 3).

*

J'étais seul et tu m'as donné une compagne.
Nous fîmes *le deux un* (22 : 9)
et le mâle et le féminin en un seul (22 : 13 - 14).
Alors je compris qu'il fallait
que le mâle ne devienne mâle
et que le féminin ne devienne féminin (22 : 15 - 16),
pour *entrer dans le royaume* (22 : 21).

*

J'ai exploré sans fin les formes de la nature.
Tu m'as dit : « *Les images se manifestent à l'homme*
mais *la lumière qui est en elles est cachée* » (83 : 2 - 3).

Alors je compris que le jour où la lumière *se dévoilera,*
l'*image sera cachée par sa lumière* (83 : 5 - 6).

*

J'ai exploré sans fin les voies de la connaissance.
J'ai cru, comme les Orientaux, que la matière était produite par l'esprit.
Tu m'as dit : « *c'est une merveille* » (29 : 3).
J'ai cru, comme les Occidentaux, que l'esprit était produit par la matière.
Tu m'as dit : « *c'est une merveille de merveille* » (29 : 5).
Puis tu murmuras : « *mais moi, je m'émerveille de ceci :*
comment cette grande richesse s'est-elle *mise dans cette pauvreté ?* » (29 : 6 - 8).
Alors je compris la richesse de ton univers,
et la pauvreté de ma pensée.

*

J'ai exploré sans fin les profondeurs de la psyché humaine.
Tu m'as dit : « *le brin de paille dans l'œil de ton frère, tu le vois,*
mais la poutre dans ton œil, tu ne la vois pas » (26 : 2 - 5)
Alors je compris que je ne pouvais analyser que moi-même,
et offrir ce témoignage aux autres,
comme un explorateur dresse la carte du territoire qu'il découvre.

*

J'ai jeûné, je me suis abstenu de viande.
J'ai prié, j'ai fait l'aumône.
J'ai respecté les rites, les préceptes et les commandements.
Tu m'as dit : « *si tu jeûnes,*
tu engendreras une faute pour toi-même,
et si tu pries,
tu seras condamné,
et si tu donnes l'aumône,
tu feras du tort à ton esprit » (14 : 2 - 7).
Alors je n'ai pas compris et je t'ai questionné.

*

« *Qu'observerai-je* en matière de nourriture ?
Comment donnerai-je l'aumône ?
Comment prierai-je ? » (6 : 3 - 5)
Tu m'as dit : « *si l'on t'accueille,*
mange ce que l'on mettra devant toi (14 : 10 - 11).
Ne dis pas de mensonges,
et ce que tu récuses, ne le fais pas (6 : 7 - 8)

car ce qui entrera dans ta bouche
ne te souillera pas,
mais ce qui sortira de ta bouche,
c'est cela qui te souillera » (14 : 13 - 16).
Alors je compris que la nourriture que l'on mettait devant moi,
c'est toi qui me l'avais préparée,
que l'aumône n'était pas l'amour,
et que l'amour, toi seul pouvais le donner,
que ma prière était mendicité et non élan du cœur,
que l'observance des règles et des rituels était mensonge,
car au fond de moi-même je les récusais,
et qu'il n'y avait rien d'autre à faire
que vivre la vie que tu m'avais accordée.

*

J'ai soumis mon corps aux ascèses les plus rigoureuses.
Tu m'as dit : « *pitoyable est la chair qui dépend de l'âme* » (112 : 2).
J'ai exalté mon corps dans les débauches les plus folles.
Tu m'as dit : « *pitoyable est l'âme qui dépend de la chair* » (112 : 3).
Alors je compris qu'ascèses et débauches n'étaient qu'illusions,
et que seule est réelle la table que tu as préparée,
et le banquet auquel sont conviés les Fils du Vivant.

*

Je me suis efforcé d'être un bon fils et un bon frère.
Tu m'as dit : « *je suis venu jeter des divisions sur la terre,*
un feu, une épée, une guerre.
car il y en aura cinq dans une maison,
trois seront contre deux
et deux seront contre trois ;
le père contre le fils,
et le fils contre le père,
et ils se dresseront solitaires » (16 : 5 - 12).
Alors je compris que je m'étais identifié
au personnage du fils et à celui du frère,
que j'avais confondu le rôle et l'acteur,
l'enveloppe et le contenu.
J'ai enlevé couche après couche
et lorsqu'enfin, arrivé au centre,
j'ai cru découvrir mon vrai visage,
c'est le tien que j'ai vu.

*

J'ai vieilli et j'ai senti la mort s'approcher.
Tu m'as dit : « *l'homme âgé ne tardera pas*
à interroger [...] un tout petit enfant de sept jours
au sujet du lieu de la vie » (4 : 2 - 5).
Alors je compris que la naissance et la mort étaient illusions,
que le vieillard et le nouveau-né n'étaient qu'un seul,
et que c'était moi *le fils du Père-le-Vivant* (3 : 11 - 12).

*

J'ai vu rôder la maladie et la mort
et j'ai eu peur.
Tu m'as dit : « *le Vivant issu du Vivant*
ne verra ni mort, ni peur (111 : 4 - 5) ;
les cieux s'enrouleront, ainsi que la terre,
devant toi (111 : 2 - 3) ;
car celui qui se trouve lui-même,
le monde n'est pas digne de lui » (111 : 7 - 8).
Alors je cessai de comprendre,
et, comme l'oiseau du matin, tu chantas dans mon cœur.

ANNEXES

ANNEXE 1

COSMOLOGIE ET PHYSIQUE

La naissance de l'univers. Notre univers est en expansion. À partir de cette observation, les astrophysiciens ont formulé de nombreuses hypothèses. Quelles qu'elles soient, elles impliquent toutes l'existence d'un Big Bang, d'une explosion « primordiale ». Le mot « primordial » est entre guillemets car il n'y aurait pas de véritable commencement, le temps s'estompant progressivement, tout comme l'espace, au fur et à mesure que l'on « approche » de la singularité du Big Bang[141]. Ces théories hautement spéculatives n'expliquent pas que l'univers soit régi par des lois qui se présentent comme si elles « avaient été délibérément conçues en tenant compte des conséquences qu'elles engendrent ». Cette phrase de Fred Hoyle[243] est commentée par Paul Davies[141]. Comme bien d'autres physiciens, il constate que les lois et les valeurs physiques (masse, charge des particules, intensité des forces) semblent avoir été « choisies » pour permettre le développement cohérent du cosmos, l'apparition de la vie et son évolution.

Plus récemment, une autre théorie a vu le jour, celle des univers multiples, un univers-mère donnant naissance à des univers-filles. Les trous noirs pourraient être à l'origine de cette étonnante fécondité[244]. Le trou noir résulte généralement de l'effondrement d'étoiles mortes au sein desquelles la matière est si dense et le champ de gravitation si intense que même la lumière ne peut s'en échapper. Un tel champ de gravitation entraîne une courbure de l'espace qui, en s'accentuant, prendrait la forme d'une protubérance d'abord liée à l'univers-mère par un goulot d'étranglement, une sorte de cordon ombilical, pour aboutir finalement à une bulle d'espace-temps indépendante, elle-même sujette à explosion. À partir de cette hypothèse, Lee Smolin se livre à des spéculations[140]. Il suggère que chaque univers-fille ainsi créé présente de petites variations aléatoires des constantes de la nature et des lois de la physique. Il aboutit ainsi à une conception « darwinienne » de l'univers. Celui-ci serait composé d'un nombre infini d'univers - les univers-filles étant eux-mêmes susceptibles d'engendrer d'autres univers - variables dans leurs caractéristiques physiques, donnant ainsi prise à une sorte de sélection naturelle. Certains univers dont les lois physiques ne permettraient ni cohérence, ni évolution, disparaîtraient. D'autres, au contraire, proliféreraient donnant naissance tôt ou tard à un univers tel que le nôtre.

L'harmonie de l'univers. De Pythagore à Einstein, l'harmonie a toujours été invoquée pour décrire et comprendre le cosmos. Cette harmonie s'exprimait, et s'exprime encore, sous forme musicale ou géométrique, réductible à des nombres et au langage mathématique. Dans la physique contemporaine, le concept clé qui permet d'aborder l'harmonie du monde, c'est celui de symétrie. C'est grâce à la notion de symétrie que sont décrites les particules élémentaires et que sont comprises leurs interactions. C'est à partir de symétries complexes qu'ont été élaborées la théorie quantique des champs, les théories de jauge et la théorie des cordes et des supercordes. La première de ces théories a permis de résoudre l'apparente contradiction du double aspect sous lequel se présentent les particules élémentaires. Les électrons, par exemple, sont perçus selon les conditions d'observation, tantôt comme des corpuscules localisables, tantôt comme des ondes délocalisées, étalées dans l'espace. L'introduction de la notion de champ quantique a permis d'unifier cette conception dualiste. Les électrons ne sont ni des corpuscules, ni des ondes. Il serait tout aussi faux de considérer qu'ils sont les deux à la fois et de se les représenter comme des bouchons de champagne portés par une vague à la surface des eaux. Les électrons sont la résultante de la vibration d'un champ quantique. Ce champ, non localisé spatialement, en vibrant, se manifeste sous la forme corpusculaire ou sous la forme ondulatoire. Il en est de même pour la lumière, qui résulte de la vibration du champ électromagnétique, et de toutes les particules qui constituent la matière, chaque type de particule résultant de la vibration d'un champ spécifique. En définitive, « les lois de la physique quantique ne sont autres que les règles harmoniques qui gouvernent les vibrations des champs »[245]. Nous voici bien proches de la musique et de l'harmonie des sphères. Cette théorie, si élaborée soit-elle, pose de nombreux problèmes. Mais tous semblent devoir être résolus par une appréhension harmonique du monde. Ainsi, le passage de la forme ondulatoire à la forme corpusculaire s'explique-t-il par des phénomènes d'interaction. Quand on réalise une mesure sur un paquet d'ondes émis par la vibration d'un champ quantique, c'est l'interaction avec l'instrument de mesure (constitué lui aussi de champs) qui fera se réduire le paquet d'ondes non localisé en un corpuscule localisé. C'est encore à des vibrations, celles des cordes, auxquelles les physiciens ont fait appel pour résoudre les difficultés présentées par l'existence de particules élémentaires auxquelles on attribuait naguère une dimension nulle. Champs ou cordes, tout n'est qu'harmonies exprimées par des vibrations et des symétries.

Si le monde quantique est dominé par la notion de symétrie, les brisures de symétrie ne sont pas moins importantes, car elles constituent un facteur d'évolution. La matière et l'antimatière se comportent de façon symétrique, l'une étant l'image en miroir de l'autre. Cette symétrie n'est toutefois pas parfaite. Lors du Big Bang, une quantité égale de matière et d'antimatière s'est formée. Si la symétrie avait été parfaite, matière et antimatière n'auraient pas tardé à se recombiner et l'univers aurait disparu à peine né. C'est à un léger défaut de symétrie que l'on attribue l'apparition, peu après le Big Bang, d'un excédent de matière par rapport à l'antimatière, excédent qui a permis le maintien et le déploiement de notre univers. Selon Gilles Cohen-Tannoudji : « À l'aide du concept de brisure spontanée de symétrie, on élabore des scénarios d'histoire de l'univers depuis l'état initial où toutes les particules étaient de masse nulle et indifférenciées, où toutes les interactions étaient unifiées, jusqu'à l'état dans lequel on l'observe aujourd'hui, en passant par toute une série de transitions de phase, où les particules se différencient, certaines d'entre elles acquérant une masse. Les symétries se brisent en symétries résiduelles, de nouvelles structures et de nouveaux états de la matière se forment »[202].

La physique quantique remet aussi en question la notion de causalité. Le monde macroscopique, dans lequel règnent les lois de la mécanique classique, est un monde causal. Il est soumis aux lois de la causalité : tout effet est produit par une cause et toute cause est suivie d'un effet. En microphysique, tout au contraire, règnent les lois de la mécanique quantique qui nous ouvre d'étranges perspectives sur un monde acausal. Dans certaines conditions, on peut provoquer l'apparition simultanée d'une paire de particules, par exemple une paire de photons, grains d'énergie résultant de la vibration du champ électromagnétique. Les deux photons appariés, que je nommerai A et B, ont des caractéristiques identiques (même énergie, même fréquence) et s'éloignent l'un de l'autre à la vitesse de 300 000 kilomètres par seconde. Ces photons jumeaux ne sont distincts qu'en apparence - quelle que soit la distance qui les sépare - puisqu'ils résultent de la vibration d'un même champ quantique non local. En conséquence, si l'on modifie expérimentalement un des paramètres du photon A, le photon B subira instantanément la même modification. Il ne s'agit pas d'un message transporté du photon A au photon B à une vitesse supérieure à celle de la lumière - ce qui est impossible dans notre univers - mais d'une modification simultanée. Elle est acausale car la modification du photon A n'est pas la cause de la modification du photon B[246].

Ce phénomène a été démontré par différents chercheurs travaillant indépendamment. Je ne puis éviter de le rapprocher des phénomènes regroupés par Jung sous la dénomination de « synchronicité »[8]. Ce terme désigne des événements synchrones, sans lien de causalité apparent mais qui, cependant, sont reconnus par l'observateur comme ayant le même sens, comme contribuant à délivrer le même message. Ce sont les nombreuses « coïncidences » que j'ai relevées au cours de mon récit. On m'objectera que ces coïncidences sont dues au hasard. Ce n'est guère admissible quand elles se répètent sans cesse. On m'objectera aussi qu'il n'est pas justifié de rapprocher des observations faites au niveau quantique et celles faites au niveau macroscopique ; les deux mondes sont régis par des lois différentes. C'est exact, mais ils interagissent néanmoins. En outre, il n'est pas exclu de penser que la physique quantique soit directement impliquée dans les mécanismes du cerveau. Roger Penrose propose une théorie quantique des fonctions cérébrales fondée sur les travaux de Hameroff. Ces travaux, qui seront repris dans l'Annexe 2, suggèrent l'existence d'une cohérence quantique dans l'activité du cytosquelette des neurones : les microtubules, qui le constituent, seraient susceptibles de transmettre et de traiter des signaux, et d'émettre des ondes cohérentes de type laser. Nous ne sommes plus très loin des photons jumeaux de l'expérience rapportée plus haut et des phénomènes non locaux du monde quantique. Non-localisation, acausalité, synchronicité, peut-être télépathie ne seraient-elles pas différentes expressions d'un même ensemble de phénomènes propres au monde quantique ? La question doit être posée. Elle l'est d'ailleurs implicitement par Roger Penrose[148] et explicitement par Hubert

Reeves[8]. Les hypothèses proposées par Penrose sont du plus haut intérêt. En revanche, elles me semblent manquer leur cible. Penrose fait fausse route quand il les applique au problème de la conscience. La conscience ne peut être ni étudiée, ni expliquée. On ne peut étudier et expliquer que des objets et leurs interactions. La conscience n'est pas un objet, c'est le *sujet pur*. La théorie quantique du cerveau, telle qu'elle est ébauchée dans le livre de Penrose, pourrait servir de fil d'Ariane et nous conduire à une nouvelle interprétation de notions jugées irrationnelles par la science officielle. Le cerveau deviendrait alors non un organe de transition entre la matière et l'esprit, comme le suggéraient Popper et Eccles[154], mais un organe reliant deux modes de perception du monde, le mode causal et le mode acausal.

La constitution de l'univers. La matière est une forme d'énergie. Elle constitue une des manifestations possibles de la vibration des champs quantiques. Elle peut être représentée par des cordes vibrantes ou des particules dotées de propriétés (charge, masse, spin, etc.) mesurables et quantifiables. Ces mesures se traduisent par des nombres qui, traités par la théorie des groupes, ont mis en évidence des symétries et abouti à la classification des particules élémentaires et de leurs interactions[247]. Il existe deux types de particules élémentaires. Les premières constituent la matière ; les secondes véhiculent les interactions entre les premières. Les particules constitutives de la matière se regroupent en trois familles. Une seule de ces familles nous concerne dans le cadre du présent ouvrage. Elle comporte quatre particules, deux leptons : le neutrino et l'électron, et deux quarks : *u* (*up*, haut) et *d* (*down*, bas). À chacune de ces particules correspond une antiparticule, image en miroir de la particule dans le monde de l'antimatière. Le neutrino et l'antineutrino sont relativement mal connus. Ils sont difficiles à capter ; leur charge est nulle et leur masse nulle ou très faible. L'électron a une masse faible et une charge électrique égale à – 1 ; l'antiélectron, appelé positon ou positron, a la même masse et une charge égale à + 1. Les quarks s'associent par trois pour former le proton (*u, u, d*) et le neutron (*u, d, d*) qui constituent le noyau atomique. Les deux autres familles de particules élémentaires comportent aussi deux leptons et deux quarks. Ces particules sont rares et ne sont observées qu'exceptionnellement dans les étoiles et les accélérateurs construits dans les laboratoires.

Les particules vecteurs d'interactions (ou de forces) sont au nombre de cinq ou six. Le gluon véhicule l'interaction forte. Comme son nom l'indique, il colle les quarks entre eux au sein du proton et du neutron, et les protons et neutrons au sein du noyau atomique. Le photon transmet la force électromagnétique, celle qui lie, par exemple, les électrons périphériques au noyau central de l'atome. Enfin, il existe trois bosons vecteurs de l'interaction faible qui, à haute énergie, se confond avec la force électromagnétique. C'est un sujet difficile dont il n'y a pas lieu de parler ici. Quant à la force de gravitation, elle aurait aussi un vecteur, l'hypothétique graviton.

ANNEXE 2

ÉVOLUTION, GÉNÉTIQUE, PHYSIOLOGIE

L'origine de la vie. Sous l'effet d'étincelles électriques, les acides aminés, dont sont composées les protéines, se forment spontanément à partir de molécules simples, l'eau et l'ammoniaque. L'adénine, une des bases azotées constitutives des acides désoxyribo et ribonucléiques (ADN et ARN), a été produite en laboratoire par irradiation de méthane et d'azote. Les mêmes conditions sont réunies sur Titan, un des satellites de Saturne. L'adénine pourrait donc y exister[248]. Dès lors, il n'est pas invraisemblable de penser que, sur terre et sur d'autres planètes, tous les ingrédients aient été réunis pour permettre la formation spontanée de ces molécules, qui en se combinant auraient donné naissance aux gros agrégats moléculaires spécifiques de la vie que sont les protéines et les acides nucléiques. Une autre hypothèse a été formulée pour expliquer l'apparition de la vie sur terre : celle de la panspermie. Des molécules organiques ou même des micro-organismes entiers auraient pu être arrachés à la surface de planètes porteuses de vie par l'impact d'astéroïdes ou de comètes. La violence du choc aurait projeté dans l'espace des débris de roches, les météorites, porteurs de traces de matériel biologique. Longtemps battue en brèche, l'hypothèse est maintenant considérée comme vraisemblable. On a retrouvé des météorites originaires de Mars dans l'Antarctique. On a décelé des molécules organiques sur d'autres météorites. Enfin, il existe sur terre une bactérie, *Deinococcus radiodurans*, qui pourrait être un bon candidat au transport interplanétaire. Découverte il y a une quarantaine d'années, *D. radiodurans* résiste au froid, à la dessiccation et à des irradiations mille fois supérieures à celles qui tueraient un homme ou une souris. Elle possède une structure et des mécanismes qui lui permettent de réparer son ADN endommagé. Profondément enfouie à l'intérieur d'une météorite, elle pourrait voyager dans l'espace sans altérations graves et propager la vie à travers les cosmos[249].

Si la vie a peut-être requis des conditions spéciales pour apparaître, il n'est pas douteux qu'elle ait par la suite été capable de s'installer dans les milieux les plus extravagants. C'est le cas de *D. radiodurans*, mais c'est aussi celui de beaucoup de procaryotes, c'est-à-dire de cellules dépourvues de noyau, telles les bactéries et les archaebactéries. Ces dernières vivent dans les fonds marins à 113°C, au bord des « fumeurs », cheminées d'où émergent des fluides hydrothermiques d'origine volcanique. On en trouve aussi dans le pétrole, dans les eaux salées de la mer Morte. Elles supportent le gel et vivent dans les roches jusqu'à 500 mètres sous terre. La vie est probablement partout dans l'univers, ce qui fait dire à deux biologistes, Ricardo Guerrero et Lynn Margulis : « Les bactéries vivant dans les profondeurs de la terre nous ouvrent de nouvelles perspectives qui pourraient bien nous amener tous à réaliser que la vie est une tendance universelle de l'évolution planétaire »[250]. J'ajouterai que si la vie s'adapte à tous les environnements, réciproquement en s'y adaptant elle les modifie, favorisant ainsi sa propre évolution et l'émergence d'autres formes de vie. N'oublions pas que l'oxygène que nous respirons résulte de l'activité des cyanobactéries qui, conjointement avec les algues bleues, ont complètement transformé la composition de l'atmosphère terrestre. N'oublions pas davantage que les cellules eucaryotes, c'est-à-dire les cellules pourvues d'un noyau, comprennent d'autres compartiments entourés de membranes, en particulier les mitochondries qui jouent un rôle important dans l'énergétique cellulaire. Elles ont souvent la forme de petits bâtonnets dispersés dans le cytoplasme cellulaire. Elles ressemblent à des bactéries. De là à penser qu'il s'agit bien de bactéries (ou dans un sens plus général de procaryotes) qui auraient été ingurgitées par des cellules eucaryotes, il n'y a qu'un pas. Fort astucieusement, la cellule eucaryote aurait apprivoisé la bactérie, comme un chasseur apprivoise son chien, et l'aurait utilisée pour ses propres besoins énergétiques. La bactérie y aurait aussi trouvé son avantage, le gîte et le couvert, exactement comme le chien de chasse. Les plantes vertes auraient fait de même avec des bactéries photosynthétiques proches des cyanobactéries, qui auraient donné naissance aux chloroplastes des cellules végétales. Les chloroplastes contiennent, faut-il le rappeler, la chlorophylle, une molécule capable d'utiliser l'énergie solaire pour fabriquer des sucres. Les cellules eucaryotes comportent également un centrosome qui préside à la répartition harmonieuse des chromosomes au moment de la division cellulaire[251].

L'évolution. L'évolution des espèces a fait l'objet de multiples théories que j'ai esquissées dans le chapitre 11. Il n'est pas utile d'en dire davantage ici ; d'autres l'ont fait avant moi[252]. En revanche, je développerai les deux exemples cités dans ce même chapitre 11 pour illustrer « l'absurde créativité du génome »[253].

Les éléments transposables - appelés aussi transposons au sens large ou gènes sauteurs - sont des séquences d'ADN plus ou moins longues qui peuvent se déplacer à l'intérieur du génome[254]. On les trouve chez toutes les espèces, de la bactérie à l'homme. Leurs déplacements induisent de nombreuses mutations souvent nuisibles ou neutres mais parfois favorables. Dans certains cas, ils sont susceptibles d'activer des gènes cryptiques, c'est-à-dire des gènes présents dans le génome mais inexprimés. Les transposons sont donc générateurs de variabilité génétique et, à ce titre, constituent un facteur d'évolution important. Par ailleurs, chez la drosophile, un stress même minime peut déclencher le mouvement d'éléments transposables dans une région déterminée du génome, provoquant ainsi l'accroissement d'une classe déterminée de mutations[32]. L'environnement a donc une influence sur le génome mais non dans le sens lamarckien ou néolamarckien du terme : la réponse n'est pas spécifiquement adaptée au stress. Les gènes sauteurs peuvent induire des mutations stables au sein d'une même espèce ; ces mutations seront alors transmises de génération en génération par transfert vertical. Ils peuvent aussi sauter d'une espèce à une autre et induire un transfert horizontal d'informations. Dans le premier cas, le transfert est intraspécifique et se manifeste au cours du temps. Dans le second, le transfert est interspécifique et se situe dans l'espace, à un moment donné, comme pendant une épidémie. La comparaison avec une épidémie est d'autant plus justifiée que certains transposons pourraient avoir donné naissance à d'authentiques virus[255]. Ceux-ci, en passant d'un organisme à un autre, entraînent parfois avec eux des fragments de matériel génétique porteurs de nouvelles informations. Mais la plupart du temps, ils agissent pour leur propre compte, utilisant les organismes qu'ils contaminent pour assurer leur survie aux dépens de leur hôte. Les virus sont aussi ubiquitaires et anciens que les transposons. Ils parasitent même les bactéries les plus primitives. Ils sont souvent pathogènes : ils ne peuvent se reproduire qu'en utilisant le génome d'une cellule. Comme les bactéries, ils jouent un rôle fondamental dans l'équilibre de la biosphère, en particulier dans les océans où ils contrôlent la prolifération des bactéries et du phytoplancton. De ce fait, ils règlent les équilibres énergétiques et la production d'oxygène[256].

L'empreinte génomique est un phénomène plus récent[257]. Chez les mammifères, de nombreux gènes sont marqués en fonction de leur origine parentale, c'est-à-dire que ces gènes s'expriment ou restent muets selon qu'ils sont transmis par l'un ou l'autre des parents. Dans l'espèce humaine, la sensibilité sociale (*social cognition*) est favorisée par un gène porté par le chromosome X. Ce gène est inactif chez l'homme mais activé au cours de la formation des spermatozoïdes. L'inverse se passe chez la femme. Ce phénomène, dont le mécanisme est maintenant connu, a des conséquences surprenantes[258]. Il permet à un gène favorisant la sensibilité sociale d'être transmis par le père à ses filles, mais non à ses garçons, sans pour autant s'exprimer chez le père. Des hordes de guerriers mâles peuvent ainsi disséminer des gènes de sensibilité sociale - qui impliquent aussi dans une certaine mesure un comportement de soumission - parmi les femmes de leur tribu ou celles des populations envahies, sans pour autant affecter la lignée des hommes, ce qui permet le maintien de leurs facultés guerrières. Dans les sociétés primitives de chasseurs et dans celles plus tardives de tribus guerrières organisées, une inhibition de la sensibilité sociale des hommes favorisait l'agressivité, la violence et donc la victoire : il vaut mieux ne pas être doué d'une trop grande sensibilité pour guerroyer et tuer ses ennemis sans états d'âme. Inversement, dans ces mêmes sociétés, les femmes douées d'une grande sensibilité sociale réussissaient mieux : elles s'entendaient mieux avec les autres femmes de la tribu, prenaient mieux soin de leurs enfants et, à tout prendre, attiraient probablement davantage les hommes qui se sentaient mieux compris et mieux traités.

Une inhibition ou une absence de gènes inducteurs de la sensibilité sociale entraîne certains comportements typiques, tels que : – manque d'attention aux sentiments des autres ; – incapacité de percevoir les effets de son propre comportement sur les autres membres du groupe ; – incapacité de raisonner quand il (elle) est irrité(e) ; – incompréhension du comportement social (interrompt la conversation des autres n'importe quand et n'importe comment) ; – incapacité à percevoir le langage du corps et les intonations de la voix ; – offense les autres inconsciemment, etc. Cette liste est tirée d'une échelle permettant la mesure de la *social cognition*, publiée par Skuse et collaborateurs[258]. Il n'est donc pas surprenant que l'autisme et de nombreux désordres affectant le langage et le fonctionnement social soient plus fréquents chez les garçons que chez les filles. Bien évidemment, l'absence d'expression du gène de sensibilité sociale n'est pas la cause première de ces désordres mais elle peut, conjointement avec d'autres dysfonctionnements génétiques, y contribuer[258]. Le gène ou son expression phénotypique présenterait aussi un certain degré de polymorphisme car la sensibilité sociale varie notablement, au sein du même sexe, d'un individu à l'autre. Quant à la transmission par le père d'une plus ou moins grande agressivité à ses fils, elle ne semble pas impliquer de phénomènes d'empreinte. Elle pourrait être due à des variations génétiquement contrôlées, du taux de testostérone. Celui-ci dépend de facteurs génétiques chez de nombreux mammifères ; il dépend également de facteurs sociaux, par exemple l'éducation et le modèle parental, qui font partie de ce que l'on appelle l'hérédité culturelle.

L'expression chez la femme du gène de sensibilité sociale présente un parallélisme frappant avec certaines des fonctions du cerveau droit, telles que la sensibilité à l'intonation vocale. L'inhibition de ce même gène chez l'homme induit un comportement très proche de celui décrit précédemment à propos de la dominance du cerveau gauche. Dans les deux cas, les hormones sexuelles et en particulier la testostérone jouent un rôle majeur. Ces caractéristiques biologiques et psychologiques ont incontestablement été favorables au succès de l'espèce humaine. Aujourd'hui, les conditions ont changé. La force brutale, la violence et l'incapacité de se mettre à la place de l'autre, qui sont encore trop souvent l'apanage de l'homme, constituent, à notre époque, un facteur défavorable au maintien et à l'évolution de l'espèce humaine. Ils induisent le stress et la désintégration sociale.

D'année en année, la génétique moléculaire nous apporte de nouvelles surprises. Parmi les plus récentes, citons la découverte de gènes contrôlant le temps (les hétérochronies) et l'espace (les gènes Hox ou gènes architectes) au cours du développement embryonnaire et fœtal. Les relations du génome avec l'environnement contemporain apparaissent aussi sous un jour nouveau. Le développement de la pensée humaine est évidemment un facteur d'évolution : les connaissances changent, la relation au monde se modifie et dès lors apparaissent de nouveaux comportements et de nouveaux environnements. Selon certains, la psychologie évolutive (qui inclut psychologie, éthologie et sociobiologie) prendrait le relais de l'évolution physique. Il semble toutefois plus sage de considérer qu'à l'évolution physique et à ses mécanismes viennent s'ajouter des facteurs d'évolution générés par le psychisme et les interactions entre domaines psychiques et physiques[259]. Le cerveau humain, la pensée et le langage doivent être considérés comme des *mécanismes facilitateurs* de l'évolution, eux-mêmes susceptibles de donner naissance à d'autres *mécanismes facilitateurs*. J'en ai cité quelques-uns dans le texte, en particulier la *réflexion évolutive* et la *sexualité évolutive* (v. p. 56 et p. 90). Les *mécanismes facilitateurs* semblent se multiplier comme les univers et les organismes vivants. Plus il y en a, plus ils en engendrent d'autres. Par ailleurs, les biotechnologies injectent dans les écosystèmes des gènes nouveaux qui peuvent avoir des conséquences indirectes sur les flux génétiques mais aussi des conséquences directes : ces gènes ne pourraient-ils pas être transportés par des virus ou même, comme les transposons, « sauter » d'une espèce à une autre ? Enfin, il convient de garder à l'esprit un principe essentiel mais pourtant longtemps négligé, le principe de non-séparabilité des constituants de la biosphère. Tout interagit avec tout. Face à ces considérations, le paradigme néodarwinien - sélection naturelle et micromutations survenant au hasard - n'est plus soutenable comme seule cause de l'évolution des espèces. Ce n'en est qu'un aspect[199, 260].

La communication et la mémoire. Les scientifiques ignorent souvent une catégorie de phénomènes très intéressants, qui se situent à un niveau intermédiaire entre le domaine quantique et le domaine cellulaire. Il s'agit d'un véritable scotome conceptuel, d'une tache aveugle[261]. Non pas d'un domaine de recherche négligé ou considéré comme négligeable, mais d'un domaine dont l'existence même n'est pas perçue par les chercheurs. Dès 1974, Hameroff[213, 262] s'était intéressé aux protéines du cytosquelette cellulaire. Les cellules eucaryotes possèdent toutes un réseau de fibres protéiques qui, comme l'indique son nom, constitue sa charpente interne, donne à la cellule sa forme, permet sa mobilité et celle de ses chromosomes au moment de la division cellulaire[251]. Comme l'écrit avec humour Roger Penrose, ce réseau sert aussi de « tapis roulant » pour le transport de diverses molécules au sein de la cellule[263]. En somme, il est pour la cellule à la fois squelette, système musculaire, système locomoteur et système circulatoire. Le cytosquelette - qui a pour centre organisateur le centrosome - est composé de deux éléments principaux : les microfilaments et les microtubules. Les premiers sont des polymères d'actine, les seconds, qui ont fait l'objet des études de Hameroff et des commentaires de Penrose, sont de petits tubes creux d'environ 20 millioniémes de millimètre de diamètre, formés par polymérisation de tubuline. La tubuline elle-même est constituée de deux petites protéines globulaires, l'alpha et la bêta-globuline, qui peuvent se présenter l'une par rapport à l'autre selon au moins deux configurations spatiales différentes. La configuration d'une tubuline dépend de celle de ses voisines et chaque configuration correspond à un état de polarisation électrique différent. Dès lors, une molécule de tubuline en passant d'une configuration à l'autre, d'un état de polarisation à un autre, engendre un signal qui, transmis à ses voisines, va se propager tout le long du microtubule. Hameroff en conclut que les microtubules du cytosquelette constituent un système informatique capable de traiter et de transmettre un grand nombre d'informations. Autrement dit, chaque cellule serait dotée d'une sorte de petit « système nerveux personnel »[263].

Cette hypothèse de Hameroff, confortée par l'argumentation de Penrose, a deux implications. D'une part, elle expliquerait le comportement parfois très complexe d'organismes unicellulaires : l'amibe et la paramécie parmi d'autres. Michael Denton, qui a lu les auteurs précités et les mentionne abondamment, en arrive à déclarer : « Si l'amibe avait la taille d'un chat, nous la créditerions du même niveau d'intelligence qu'un mammifère »[264]. D'autre part, l'hypothèse de

Hameroff suggère que le cerveau humain a des potentialités incommensurablement plus grandes que celles qu'on lui attribuait jusqu'ici. Si l'unité opérationnelle de base est le neurone, Moravec estime que le cerveau peut accomplir 10^{14} opérations fondamentales par seconde. Si cette unité est la tubuline (qui peut prendre deux états constituant 1 bit d'information) on obtient un total de 10^{27} opérations par seconde, ce qui est beaucoup plus que tout ce que l'on peut espérer d'un ordinateur artificiel, construit de main d'homme, dans un proche avenir[265]. Penrose développe ces considérations avec beaucoup de détails[263] et nombre de références, y compris celles concernant « l'intelligence » des paramécies. Penrose va encore plus loin : les microtubules seraient capables d'émettre des oscillations quantiques cohérentes. Cette hypothèse est d'autant plus vraisemblable qu'on a décelé expérimentalement l'existence d'oscillations électromagnétiques au sein de cellules de levure. Leur longueur d'onde serait de l'ordre du millimètre[266].

Le livre de Penrose a, et aura plus encore, un impact considérable sur la communauté scientifique. Avant Penrose, les travaux de Hameroff étaient ignorés ou sous-estimés. La possibilité pour une cellule unique de se comporter comme un micro-ordinateur était ignorée. Les phénomènes quantiques et l'émission d'ondes électromagnétiques cohérentes au sein des organismes vivants étaient inconcevables. Maintenant que ces nouveaux concepts sont mis en lumière, ils vont contribuer à une rapide évolution de la pensée humaine dans une nouvelle direction. Voici le plus bel exemple de *réflexion évolutive* que l'on puisse imaginer. Il est assez stupéfiant de constater que Penrose, par sa notoriété, joue le rôle de révélateur. Les concepts nouveaux qu'il développe existaient déjà en germe depuis au moins un demi-siècle. Je citerai, par ordre chronologique, le travail d'un ingénieur français, J. Polonsky, qui dès 1958 montrait que « certaines macromolécules biologiques et en particulier les acides nucléiques pourraient satisfaire éventuellement à toutes les conditions imposées à des oscillateurs moléculaires ». La molécule d'ADN ou d'ARN fonctionne, selon lui, « comme un amplificateur sélectif de type polymaser »[267]. Un maser est un émetteur de micro-ondes cohérentes ; il existe des masers cosmiques détectables par radiotélescope[268]. En 1969, Barenboim et collaborateurs publiaient un ouvrage consacré à la bioluminescence (lumière visible non cohérente, comme celle émise par les lucioles) qu'ils distinguaient soigneusement d'un autre phénomène, celui de l'émission « ultra-faible » de photons cohérents (*ultraweak photon emission*) par des organismes vivants[269]. Un ethnologue, Jeremy Narby[270], qui a l'intelligence de mettre son nez partout, m'a révélé l'existence des quelques équipes de chercheurs qui, depuis plus de vingt ans, étudient l'émission de photons cohérents dans le domaine de la lumière visible. Certains de ces chercheurs attribuent à l'ADN une double fonction : celle de support du code génétique, connue de tous, et celle d'émetteurs d'ondes électromagnétiques cohérentes de très faible intensité qui, du fait de leur cohérence (effet laser), pourraient se propager à relativement grande distance et générer des interactions entre individus distincts[212, 271]. Selon les mêmes chercheurs, l'ADN non codant - considéré par d'autres comme inutile, voire parasitaire[272] - serait à l'origine de ces émissions. Plus récemment, une équipe américaine a montré l'existence de transferts rapides d'électrons le long de la double hélice de l'ADN, sous l'effet de la lumière[273]. L'ADN se comporterait comme un excellent semi-conducteur[274] mais il serait aussi (c'est moi qui l'ajoute) un émetteur et un récepteur de photons cohérents. Dennis Bray, quant à lui, souligne le rôle des protéines cytoplasmiques dans le traitement de l'information cellulaire[212]. Il base sa proposition sur la capacité qu'ont certaines protéines de passer très rapidement d'une conformation à une autre, comme les tubulines des microtubules, et sur leurs interactions qu'il compare à un réseau neuronal.

En conséquence, les tissus et les organes pourraient traiter et mémoriser des informations, indépendamment du système nerveux central. Des cellules en culture soumises à un stress calorique fabriquent un surcroît de protéines de choc thermique dites HSP (*heat shock proteins*) destinées à réparer les dégâts éventuels de la chaleur. Lors de chocs thermiques subséquents, les mêmes cellules fabriquent des HSP bien plus rapidement que des cellules « naïves », c'est-à-dire des cellules qui n'ont jamais été soumises à ce type de choc et n'ont donc pas appris à y réagir aussi efficacement[275]. Expérimentalement, le phénomène de mémorisation a été mis en évidence dans un certain nombre de tissus, en particulier le tissu adipeux. Ce phénomène existerait aussi dans le muscle ou plus probablement dans l'unité fonctionnelle que constituent le muscle et les neurones qui contrôlent sa tonicité. Le tonus musculaire augmente lors de l'anticipation du mouvement. Lorsqu'un sportif attend le signal pour démarrer sa course, il bande ses muscles ; un guerrier et un chasseur également. Les modifications de tonus sont, dans ce cas, associées à la préparation à l'attaque ou à la fuite. Elles sont aussi, par voie de conséquence, associées à des émotions primaires, la peur et la colère. Au chapitre 8, j'ai mentionné l'hypothèse de Wilhelm Reich : émotions archaïques vécues précocement dans l'existence et modifications très spécifiques du tonus de certains muscles seraient intimement liées. L'expérience clinique de nombreux praticiens confirme ce point de vue. La musique ne pourrait-elle pas également induire des émotions par l'intermédiaire du tonus musculaire ? Qu'une musique qui mime des sanglots puisse rendre chagrin, c'est l'évidence. Mais pourquoi ressentons-nous les tonalités mineures comme nostalgiques et tristes alors que celle de do majeur, par exemple, est perçue comme triomphante et joyeuse ? Les relations entre musique, émotions, sécrétions hormonales et tonus musculaire mériteraient certainement une étude plus approfondie. L'influence du contexte culturel et de l'histoire personnelle de chacun serait sans doute mise en évidence. La musique perçue au cours de la période périnatale pourrait jouer un rôle décisif dans le développement subséquent de l'enfant, comme le font les odeurs. Mais peut-être verrions-nous apparaître aussi des relations plus fondamentales propres à l'espèce humaine, quels que soient le milieu et l'éducation.

Perception, émission, traitement et mémorisation de l'information sont donc l'apanage de tous les niveaux d'organisation : des macromolécules au cerveau, en passant par la cellule et les tissus. La conception de la vie et peut-être même celle de tout l'univers change alors radicalement. Selon la loi des poupées russes, chaque niveau englobe le suivant ou est englobé par lui. Si la faculté de traiter des informations complexes est considérée comme une forme d'intelligence, de nombreuses intelligences sont donc connectées en réseaux à l'intérieur même de notre organisme. Mais comprendre quel niveau contrôle l'autre n'est pas toujours évident. L' « intelligence » de chaque neurone est englobée dans celle plus vaste de notre encéphale. En revanche, du génome ou du cerveau, lequel contrôle l'autre ? En 1950, Alan Turing posait déjà clairement la question. « La structure du cerveau, écrivait-il, résulte nécessairement d'un mécanisme génétique d'embryogenèse et cette théorie, à laquelle je travaille actuellement, pourrait illustrer les contraintes que le mécanisme impose »[276]. En réalité, cerveau et génome ne se contrôlent pas mutuellement: ils dialoguent.

ANNEXE 3

CONSCIENCE, CERVEAU, LANGAGE

La conscience et le cerveau. Conscience et vigilance sont des concepts qui prêtent souvent à confusion. La première confusion à dissiper est celle communément faite entre vigilance et tracés électroencéphalographiques (E.E.G.). L'électroencéphalogramme - c'est-à-dire l'enregistrement des ondes électriques produites par le cerveau - montre l'existence de rythmes variables selon les conditions. Chez le sujet éveillé, on observe deux types de tracés : soit un tracé désynchronisé ou des rythmes rapides lors de l'activité mentale et sensorielle, soit des ondes alpha (huit à douze cycles par seconde) lors du repos. Ces ondes disparaissent sous l'effet d'une excitation sensorielle ou d'une activité mentale, pour faire place à nouveau à un tracé désynchronisé : c'est ce que l'on appelle la réaction d'arrêt. La persistance du repos mental entraîne un renforcement du rythme alpha puis mène progressivement à la somnolence caractérisée par l'apparition d'un rythme thêta plus lent. Le sommeil proprement dit comporte différentes phases qui aboutissent à l'installation d'un rythme très lent (environ deux cycles par seconde) observé dans le sommeil profond. Celui-ci est entrecoupé de phases de sommeil paradoxal de plus en plus longues au fur et à mesure que le sommeil se prolonge. Le sommeil paradoxal se caractérise par des ondes E.E.G. rapides, des mouvements oculaires et une hypotonie musculaire. Il correspond aux rêves. Les périodes de rêve sont entrecoupées de micropériodes de réveil qui favorisent probablement leur mémorisation. Ces micropériodes ne suffisent pas à expliquer le maintien d'un certain degré de vigilance au cours du sommeil, ni la capacité de diriger et d'interpréter les rêves pendant leur déroulement[169]. Ces phénomènes pourraient s'expliquer par l'hétérogénéité du cerveau : certaines zones restent éveillées tandis que d'autres dorment ou rêvent. L'E.E.G., qui est une mesure très globale, ne permet pas d'observer cette hétérogénéité. Par ailleurs, la méditation (zen ou yoga) se caractérise par la persistance de rythmes alpha renforcés ou même thêta, sans passage au sommeil. Dans certains cas, on constate, en outre, une suppression de la réaction d'arrêt, le rythme E.E.G. n'étant pas perturbé, même par des stimuli extérieurs intenses. Le sujet est alors déconnecté du *monde 1* mais vigilant à son *monde 2*, comportant le plus souvent une image mentale sur laquelle son attention est concentrée[12]. Il n'y a donc pas une correspondance univoque entre vigilance et tracés E.E.G.

Une autre confusion provient de l'absence de distinction faite par la majorité des auteurs entre états de vigilance et états de conscience. En ce qui me concerne, j'ai donné une définition précise de ce que j'entends par état de conscience (v. p. 127). Même s'il existe une certaine corrélation entre les états de vigilance et les états de conscience, cette corrélation n'implique cependant pas que l'on puisse assimiler ces deux états l'un à l'autre. L'exemple suivant clarifiera, je l'espère, mon propos. J'habite une maison composée d'un rez-de-chaussée et d'une cave. Cette maison est située dans une profonde vallée entourée de hautes montagnes. Le ciel est sans cesse couvert d'épais nuages. La pièce où je travaille est donc mal éclairée. Aussi me suis-je muni d'une lampe dont je puis faire varier la luminosité grâce à un rhéostat. À l'une des extrémités du rez-de-chaussée se trouve un escalier qui mène à la cave. Celle-ci n'est pas éclairée et je n'ai guère de raison de m'y rendre car elle contient beaucoup d'objets hétéroclites qui me rappellent des souvenirs pénibles. De surcroît, elle communique avec un réseau de souterrains datant d'un autre âge. Leurs méandres obscurs semblent s'étendre à l'infini et m'effraient. De temps à autre pourtant, des odeurs désagréables émanent de la cave (un rat crevé peut-être) et me contraignent à y descendre pour la nettoyer. J'emporte ma lampe, munie d'un long fil, pour y pénétrer. Il est aussi des journées où je quitte ma demeure et prends un sentier qui grimpe le long du flanc de la montagne. Si j'en ai le courage et la force, il m'arrive de parvenir au sommet après avoir traversé la couche de nuages. Je me trouve alors seul au milieu du ciel bleu où le soleil brille dans toute sa splendeur. Les variations de luminosité correspondent, évidemment, aux états de vigilance. Quand la luminosité est faible ou nulle, je me trouve dans un état hypovigile ou avigile. C'est le cas lorsque j'éteins la lampe le soir pour dormir ou si je tente de pénétrer dans la cave sans avoir pris la précaution de me munir de la lampe. Pendant la journée, la lampe est allumée pour me permettre de lire ou de me livrer aux multiples tâches auxquelles m'invitent les objets qui m'entourent. Il m'arrive, par fantaisie, de faire donner à ma lampe le maximum de luminosité. Je vois alors, dans les moindres détails, la pièce et ce qu'elle contient, mais je risque aussi d'être ébloui. Cette intense luminosité symbolise un état hypervigile analogue à celui que j'éprouve sous l'effet du café ou de drogues comme les amphétamines (que je ne consomme d'ailleurs jamais). La cave est obscure mais le rez-de-chaussée l'est aussi pendant la nuit. Ce même rez-de-chaussée peut être éclairé d'une vive lumière qui m'éblouit comme m'éblouit la lumière du soleil au-dessus des nuages. Les états de vigilance symbolisés par la luminosité ne sont donc pas associés de manière stricte aux états de conscience représentés par la cave (l'infraconscient), le rez-de-chaussée (le conscient où mon attention est dispersée par de multiples sollicitations) et le sommet de la montagne (le supraconscient où je suis à la fois unifié c'est-à-dire seul, concentré c'est-à-dire non sollicité par divers objets, et clairvoyant parce que ma vue s'étend aux confins de l'horizon). Quel que soit le niveau (cave, rez-de-chaussée, sommet de la montagne) ou le degré d'éclairage, qui voit ? C'est évidemment « je », le spectateur. Même dans l'obscurité, « je » suis, quitte à être conscient de ne rien voir. Les états de vigilance et de conscience sont donc distincts les uns des autres et distincts du « je », *sujet pur*.

La conscience et le langage. Le philosophe Bertrand Russell a été le premier à montrer l'existence de paradoxes d'autoréférence dans la théorie des ensembles. La crise ouverte par cette démonstration et par les travaux d'Alan Turing amena le mathématicien et logicien Kurt Gödel à énoncer son célèbre théorème qui bouleversa les mathématiques modernes. Il existe des problèmes indécidables : les mathématiques sont incomplètes puisqu'elles sont incapables de démontrer la véracité de certains énoncés logiques. Le théorème de Gödel n'est toutefois applicable que dans des limites précises et ne peut être généralisé en toute rigueur à d'autres domaines même si Gödel en suggéra l'extension aux règles grammaticales. En revanche, l'usage qui en a été fait par les philosophes et les psychologues est sujet à caution. Car ranger l'étude de la conscience dans les paradoxes d'autoréférence sans autre forme de procès est une simplification outrancière. Elle risque de masquer le problème linguistique sous-jacent. C'est la prudence de Ludwig Wittgenstein qu'il nous faut suivre[277]. Le mot et le langage ensorcellent notre intelligence par leur réduction, prétend-il ; les philosophes sont souvent enniaisés par la confiance excessive qu'ils placent dans leurs mots c'est-à-dire dans la signification qu'ils attribuent (consciemment ou inconsciemment) à leurs mots. C'est le cas du mot « conscience ». Lorsqu'un scientifique étudie le phénomène de la conscience, c'est la conscience du scientifique qui étudie et observe. Étudier la conscience, c'est considérer implicitement qu'il y a une conscience-sujet et une conscience-objet. La conscience-sujet ne peut s'observer elle-même car, dès qu'elle s'observe, ce qui est observé devient objet et n'a plus de conscience que le nom. La conscience-sujet, le *sujet pur*, peut seulement être vécue. La conscience-objet, dans le cadre de la définition que j'ai donnée du mot « conscience », est un leurre ou résulte d'une confusion avec les états de vigilance, les états de conscience ou même les pensées, qui doivent être rangées dans la catégorie des *qualia*. Le scientifique qui tente d'étudier la conscience commet donc une erreur de logique et une erreur de langage c'est-à-dire une confusion et une généralisation abusive qui consistent à donner le même nom, conscience, au *sujet pur* et à un objet d'étude qui variera selon les cas.

Le paradoxe du Crétois constitue un autre exemple d'intrication de la logique avec le langage. Dans ce cas, la confusion n'est plus celle faite entre deux mots différents mais celle qui consiste à ne pas tenir compte de la variabilité du sens du mot en fonction du temps et de l'espace. Le Crétois affirme : « Je suis un menteur ». S'il est menteur, il dit la vérité en affirmant qu'il est menteur ; donc il n'est pas un menteur. En revanche, si le Crétois n'est pas un menteur, en disant qu'il est menteur, il ment. Le paradoxe n'est qu'apparent. La conceptualisation et le langage sont des fonctions d'abstraction et de généralisation. Ces fonctions ne doivent pas en faire oublier d'autres : la concrétisation et la particularisation qui sont d'ordre sensible. Le Crétois qui se qualifie de menteur est variable dans le temps comme tout objet de cet univers. Dire : « Je suis un menteur », c'est en réalité signifier « Je suis généralement, ou je suis le plus souvent, un menteur », affirmation compatible avec des moments de véracité. L'énoncé généralisateur et abstrait : « Je suis un menteur » sous-entend : « Je suis généralement un menteur mais ici et maintenant je ne mens pas lorsque je déclare être (généralement) un menteur ». En énonçant ce paradoxe, on néglige la variabilité *intra-individuelle* ; un individu varie au cours du temps. De même, si les anciens Grecs avaient déclaré : « Les Crétois sont des menteurs », il aurait fallu comprendre : « La plupart des Crétois sont menteurs » ou « Beaucoup de Crétois sont menteurs » laissant entendre qu'il existe une variabilité *inter-individuelle* et que tous les individus étiquetés Crétois ne sont pas affectés du même défaut. Le concept et le mot sont des abstractions construites à partir de la notion d'invariant. Jean, Jacques, Pierre et Paul sont des hommes mais en même temps je dois garder à l'esprit que le concept homme ne représente qu'une partie de la réalité ; ces quatre personnes sont aussi, chacune, des individus différents et uniques puisqu'il n'y a pas deux hommes identiques sur cette planète. C'est aussi ce qu'exprime Alfred Korzybski dans sa théorie de la *Sémantique générale*[278], en disant : « La carte n'est pas le territoire ». L'efficacité du langage verbal et plus encore celle du langage mathématique viennent de l'abstraction et du pouvoir de généralisation de ces langages mais c'est aussi en cela que résident leurs limites. Il convient donc de tenir compte simultanément du concept abstrait, la carte routière par exemple, et de l'objet concret, le territoire parcouru. Privilégier les fonctions d'abstraction et de généralisation de l'intellect aux dépens des fonctions de concrétisation et de particularisation de la perception sensible constitue un artifice utile et même parfois nécessaire à l'exécution de certaines tâches. Ce faisant, on introduit un déséquilibre, associé à celui qui existe entre le cerveau gauche et le cerveau droit de l'homme moderne. Lorsque ce déséquilibre s'établit en permanence au point de ne plus être perçu consciemment, alors le danger est grand d'engendrer des comportements individuels ou sociaux pathologiques, similaires à ceux qui se manifestent face à des problèmes ou à des paradoxes insolubles. Un cerveau humain fonctionnant quasi exclusivement sur le mode de l'abstraction et de la généralisation n'arrive pas à faire face à un monde sensible fait d'expériences concrètes et individuelles. Le retour à une utilisation plus équilibrée des fonctions cérébrales se présente donc comme une thérapeutique nécessaire et peut-être même comme la seule solution possible à la crise que traverse actuellement l'humanité.

Comme le problème de la conscience, celui des *qualia* est lui aussi obscurci par le langage. Beaucoup de scientifiques sont, en effet, ensorcelés par les mots selon l'expression de Wittgenstein, au point de leur attribuer tous nos maux et aussi tout nos bienfaits. Pour Francis Crick « le problème [des *qualia*] concerne essentiellement la manière dont un individu a connaissance des *qualia* d'un autre individu : *Le problème découle du fait que la rougeur du rouge que je perçois distinctement ne peut être communiquée de manière précise à un autre être humain* »[279]. Crick a très clairement compris ce que j'ai appelé l'incommunicabilité des *mondes 2*. Le mot ne peut véhiculer une information d'un individu à un autre que si les deux individus ont eu la même expérience. Les mots « rouge » et « vert » ne véhiculent aucun sens pour un individu affecté de daltonisme. C'est la faiblesse du mot. Mais le mot (et le concept qui lui est associé) a aussi sa force. La dénomination des couleurs peut en changer la perception. Certaines tribus de Nouvelle-Guinée n'ont pas de mots différents pour nommer le vert et le bleu. Ils ne distinguent pas, de fait, ces couleurs. Mais, par l'apprentissage, au contact de psychophysiologistes anglais, ils peuvent arriver, non sans peine, à les discriminer. Inversement, ils distinguent des couleurs que les Occidentaux ne voient pas. En conséquence, la perception des couleurs dépend en grande partie du vocabulaire, c'est-à-dire de la culture[280]. Il en est de même pour les sons. Les Japonais ne distinguent pas le *r* du *l*. L'apprentissage d'une langue étrangère comme le français leur permettra d'entendre la différence entre ces deux phonèmes et donc de les prononcer correctement, à condition que cet apprentissage soit fait avant l'adolescence. Par le langage qui différencie des catégories de sensations, il est donc possible de renforcer certaines connexions interneuronales. S'il n'existe pas de mots ou de concepts permettant de désigner ces catégories, les connexions interneuronales *ad hoc* disparaissent faute d'être utilisées. Le langage a toutefois un effet pervers. De même qu'il entraîne une confusion entre les états de vigilance ou de conscience et le phénomène de la conscience *per se*, de même il entraîne une confusion entre la discrimination des *qualia* d'une part et le problème posé par l'existence des *qualia* de l'autre. Ce dernier est clairement défini par Searle : « Comment des signaux neuronaux de nature physique, objective et quantifiable peuvent-ils causer des expériences internes, subjectives et qualitatives ? »[279]. Toutefois, pour avoir un sens, cette question présuppose que la conscience des *qualia*, et donc la conscience tout court, soit causée par des processus neuronaux au sein du cerveau. C'est cette relation de causalité que je rejette (v. p. 259). Il en est de même pour la pensée qui peut être considérée, elle aussi, comme faisant partie des *qualia*. Comment l'activité (ou l'activation) de certains circuits et réseaux neuronaux peut-elle causer une pensée, une expérience interne consciemment perçue et incommunicable directement en tant que telle ? La pensée, comme la couleur, n'existe toutefois en tant que *qualia* que s'il y a conscience des *qualia*. En fait, la notion de *qualia* inclut la conscience que l'on en a. Il existe donc deux ensembles distincts. Le premier ensemble est constitué par le langage, la conceptualisation, les circuits neuronaux, les facultés d'abstraction et de généralisation (reconnaissance des invariants) qui interagissent les uns avec les autres par des liens de causalité. Le second ensemble est constitué par les *qualia* et la conscience, c'est-à-dire l'expérience consciente directe d'une qualité concrète et particulière. Je goûte un gâteau déterminé (et j'en jouis). En revanche, la connaissance de la psychophysiologie du goût ne me donnera jamais l'expérience du goût. Les deux ensembles sont intimement associés mais rien n'indique qu'il y a une relation de cause à effet entre eux. Ce sont deux représentations différentes et indissociables d'une même réalité.

L'intelligence et le langage. Les scotomes conceptuels (v. p. 323) se situent toujours dans des zones frontières : la frontière entre la physique quantique et les macromolécules biologiques, la frontière entre l'activité neuronale mesurable et l'expérience consciente qualitative. Pour l'intelligence, il en est de même : selon les systèmes de croyance, la frontière se situe entre un univers matériel inintelligent, gouverné par le seul hasard, et un cerveau humain intelligent ou bien entre un Dieu intelligent, mais inaccessible puisque pur esprit, et ce même cerveau humain. Les ordinateurs, doués d'une intelligence dite artificielle, ne sont que des prothèses, des prolongements de l'intelligence humaine. Tout au plus l'homme concède-t-il une intelligence aux mammifères supérieurs parce qu'ils possèdent un cerveau et un comportement analogues au sien. Dans cette perspective - remise au goût du jour par la théorie du principe anthropique[281] -, l'intelligence humaine est au centre de l'univers. C'est elle qui lui donne un sens. Ce principe ressemble fort aux cosmologies anciennes qui voyaient dans la terre le centre de l'univers. Aveuglés par leur égocentrisme - c'est là que se trouve l'origine du scotome - la plupart des êtres humains ne voient d'intelligence qu'en eux-mêmes et dans un objet comme le cerveau (et le corps dont il est inséparable). Je défends ici la proposition inverse. Je ne suis pas le premier, mais je revendique mon appartenance à la famille des « décentralisateurs » : Aristarque, Galilée et Képler, décentralisateurs de la terre ; Giordano Bruno, Isaac Newton et d'autres, décentralisateurs de l'intelligence humaine. Ces derniers, je le rappelle, considèrent que le corps divin n'est pas hors de l'univers, ni d'ailleurs dans l'univers, mais *est* l'univers. Et comme le corps est le support de l'intelligence… En réalité, lorsque les scientifiques athées parlent de la nature, ils parlent de Dieu ; lorsque les scientifiques croyants parlent de Dieu, ils parlent de la nature.

Ces propos se réfèrent à l'intelligence et non à la conscience que je considère, à l'instar des philosophes hindous du Vedânta, comme le seul vrai centre du monde. Il s'agit là d'une autre question sur laquelle je reviendrai à la fin de cet ouvrage. Car il ne faut pas confondre conscience et intelligence. Les mathématiciens sont ceux qui ont le mieux compris et expérimenté cette distinction. « Ils ont souvent l'impression de découvrir un monde conceptuel *déjà-là*, qu'ils n'inventent pas et qui s'impose à eux »[282]. Einstein explique très clairement comment la compréhension - l'intelligence d'un problème - s'impose à sa conscience en un éclair. Il ne reste plus ensuite qu'à la formuler et à la transcrire dans un langage qui en permette la communication. Cette distinction a d'ailleurs été faite implicitement par d'autres « décentralisateurs » de l'intelligence humaine. Fred Hoyle parle d'un univers intelligent[243]. Denis Bray compare le fonctionnement des protéines intracellulaires à celui des réseaux neuronaux[212]. Deborah Gordon établit la même comparaison avec le comportement des fourmis[283]. Polonski[267], Hameroff[213, 262] et Penrose[148, 263] considèrent la cellule ou certaines de ses composantes (les microtubules) comme des ordinateurs quantiques. De nombreux auteurs cités par Penrose[263] et Denton[264] attribuent un certain degré d'intelligence à des organismes unicellulaires comme l'amibe et la paramécie. Quant à Barbara Mc Clintock, elle estime que le génome a des capacités de réponses imprévisibles face à un stress nouveau ; en d'autres termes, le génome aurait, selon elle, de réelles capacités d'innovation[254]. Il est donc clair qu'une forme d'intelligence est reconnue par de nombreux auteurs à des organismes ou des ensembles moléculaires, sans pour autant qu'une conscience leur soit concédée.

En définitive, qu'est-ce que l'intelligence sinon la faculté de mettre de l'ordre ? Le mot français vient du latin, *inter*, parmi, et *legere*, choisir, d'où recueillir en soi, comprendre, c'est-à-dire prendre avec. La signification première du mot implique un choix, donc une mise en ordre. Un être humain (ou une machine construite de main d'homme) qui trie des pommes et sépare les grosses des petites fait un acte intelligent, très fruste sans doute, mais néanmoins créateur d'ordre, c'est-à-dire de néguentropie[284]. La signification secondaire, comprendre, est associée à la faculté d'abstraction. Comprendre, prendre en soi, c'est abstraire, tirer dehors. Quand j'ai des fruits devant moi, que je les nomme et que je les compte, j'abstrais à partir du concret et cette abstraction, c'est mon cerveau qui la réalise ; il s'approprie par ce moyen les fruits en question. Si, à partir de la représentation que j'ai de ces fruits, je déclare cinq pommes et trois poires, cela présuppose que j'ai déterminé les invariants qui caractérisent les pommes et les poires ; qu'est-ce qui fait qu'une pomme est une pomme et une poire, une poire malgré les variations de taille et de couleur ? Cela présuppose aussi que je puisse dénombrer et compter. Le spectacle des fruits sur la table est transformé en information, cinq pommes et trois poires, que je peux généraliser encore davantage en disant huit fruits. Plus j'abstrais, plus l'information est condensée et maniable, mais plus je m'éloigne de la représentation initiale.

L'unité élémentaire d'information, c'est le bit (*binary digit*). Du point de vue physique, un bit est un système susceptible de prendre un de deux états distincts : 0 ou 1, oui ou non, vrai ou faux. C'est sur ce principe que fonctionne un ordinateur classique. Depuis quelques années, cependant, la notion d'ordinateur s'élargit. Les chercheurs, qui dans ce domaine ne manquent pas d'imagination, suivent actuellement deux pistes. L'une est celle de Léonard Adleman[285] qui propose une machine où les calculs résulteraient d'interactions moléculaires. La molécule d'ADN au cours de sa réplication présente toutes les caractéristiques de l'ordinateur idéal jadis imaginé par Turing. De là à utiliser pour le calcul l'ADN et d'autres molécules de synthèse qui ont des caractéristiques similaires, il n'y a qu'un pas qui a été franchi. À l'heure actuelle, on synthétise des complexes moléculaires « intelligents » qui peuvent être « programmés ». Les guillemets sont de Adleman, je tiens à le préciser. L'autre voie est celle des ordinateurs quantiques dont le principe de fonctionnement a été établi par Paul Benioff, puis développé par de très nombreux autres physiciens[286]. Ce principe est simple. Si l'on fait jouer à un « objet quantique » le rôle de bit (un photon, un électron, un atome ou même une molécule), cet objet pourra se présenter sous deux états que l'on peut désigner par

0 et 1, comme pour le bit classique. Mais contrairement à ce dernier, le bit quantique (ou qubit) peut occuper simultanément les deux états, c'est le phénomène de superposition. Le qubit pourra aussi présenter des phénomènes de corrélations résultant du principe de non-séparabilité (v. p. 317). On voit immédiatement les innombrables possibilités que présenterait un ordinateur fonctionnant sur la base du qubit. Si la fabrication par l'homme d'un tel ordinateur pose des problèmes considérables mais théoriquement solubles, il n'est pas interdit de penser que de tels systèmes existent à l'état naturel et soient impliqués dans le fonctionnement des microtubules du cytoplasme ou des ADN du noyau cellulaire. En outre, ces structures macromoléculaires pourraient bien émettre des rayonnements cohérents de type maser comme ceux qu'émettent avec plus d'intensité certaines étoiles, les masers cosmiques. Ces masers, qu'ils soient cosmiques ou moléculaires, ne pourraient-ils jouer un rôle dans le transport de l'information à grande ou à petite distance ? Le concept d'univers intelligent ou de molécules intelligentes n'a donc rien d'invraisemblable. Cette hypothèse est encore confortée par les propriétés remarquables de notre univers qui manifeste toutes les caractéristiques de l'intelligence : harmonie, symétrie, invariance des lois naturelles, complexification. Si, partant d'un arbitraire principe anthropique, on déclare que c'est l'homme qui projette, par son intelligence, les lois naturelles sur un univers qui en est dépourvu et qui donne un sens à ce qui n'en a pas, comment expliquer alors l'intelligence humaine dont nous ne comprenons même pas le mécanisme ?

Les scientifiques sont loin de comprendre comment notre univers fonctionne, même si de grands progrès ont été accomplis, précisément grâce à la faculté qu'a l'intelligence humaine d'utiliser des langages et de trouver, sous la diversité des formes, les invariants qui rendent l'univers intelligible. Une loi naturelle n'est pas autre chose que l'énoncé verbal ou mathématique de la représentation que nous avons des modalités invariantes d'un processus naturel. Il existe toutefois deux catégories distinctes de lois naturelles comme il existe deux processus de traitement des mathématiques dévolus à deux zones distinctes du cerveau (v. pp. 159 sq.). Le premier est un *système formel et conceptuel* spécialisé dans le traitement des lettres, des chiffres et des signes. À partir de l'observation et de l'expérimentation, ce système permet dans un premier temps la réduction en mots des aspects invariants du phénomène observé et dans un second temps la réduction en signes et en nombres. Je qualifierai ces lois naturelles de logiques. Elles permettent de déterminer des constantes universelles, qui quantifient les relations entre les différents termes de la loi. Dans les limites de validité de cette loi, ces constantes sont par définition partout et toujours les mêmes. Le second processus de traitement des mathématiques est constitué par un *système analogique* basé sur la comparaison de données concrètes et qualitatives. Il aboutit comme le précédent à la formulation d'invariants. Ce *système analogique* permet de formuler des lois analogiques, négligées par la plupart des scientifiques parce que qualitatives. J'en ai cité quelques-unes dans les chapitres 15 et 16. Par définition, elles ne permettent pas de formulation quantitative puisqu'elles reposent sur des modèles utilisés par la nature à divers niveaux d'organisation et non sur les mécanismes mis en jeu[201-205]. La loi de la « sculpture », par exemple, consiste pour la nature à produire un excès de matière pour ensuite en éliminer une partie et ne conserver que la matière utile ou signifiante. Par un abus de langage, beaucoup de scientifiques qualifient cette loi de darwinienne. C'est ainsi que la théorie de Smolin - production d'univers multiples et disparition des moins performants - a été qualifiée de « construction darwinienne de l'univers »[287]. L'élimination des neurones en excès dans le cerveau fœtal a reçu l'étiquette de darwinienne[288]. De même, au cours de l'embryogenèse, la main est d'abord construite d'une seule pièce, puis, par un système de suicide cellulaire programmé, les cellules interdigitales se détruisent permettant ainsi la séparation des doigts. Nos doigts résulteraient-ils d'un processus darwinien ? Pourquoi pas les pianistes et les pianos... Ces mécanismes et ceux impliqués dans la théorie de la sélection naturelle de Darwin n'ont rien de commun. Pourtant le résultat est le même. Il me semble regrettable que l'on n'ait pas porté davantage attention aux lois analogiques. Bien qu'elles ne soient ni quantitatives, ni quantifiables, elles présentent des invariances et leur formulation permet de découvrir un ordre dont l'appréhension n'est pas toujours immédiate.

La faculté d'abstraction et de généralisation de l'ensemble indissociable que constituent l'intelligence, le concept et le langage ne doit pas faire oublier les facultés de concrétisation et de particularisation qui sont surtout l'apanage de la sensorialité et de la sensibilité. Abstraire le concept de pomme ou de poire à partir d'une collection de fruits est de peu d'intérêt s'il ne nous est pas possible de choisir le meilleur fruit (ou celui qui nous semble tel) parmi tous les autres. La pomme que nous croquons ici et maintenant et qui nous donne du plaisir est unique, comme la rose que nous cueillons ou plus encore l'amie ou l'ami que nous aimons. C'est la grandeur du langage que d'être à la fois un instrument d'abstraction comme tous les langages formels et un instrument de concrétisation comme tous les langages poétiques qui chantent la beauté unique d'un moment de grâce. À ce titre, les arts rejoignent le langage. La cathédrale de Rouen vue par Monet sera représentée dans ce qu'elle a d'unique à un moment unique de la journée, toujours identique à elle-même et toujours différente.

Ni l'homme, ni son intelligence, ni le sens qu'il donne au monde n'occupent une place centrale dans notre univers. Son intelligence n'en est qu'une parmi d'autres. Dernière venue au cours de l'évolution, elle n'est pas nécessairement la plus performante car elle n'a pas réussi jusqu'ici à faire ce qu'ont fait l'intelligence de l'univers, celle des génomes et sans doute bien d'autres que je n'ai pas répertoriées. L'homme est toutefois doté d'une faculté singulière : la conscience, celle du « JE » unique, dont le « je » individuel n'est qu'un reflet. La conscience est le seul centre de l'univers. Le fou regarde le soleil dans un fragment de miroir brisé alors qu'il lui suffit de lever la tête pour l'apercevoir dans toute sa plénitude au milieu du ciel.

RÉFÉRENCES ET NOTES

Prologue :

1. R. Descartes : *Discours de la méthode*, Maxi-poche, Classiques français 1995. Première partie, pp. 17, 18 ; sixième partie, pp. 86, 91, 95.

2. P. Thuillier : *La Revanche des sorcières. L'irrationnel et la pensée scientifique*, Belin, 1997, pp. 7, 8 ; 69, 70.

3. R. Descartes : *Les Méditations métaphysiques*, éd. Camusat, Le Petit, Paris 1647, réédité chez Vrin en 1944, avec la préface *Le libraire au lecteur*.

4. P. Ehrmann : *Descartes. Histoire d'une préface méconnue en France et inédite en Hollande*, nov. 1959 (P. Ehrmann, Ing. ESE, 54, rue d'Assas, Paris VI), 11 pp.

PREMIÈRE PARTIE

Chapitre 1 :

5. M. Kundera : *L'Art du roman*, Gallimard 1986, p. 196. Cette phrase se rapporte au roman de Laurence Sterne, *Vie et opinions de Tristram Shandy*, éd. Tristram, 1998.

6. Il ne s'agit ni d'une hallucination auditive car les mots ne sont pas entendus comme des sons extérieurs, ni d'une pensée car intérieurement l'on perçoit clairement la phrase prononcée. Ce phénomène n'est pas rare. Il est décrit par Plutarque dans son livre, *Du démon de Socrate*, cité par H. Pourrat, *Le Sage et son démon*, Albin Michel, 1950 : « Cela nous donnait à penser, lorsque nous discutions entre nous, que le démon de Socrate n'était pas une vision, mais la perception d'une voix ou l'intelligence d'une parole qui lui parvenait de façon mystérieuse ».

7. *L'Évangile selon Thomas*, trad. et comm. de Ph. de Suarez, éd. Métanoïa, 1975 ; le numéro du logion ainsi que ceux des versets cités sont indiqués entre parenthèses après chaque citation. Bibliogr., E. Gillabert, P. Bourgeois, Y. Haas : *Évangile selon Thomas*, trad. et comm., éd. Métanoïa, 1979, réédité chez Dervy 1996 ; J.-Y. Leloup : *L'Évangile de Thomas*, trad. et comm., Spiritualités vivantes, éd. Albin Michel, 1986 ; *Écrits apocryphes chrétiens*, sous la dir. de F. Bovon et P. Geoltrain, Pléiade/Gallimard, 1997.

8. C.G. Jung : *Synchronicité et Paracelsica*, Albin Michel 1988 ; H. Reeves, M. Cazenave, P. Solié, K. Pribram, H.-F. Etter, M.L. von Franz : *La Synchronicité, l'âme et la science*, Albin Michel, 1995 ; F. David Peat : *Synchronicité : le pont entre l'esprit et la matière*, éd. Le Mail, Paris, 1988.

9. Que l'oreille faite pour percevoir les sons soit capable d'en émettre peut sembler paradoxal. Les oto-émissions sont produites par l'oreille interne, la cochlée, à des intervalles de fréquence bien déterminés. Elles s'observent chez de nombreux sujets normaux et jouent un rôle dans la sensibilité acoustique (D.T. Kemp, *Arch. Otorhinolaryngol.*, **vol. 224**, 1979, pp. 37-45 ; J.P. Wilson, *Hearing Res.*, **vol. 2**, 1980, pp. 233-252 ; D. McFadden, R. Mishra, *Hearing Res.*,

vol. 71, 1993, pp. 208-213). Parfois, elles sont exagérément intenses ; perçues consciemment par le sujet, elles constituent alors une gêne non négligeable (M.A. Ruggero, N.C. Rich, R. Freyman, *Hearing Res.*, **vol. 10**, 1983, pp. 283-300 ; G. Cianfrone, M. Mattia, *Scand. Audiol.*, **suppl. 25**, 1986, pp. 121-127). Dans quelques cas exceptionnels, elles sont mêmes perçues par l'entourage. Imaginez la stupéfaction d'une équipe de médecins face à un malade souffrant de bourdonnements d'oreilles et qui tout à coup, dans le silence de la salle d'examen, entendent le bourdonnement émis par le malheureux patient. Cette histoire, apparemment invraisemblable mais véridique, ressemble terriblement à ce que je rapporte ici à propos du regard émissif de certains moines tibétains. Hélas ! les premières oto-émissions ont été détectées en milieu hospitalier occidental alors que les oculo-émissions l'ont été en milieu monacal oriental. Cela change tout !

Chapitre 2 :

10. H. Zimmer : *Le Roi et le Cadavre*, Fayard, 1972, p. 3.

11. Au niveau de certaines failles de terrain, les géophysiciens ont montré l'existence de phénomènes d'électro-osmose générateurs de champs magnétiques de faible intensité. Par ailleurs, selon le physicien Yves Rocard, l'homme est sensible aux variations de champ magnétique (v. pp. 164 sq.). Cette sensibilité explique la capacité qu'ont certains individus de détecter des sources. Elle expliquerait aussi les sensations ressenties par certaines personnes dans des sanctuaires construits, à dessein semble-t-il, sur des failles ou des sources souterraines. Cette sensibilité peut être développée par la relaxation et l'induction d'un état de vigilance de « type alpha ». Elle l'est aussi par l'exercice suivant. Le sujet est couché, les bras parallèles maintenus à la verticale sans tension musculaire excessive, les paumes des mains face à face. Des sensations souvent qualifiées de « picotements », de « courant » ou de « boule » se manifestent entre les paumes des mains au bout de quelques instants. Pratiqué cinq à dix minutes par jour, cet exercice développe la sensibilité aux variations de champ magnétique et aux courants électriques de très faible intensité. Certains animaux (cétacés, oiseaux, tortues marines, poissons) sont naturellement sensibles aux champs magnétiques ; ils utilisent le champ magnétique terrestre comme point de repère pour leurs migrations. Chez les oiseaux, l'œil serait responsable de ce phénomène dans lequel semblent impliqués les cryptochromes, une catégorie de photo-récepteurs découverte récemment (*Nature*, **vol. 364**, 1993, p. 525 ; *Science*, **vol. 284**, 1999, p. 760 ; *Biophys. J.*, **vol. 78**, 2000, p. 707)). Si l'œil de l'oiseau perçoit les champs magnétiques pourquoi la main de l'homme ne les sentirait-elle pas ?

12. N. Das et H. Gastaut : Variations de l'activité électrique du cerveau, du cœur et des muscles squelettiques au cours de la méditation et de l'extase yogique. *Electroenceph. Clin. Neurophysiol.*, **suppl. 6**, 1957, pp. 211-219. Ces auteurs ont été les premiers à faire des enregistrements électroencéphalographiques sur des yogis en méditation (v. p. 326). J'ai moi-même poursuivi des recherches sur ce sujet. Bibliogr., J.-G. Henrotte : Yoga et Biologie, *Atomes (La Recherche)*, **vol. 24**, n° 265, 1969, pp. 283-292 ; P. Etevenon, J.-G. Henrotte et G. Verdeaux :

Approche méthodologique des états de conscience modifiés volontairement. *Revue E.E.G. Paris*, **vol. 3**, n° 2, 1973, pp. 232-237 ; J.-G. Henrotte, P. Etevenon et G. Verdeaux : Les états de conscience modifiés volontairement, *La Recherche*, **vol. 3**, n° 29, déc. 1972, pp. 1100-1102 ; P. Buser : *Cerveau de soi, cerveau de l'autre*, Odile Jacob, 1998, pp. 335-351. Bibliogr. gén. sur le yoga, M. Eliade : *Le Yoga, immortalité et liberté*, Payot, 1960.

13. Citation de *La Table d'émeraude*, texte d'Hermès Trismégiste, sage égyptien, réel ou mythique, considéré comme le père de l'alchimie.

Chapitre 3 :

14. P. Claudel : *Le Soulier de satin*, Gallimard, 1929, p. 9 (trad. du proverbe portugais par J.G.H.), et p. 12.

15. J. Février : *Histoire de l'écriture*, Payot et Rivages, 1995.

16. Le néophyte en matière d'hindouisme doit se garder de confondre les *brahmanes* c'est-à-dire les prêtres, avec le dieu *Brahmâ* dont l'association avec Vishnu et Shiva constitue la trinité hindoue, et le *Brahman*, l'être unique, le « Cela » qui est appelé aussi *Paramâtmâ*, l'âme de l'univers.

17. Le mot *christ* vient du grec classique *christos*, oint, dérivé du verbe *chriô*, frotter, enduire. Le christ signifie l'oint du Seigneur. Christ doit donc être considéré comme un adjectif qui qualifie Jésus. De même, *bouddha* signifie l'illuminé en sanskrit et qualifie Gautama. Tout être humain ayant atteint l'illumination est *bouddha*. En Occident, une confusion s'est introduite entre les noms de deux grands sages et prophètes, Jésus et Gautama, et leurs qualificatifs, le christ, l'oint, et le bouddha, l'illuminé.

18. W. Reich : *Le Meurtre du Christ*, éd. Champ libre, Paris 1971.

19. I. Saccheri et coll., *Nature*, **vol. 392**, avril 1998, pp. 491-494 ; R. Frankham et K. Ralls : Inbreeding leads to extinction, *Ibid*, pp. 441-442.

20. Un équilibre subtil s'établit au sein d'une même espèce entre les mécanismes qui favorisent le brassage des gènes et ceux qui incitent à la préservation de la parentèle aux dépens des individus non apparentés. Ces phénomènes complexes concourent à l'établissement, au sein de l'espèce, d'une « variabilité bien tempérée ». Bibliogr., P.-H. Goyon, J.-P. Henry et J. Arnould : *Les Avatars du gène*, Belin, Paris 1997.

21. F. Rabelais : *Œuvres complètes*, Gallimard, La Pléiade, 1955. Le premier des cinq livres écrits par Rabelais porte le titre suivant : *La vie très horrificque du Grand Gargantua, père de Pantagruel, jadis composée par M. Alcofribas abstracteur de quinte essence.*

22. F. Varela, E. Thompson et E. Rosch : *L'Inscription corporelle de l'esprit*. Seuil, Paris 1993. Les auteurs, tous des scientifiques confirmés, proposent la tradition bouddhique de la *voie moyenne* comme méthode permettant d' « éduquer notre *expérience* » et de dépasser la « coupure épistémologique » entre la science et la philosophie.

23. C'est Aristarque de Samos qui, à la suite de Philolaos et d'Héraclite, établit dès 280 avant notre ère l'existence du système héliocentrique. Voir

E. Schrödinger : *La Nature et les Grecs*, précédé de *La Clôture de la représentation* par M. Bitbol, Le Seuil, Paris 1992, pp. 160 à 165.

Chapitre 4 :

24. Y. Christen : Editorial. *Alzheimer Actualités. Lettre mensuelle éditée par la Fondation Ipsen*, **n° 129**, fév. 1998, p. 1.

25. R. Wrangham et D. Peterson : *Demonic males. Apes and the origins of human violence.* Houghton Mifflin Company, 1996. Voir aussi : F. de Wall : *Good natured. The origins of right and wrong in humans and other animals.* Harvard Univ. Press, 1996.

26. *Autism and Asperger syndrome*, sous la dir. d'U. Frith, Cambridge Univ. Press, 1992. *Understanding other minds : Perspectives from Autism*, sous la dir. de S. Baron-Cohen, H. Tager-Flusberg et D. J. Cohen, Oxford Univ. Press, 1993.

27. S. J. Gould : *L'Eventail du vivant*, Le Seuil, 1997. Du même auteur : Il n'y a pas de sens de l'évolution, *La Recherche*, **n° 301**, 1997, pp. 111-114.

28. Le mot *placebo* vient du latin, *placêre*, plaire, et signifie littéralement, je plairai. Il est utilisé en thérapeutique pour désigner un leurre. Lors de l'essai d'une nouvelle substance médicamenteuse, on divise généralement les malades en trois groupes : le premier ne reçoit rien, le second un *placebo*, c'est-à-dire une pilule sans principe actif, le troisième une pilule d'apparence identique contenant le nouveau médicament à tester. Dans beaucoup d'affections, on observe une amélioration chez les patients auxquels seul le *placebo* a été administré ; c'est l'*effet placebo* c'est-à-dire l'amélioration engendrée par la croyance en l'action bénéfique de la pilule. Si le nouveau médicament est véritablement actif, le troisième groupe devra évidemment présenter des effets bénéfiques plus importants que ceux engendrés par le seul *placebo*. L'*effet nocebo* (de *nocêre*, nuire) existe aussi : il explique vraisemblablement certaines des manifestations pathologiques observées chez les personnes qui se croient, à tort ou à raison, soumises à un maléfice. Bibliogr., P. Lemoine : *Le Mystère du placebo*, Odile Jacob, 1996.

29. Alan Sokal, professeur de physique à l'Université de New York, a publié en avril 1996, dans la revue américaine *Social Text*, un article de philosophie scientifique écrit dans le style que je dénonce. L'article s'intitulait : « Transgresser les frontières : vers une herméneutique transformationnelle de la gravitation quantique ». Peu après, Sokal révélait qu'il s'agissait d'un canular et que son article n'était qu'une parodie sans queue ni tête du langage de « certains » penseurs postmodernistes. La farce eût été bonne et la leçon méritée si Sokal et ses acolytes n'en avaient profité pour récuser toute forme de réflexion philosophique ou psychosociologique sur la science et tenter d'imposer une dictature scientifique basée sur un rationalisme étriqué. Une vision plus équilibrée du problème soulevé est donnée par J.-M. Levy-Leblond et M. Callon dans *La Recherche*, **n° 299**, 1997, pp. 9-10 et 90-92.

30. Citations extraites d'un article de C. Hovis et H. Kragh, *Pour la Science*,

n° 189, 1993, pp. 78-83. Soumis à l'éducation rigide d'un père tyrannique, Dirac était d'un caractère renfermé, taciturne et communiquait difficilement avec ses semblables. Nul doute qu'il ait trouvé refuge dans une forme de *réflexion régressive*. Nul doute aussi que, loin de tourner en rond stérilement sur elle-même, sa réflexion ait débouché sur une pensée éminemment créatrice, à la fois scientifique, philosophique et esthétique. Ce n'est donc pas par hasard que Dirac considérait Schrödinger comme très proche de lui. Dans leur article, Hovis et Kragh citent à ce propos un écrit de Dirac dont je retiendrai la phrase suivante : « Nous avions tous deux [Schrödinger et moi] une très forte attirance pour la beauté mathématique... C'était une sorte d'acte de foi ; nous pensions que n'importe quelle équation décrivant les lois fondamentales de la nature doit être mathématiquement belle, par son essence même ».

31. C. Wills : *La Sagesse des gènes*, Champs, Flammarion, 1991, pp. 18-19 : « Il faut donc souligner, dès le départ, écrit Wills, que les gènes ne sont sages qu'au sens où le corps est sage (allusion à l'ouvrage célèbre de W.B. Cannon : *The Wisdom of the Body*) [...]. Certains organismes - et certains gènes à l'intérieur d'organismes - sont devenus des experts de l'évolution ». Charles Darwin se livre à des considérations similaires : « Il est [...] très difficile d'éviter de personnifier le nom *nature* ; mais par *nature*, j'entends seulement l'action combinée et les résultats complexes d'un grand nombre de lois naturelles ; et par *lois*, la série de faits que nous avons reconnus » (C. Darwin : *L'Origine des espèces*, La Découverte, Paris 1989, p. 127).

32. C. Wills, *op. cit.*, p. 65-71 et pp. 310 sq.

33. R. Dawkins : Selfish genes and selfish memes, in *The Mind's I*, sous la dir. de D. R. Hofstadter et D. C. Dennett, Penguin Books, 1981, pp. 124-144. Les auteurs français écrivent "mème" par analogie avec "gène". Voir aussi : D. Sperber : *La Contagion des idées*, Odile Jacob, 1996.

34. Y. Eudes : Une psychologue américaine soigne les « accros » du Net grâce à des consultations en ligne, *Le Monde* du 8 avril 1998, p. 31.

35. C. G. Jung : *Métamorphoses de l'âme et ses symboles*, Buchet-Chastel, Paris 1966 ; *Les Racines de la conscience*, Buchet-Chastel, Paris, 1971 ; *Psychologie et alchimie*, Buchet-Chastel, Paris 1970.

36. J. Roubaud : *Le Fils de Leoprepes. Poésie et mémoire*. Circé, 1993. Dans un entretien avec Dominique Chouchan, Jacques Roubaud commente certains aspects de son livre : « Actuellement, dans les têtes vidées parce qu'elles ont moins de mémoire et moins de poésie, fait irruption un énorme flux d'images préparées ailleurs. Non seulement la tête se remplit d'images qu'elle n'a pas faites, mais ces images sont pauvres géométriquement, topologiquement, émotionnellement. Je lisais récemment, dans un journal anglo-saxon, que se multipliaient les cas, aux États-Unis, de personnes absolument persuadées d'avoir été enlevées par des extraterrestres [...]. Or les scénarios qu'elles racontent coïncident exactement avec les scénarios qu'elles ont vus sur leur écran-vidéo. Ces images leur ont rempli la tête au point qu'elles ne sont plus capables de distinguer l'intérieur de l'extérieur. Dans les têtes vides, l'extérieur s'installe. Voilà ce qui m'incite à qualifier notre

être considérées comme des actions diamétralement opposées, la première diminuant la segmentation de l'individu, la seconde l'augmentant.

118. B.J. Baars, *op. cit.*, p. 62 (trad. J.G.H.).

119. R. M. Bergland : *The fabric of mind*, Open Market, 1986, cité par R. Restak, p. 29 (trad. J.G.H.).

120. R. Restak : Brain by Design. *The Sciences*, sept.-oct. 1993, p. 29 (trad. J.G.H.).

121. D. Chalmers : Absent qualia, fading qualia, dancing qualia, in *Conscious Experience*, sous la dir. de T. Metzinger, F. Schöningh 1995 ; D. Chalmers : *Pour la Science*, **n° 220**, fév. 1996, pp. 58-64.

122. E. Schrödinger, *op. cit.*, pp. 198-205.

123. Sans sujet, un être humain ne peut exister en tant que tel, car sans « je », il n'y a pas de conscience. De mon point de vue, il serait plus adéquat de parler « d'êtres pensants » sans *ego*.

Chapitre 10 :

124. Ph. Chomaz et G. de France, *Pour la Science. Les symétries de la nature.* Dossier hors série, juill. 1998, pp. 88-95.

125. Le mot « symbolique » est utilisé ici dans le sens défini précédemment (réf. 106).

126. G. Ifrah : *Histoire universelle des chiffres*, Robert Laffont, 1994 ; S. Dehaene : *La Bosse des maths*, Odile Jacob, 1997.

127. « The unreasonable effectiveness of mathematics », voir E.P. Wigner, *Communications on pure and applied mathematics*, XIII, 1960, pp. 1-14, et R.W. Hamming, *American Mathematics Monthly*, **vol. 87**, 1980, p. 81.

128. O. Sacks : *L'Homme qui prenait sa femme pour un chapeau*, Seuil, 1988, pp. 251-272.

129. H. Lenhoff et coll., *Pour la Science*, **n° 244**, fév. 1998, pp. 78-83.

130. C'est presque du théâtre mais un théâtre qui n'est pas sans présenter quelques analogies avec certains procès tels que celui si bien décrit par Franz Kafka. Premier acte : Yves Rocard publie *Le Signal du sourcier* (Dunod 1962, 2nde éd. 1964). Deuxième acte : Yves Rocard reconnaît que certaines de ses expériences présentent des lacunes. Cet aveu aurait été publié, en 1974, dans un texte dont je n'ai pas la référence. Troisième acte : Michel Rouzé, dans son livre *La Radiesthésie* (Paris, Hachette, 1978), écrit ce qui suit : « En 1974, dans un recueil de textes radiesthésiques qui reproduisent entre autres un passage du *Signal du sourcier*, le professeur Rocard publie une *mise au point* qui est en fait une assez courageuse autocritique ». Michel Rouzé cite ensuite longuement la discussion que Rocard fait de ses résultats. Michel Rouzé conclut en ces termes : « Après cette *mise au point* [celle de Rocard], on peut conclure que la réponse de la science à la question de savoir si la pratique de la radiesthésie correspond à une réalité objective pourrait se résumer par la formule de Jean Rostand citée par le R.P. Jurion : 0 + 0 = 0 ». Quatrième acte : en 1981, Yves Rocard publie un petit ouvrage, *Les Sourciers* (PUF, collection « Que sais-je ? », 3e éd. revue et

44. Pour les relations entre rire, orgasme et musique, voir aussi pp. 225 sq. Bibliogr., E. Smadja : *Le rire*, PUF, coll. « Que sais-je ? », 1996 ; R. Provine : Laughter, *American Scientist*, **vol. 84**, janv. 1996, pp. 38-45 ; H. Rubinstein : *Psychosomatique du rire*, Laffont, 1983.

45. Les *prânâyama* sont des exercices respiratoires. Ils constituent avec les *âsanâ* (postures) et les exercices psychomentaux (concentration et méditation) la base de la discipline du hatha yoga.

46. L'organe sonore de la cigale mâle est complexe, volumineux et terriblement bruyant. Chez la cigale australienne, *Cyclochila australasiae*, il occupe 70 % de l'abdomen et produit à ce niveau un bruit atteignant 158 décibels, soit l'équivalent de l'explosion d'une grenade à un mètre de distance (H.C. Bennet-Clark et D. Young, *Journal of Experimental Biology*, **vol. 173**, 1992, pp. 123-153 et **vol. 198**, 1995, pp. 1001-1019). Les femelles ne sont pas sourdes : elles sont sensibles à des sons de 30 décibels. En France, où ces insectes émettent des sons à peine moins intenses que ceux de leurs congénères australiens, les femelles voisinent souvent avec les mâles sur les mêmes branches d'arbre : un son intense n'est donc pas nécessaire pour les alerter à distance. Les grillons et les criquets produisent des sons plus faibles avec des moyens plus simples ; leur chant n'en est pas moins efficace pour l'appel amoureux. En revanche, le son ne peut qu'attirer l'attention de prédateurs, de même que la grande taille de l'abdomen requise par le volume démesuré de la caisse de résonance. Jean-Henri Fabre conclut des recherches détaillées qu'il a consacrées à ces animaux : « Si l'on m'affirmait que les cigales mettent en branle leur bruyant appareil sans nul souci de son produit, pour le seul plaisir de se sentir vivre, de même que nous nous frottons les mains en un moment de satisfaction, je n'en serais pas autrement scandalisé » (*Souvenirs entomologiques*, cinquième série, Delagrave, Paris 1923, p. 285).

47. La danse des abeilles a été étudiée et sa signification mise en évidence par Karl von Frisch. Plus récemment, on a montré également l'importance du son produit par le bourdonnement des ailes de l'abeille exploratrice pour attirer l'attention de ses congénères et transmettre par ses mouvements la distance et la direction d'une source d'approvisionnement (K. von Frisch : *Vie et mœurs des abeilles*, Albin Michel, Paris 1969 ; A. Michelsen et coll., *Behav. Ecol. Sociobiol.*, **vol. 30**, 1992, pp. 143-150).

48. C'est le rythme du chant, son découpage temporel, qui est reconnu, et non les variations de fréquence. Il en est de même pour la reconnaissance entre les parents et leurs poussins (P. Jouventin et coll., *Behaviour*, **vol. 70**, 1979, pp. 231-250 ; T. Aubin et P. Jouventin, *Proc. Roy. Soc. Lond.* B, **vol. 265**, 1998, pp. 1665-1673).

49. La parole chantonnante, le « parler-bébé » (*motherese* ou *baby talk*, en anglais), attire spécifiquement l'attention du nourrisson et focalise son intérêt, probablement en raison de sa valeur affective ; ce ton de voix particulier indique au bébé que l'on s'adresse à lui (B. de Boysson-Bardies, *op. cit.*). Par ailleurs, la parole chantonnante, comme le bercement, produit plus ou moins rapidement une diminution de vigilance qui pourrait favoriser la suggestibilité et la mémorisation.

Enfin, le *parler-chanter* stimule à la fois les deux hémisphères cérébraux, ce qui pourrait constituer un facteur d'apprentissage et d'unification.

50. M. Tournier : Anatomie d'un ange, *Le Figaro*, 19 mars 1996, p. 32.

51. Entretiens diffusés par Radio-France, France-Musique, les 11 et 12 décembre 1995. Christian Zacharias était interrogé par Jean-Pierre Derrien. Les propos rapportés ici sont fondés sur mes notes prises en cours d'émission. Ils ne sont donc qu'approximatifs et, de ce fait, n'ont pas été mis entre guillemets.

52. A. Comte-Sponville et L. Ferry : *La Sagesse des modernes*, Laffont, 1998.

53. Confrontation entre André Comte-Sponville, Luc Ferry et Pascal Dusapin organisée et animée par Jean-Michel Damian à Radio-France, France-Musique, dans le cadre de son émission *Les Imaginaires*, le 13 juin 1998.

54. C. G. Jung, C. Kerényi, P. Radin : *Le Fripon divin. Un mythe indien*, Georg, Genève, 1958.

55. Cité par M. Kundera, *op. cit.*, p. 193.

56. J. Monod : *Le Hasard et la nécessité. Essai sur la philosophie naturelle et la biologie moderne*. Seuil, 1970.

57. Mozart compose ce quintette le 16 mai 1787. Il sait que son père est gravement malade et lui écrit le 4 avril une lettre déchirante : « Comme la mort (pour la prendre exactement) est le vrai but de notre vie, je me suis depuis quelques années, tellement familiarisé avec cette véritable et excellente amie de l'homme que son visage, non seulement n'a plus rien d'effrayant pour moi, mais m'est très apaisant et très consolant! Et je remercie mon Dieu de m'avoir accordé le bonheur de saisir l'occasion (vous me comprenez) d'apprendre à la connaître comme la *clef* de notre véritable félicité ». (J. et B. Massin : *Wolfgang Amadeus Mozart*, Fayard 1970, p. 462).

58. B. Cyrulnik : *La Naissance du sens*. Hachette, 1995. La seconde partie de cet ouvrage comporte un débat entre D. Lecourt et l'auteur sur les notions d'inné et d'acquis.

59. M. Eliade, *op. cit.*, pp. 89 sq.

60. T. Levenson, *The Sciences*, janv.-févr. 1995, pp. 13-15.

61. Extrait du livre de Rabbi Abraham Aboulafia : *Gan naoul* (Le jardin fermé), cité par M. Idel : *L'Expérience mystique d'A. Aboulafia*, Le Cerf, 1991, et commenté par M.-A. Ouaknin : *Tsimtsoum. Introduction à la méditation hébraïque*, Albin Michel, 1992, pp. 179 sq.

Chapitre 6 :

62. F. Nietzsche : *Ainsi parlait Zarathoustra*. Le livre de poche, Gallimard, 1947, H. Thomas 1963 pour la préface, p. 67.

63. M. Radman et coll. : *Evolution of Evolvability*, in *Ann. N.Y. Acad. Sci.*, **vol. 870**, 1999, pp. 146-155.

64. W. Lisenmaier : *Insectes du monde*. Stock, 1973.

65. K. Lorentz : *Essais sur le comportement animal et humain*. Seuil, 1970, p. 105 : « alors que les canards col-vert, les perdrix grises, etc., simulent lors de leur tentative de diversion, une blessure à l'aile qui les empêcherait de s'envoler,

les fauvettes et certains autres oiseaux imitent l'attitude générale d'un oiseau malade [...]. Ce qui est intéressant ici, c'est qu'imaginer de telles finesses suppose que le ravisseur à évincer en connaît également le sens ».

66. P. Barruel : *Vie et mœurs des oiseaux*. Horizons de France, Paris 1953, pp. 60-65.

67. M. Chia et D. A. Arava : *L'Homme multiorgasmique. L'énergie sexuelle masculine*, Guy Tredaniel, 1999.

68. Oxytocin in maternal, sexual and social behaviors, sous la dir. de C.A. Petersen et coll., *Ann. N.Y. Acad. Sci.*, **vol. 652**, juin 1992. L'alcool et les opiacés, y compris les endorphines qui sont des opiacés endogènes, inhibent la sécrétion d'ocytocine. Rien d'étonnant à ce que les endorphinomanes soient aussi souvent des asociaux. Inversement, les difficultés de communication au sein de la société entraînent une situation d'isolement génératrice de toxicomanie. Le cercle vicieux est parfait ; nombreux de nos jours sont ceux qui s'y trouvent emprisonnés. Chez la souris, le comportement maternel présente une composante génétique (J.R. Brown et coll., *Cell*, **vol. 86**, 1996, pp. 297-309).

69. M. M. Clark et coll., *Animal Behavior*, **vol. 54**, 1997, pp. 635-642.

70. Compagnon, du latin *cum*, avec, et *panis*, pain.

71. D.M. Stoddart : *The scented ape. The biology and culture of human odor*, Cambridge Univ. Press, 1990.

72. Dans cet ouvrage, j'omettrai à dessein d'évoquer l'homosexualité et l'amour homosexuel, non par refus de prendre en considération ce type de comportement mais en raison de mon incompétence personnelle et de la complexité de la question. Il existe non pas une forme d'homosexualité mais plusieurs selon la prédominance plus au moins grande des facteurs physiques, psychiques et socioculturels, les uns interagissant avec les autres. Voir S. Levay : *Le cerveau a-t-il un sexe ?*, Flammarion, 1995 ; A. Fausto-Sterling : *Myths of gender : Biological theories about women and men*. Basic Books, 1992 ; F. Buffière : *Eros adolescent. La pédérastie dans la Grèce antique*, Paris, Les Belles Lettres, 1980 ; B. Sergent : *Homosexualité et initiation chez les peuples indo-européens*, Payot, 1996.

73. Roger Rosenblatt rapporte les propos d'une religieuse de Brooklyn, Sœur Marie-Paule, qui a consacré toute sa vie aux déshérités. « Dans les professions caritatives, dit-elle, les gens sont étranges. Je pense qu'ils doivent sentir que quelque chose manque dans leur vie. Il peut y avoir pas mal d'*ego*, pas mal de compensations. On veut se voir comme une personne bonne et généreuse. Il n'y a rien de mal à cela, mais ce ne peut être le seul but. Le but ultime, c'est de changer le système dans lequel vivent celui qui donne et celui qui reçoit. L'amour ne consiste pas à valoriser les gens par qualités et vertus ». (An old lady and a young lady. Essay, *Time*, 15 sept. 1997, p. 82 ; trad. J.G.H.).

74. J. Karmaus et coll., *Eur. J. Publ. Health*, **vol. 9**, 1999, p. 3.

75. L'anandamide est une molécule qui existe à l'état naturel dans le cerveau et agit sur les mêmes récepteurs cellulaires que ceux sensibles au tétrahydrocannabinol, le principe actif de la marijuana. La production d'anandamide par l'organisme a donc un effet similaire à celui de la drogue, d'où vient d'ailleurs sa

dénomination, *ânanda* signifiant béatitude en sanskrit. Le chocolat contient des substances chimiques proches de l'anandamide ; sa consommation semble contribuer à l'élévation du taux d'anandamide endogène. C'est probablement la raison pour laquelle les anxieux consomment d'importantes quantités de chocolat (R. Mechoulam et coll., *Eur. J. Pharmacol.*, **vol. 359**, oct. 1998, pp. 1-18 ; S.R. Childers et coll., *Drug Alcohol. Depend.*, **vol. 51**, 1998, pp. 173-187).

Chapitre 7 :

76. Saint Augustin cité par J.-Y. Leloup, *op. cit.*, p. 56.

77. Et non une miche de pain comme l'indique la couleur bleue de l'hiéroglyphe (J.-M. Champollion : *Principes généraux de l'écriture sacrée égyptienne*, Institut d'Orient/Michel Sidhom, 1984).

78. Enel : *La Langue sacrée*, G.P. Maisonneuve et Larose, Paris 1968.

79. Les symétries de la nature, *Pour la Science*, Dossier hors série, juill. 1998.

80. M. Habib : *Base neurologique des comportements*, 3e éd., Masson, 1997 ; M. Habib et coll., in *Brain and Cognition*, **n° 16**, 1991, pp. 41-61 ; R. Sperry, *Science*, **vol. 217**, 1982, pp. 1223-1226.

81. M. Habib et A.M. Galaburda, *Revue neurologique*, **n° 142**, 1986, pp. 869-894.

82. Michael S. Gazzaniga a récemment mis en évidence l'existence d'une fonction nouvelle, située dans l'hémisphère gauche des droitiers. Il l'a appelée *the narrative interpreter*, expression traduite en français par *mécanisme interprète et narrateur* ou plus simplement *mécanisme interprète*. M.S. Gazzaniga : *The Mind's Past,* Univ. of California Press, 1998 ; M.S. Gazzaniga : *The Cognitive Neurosciences*, Bradford/MIT Press, 1995, pp. 1391-1400.

83. M.S. Gazzaniga, *Pour la Science*, **n° 251**, sept. 1998, pp. 72-79.

84. T.G. Bever et R.J. Chiarello, *Science*, **vol. 185**, n° 150, 1974, pp. 537-539.

85. Il existe environ 10 % de gauchers dans les populations humaines. Plus des deux tiers d'entre eux présentent une localisation bilatérale du centre de la parole alors que chez les droitiers le centre de la parole est presque toujours situé dans l'hémisphère gauche. Les gauchers sont donc latéralisés de façon moins stricte que les droitiers. De même, l'oreille et l'œil dominants sont à droite chez les droitiers et à droite ou à gauche chez les gauchers. Alors qu'il n'existe guère qu'un type de droitiers, il y a une grande variété de types de gauchers (P. Satz, *Science*, **vol. 203**, mars 1979, pp. 1131-1133, voir aussi réf. 80 et 81).

86. Lors de la compétition entre mâles d'un même groupe pour la possession d'une femelle, l'usage de la force n'est pas toujours nécessaire, ni rentable du point de vue génétique (v. p. 87). En revanche, la force musculaire, l'agressivité et la vigilance des mâles contribuent à la survie de la tribu. Ces caractéristiques ont donc été favorisées par la sélection naturelle avec pour corollaire un niveau élevé d'adrénaline et une musculature puissante et hypertonique. Dans l'espèce humaine, les mâles seraient, en outre, dotés d'une rigidité caractérielle accrue et d'une émotivité diminuée (v. p. 321).

87. Le stress diminue la production d'hormones mâles (P. Lôo et H. Lôo :

Le Stress permanent, Masson, 1986).

88. Les rôles respectifs de la mère et du père dans le développement psychique de l'enfant sont discutés par R. Bly, *op. cit.*, et par M. G. Welch : *Holding time*. Fireside, Simon and Schuster Inc., New York 1989.

89. Voir bibliogr. dans L. Israël : *Cerveau droit, cerveau gauche*, Plon, 1995.

90. Outre son action toxique directe, la drogue entretient un état de dépendance. Il en est de même pour toute recherche effrénée de plaisirs. Les disciplines psycho-corporelles unitives ont, au contraire, pour but l'acquisition de la liberté et de l'autonomie (voir M. Eliade, *op. cit.*).

91. G. Alexander : *Le Corps retrouvé par l'Eutonie*, Tchou, 1977.

92. A. Daniélou : *Shiva et Dionysos*, Fayard 1979, p. 30.

93. *Dictionnaire des symboles*, sous la dir. de J. Chevalier, Laffont, 1969 ; J. Hall : *Dictionnaire des mythes et des symboles*, Monfort éd., 1994 ; A.J. Pernety : *Les Fables égyptiennes et grecques*, La table d'Emeraude, Paris 1991 ; H. Zimmer : *Mythes et symboles dans l'art et la civilisation de l'Inde*, Payot, 1951 ; E. Neumann : *The origins and history of consciousness*, Bollingen Series XLII, Princeton Univ. Press, 1969 ; R. Alleau : *La Science des symboles*, Payot, 1976. Voir aussi réf. 35 et 37.

94. A. Avalon (Sir John Woodroffe) : *La Puissance du serpent*, Paul Derain, Lyon 1959.

95. Institut national de la santé et de la recherche médicale et Laboratoire d'histologie de la Faculté de médecine de Montpellier (P. Rabischong, C. Terral, O. Auziech : Argumentaire scientifique de l'acupuncture, in *Les thérapeutiques du stress*, éd. du Rocher, 1988, pp. 11-19).

96. M. Chia et D.A. Arava, *op. cit.* ; M. et M. Chia : *Le Tao de l'amour retrouvé. L'énergie sexuelle féminine*, Guy Trédaniel, 2000.

97. Après une expiration profonde, le yogi ébauche un mouvement inspiratoire, glotte fermée. Cette manœuvre, appelée *uddiyanabandha*, a pour effet de créer une dépression intra-abdominale, dépression qui est encore accentuée par le *nauli*, c'est-à-dire la contraction isolée des muscles grands droits. Cet exercice produit dans l'abdomen une pression négative suffisante pour permettre au sujet d'aspirer de l'eau par une sonde placée dans le rectum, la vessie ou l'estomac. Une telle performance, assez spectaculaire, avait jadis fait croire que les yogis pouvaient exercer un contrôle sur la musculature lisse de ces viscères. Il n'en est rien comme l'ont montré les recherches de Swami Kuvalayananda et P.V. Karambelkar (*Yoga Mimâmsa*, **vol. 6**, n° 4, mars 1957, pp. 273-281) citées dans J.-G. Henrotte, *Yoga et Biologie*, *op. cit.* (réf. 12).

DEUXIÈME PARTIE

Chapitre 8 :

98. F. Nietzsche, *op. cit.*, p. 389.

99. La plus belle introduction à l'univers merveilleux du Périgord que l'on puisse lire est l'ouvrage de Guy Georgy : *La Folle Avoine*, Flammarion 1991,

éd. J'ai lu, 1993.

100. C. Lévi-Strauss : *Le Totémisme aujourd'hui*, PUF, 1991, cité par H. Delporte.

101. H. Delporte : *L'Image des animaux dans l'art préhistorique*, Picard éditions, 1990, p. 245.

102. Thomas Mann le dit sans équivoque : « Il (Freud) n'a pas connu Nietzsche, chez qui abondent partout, en éclairs, des vues freudiennes anticipées » (Th. Mann : *Sur le mariage. Lessing. Freud et la pensée moderne. Mon temps*, Aubier, Flammarion, 1970, p. 143).

103. H. et S. Stone : *Le Dialogue intérieur*, Le Souffle d'or, 1991.

104. La méditation induit parfois des états de conscience proches du rêve et du songe par le contenu subjectif mais distincts de ceux-ci par les manifestations élecroencéphalographiques objectives, v. p. 326.

105. Patanjali : *Yoga Sûtra*, trad. de F. Mazet, Albin Michel, 1991.

106. Le mot *symbole* a deux significations distinctes. Le dictionnaire Larousse le définit ainsi : « Objet physique ayant une signification morale fondée sur un rapport naturel : *le chien est un symbole de fidélité.* Tout signe conventionnel abréviatif ». Comme le souligne Jean Chevalier dans le *Dictionnaire des Symboles* (*op. cit.*, p. XV) : « Le symbole se distingue essentiellement du signe, en ce que celui-ci est une convention arbitraire qui laisse étrangers l'un à l'autre le signifiant et le signifié (objet ou sujet), tandis que le symbole présuppose *homogénéité du signifiant et du signifé au sens d'un dynamisme organisateur.* S'appuyant sur les travaux de Jung, de Piaget, de Bachelard, Gilbert Durand fonde sur la structure même de l'imagination ce *dynamisme organisateur* [...]. On voit dès lors que les symboles algébriques, mathématiques, scientifiques ne sont [...] que des signes dont la portée conventionnelle est soigneusement définie ». (Les mots en italiques sont des citations de G. Durand : *Les structures anthropologiques de l'imaginaire*, Paris 1963). Symbole vient du grec *sumbolon*, dérivé de *sumballô*, jeter ensemble, mot lui-même composé de *sun*, avec, et de *ballô*, lancer, jeter. De jeter ensemble dérive le sens de réunir, rapprocher. *Sumbolê* signifie rencontre, ajustement, jointure et *sumbolon*, par extension, veut dire : signe de reconnaissance. Primitivement, *sumbolon* désignait un objet coupé en deux dont deux hôtes conservaient chacun une moitié : ces deux parties servaient à faire reconnaître les porteurs et à prouver les relations d'hospitalité contractées antérieurement (M.A. Bailly, *Dictionnaire grec-français*, Hachette, Paris). Secondairement, *sumbolon* en vient à signifier : signe, signal. En conformité avec ces définitions, j'utiliserai le mot symbole dans son sens premier et le mot signe pour désigner les symboles mathématiques qui au même titre que les lettres de l'alphabet sont en fait des *graphèmes*. Ceux-ci sont au langage écrit ce que les phonèmes sont au langage parlé (phonème du grec *phônêma*, élément sonore du langage). Le symbole constitue un agent de communication d'importance majeure à tous les niveaux, conscient, infra et supraconscient.

107. Ce centre n'est pas sans analogie avec le *point oméga* de P. Teilhard de Chardin (*Le Phénomène humain*, Seuil, 1955).

108. F. Navarro : *La Somatopsychodynamique. Un autre regard sur la pathologie*, éd. Epi, Paris 1984 ; *La Somatopsychodynamique. Un nouveau regard sur la pathologie*, éd. Equateur, 1987.

109. W. Reich : *La Fonction de l'orgasme*, édition de l'Arche, Paris 1978, p. 235 ; W. Reich : *L'Analyse caractérielle*, Payot, 1976, p. 300 ; O. Raknes : *Wilhelm Reich and Orgonomy*, St Martin's Press, New York, N.Y. 1970 ; G. Guasch : *Wilhelm Reich. Energie vitale et psychothérapie*, édition Retz, Paris 1998.

110. G. Groddeck : *La Maladie, l'art et le symbole*, Gallimard 1969 ; *Le Livre du Ça*, Gallimard 1963.

111. Paraphrase du monologue de la lune s'adressant à Doña Prouhèze délirant sous le ciel nocturne : « Elle parle et je lui baise le cœur » (P. Claudel, *op. cit.*, seconde journée, scène XIV).

Chapitre 9 :

112. *Œuvres complètes de Montesquieu*, sous la dir. d'A. Masson, Paris, Nagel, 1950-55, 3 vol. Il existe une autre version de cet aphorisme : « La gravité est le bouclier des sots ».

113. B. J. Baars : Metaphors of consciousness and attention in the brain. *Trends Neurosci.*, **vol. 21**, 1998, pp. 58-62. Quelques-unes des perles de cet article méritent d'être citées dans la langue originale : « Cognitive architectures resemble theaters, typically receiving input into a narrow 'stage' of working memory, interacting with a large 'audience' of semantic networks » (p. 58). « Consciousness, although limited in capacity [...], does appear to offer a gateway to extensive unconscious knowledge sources in the brain » (p. 60). « It is as if consciousness of results creates access to unconscious neuronal systems that are normally inaccessible and autonomous » (p. 61). Voir aussi B.J. Baars : *A cognitive theory of consciousness*, Cambridge Univ. Press, 1988.

114. J.-P. Changeux : *L'Homme neuronal*, Fayard, 1983.

115. L. Israël, *op. cit.*, pp. 78 et 81.

116. C'est à dessein que j'ai mis en italique les pronoms personnels *lui* et *il* de ce paragraphe. Il importe, en effet, de mettre en évidence le problème sémantique auquel nous sommes confrontés. Les *lui* et *il* se réfèrent ici tout autant au cerveau gauche de Bob qu'à l'individu Bob. Cette identification de Bob à son cerveau gauche est essentiellement due au fait que seul le cerveau gauche de Bob peut utiliser le langage c'est-à-dire répondre aux questions qu'on lui pose. Cette identification est tout à fait abusive car le cerveau droit de Bob existe lui aussi et fonctionne (il associe la scène de neige à la pelle), au même titre que le foie, les poumons et les reins de Bob. Bob, c'est l'ensemble de tous ces organes et de toutes ces fonctions. Bob est donc bel et bien un individu mais c'est un individu segmenté. Par le langage, l'expérimentateur n'a accès qu'à une partie de Bob, son cerveau gauche. Identifier Bob a son seul cerveau gauche, c'est privilégier la fonction du langage aux dépens des autres.

117. Dans cette perspective, psychanalyse et section du corps calleux pourraient

être considérées comme des actions diamétralement opposées, la première diminuant la segmentation de l'individu, la seconde l'augmentant.

118. B.J. Baars, *op. cit.*, p. 62 (trad. J.G.H.).

119. R. M. Bergland : *The fabric of mind*, Open Market, 1986, cité par R. Restak, p. 29 (trad. J.G.H.).

120. R. Restak : Brain by Design. *The Sciences*, sept.-oct. 1993, p. 29 (trad. J.G.H.).

121. D. Chalmers : Absent qualia, fading qualia, dancing qualia, in *Conscious Experience*, sous la dir. de T. Metzinger, F. Schöningh 1995 ; D. Chalmers : *Pour la Science*, **n° 220**, fév. 1996, pp. 58-64.

122. E. Schrödinger, *op. cit.*, pp. 198-205.

123. Sans sujet, un être humain ne peut exister en tant que tel, car sans « je », il n'y a pas de conscience. De mon point de vue, il serait plus adéquat de parler « d'êtres pensants » sans *ego*.

Chapitre 10 :

124. Ph. Chomaz et G. de France, *Pour la Science. Les symétries de la nature.* Dossier hors série, juill. 1998, pp. 88-95.

125. Le mot « symbolique » est utilisé ici dans le sens défini précédemment (réf. 106).

126. G. Ifrah : *Histoire universelle des chiffres*, Robert Laffont, 1994 ; S. Dehaene : *La Bosse des maths*, Odile Jacob, 1997.

127. « The unreasonable effectiveness of mathematics », voir E.P. Wigner, *Communications on pure and applied mathematics*, XIII, 1960, pp. 1-14, et R.W. Hamming, *American Mathematics Monthly*, **vol. 87**, 1980, p. 81.

128. O. Sacks : *L'Homme qui prenait sa femme pour un chapeau*, Seuil, 1988, pp. 251-272.

129. H. Lenhoff et coll., *Pour la Science*, **n° 244**, fév. 1998, pp. 78-83.

130. C'est presque du théâtre mais un théâtre qui n'est pas sans présenter quelques analogies avec certains procès tels que celui si bien décrit par Franz Kafka. Premier acte : Yves Rocard publie *Le Signal du sourcier* (Dunod 1962, 2nde éd. 1964). Deuxième acte : Yves Rocard reconnaît que certaines de ses expériences présentent des lacunes. Cet aveu aurait été publié, en 1974, dans un texte dont je n'ai pas la référence. Troisième acte : Michel Rouzé, dans son livre *La Radiesthésie* (Paris, Hachette, 1978), écrit ce qui suit : « En 1974, dans un recueil de textes radiesthésiques qui reproduisent entre autres un passage du *Signal du sourcier*, le professeur Rocard publie une *mise au point* qui est en fait une assez courageuse autocritique ». Michel Rouzé cite ensuite longuement la discussion que Rocard fait de ses résultats. Michel Rouzé conclut en ces termes : « Après cette *mise au point* [celle de Rocard], on peut conclure que la réponse de la science à la question de savoir si la pratique de la radiesthésie correspond à une réalité objective pourrait se résumer par la formule de Jean Rostand citée par le R.P. Jurion : 0 + 0 = 0 ». Quatrième acte : en 1981, Yves Rocard publie un petit ouvrage, *Les Sourciers* (PUF, collection « Que sais-je ? », 3e éd. revue et

augmentée 1997) et un article très bien documenté *Le Signal du sourcier* (*La Recherche*, **n° 124**, juill. 1981, pp. 792-799) dans lesquels, loin de se dédire, il confirme son point de vue et mentionne de surcroît des travaux faits aux États-Unis qui confortent ses résultats. En 1989, il publie, chez Dunod, *La Science et les sourciers* (2nde éd. 1991, 3e éd. revue et augmentée 1996). Cinquième acte : Jean-Claude Pecker, Jean-Paul Krivine et Jean-Pierre Thomas publient un dossier intitulé : *Le Débat sur le paranormal* (*La documentation française*, n° 790-791, sept.-oct. 1997). Ils y citent un court extrait du livre de Rocard publié aux PUF en 1981, extrait qui porte principalement sur les difficultés expérimentales rencontrées par Rocard. Ils citent ensuite le livre de Michel Rouzé et en donnent des extraits dont a été tiré le texte reproduit ci-dessus. Le chapitre consacré aux recherches de Rocard par Pecker et collaborateurs se termine donc par la formule de Rouzé empruntée à Jean Rostand : « 0 + 0 = 0 », donnant au lecteur le sentiment que l'affaire est conclue, que Rocard s'est trompé et qu'il a d'ailleurs reconnu son erreur. Ils ne disent pas un mot des recherches que Rocard a réalisées par la suite en laboratoire dans des conditions rigoureuses et qui montrent que l'homme est sensible à des variations de champ magnétique extrêmement faibles, bien que cette sensibilité puisse varier de façon notable d'un individu à l'autre (*La Science et les sourciers*, *op. cit.*, 3e éd. 1996). Pecker, Krivine et Thomas semblent, en outre, mettre dans le même panier toutes les formes de radiesthésie quelles qu'elles soient, ce que dénonce clairement Rocard qui insiste sur « la distinction à faire entre radiesthésie *mentale* (ou divinatoire) - *dépourvue de toute théorie scientifique* - et détection physique relevant de lois connues de la physique et de la physiologie » [c'est-à-dire la sensibilité aux variations de champ magnétique] (Y. Rocard, *Les Sourciers*, *op. cit.*, 3e éd., 1997, p. 124).

131. J.-P. Kahane, *Pour la Science*, **n° 248**, juin 1998, p. 130.

132. Dans un article consacré aux médecines parallèles, G. Federspil et C. Scandellari dénigrent en bloc l'acupuncture (*Pour la Science*, **n° 192**, oct. 1993, pp. 38-47). Ils ne se donnent même pas la peine de citer les recherches de l'équipe de Rabischong (réf. 95). L'homéopathie n'est pas mieux traitée. En revanche, celle-ci fait l'objet d'un dossier plus objectif dans *La Recherche* (**n° 310**, juin 1998, pp. 57-87).

133. Néologisme créé par Rabelais pour désigner *celui qui ne rit pas*, du grec *alpha* privatif et *gelaô*, rire. Rabelais détestait les agélastes et en avait peur, car les gens sérieux et dénués d'humour persécutent toujours ceux qui aiment la vie et la célèbrent dans la joie.

134. La Wenner-Grenn Foundation a récemment organisé une réunion intitulée : *Les changements dans les images des sociétés primates ; rôle de la théorie, des méthodes et du genre*. Les mêmes macaques se présentaient sous des jours très différents selon qu'ils étaient étudiés par « des Américaines formées à la génétique et financées par des bourses d'un an » ou par « des anthropologues japonais sur des contrats à très long terme » (B. Latour, *La Recherche*, **n° 293**, déc. 1996, p. 80).

135. De nombreux textes suggèrent l'existence d'une alchimie qui ne doit rien aux fourneaux, ni aux manipulations chimiques. « O vous ! qui pour faire de l'or

par les moyens de l'art, êtes sans cesse parmi les flammes de vos charbons ardents [...], d'où vient que comme des papillons enfumés vous passez les jours et les nuits à rôder autour de vos fourneaux [...]. Vos travaux n'opèrent que d'inutiles sueurs qui peignent sur votre front les heures malheureuses que vous passez dans vos sales retraites. À quoi bon ces flammes violentes, puisque les sages n'usent point de charbons ardents, ni de bois enflammés pour faire l'œuvre hermétique. » (*La lumière sortant par soi-même des ténèbres, Poème*, intr. et notes de B. Roger, comm. de B. de Lansac, *Bibliotheca Hermetica*, E.P. Denoël 1971, p. 43).

136. *Symposium international sur la chimie douce*, Nantes, sept. 1993, sous la dir. de J. Rouxel ; J. Livage : Vers une chimie écologique. Quand l'air et l'eau remplacent le pétrole. *Le Monde*, 26 oct. 1977 ; S.I. Stupp et P.V. Braun, *Science*, **vol. 277**, 1997, pp. 1242-1247.

137. Selon un dicton des Indiens d'Amazonie : « La forêt ne se défend pas, mais elle se venge ».

Chapitre 11 :

138. La genèse commence par ces deux mots que l'on peut traduire par : « Au commencement, Il créa » ou « Dans le principe, Il créa ».

139. S. Weinberg : *Les Trois Premières Minutes de l'univers*. Point, Seuil, 1980 ; A. Friedmann, G. Lemaître : *Essais de cosmologie*, Seuil, 1997 ; H. Reeves : *Patience dans l'Azur*, Seuil, 1981 ; S. Hawking : *Une brève histoire du temps*, Flammarion, 1989.

140. L. Smolin : *The life of the Cosmos*, Oxford Univ. Press, 1997.

141. S. Hawking, *op. cit.* Les théories de Hartle-Hawking et celle de Smolin sont exposées avec beaucoup de clarté par Paul Davies : *L'Esprit de Dieu*, éd. du Rocher, 1995, pp. 62-74 et pp. 203-228.

142. J. Génermont et F. Gasser, in *Pour Darwin*, sous la dir. de P. Tort, PUF, 1997, pp. 963-973 et pp. 975-1009.

143. Par sélection naturelle, Charles Darwin entend « la persistance du plus apte » et « l'élimination des variations nuisibles » (C. Darwin, *op. cit.*, p. 126).

144. F. Jacob : Evolution and thinkering, *Science*, **vol. 196**, 1977, pp. 1161-1166. F. Jacob met en parallèle le produit parfait de l'ingénierie humaine et les « rapiéçages » faits de bric et de broc par la nature selon les circonstances. Cela ne l'empêche pas de parler de l'étonnante précision et de l'efficacité des mécanismes biologiques. La nature et l'homme ne travaillent évidemment pas selon les mêmes méthodes. Mais les œuvres de la première me semblent bien plus parfaites et bien plus durables que celles du second.

145. Le DDT, certaines dioxines et d'autres produits chimiques de synthèse miment les œstrogènes. Ils bloquent en s'y fixant les récepteurs cellulaires aux œstrogènes. Ils diminuent la spermatogenèse (D. Lutz, *The Sciences*, janv.-fév. 1996, pp. 12-15), augmentent la fréquence des malformations congénitales de l'appareil génital mâle et celle des cancers du sein (J. Ziegler, *J. Natl. Cancer Inst.*, **vol. 89**, 1997, pp. 1184-1187 ; M.S. Wolff et coll., *Environ. Health Perspect.*, **vol. 105**, suppl. 4, 1997, pp. 891-896).

146. B. d'Espagnat : *À la recherche du réel*, Press Pocket, 1991 ; *Le réel voilé, analyse des concepts quantiques*, Fayard, 1994 ; *Physique et réalité, un débat avec Bernard d'Espagnat*, sous la dir. de M. Bitbol et S. Laugier, Frontière Diderot, 1997.

147. N. Witkowski : Bernard d'Espagnat, le physicien du réel voilé, *La Recherche*, **n° 298**, mai 1997, p. 25.

148. R. Penrose : *Les Ombres de l'esprit. À la recherche d'une science de la conscience.* Interédition Paris, 1995.

149. P.-H. Gouyon attribue aux gènes une volonté aveugle, sans se rendre compte de l'implication de ses propos, car rien n'indique qu'il soit possible de séparer volonté, finalité et intelligence (Le néodarwinisme ne menace pas l'éthique. Propos recueillis par O. Postel-Vinay. *La Recherche*, **n° 292**, nov. 1996, p. 91 ; voir aussi J.-G. Henrotte : Des failles du Darwinisme au finalisme défaillant, *La Recherche*, **n° 294**, janv. 1997, pp. 8-9).

150. B. Hölldobler et E. O. Wilson : *Voyage chez les fourmis*. Science ouverte, Seuil, 1996.

151. C'est le cas de la synesthésie, une faculté que possèdent de rares personnes, une sur cent mille environ. La stimulation d'une fonction sensorielle, l'audition par exemple, entraîne simultanément celle d'une autre fonction, la vision (R. E. Cytowic : *The man who tasted shapes*. G.P. Putnam'Sons, 1993).

152. Propos rapportés par N. Witkowski, *La Recherche*, **n° 301**, sept. 1997, pp. 24-26.

153. Correspondance d'Hannah Arendt, lettre n° 113 du 28 septembre 1951, citée par S. Courtine-Denamy : *Hannah Arendt*, Hachette, 1997, p. 35.

TROISIÈME PARTIE

Chapitre 12 :

154. K. R. Popper et J. C. Eccles : *The Self and its brain*, Springer-Verlag, 1977. « L'interaction entre esprit et cerveau », selon les termes mêmes de ces auteurs, est plus amplement discutée dans le livre de J.C. Eccles : *Evolution du cerveau et création de la conscience*, Champs, Flammarion, 1994, pp. 270-274.

155. E. Schrödinger : *L'Esprit et la matière*, Seuil, 1990, p. 217.

156. Démocrite, cité par Schrödinger, *op. cit.*, réf. 23, p. 198.

157. J. R. Searle : Deux biologistes et un physicien en quête de l'âme, *La Recherche*, **n° 287**, mai 1996, pp. 62-77.

158. F. Crick : *L'Hypothèse stupéfiante*, Plon, 1995. Crick exclut le doute et l'ouverture à d'autres formes de pensée que la sienne. À la fin de son livre, il enjoint les non-spécialistes de ne pas s'en mêler. Parmi ceux-ci, il place les philosophes. « Crick est hostile à la philosophie et aux philosophes. Il paie ce rejet d'un certain nombre d'erreurs philosophiques […]. Il se fait une conception erronée du problème des *qualia* […]. Le problème des *qualia* n'est pas seulement un aspect du problème de la conscience, il est ce problème lui-même » (J.R. Searle, *op. cit.*,

p. 68). Searle expose ensuite longuement les autres erreurs qu'il attribue, à juste titre, à Francis Crick.

159. D. Dennett : *La conscience expliquée*, Odile Jacob, 1993.

160. *Comment discriminer le spectateur du spectacle ?* Texte sanskrit dont l'auteur est probablement un moine, Bhâratî-tîrtha, qui fut abbé du monastère de Shringeri de 1328 à 1380. Texte original et traduction anglaise de Swâmi Nikhilânanda, publié par le Shrî Râmakrishna Ashram, Mysore, 1931 ; trad. française de M. Sauton, Adrien Maisonneuve, Paris 1946.

161. Cette même confusion entre « personnalité » et « sujet » apparaît dans une autre citation tirée du même ouvrage (v. p. 202).

162. R. Tagore : *La Fugitive*, suivi des *Poèmes de Kabir* (traduits par H. Mirabaud-Thorens et précédés de notes sur la vie de Kabir, tirées de la monographie de M. Evelyn Underhill), Gallimard, 1948, poème XLVII. Le poète et mystique Kabir est né à Bénarès au milieu du 15e siècle. Kabir était à la fois musulman et hindou. C'était un homme simple, artisan tisserand. Il n'adhérait pas à la sainteté professionnelle des ascètes qui « fuient l'amour, la joie et la beauté répandus dans le monde par l'Infinité unité […]. La *simple union* avec la divine Réalité, qu'il célébrait sans cesse comme le devoir et la joie de l'âme était à ses yeux indépendante de tout rite et de toute austérité. Le Dieu qu'il proclame n'est ni dans le temple, ni dans la mosquée. Il est près de tous ceux qui Le cherchent ». *Ibid.*, p. 148.

163. C. De Duve : L'évolution a un sens. Propos recueillis par O. Postel-Vinay. *La Recherche*, **n° 286**, avril 1996, p. 93.

164. A. Damasio : *L'Erreur de Descartes*, Odile Jacob, 1995.

165. L'épiphyse ou glande pinéale est située au centre du cerveau humain. Chez les mammifères, cette glande joue un rôle dans la régulation du temps interne.

166. « Derrière chaque foutue (littéralement tordue) pensée, il y a une foutue molécule ».

167. G. Edelman : *La Biologie de la conscience*, Odile Jacob, 1992. L'intelligente humilité d'Edelman lui attire les sarcasmes de Crick (mentionné par J.R. Searle, *op. cit.*, p. 75) qui manifeste ainsi à nouveau son caractère peu amène.

168. B.J. Baars : Metaphors of consciousness, *op. cit.*, p. 60 (trad. J.G.H.).

169. Dès la plus haute antiquité, il est fait mention des rêves, de la façon de les interpréter, d'en être conscient et de les diriger pendant son sommeil. Le premier livre consacré à ce sujet avec une approche scientifique moderne (pour l'époque) est celui de M.-J.-L. Hervey de Saint Denys : *Les Rêves et les moyens de les diriger*, Amyot 1867, réédité chez Tchou 1964. Bibliogr. récente, P. Garfield : *Creative dreaming*, Simon & Schuster, New York, 1974 ; J. Gackenbach et S. La Berge (sous la dir. de) : *Conscious mind, Sleeping brain. Perspectives on lucid dreaming*, Plenum, 1988. Le titre de cet ouvrage montre bien la distinction faite par les auteurs entre la conscience et les états de vigilance.

Chapitre 13 :

170. M. Kundera, *op. cit.*, p. 193.

171. Le rire était réprimé et considéré comme diabolique par l'Église entre le 4e et le 10e siècle. Par la suite, la société se libéralisa et on assista à une revalorisation du rire et de la satire à partir du 11e siècle (J. Le Goff, in *Haut Moyen Âge, cultures, éducation et société*, Michel Sot éd., Nanterre 1990).

172. D. Goleman : *Emotional intelligence*, Bantam/Doubleday 1997 ; W. Mischel, Y. Shoda, M. L. Rodriguez : Delay of gratification in children, *Science*, **vol. 244**, 1989, pp. 933-938.

173. M. Dagmar : *Professeur d'Amour*, éd. du Rocher, 1994. Les prostituées, les sexothérapeutes et leurs clients doivent cependant rester conscients de la dissociation psychique que peuvent entraîner certaines pratiques. Toute activité, quelle qu'elle soit (y compris l'ingestion d'alcool ou de petits gâteaux), si elle est faite en contradiction avec les émotions et les désirs authentiques (conscients et inconscients), provoque une scission intérieure et augmente l'ancrage dans un état de conscience dualisé. Bibliogr., C. Mossé : *La Femme dans la Grèce antique*, Albin Michel, 1983 ; G. Duby et M. Perrot (sous la dir. de) : *Histoire des femmes*, Tomes I à V, Paris, Plon, 1991 ; S. Pomeroy : *Goddesses, Whores, Wives and Slaves. Women in classical antiquity*. Pimlico, 1994.

174. Le service est néanmoins payé. Il y a donc gratification immédiate de celui qui effectue la prestation mais non gratification retardée qui est le propre de l'artiste.

175. J. Dieudonné : Mathématiques vides et mathématiques significatives, in *Penser les mathématiques. Séminaire de philosophie et mathématiques de l'Ecole normale supérieure,* sous la dir. de J. Dieudonné, M. Loi, R. Thom, Seuil, 1982, pp. 15-38.

176. R. Descartes : *Les Passions de l'âme*, publié à la suite du *Discours de la méthode*, *op. cit.*, troisième partie, art. 211, p. 248.

177. Boyer d'Argens (attribué à) : *Thérèse philosophe*, éd. La Haye, Paris, 1748 ; réédité aux éd. La Musardière, Paris 1988.

178. J. D. Vincent : *Celui qui parlait presque*, Odile Jacob, 1993.

179. W. Fraenger : *Le Royaume millénaire de Jérôme Bosch*. Les lettres Nouvelles, Denoël, 1966, pp. 44-56.

180. M.A. Wenger, B.K. Bagchi et B.K. Anand : Experiments in India on « voluntary » control of the heart and pulse, *Circulation*, **vol. 24**, 1961, pp. 1319-1325.

181. T. Krishnamacharya m'a enseigné le hatha yoga pendant deux ans à Madras. J'emploie ici le terme maître dans le sens de professeur et non dans celui de gourou.

Chapitre 14 :

182. Kabir, *op. cit.*, poème XXXVI.

183. La Bhagavad-Gîtâ comporte 18 chants ou chapitres, auxquels je me réfère en chiffres romains ; chaque chant comporte plusieurs dizaines de *shloka* ou versets numérotés en chiffres arabes. Il existe de très nombreuses traductions de ce texte. J'ai arbitrairement consulté les cinq suivantes, désignées dans le texte par

l'initiale du nom du premier auteur : A.-M. Esnoul et O. Lacombe, Seuil, 1976 (E) ; S. Levi et J.T. Stickney, Adrien Maisonneuve, 1964 (L) ; A. Kamensky, éd. Adyar, 1938 (K) ; Sri Aurobindo (trad. française de C. Rao et J. Herbert), Adrien Maisonneuve 1969 (A) ; A. Porte, Arléa, Paris 1995 (P). Les traductions E et L sont celles de sanskritistes de l'École Pratique des Hautes Études. Les traductions K et A sont marquées du sceau de la recherche spirituelle (A. Kamensky est théosophe et Sri Aurobindo maître spirituel hindou). La traduction P plus récente est parfois, au dire même de son auteur, plus « une lecture [...] qu'une traduction au sens technique habituel du terme » ; elle a le mérite d'être écrite dans une langue belle et poétique. J'ai choisi de citer la traduction (pas toujours la même) qui me paraissait à la fois la plus littérale, la plus claire et la mieux formulée. Ainsi la référence (BGE, IX : 11) signifie-t-elle *Bhagavad-Gîtâ, traduction Esnoul et Lacombe*, Chant IX, verset 11.

184. F. Rabelais, *op. cit.*, pp. 147 sq. Le nom de l'abbaye imaginée par Rabelais vient du grec : *thélô* ou *éthélô*, vouloir, vouloir bien, consentir à, désirer. Cette abbaye était à la fois un lieu de liberté et de bon vouloir, là où les hommes de bonne volonté pouvaient se réunir et faire ce qui leur plaisait sans pour autant porter préjudice à leurs compagnons. Saint Augustin, cité par J.-Y. Leloup (*op. cit.*, p. 70) énonce la même vérité : « Aime et fais ce que tu voudras ».

185. J. Lacarrière : *Les Hommes ivres de Dieu*, Arthaud, 1961.

186. Pour distinguer la réalité banale telle que nous la percevons habituellement et la « réalité » transcendante vue seulement par l'œil divinisé, je noterai cette dernière entre guillemets dans le texte de ce chapitre.

187. *Mutus liber* (le livre muet), publié en 1677 à La Rochelle, réédité en 1967 par J.-J. Pauvert, comporte quinze planches de dessins symboliques sans texte. La quinzième et dernière planche représente le couple alchimique uni par Dieu. À leurs pieds gît le cadavre d'un homme recouvert d'une peau de bête (la vieille peau, abandonnée après la métamorphose). De la bouche de l'homme et de la femme sortent des phylactères portant l'inscription : « Oculatus abis ».

188. H. Maldiney : Image-regard, in *Le roi Salomon et les maîtres du regard. Art et médecine en Ethiopie*, éd. de la Réunion des musées nationaux, Paris 1992, pp. 16-17.

189. J. S. Goldsmith a écrit de nombreux ouvrages, dont *L'Art de la guérison spirituelle*, Heinrich-Schwab Verlag, Schopfheim, 1968 et Association connaissance et conscience, Bayonne, 1994 ; *The mystical I*, Harper and Row, New York, London 1971 ; *Living between two worlds*, L.N. Fowler & Co., London 1975.

190. Littéralement : *l'un mourra, l'un vivra.* Le copte n'a pas la précision de l'égyptien faute de posséder des hiéroglyphes qui, selon les cas, sont phonétiques, idéographiques ou déterminatifs ; l'articulation des mots entre eux est souvent absente. Je me demande si l'expression *l'un mourra*, *l'un vivra*, ne devrait pas être entendue dans le sens *tantôt on meurt, tantôt on vit.*

191. M. Djalâl-od-Dîn (connu sous le nom de Rûmi) : *Mathnawi*, éd. et trad. anglaise de R.A. Nicholson, 8 volumes, Leyde, 1925, cité et traduit en français par

E. de Vitray-Meyerovitch : *Rûmi et le soufisme*, Maîtres spirituels, Seuil, 1977, p. 108.

192. *Efficient* est la traduction que Ph. de Suarez donne du mot grec *chrêstos*. Mais *chrêstos* signifie aussi de bonne qualité, bon, dévoué, serviable, bienfaisant, secourable, bénin, léger (dans le cas d'une blessure par exemple). Dans le présent logion, la traduction correcte me semble être *léger* : « mon joug est léger et mon autorité est douce ».

193. Ph. de Suarez, *op. cit.*, p. 268.

194. *La Bible de Jérusalem*, trad. française de l'École biblique de Jérusalem. Exode, **3**, 14-15.

195. Dans les langues sémitiques, apparentées à l'ancien égyptien, la lettre *t* est associée au féminin de la seconde personne du singulier. Plus généralement, le féminin est dérivé du masculin grâce à la lettre *t* suffixée ou préfixée (M. Malherbe : *Les Langages de l'humanité*, Bouquins, Robert Laffont, 1995).

196. Cette conception est résumée en termes simples et illustrée par un merveilleux petit schéma dans l'album de Philippe Rawson : *Tantra. Le culte indien de l'extase*, Seuil, 1973, pp. 18-19.

197. Dans le dictionnaire *Crum*, qui fait autorité en la matière, *shêsh* est traduit par *être égal*. *Être égal* doit probablement être compris comme dans l'expression française *être d'une humeur égale*, c'est-à-dire *homogène*. Être homogène, c'est être unifié, ne présenter aucune dualité puisque la dualité, par définition, est hérérogène du fait qu'elle comporte deux termes qui s'opposent. La traduction correcte de ces versets (Log. 61 : 10-11) serait donc la suivante : « Je suis celui qui suis, issu de celui qui est unifié ».

Chapitre 15 :

198. « Lorsqu'un scientifique parle, nous faisons comme si c'était le réel lui-même qui s'exprimait à travers lui. Nous entendons l'expert davantage que l'homme. Nous enregistrons un savoir plutôt qu'un témoignage. [...] peut-être faudrait-il que les hommes de science parlent, de temps en temps, à la première personne. » (E. Klein, *La Recherche*, **n° 280**, octobre 1995, p. 106).

199. Les théories scientifiques recèlent souvent des contradictions plus apparentes que réelles. Voir, par exemple, à propos du darwinisme, M.-P. Schützenberger, *La Recherche*, **n° 283**, janv. 1996, pp. 87-90 ; P.-H. Gouyon, *op. cit.*, réf. 149 ; J.-G. Henrotte, *op. cit.*, réf. 149.

200. Le rayon lumineux active, via la rétine, les neurones de la zone visuelle du cerveau ; la sensation visuelle perçue consciemment est concomitante. Si l'influx nerveux provenant de la rétine était dévié vers une autre zone du cerveau (zones acoustique ou olfactive par exemple), il activerait ces zones et la sensation perçue consciemment serait en rapport avec la zone activée (sensations acoustique ou olfactive). Il existe donc bien une concordance entre l'activation d'une zone cérébrale déterminée et la qualité de la sensation perçue. Mais une telle concordance n'implique pas nécessairement une relation de causalité entre activation neuronale et perception. La relation entre les processus physiologiques

et les *qualia* serait, selon l'hypothèse présentée ici, un phénomène d'ordre acausal comme la synchronicité (v. p. 317 et pp. 330 sq.).

201. Le cerveau du nouveau-né comporte 100 milliards de neurones alors que l'embryon en compte plus du double. Au cours de la maturation de l'encéphale, les cellules qui ne sont pas utilisées dans la formation des réseaux neuronaux de base sont éliminées (G. Greenspan : *The growth of mind*, Addison-Wesley, 1997). De même, l'organisme du jeune enfant produit de nombreuses lignées de lymphocytes capables de reconnaître toutes les molécules étrangères possibles ; les lignées qui ne « servent pas » sont, elles aussi, éliminées progressivement.

202. G. Cohen-Tannoudji : Les symétries de la Nature, préface. *Pour la Science*, **n° hors série**, juill. 1998, pp. 4-5.

203. L'évolution des espèces vivantes et leur diversification occupent « tout l'espace » disponible, c'est-à-dire toutes les possibilités réalisables, y compris celles qui ne semblent attribuables ni au hasard, ni à la nécessité. À titre d'exemple, je citerai le cas des oiseaux jardiniers qui construisent des tonnelles, les peignent avec le jus d'une plante délayé dans leur salive, se peignent parfois eux-mêmes, décorent l'entrée de divers objets colorés puis d'un cri appellent soit une femelle, soit plusieurs de leurs congénères mâles et femelles, faisant de la tonnelle un lieu de rencontres amoureuses et de parade. Parmi ces oiseaux, *Ptilonorhyncus violaceus* est remarquable par son goût pour le bleu : il ne décore son jardin que d'objets bleus : plumes, papiers, morceaux de verre, fragments d'ailes de papillon. L'invraisemblable organe sonore de la cigale pourrait relever du même phénomène (voir réf. 46).

204. Le mimétisme des espèces vivantes, et en particulier le camouflage, est une technique de leurre très répandue. Chez le caméléon, certains céphalopodes et poissons, il s'agit d'un réflexe physiologique dont le point de départ est la vision et le point d'aboutissement la répartition des pigments cutanés. Les modifications de la couleur de l'animal en fonction de celle de l'environnement ne prennent que quelques secondes ou quelques minutes. Chez beaucoup d'animaux, en particulier chez les insectes, le camouflage est génétiquement fixé. Le mécanisme est différent, le résultat est le même. Il existe aussi un mimétisme moléculaire. Certains parasites de l'homme (vers, protozoaires ou bactéries) se couvrent de molécules qui ressemblent à s'y méprendre à celles de leur hôte : les globules blancs ne les attaquent donc pas, car ils sont incapables de distinguer ces molécules de celles qui sont propres à l'organisme humain (G. Pasteur : *Biologie et mimétismes*, Nathan, 1995 ; J.L. Fischer et J.-G. Henrotte : Le mimétisme des papillons, *Pour la Science*, **n° 251**, sept. 1998, pp. 56-62).

205. Toute cellule différenciée doit retourner à l'état indifférencié antérieur avant de pouvoir se différencier en un autre type de cellule. De nombreuses démonstrations de ce phénomène ont été faites en particulier en embryologie expérimentale et au cours de la métamorphose des insectes. Cette nécessité de retour en arrière présente certaines analogies avec le processus de régression psychologique qui constitue une des bases de la psychanalyse.

206. M. Balmary : *Le Sacrifice interdit. Freud et la Bible*, Grasset, Paris 1986,

p. 287.

207. Dans l'état de conscience unifié, il ne peut y avoir, par définition, de distinction entre *monde 1* et *monde 2*, entre objet physique et objet psychique, entre corps et pensée. Il n'y aurait pas davantage de distinction entre le « JE », conscience divine, et le cosmos, corps divin.

208. Paraphrase du logion 84. *Supporter* doit probablement être pris dans le sens de *ressentir avec force* ou, plus familièrement, dans le sens d'*encaisser*.

209. « Les jours où vous mangiez ce qui est mort, vous en faisiez du vivant » (Log 11 : 6-7).

210. « Ces trois hommes [Borman, Lovell et Anders] ont atteint les limites les plus extrêmes de l'exploration humaine et exprimé au monde leur croyance en une vérité absolue cachée derrière ces terrifiantes ténèbres qui les entouraient. Ils ne savaient pas de quelle sorte de vérité il s'agissait - religieuse, philosophique ou scientifique - et, dès lors, ils avaient choisi des mots aptes à inclure les croyances d'autant de personnes que possible. Ils savaient que les gens manifestent souvent passionnément leur désaccord à propos de la nature de cette vérité » (R. Zimmerman, *The Sciences*, nov.-déc. 1998, p. 18, trad. J.-G.H.).

211. Dans la plupart des expériences, les sujets récepteurs sont totalement inconscients du message envoyé par le sujet émetteur mais leur corps - leurs réactions cardio-vasculaires en particulier – semble le percevoir (L. Watson : *Histoire naturelle du surnaturel*, Albin Michel, 1974, pp. 234-235 ; E.D. Dean : Plethymograph recording as ESP responses, *Int. J. of Neuro-psychiatry,* **vol. 2**, oct. 1966, cité par L. Watson). D'autres expériences faites au cours du sommeil paradoxal montrent également de remarquables concordances entre l'état onirique de deux personnes distinctes et la possibilité pour un sujet éveillé d'influer sur le contenu du rêve d'un individu endormi (E. Aserinsky et N. Kleitman : Regularly occuring periods of eye motility, and concomitant phenomenon, during sleep, *Science*, **vol. 118**, 1953, pp. 273-274 ; W.G. Roll : ESP and memory. *Int. J. of Neuro-psychiatry*, **vol. 2**, 1966, pp. 505-521 ; M. Ullman et coll. : Experimentally induced telepathic dreams : two studies using EEG-REM monitoring technique, *Ibid.*, pp. 420-437 ; S. Krippner et M. Ullman : Telepathic perception in the dream state, in Lawrence Le Shan : *The medium, the mystic and the physicist*, Turstone Press, London 1974, pp. 292-299).

212. M. Rattemeyer et coll. : Evidence of photon emission from DNA in living systems, *Naturswissenschaften*, **vol. 68**, 1981, pp. 572-573 ; D. Bray : Protein molecules as computational elements in living cells, *Nature*, **vol. 376**, 1995, pp. 307-311.

213. S. Hameroff : Molecular automata in microtubules : basic computational logic of the living state. In *Artificial life*, éd. C. Langton, Addison-Wesley, Cal., 1988, pp. 521-553.

214. Sauf dans de rares cas, le passage de la conscience dualisée à la conscience unifiée ne se fait pas brusquement. La conscience dualisée s'unifie lentement, progressivement, avec de nombreuses périodes d'arrêt et de régression. C'est la raison pour laquelle il me paraît utile de considérer une étape intermédiaire que

j'appellerai *état de conscience en voie d'unification* (voir tableau 2, p. 273).

Chapitre 16 :

215. R. Daumal : *La Grande beuverie*, Gallimard 1938, p. 147.

216. Masson, 1936 et 1939, respectivement.

217. C'est un sujet aussi délicat à traiter que celui de l'altruisme. Pour éviter tout malentendu, j'illustrerai mes propos d'un exemple. Le concept de lutte des classes est dualisant. Cela ne veut pas dire que je dénie à une classe opprimée le droit de se révolter contre la classe opprimante. Cela veut dire que si la classe opprimée prend le pouvoir avec un esprit de lutte et de revanche, elle opprimera à son tour ses oppresseurs de jadis. On restera donc dans la dualité.

218. A. Aveni : *Behind the crystal ball : magic and science from antiquity to the new age*, Random House, 1996 (trad. J.G.H.).

219. M. Gardner : When superstition displaces science, *Nature*, **vol. 385**, janv. 1997, pp. 405-406 (trad. J.G.H.).

220. B.J. Dobbs : *Les Fondements de l'alchimie de Newton*, Guy Tredaniel 1981 ; J. Fauvel et coll. : *Let Newton be !*, Oxford Univ. Press, 1988 ; P.M. Rattansi : Newton's alchemical studies, in *Science, medicine and society in the Renaissance*, sous la dir. de A.G. Debus, Heinemann, 1972, vol. II.

221. Le *Lion vert*, comme le *Dragon* et le *Serpent*, est un des symboles alchimiques de l'énergie sexuelle. La multiplicité des symboles et la variabilité des codes utilisés selon les auteurs rendaient et rendent toujours très difficile l'interprétation de leurs écrits. « Les Adeptes recouraient de façon systématique à l'imagination symbolique, écrit Pierre Thuillier, multipliant les allusions codées et les analogies les plus singulières. Il en résultait des œuvres *individuelles*, c'est-à-dire difficiles à déchiffrer et échappant à un véritable contrôle *collectif* » (*op. cit.*, p. 80).

222. Des pédiatres colombiens, conscients des problèmes psychologiques que pose la mise en couveuse des prématurés, pour l'enfant et pour la mère, ont mis au point une technique d'emmaillotement qui protège le prématuré de l'environnement et lui assure le contact et la chaleur maternelle dans les meilleures conditions. Cette méthode n'exclut évidemment pas l'utilisation de la couveuse dans les cas les plus difficiles (N. Charpak, Z. de Calum, A. Hamel : *La Méthode kangourou. Comment les mères des enfants prématurés se substituent aux couveuses*. EVAL-ESF, Paris 1996).

223. J. Valbay : La musique adoucit les quartiers, *Le Figaro*, 27-28 mars 1999, p. C11.

224. A. Berthoz : *Le Sens du mouvement*. Odile Jacob, 1997, p. 274 et p. 290. Par ailleurs, Berthoz confirme, peut-être inconsciemment, les propos développés dans le chapitre 12 ; il écrit : « … j'assiste, pour ainsi dire en spectateur, à mes propres conférences produites par un cerveau que j'écoute avec étonnement » (p. 147).

225. Imaginer une boule de lumière blanche et, en inspirant, la faire monter du périnée (ou des pieds si l'on est en position debout) jusqu'au sommet de la tête ; la

faire redescendre vers le périnée (ou les pieds) en expirant. Les respirations doivent être aussi longues et ténues que possibles, effectuées en toute détente. Les yeux sont fermés mais le regard suit le mouvement imaginaire de la boule lumineuse. Cette association du mouvement effectif des yeux avec la visualisation intérieure renforce considérablement le sentiment d'intégration. Autre exercice : respirer par la narine droite, la gauche étant fermée par la pression de l'annulaire de la main droite, expirer par la narine gauche, en fermant la droite avec le pouce, inspirer par la narine gauche, expirer par la droite, inspirer par la droite et ainsi de suite. Les yeux suivent le mouvement de droite à gauche et de gauche à droite. Cet exercice, *nadishôsanam*, fait partie des respirations, les *prânâyama*, enseignées dans la discipline du hatha yoga. Troisième exercice : inspirer la lumière extérieure à travers la poitrine jusque derrière le dos, expirer la lumière de l'arrière du dos jusque devant la poitrine. Quatrième exercice : inspirer une lumière blanche visualisée autour du corps jusque dans le centre de la poitrine, expirer en projetant la lumière du centre de la poitrine vers la périphérie du corps. Au début, six cycles respiratoires complets suffisent pour chaque exercice ; par la suite, on pourra augmenter le nombre de respirations. De nombreuses variantes sont possibles. Certaines personnes, plutôt que la visualisation d'une lumière, préféreront la sensation d'une chaleur. Chacun agira en fonction de ce qu'il ressent.

226. *Ida Rolf Talks about Rolfing and Physical Reality*, éd. et intr. de R. Feitis, Harper and Row Publ., New York 1978 ; I. Rolf : Structural integration, *Systematis*, **vol. 1**, n° 1, juin 1963.

227. J.-G. Henrotte, *Nature*, **vol. 176**, 1955, p. 1221.

228. C. Gerday, *Molecular Physiology*, **vol. 2**, 1982, pp. 63-87.

Chapitre 17 :

229. Légende de l'Emblème XXI (traduite du latin par J.-G.H.) du livre de Michael Maier : *Atalanta fugiens* (Atalante fugitive), imprimé par Jérôme Galler à Oppenheim, aux frais de Jean Théodore de Bry, éditeur, 1618. Ce livre est un recueil de cinquante planches emblématiques, accompagnées de légendes et de courtes partitions musicales. Il est censé révéler les étapes du grand œuvre alchimique (S. Klossowski de Rola : *Le Jeu d'or. Figures hiéroglyphiques et emblèmes hermétiques dans la littérature alchimique du XVIIe siècle*, éd. Thames & Hudson SARL, Paris 1997). On retrouve dans ces planches nombre de symboles utilisés par Newton dans ses écrits alchimiques. L'emblème XXI représente le couple alchimique ou tantrique dont l'union symbolisée par un premier cercle donnera lieu à la prise de conscience des quatre éléments symbolisés par un carré : la terre, l'eau, l'air et le feu. La combinaison de ces quatre éléments, telle qu'elle est pratiquée dans les disciplines du yoga et du taoïsme tantrique, conduira à la perception du triangle, corps, âme, esprit, puis à son unification représentée par un cercle extérieur, l'unité originelle retrouvée.

230. *Yi-King (Le livre des transformations)*, trad. et comm. par R. Wilhelm et E. Perrot, Librairie de Médicis, 1971, p. 126. « L'innocence, l'inattendu » est le vingt-cinquième des soixante-quatre hexagrammes du Yi-King, un livre d'oracles

composé par le sage Fo-Hi à une date inconnue mais certainement très ancienne. Confucius et Lao Tseu s'en sont inspirés. « L'innocence. Sublime réussite, dit le Yi-King. La persévérance est avantageuse. Si quelqu'un n'est pas ce qu'il doit être, il obtient l'infortune... ». R. Wilhelm commente en ces termes le sens de ces paroles : « C'est l'état pur et naturel qui n'est pas troublé par des réflexions ou des arrière-pensées. En effet, partout où l'on observe un dessein, la vérité et l'innocence de la nature sont perdues [...]. En adhérant à ce principe divin en lui, l'homme atteint une pure innocence qui, sans s'arrêter à des pensées de récompense et d'intérêt, fait ce qui est juste, simplement... ».

231. Matière, *materia* en latin, souvent rapproché de *mater*, mère, celle qui donne naissance au corps matériel ; *hulê* en grec mais aussi *sôma* en tant que corps matériel par opposition à l'esprit et objet tangible par opposition à ce qui est insaisissable. Le sens primitif de *hulê* est bois, forêt, arbre puis par extension, bois coupé, matériau de construction ; le mot est originaire du grec archaïque *sulfê*, proche du latin *silva*, forêt.

232. Le mot *psyché* vient du grec *psuchê*, souffle de vie, d'où âme comme principe de vie, par extension vie, être vivant, âme comme siège des sentiments, de l'intelligence et des désirs. La racine grecque *psuch* signifie souffle, sens que l'on trouve aussi dans *anemos*, vent, agitation de l'âme, passion tumultueuse, correspondant au latin *anima*, âme. Dans les textes religieux, l'âme est souvent considérée comme la composante spirituelle de l'homme. Cette terminologie a entraîné de multiples malentendus et amené bien des philosophes à utiliser le mot âme pour signifier esprit et réciproquement. Psyché et âme sont deux mots étroitement associés l'un à l'autre comme le montre leur étymologie, et distincts du concept d'esprit.

233. Esprit, *pneuma* en grec, signifie souffle également. Toutefois, la racine grecque *Pnu*, *Pneu*, *Pne* est associée à l'action de souffler mais aussi à celle d'inspirer (*pinuscô*) et d'inspiré (*pepnumenos*). Le Saint-Esprit se dit *to hagion Pneuma*. Les racines *psuch* et *pnu* ont donc des significations différentes. En latin, *spiritus* signifie à la fois souffle et esprit mais, comme *anima*, il est employé aussi dans le sens de sentiment. Les mots grecs *psuchê* et *pneuma* sont bien distincts et prêtent moins à confusion que leurs homologues latins et français, *anima* et *spiritus*, âme et esprit. Quant à mystique, *mustikos*, il est associé à la notion de mystère (*mustêrion* en grec) et surtout à celle de transformation. La racine grecque *Mu* signifie mouvoir, changer de place, échanger ; on la retrouve dans *amenomai*, passer de l'autre côté de, *ameibô*, changer, et aussi dans *muô*, se fermer, être clos, se tenir bouche close et les yeux fermés, être silencieux.

234. Ces localisations se réfèrent évidemment aux droitiers.

235. I. Newton : *Scholium generale*, in *Philosophiae naturalis principia mathematica*, 1713, cité par P. Thuillier, *op. cit.*, p. 65. Voir aussi l'édition de A. Koyré et I.B. Cohen du même ouvrage de Newton, publié en 1972, Cambridge Univ. Press ; G. Bruno : *Œuvres complètes*, texte établi par G. Aquilecchia, trad. de J.P. Cavaillé, Les Belles Lettres, 1995.

236. Nombreuses références sur ce sujet dans P. Davies, *op. cit.*, réf. 141 ;

F. Capra : *The Tao of Physics*, Berkeley, Shambala, 1975 ; G. Zukav : *The dancing Wu Li Masters*, Bantam Book, New York 1980 ; W. Harman : *Global Mind Change*, Warner Books ed., U.S.A. 1990 ; F. David Peat : *La Pierre philosophale, chaos et ordre caché de l'Univers*, éd. du Rocher, 1995.

237. R. W. Sperry : Structure and significance of the consciousness revolution, *J. of Mind and Behavior*, **vol. 8**, 1987, pp. 37-66 ; Changing priorities, *Ann. Rev. Neurosci.*, **vol. 4**, 1981, p. 7 (citation trad. par J.G.H.).

238. P. Nouvel (sous la dir. de) : *Actualité et postérités de Gaston Bachelard*, PUF (Science, Histoire et Société), 1998.

239. Parole attribuée au mystique persan Abû Sa'id ibn Abî-l-Khayr, citée par E. de Vitray-Meyerovitch, *op. cit.*, p. 162.

Épilogue :

240. F. Nietzsche, extrait d'une lettre, citée par H. Thomas : *Préface*, in *Ainsi parlait Zarathoustra, op. cit.*, p. 11.

241. I. Kant, extrait d'une lettre citée par M. Sauvage : *Socrate et la conscience de l'homme*, Maîtres spirituels/Seuil, 1958, p. 162.

242. Ce manuscrit est celui de l'Évangile selon Thomas dans la traduction de Philippe de Suarez, *op. cit.* Ce dialogue me semble la meilleure conclusion possible à ce livre qui n'est pas un livre. Ainsi la boucle est-elle bouclée. J'ai commencé à parler d'un livre que je n'ai pas écrit et je termine en parlant d'un livre qui n'a pas été écrit par son auteur, dans la mesure où l'on admet que l'auteur est Jésus et le scripteur, Thomas. Toutefois, le caractère libérateur de ce dialogue ne sera perçu que si l'on en saisit la portée universelle. Les véritables interlocuteurs ne sont pas des personnages historiques, inféodés à une école de pensée ou à une institution humaine. Ils symbolisent les divers aspects de la psyché. Au fil des questions et des réponses, la dualité s'efface et laisse émerger l'unité de *celui qui s'est trouvé lui-même*. Les citations sont en caractères italiques et les chiffres entre parenthèses se réfèrent aux logia et aux versets cités. Dans de nombreux cas, la forme dialoguée du texte a imposé des changements dans la conjugaison des verbes. J'espère que les puristes ne m'en tiendront pas rigueur.

Annexe 1 :

243. F. Hoyle : *The Intelligent Universe*, Michael Joseph, Londres, 1983, p. 218.

244. G. Gale : Cosmological fecundity : theories of multiple universes, in *Physical cosmology and philosophy*, sous la dir. de J. Leslie, MacMillan, Londres, 1990.

245. M. Lachièze-Rey et J.-P. Luminet : *Figures du ciel*, Seuil/Bibl. Nat. de France, 1998.

246. D. Bouwmeester et coll., *Nature*, **vol. 390**, déc. 1997, pp. 575-579.

247. E. Klein et M. Lachièze-Rey : *La Quête de l'unité*, Albin Michel, 1996 ; J.-P. Pharabod et B. Pire : *Le Rêve des physiciens*, Odile Jacob, 1997 ; G. Chanfroy et G. Smadja : *Les Particules et leur symétrie*, Masson, 1997.

Annexe 2 :

248. D. Gautier et F. Raulin, *La Recherche*, **n° 302**, oct. 1997, pp. 42-47.

249. P. Huyghe, *The Science*, juill.-août 1998, pp. 16-19.

250. R. Guerrero et L. Margulis, *The Science*, juill.-août 1998, pp. 34-38.

251. J.S. Hyams et C.W. Lloyd (sous la dir. de) : *Microtubules*, Wiley-Liss Inc., 1994.

252. Voir bibliogr. dans Gouyon et coll., *op. cit.*

253. Cette paraphrase de « l'absurde efficacité des mathématiques » (réf. 127) me semble appropriée pour décrire un phénomène qui n'a guère retenu l'attention des généticiens. Barbara Mc Clintock est une des rares scientifiques à s'interroger sur les potentialités du génome qu'elle considère comme « énormes et souvent imprévisibles » (réf. 254).

254. B. Mc Clintock : The significance of responses of the genome to challenge, *Science*, **vol. 226**, nov. 1984, pp. 792-801 ; N. Fedoroff et D. Botstein : *The dynamic genome : Barbara Mc Clintock's ideas in the century of genetics*, Cold Spring Harbor Lab. Press, New York, 1992 ; P. Capy et coll. : *Dynamics and evolution of transposable elements*, R.G. Landes Company, Springer, 1997.

255. Cette hypothèse proposée par Howard Temin en 1980 est maintenant considérée comme extrêmement probable. La limite entre transposons et virus est toutefois assez floue et si les transposons ont évolué en virus, ceux-ci pourraient parfois s'assagir et redevenir transposons.

256. Le phytoplancton comprend des cyanobactéries et des algues capables de produire d'énormes quantités d'oxygène par photosynthèse. Pour les relations entre bactéries et virus et l'action des virus sur les écosystèmes, voir W. Zillig et H.P. Arnold, *La Recherche*, **n° 317**, fév. 1999, pp. 44-48 ; J.A. Fuhrman, *Nature*, **vol. 399**, juin 1999, pp. 541-548.

257. H. Gouyon et coll., *op. cit.*, pp. 273-275. Les mammifères, d'apparition récente dans l'échelle de l'évolution des espèces, sont la seule classe d'animaux où la parthénogénèse est impossible dans les conditions naturelles et difficile dans les conditions expérimentales. Cette difficulté serait due en grande partie au phénomène d'empreinte génomique c'est-à-dire au fait que les deux génomes, maternel et paternel, sont nécessaires au développement de l'embryon parce que « marqués » différemment. Le « marquage » de certains caractères génétiques en fonction de leur origine maternelle ou paternelle a été observé chez des organismes plus primitifs, notamment la drosophile, mais il n'y revêt pas la même importance que chez les mammifères.

258. D.H. Skuse et coll., *Nature*, **vol. 387**, juin 1997, pp. 705-708 ; P. Mc Guffin et J. Scourfield, *Ibid.*, pp. 652-653.

259. M. Daly et M.I. Wilson, *Anim. Behav.*, **vol. 57**, 1999, pp. 509-519.

260. A. Brown : *The Darwin wars : how stupid genes became selfish gods*, Simon et Schuster, 1999 ; R. Chandebois : *Pour en finir avec le darwinisme. Une nouvelle logique du vivant*, éd. Espace 34, Montpellier, 1993.

261. Le scotome est une tache aveugle sur la rétine. Chez l'homme, il existe un scotome naturel, dépourvu de cellules rétiniennes, là où émerge le nerf optique au

fond de l'œil. Le cerveau compense cette lacune visuelle qui, dans les conditions habituelles, n'est pas perçue. Il y a donc une double absence : absence de vision au niveau de la tache aveugle et absence de conscience de l'absence de vision. Les termes « scotome » et « scotomiser » sont largement utilisés, dans un sens figuré, par les psychanalystes.

262. S.R. Hameroff (1974), *Am. J. Chin. Med.*, **vol. 2**, 1974, pp. 163-170.

263. R. Penrose, *op. cit.*, pp. 346-358.

264. M. Denton : *L'Evolution a-t-elle un sens ?*, Fayard, 1997, p. 326.

265. H. Moravec : *Mind children : the future of robot and human intelligence.* Harvard Univ. Press, Cambridge, Massachusetts, 1988.

266. W. Grundler et F. Keilmann, *Phys. Rev. Lett.*, **vol. 51**, 1983, pp. 1214-1216.

267. J. Polonsky : Essai d'interprétation du fonctionnement des cellules vivantes dans le cadre de la cybernétique quantique. *Annales de radioélectricité*, **tome XIII**, n° 54, oct. 1958, 36 pp., suivi d'un addenda dactylographié de 6 pages. Cet opuscule m'est tombé dans les mains « par hasard », comme la plaquette de P. Ehmann (réf. 4), au cours des années 1960.

268. M. Elitzur : *Astronomical masers*, Kluwer Acad. Publ., 1992 ; A.W. Clegg et G.E. Nedaluha (sous la dir. de) : *Astrophysical masers*, Springer-Verlag, 1993.

269. G.M. Barenboim, A.N. Domanskii, K.K. Turoverov : *Luminescence of biopolymers and cells*, Plenum Press, New York, 1969.

270. J. Narby : *Le Serpent cosmique*, Georg éditeur SA, Genève, 1995.

271. M. Galle et coll. : Biophoton emission from *Daphnia magna* : A possible factor in the self-regulation of swarming. *Experientia*, **vol. 47**, 1991, pp. 457-460.

272. L.E. Orgel et F.H.C. Crick : Selfish DNA : the ultimate parasite, *Nature*, **vol. 284**, avril 1980, pp. 604-607.

273. C.J. Murphy et coll. : Long-range photoinduced electron transfer through a DNA helix, *Science*, **vol. 262**, nov. 1993, pp. 1025-1029.

274. H.W. Fink et C. Schönenberger : Electrical conduction through DNA molecules, *Nature*, **vol. 398**, avr. 1999, pp. 407-410.

275. W. J.Welch, *Physiol. Reviews*, **vol. 72**, oct. 1992, pp. 1063-1081.

276. Cité par J. Copeland et D. Proudfoot, *Pour la Science*, **n° 260**, juin 1999, p. 15.

Annexe 3 :

277. L. Wittgenstein : *Tractatus logico-philosophicus*, suivi de *Investigations philosophiques*. Intr. de B. Russell, Gallimard 1961.

278. A. Korzybski : *Science and sanity : an introduction to non-aristotelian systems and general semantics*, 1933 ; *Le rôle du langage dans les processus perceptuels*, 1966, The International Non-Aristotelian Library Publishing Company, New York.

279. Citation de J.R. Searle, *op. cit.*, p. 68, citant lui-même F. Crick (texte en italique, tiré de F. Crick, *op. cit.*).

280. J. Davidoff, I. Davies et D. Roberson, *Nature*, **vol. 398**, mars 1999, pp. 203-204.

281. J.D. Barrow et E. Tipler : *The anthropic cosmological principle*. Clarendon Press, Oxford 1986 ; J. Demaret et D. Lambert : *Le principe anthropique*, Armand Colin, 1994.

282. D. Lambert, *La Recherche*, **n° 316**, janv. 1999, p. 53.

283. D. M. Gordon, *The Sciences*, sept/oct. 1999, pp. 24-28. « Peut-être les fourmis ont-elles quelque chose de général à nous enseigner, tout au moins par analogie, sur la manière dont la nature travaille [...]. Il se peut que les relations entre les fourmis et leurs colonies soient de même type que celles qui permettent aux neurones d'être à l'origine du comportement cérébral » (p. 28, trad. J.-G.H.).

284. L'entropie exprime l'état de désordre d'un système physique ; elle mesure le manque d'information sur la structure d'un système. La néguentropie, c'est de l'entropie changée de signe ; la néguentropie d'un système est en fait une mesure de son organisation.

285. L. M. Adleman, *Science*, **vol. 266**, 1994, pp. 1021-1024.

286. P. Benioff, *Physical Review Letters*, **vol. 48**, juin 1982, pp. 1581-1585 ; S. Lloyd, *Science*, **vol. 261**, 1993, pp. 1569-1571 ; D. Di Vincenzo, *Science*, **vol. 270**, 1995, pp. 255-261 ; N. Gershenfeld et I. Chuang, *Science*, **vol. 275**, 1997, pp. 350-356.

287. L. Smolin : Une construction darwinienne de l'univers, *La Recherche*, **n° hors série**, avril 1998, pp. 109-113.

288. G. Edelman : *Neural darwinisme, the theory of neuronal group selection*. Basic Books, New York, 1988.

Remerciements

Le terme de « remerciement » doit être compris dans le sens de reconnaissance plutôt que dans celui de gratitude. La gratitude est un sentiment qui crée des dépendances et à ce titre contrarie l'autonomie qui m'est si chère. La reconnaissance implique le souvenir et il convient de se souvenir qu'une œuvre quelle qu'elle soit est toujours une réalisation collective. Je reconnais donc la part éminente qu'ont prise de nombreuses personnes dans la réalisation de cet ouvrage. Plus que tout autre, Rivka Moyal a contribué à créer le climat intellectuel et affectif, et l'environnement qui ont permis la rédaction de ces pages dans les meilleures conditions possibles. Les discussions que j'ai eues avec Françoise Isambert-Lévy sur les théories de l'évolution ont été à l'origine des chapitres consacrés à ce sujet. Elle a également contribué à l'établissement d'une partie de la bibliographie scientifique. Nicole Fontaine s'est chargée de la relecture du manuscrit avec un talent et un esprit critique particulièrement constructifs. Je lui dois aussi une meilleure connaissance du Périgord où elle m'a généreusement accueilli à plusieurs reprises. Mina Sayah a choisi d'effectuer avec intelligence et enthousiasme la tâche difficile que constituaient le déchiffrage et le traitement initial du texte dont la mise en forme finale a été exécutée par Marie-Luce Andro avec habileté et dévouement. Par leurs compétences et la qualité de leur réflexion, Alain et Isabelle Porte m'ont considérablement aidé à parfaire cet ouvrage. Jean-Michel Damian a eu la gentillesse de relire le chapitre 5 et de me faire part de ses commentaires éclairés. Lion et Roni Belostoky m'ont amicalement permis d'utiliser leur maison au pied du Mont Tabor. Enfin de nombreux amis et amies m'ont encouragé dans mon entreprise. Même si je ne les cite pas nommément, la liste en serait longue, qu'ils sachent que leur soutien m'a été très précieux.

TABLE DES MATIÈRES

575388 - Août 2014
Achevé d'imprimer par

1livre.com
du rêve à la réalité !

www.ingramcontent.com/pod-product-compliance
Lightning Source LLC
LaVergne TN
LVHW050431061026
849532LV00013B/237